环保公益性行业科研专项经费项目系列丛书

环境污染事故应急处置实用技术丛书

# 溢油环境污染事故应急处置实用技术

郑洪波　　张树深　　编著

中国环境出版社·北京

**图书在版编目（CIP）数据**

溢油环境污染事故应急处置实用技术/郑洪波，张树深
编著. —北京：中国环境出版社，2014.12
（环保公益性行业科研专项经费项目系列丛书. 环境污
染事故应急处置实用技术丛书）
ISBN 978-7-5111-2150-9

Ⅰ．①溢⋯　Ⅱ．①郑⋯　②张⋯　Ⅲ．①漏油—环境污
染事故—应急对策—研究　Ⅳ．①X507

中国版本图书馆 CIP 数据核字（2014）第 285337 号

| | | |
|---|---|---|
| 出 版 人 | 王新程 | |
| 责任编辑 | 连　斌 | |
| 责任校对 | 尹　芳 | |
| 封面设计 | 宋　瑞 | |

出版发行　中国环境出版社
　　　　　（100062　北京市东城区广渠门内大街 16 号）
　　　　　网　　　址：http://www.cesp.com.cn
　　　　　电子邮箱：bjgl@cesp.com.cn
　　　　　联系电话：010-67112765（编辑管理部）
　　　　　　　　　　010-67110763　生态（水利）图书出版中心
　　　　　发行热线：010-67125803，010-67113405（传真）

| | | |
|---|---|---|
| 印　　刷 | 北京中科印刷有限公司 | |
| 经　　销 | 各地新华书店 | |
| 版　　次 | 2015 年 12 月第 1 版 | |
| 印　　次 | 2015 年 12 月第 1 次印刷 | |
| 开　　本 | 787×1092　1/16 | |
| 印　　张 | 20.5 | |
| 字　　数 | 440 千字 | |
| 定　　价 | 61.00 元 | |

# 《环保公益性行业科研专项经费项目系列丛书》

# 编 委 会

顾　问：吴晓青

组　长：刘志全

成　员：禹　军　陈　胜　刘海波

# 总　序

　　我国作为一个发展中的人口大国，资源环境问题是长期制约经济社会可持续发展的重大问题。党中央、国务院高度重视环境保护工作，提出了建设生态文明、建设资源节约型与环境友好型社会、推进环境保护历史性转变、让江河湖泊休养生息、节能减排是转方式调结构的重要抓手、环境保护是重大民生问题、探索中国环保新道路等一系列新理念新举措。在科学发展观的指导下，环境保护工作成效显著，在经济增长超过预期的情况下，主要污染物减排任务超额完成，环境质量持续改善。

　　随着当前经济的高速增长，资源环境约束进一步强化，环境保护正处于负重爬坡的艰难阶段。治污减排的压力有增无减，环境质量改善的压力不断加大，防范环境风险的压力持续增加，确保核与辐射安全的压力继续加大，应对全球环境问题的压力急剧加大。要破解发展经济与保护环境的难点，解决影响可持续发展和群众健康的突出环境问题，确保环保工作不断上台阶出亮点，必须充分依靠科技创新和科技进步，构建强大坚实的科技支撑体系。

　　2006 年，我国发布了《国家中长期科学和技术发展规划纲要（2006—2020 年）》（以下简称《规划纲要》），提出了建设创新型国家战略，科技事业进入了发展的快车道，环保科技也迎来了蓬勃发展的春天。为适应环境保护历史性转变和创新型国家建设的要求，原国家环境保护总局于 2006 年召开了第一次全国环保科技大会，出台了《关于增强环境科技创新能力的若干意见》，确立了科技兴环保战略；2012 年，环境保护部召开第二次全国环保科技大会，出台了《关于加快完善环保科技标准体系的意见》，全面实施科技兴环保战略，建设满足环境优化经济发展需要、符合我国基本国情和世界环保事业发展趋势的环境科技创新体系、环保标准体系、环境技术管理体系、环保产业培育体系和科技支撑保障体系。几年来，在广大环境科技工作者的努力下，水体污染控制与治理科技重大专项实施顺利，科技投入持续增加，科技创新能力显著增强；现行国家标准达 1 300 余项，环境标准体系建设实现了跨越式发展；完成了 100 余项环保技术文件的制修订工作，确立了技术指导、评估和示范为主要内容的管理框架。环境科技为全面完成环保规划的各项任务起到了重要的引领和支撑作用。

为优化中央财政科技投入结构，支持市场机制不能有效配置资源的社会公益研究活动，"十一五"期间国家设立了公益性行业科研专项经费。根据财政部、科技部的总体部署，环保公益性行业科研专项紧密围绕《规划纲要》和《国家环境保护科技发展规划》确定的重点领域和优先主题，立足环境管理中的科技需求，积极开展应急性、培育性、基础性科学研究。"十一五"以来，环境保护部组织实施了公益性行业科研专项项目 439 项，涉及大气、水、生态、土壤、固废、核与辐射等领域，共有包括中央级科研院所、高等院校、地方环保科研单位和企业等几百家单位参与，逐步形成了优势互补、团结协作、良性竞争、共同发展的环保科技"统一战线"。目前，专项取得了重要研究成果，提出了一系列控制污染和改善环境质量技术方案，形成一批环境监测预警和监督管理技术体系，研发出一批与生态环境保护、国际履约、核与辐射安全相关的关键技术，提出了一系列环境标准、指南和技术规范建议，为解决我国环境保护和环境管理中急需的成套技术和政策制定提供了重要的科技支撑。

为广泛共享"十一五"以来环保公益性行业科研专项项目研究成果，及时总结项目组织管理经验，环境保护部科技标准司组织出版环保公益性行业科研专项经费系列丛书。该丛书汇集了一批专项研究的代表性成果，具有较强的学术性和实用性，可以说是环境领域不可多得的资料文献。丛书的组织出版，在科技管理上也是一次很好的尝试，我们希望通过这一尝试，能够进一步活跃环保科技的学术氛围，促进科技成果的转化与应用，为探索中国环保新道路提供有力的科技支撑。

中华人民共和国环境保护部副部长

吴晓青

2011 年 10 月

# 序　言

国家环保公益项目"环境污染应急处置技术筛选和评估研究",是在我国环境总体形势依然十分严峻,特别是突发性环境污染事故频频发生的特殊时刻,针对其应急及管理方面急需一系列技术支持的背景下设立的。2012 年,在环保部科技司和应急中心组织领导和大力支持下,哈尔滨工业大学联合了五家在该领域具有较大影响力和研究特色的科研单位,开始了环境污染应急处置技术筛选与评估研究。该项目设立了包括溢油污染应急处置技术筛选与评估研究、重金属与尾矿库金属泄漏污染应急处置技术筛选与评估研究、典型化学品污染应急处置技术筛选与评估研究、城市饮用水源地污染应急处置技术筛选与评估研究、环境应急管理政策体系框架研究、环境污染应急处置技术筛选与评估体系数字化平台研究六个子课题。

在近三年的时间里,由哈尔滨工业大学负责,环境保护部华南环境科学研究所、中国环境科学研究院、北京林业大学、大连理工大学、国环危险废物处置工程技术(天津)公司等单位参加组成的课题组,开展了国内外相关文献资料的检索收集、案例分析、实地调研、案例库和技术库构建等研究工作,召开了 10 余次项目组研讨会或外聘专家咨询会,完成了上述六个子课题研究和项目计划书设定的总体目标和任务,提出了针对溢油、重金属与尾矿库金属泄漏、典型危险化学品、城市饮用水水源地突发污染事故的应急处置技术筛选与评估方法与程序,通过对国内外应急管理政策对比分析提出了环境应急管理政策体系框架建议,建立了环境应急信息管理系统和应急处置技术筛选与评估体系数字化平台。本项目研究成果将有助于提升我国环境应急管理的技术水平,为国家环境应急管理提供了有力的科学技术支撑。

本系列丛书把在项目研究中汇集的大量有价值信息和相对成熟的部分研究成果加以系统整理奉献给读者,该系列丛书由如下 6 本书构成:

1. 溢油环境污染事故应急处置实用技术(郑洪波、张树深)

2．危险化学品环境污染事故应急处置实用技术（张立秋、优沛崧、时圣刚、梁贤伟）

3．重金属环境污染事故应急处置实用技术（上册）（庞志华、许振成、郑彤、王振兴）

4．重金属环境污染事故应急处置实用技术（下册）（郑彤、王鹏、赵坤荣）

5．城市饮用水水源地环境污染事故应急处置实用技术（孟宪林、王鹏、崔崇威、侯炳江、曲建华）

6．水环境突发污染应急决策支持系统（郭亮、王鹏、姜继平）

本系列丛书主要介绍突发环境事故应急处置的实用技术，包括应急监测技术、应急处理处置技术、应急物资储备等，该系列丛书在整体上具有如下3个特点：①实用性：密切结合各类环境污染事故的特点，充分考虑应急现场的实际需求，分析污染事故处理处置工作中可能遇到的技术问题，为应急预案编制提供可操作的技术支持；②全面性：针对常见各类污染事故给出应急处理处置技术方案，适用于国家、省、市等各级环保部门制定应急处置预案，也适用于化工、石化、矿业、焦化、煤炭、电子、造纸、油库等行业企业制定应急响应预案，并对典型案例的应急监测和处置进行了描述介绍；③科学性：以大量相关文献调研为基础，对部分技术进行了实验验证，结合作者的实践经验分析了环境污染事故处理工作中的各种管理、技术问题，论证提出科学的应急处置解决措施和技术方案。

本系列丛书内容丰富、翔实可信，作者从大量案例分析着手，详细介绍了常见溢油、危险化学品、重金属、饮用水水源地等污染事故的应急监测和处理处置技术。本书可供环保、石化、化工、交通、卫生部门的管理及技术人员使用，尤其对广大环境保护工作者而言，可为其在进行环境污染事故处理工作中提供参考和借鉴。

借此丛书出版的机会，我们再一次对项目研究期间给予了我们巨大帮助和支持的环境保护部科技标准司、环境应急与事故调查中心，以及全国许多相关单位的领导、同行和专家表示衷心的感谢；项目组要特别感谢环境保护部科技标准司刘志全巡视员兼副司长、科技发展处禹军处长、陈胜副处长，环境应急与事故调查中心田为勇主任、冯晓波副主任、隋筱婵副巡视员、预警处刘相梅处长、应急调查一处侯世健副处长等对本项目的肯定、鼓励、指导和支持；感谢陈尚芹、樊元生、虞统、许振成、陈求稳、杨晓松、李维新、孙德智、王业耀、汪群慧、李政禹、陈超、杨敏、张晓健等各位教授和专家，他们花费了宝贵时间对项目研究成果进行审阅，提出宝贵意见，对提高项目研究成果质量起到了重要作用；特别感谢项目参加单位——哈尔滨工业大学、中国环境科学研究院、环保部华南环境研究所、北京林业大学、大连理工大学、国环危险废物处置工程技术（天津）公司等单位的领导对本项目开展和本丛书撰写给予的大力支持！

　　由于我们水平有限，加之成书仓促，书中可能存在许多不足，恳请广大读者批评指正！

作　者

2014 年 5 月于哈尔滨

# 前　言

石油在未来相当长的一段时间内仍然将是全球最重要的基础能源。随着石油开发和利用的不断深入，加速了石油开采、储存和运输行业的发展，油轮的不断增多，海上石油勘探、开发及海底管线铺设以及油品运输和储存规模不断扩大的同时，溢油污染事件，尤其是重、特大溢油污染事件的风险亦随之大大增加，对人类的生命、物质财产以及生态环境造成了极大的威胁。因此，溢油污染事故的应急处置也成为我国环境保护工作的重要内容，必须采取有效措施，最大限度地降低溢油污染事故的环境后果。

依托环保公益项目《环境污染应急处置技术筛选和评估研究》中子课题《溢油环境污染事故应急处置技术筛选与评估研究》，同时为指导各地溢油污染事故的应急处置工作，按照无害化与资源化相结合的原则，因地制宜地科学选择技术路线和实施技术方案，大连理工大学环境学院组织编制了《溢油环境污染事故应急处置实用技术》。

本书在编写过程中参阅了大量有关文献资料，简明地介绍了溢油污染发生方式及潜在污染源、溢油污染特征及迁移转化过程，并对 20 世纪 50 年代至今国内外发生的各类溢油污染事故进行了统计分析。在结合国内外溢油环境污染事故处理处置实践经验的基础上，从溢油应急处置管理、溢油污染的应急监测技术、溢油污染应急处置技术三方面详细介绍了溢油污染事故发生后应急处置流程及其实用技术，同时也给出了溢油污染应急装置与材料名录。本书可为广大企事业单位和环境保护部门溢油环境污染事故的预防及应急处置提供有效的参考，也可作为从事环境科学、环境工程、环境管理等专业领域的研究生、本科生的参考用书。

本书是在李新亮、魏冬铭、张甜甜、吴彤、李宏伟、赵健、姜婷婷、王君武等人积极参与下完成的，在编写过程中得到了环保部环境应急与事故调查中心和大连市环境保护局的大力帮助，在此深表感谢。由于水平有限，书中难免存在错误和不妥之处，望广大读者不吝指出，如果本书能给读者带来帮助，我们备感荣幸。

# 目　录

# 第1章

# 概　述

石油是埋藏于地下的天然矿产物，经过勘探、开采出的未经炼制的石油叫原油，通常是一种黏稠的、深褐色或暗绿色的液体。石油是一种天然生成的复杂烃类化合物的混合物，并含有少量氮氧及硫等杂质。根据石油中不同化合物的成分和结构特点，可将石油分为饱和烃、芳烃、非烃和沥青质四种组分。

## 1.1　石油的性质

### 1.1.1　物理性质

石油的物理性质随着其化学组成的不同而有明显的差异。

#### 1.1.1.1　石油的颜色

石油的颜色与其含有的胶质、沥青质数量的多少有密切关系。黏性强的石油大多色暗，颜色从深棕、墨绿到黑色变化。液性明显的石油大多色淡，有的甚至无色。

#### 1.1.1.2　石油的密度

石油的密度是指在地面标准的条件下，脱气原油单位体积的质量。以吨每立方米（$t/m^3$）或克每立方厘米（$g/cm^3$）表示。在我国，20℃下的密度被规定为石油的标准密度，以$\rho_{20}$表示。石油密度的大小与其化学组成、所含杂质数量有关。低分子量烃含量高，密度小；胶质、沥青含量高，密度大。

石油按其密度可分为四类，世界各国都按本国原油（或本国所使用的原油）性质规定了密度分类界限，互不相同，下表可看作分类的参考标准。

表 1-1　原油密度分类

| 原油种类 | 密度$\rho_{20}$/（$g/cm^3$） |
| --- | --- |
| 天然气油 | ≤0.801 7 |
| 轻质原油 | 0.801 7～0.83 |
| 中质原油 | 0.830 1～0.904 |
| 重质原油 | 0.904 1～0.966 0 |
| 超重质原油 | >0.966 0 |

### 1.1.1.3　石油的臭味

油的臭味是由于油中所含有的不同挥发成分引起的。例如，含硫化物较高的石油散发着强烈刺鼻的臭味。芳香族组分含量高的石油则具有一种醚臭味。

### 1.1.1.4　石油的黏度

原油的黏度是对原油流动时内摩擦力的量度，是评价原油和油品流动性能的指标。在油品输送和流动过程中，黏度对流量和阻力影响很大，是设计输油管路和油库必不可少的重要物质性参数。原油的黏度一般与其化学组成、温度和压力的变化有密切关系。通常原油中含有的烷烃多、温度高、颜色浅、气容量大，而黏度小，随着压力的增大，黏度也随之增大。由于测定绝对黏度较烦琐，因此在研究中常使用相对黏度。相对黏度是指液体的绝对黏度与同温度下水的绝对黏度之比。

根据黏度的大小，通常将石油分为常规油（<100 mPa·s）、稠油（≥100 mPa·s 至 <10 000 mPa·s）、特稠油（≥10 000 mPa·s 至 <50 000 mPa·s）和超特稠油或称为沥青（≥50 000 mPa·s）这四类。

### 1.1.1.5　石油的溶解性

石油不溶于水，但可溶于有机溶剂，如苯、醚、三氯甲烷、四氯化碳等，也能局部溶于酒精中。石油还能溶解气体烃和固体烃化物及脂膏、树脂、硫和碘等。

### 1.1.1.6　石油的荧光反应

石油在紫外线照射下受激发发光，停止照射发光立即消失，这种荧光特性普遍被用于野外工作时判断岩石中是否含有石油。按照发光颜色的不同以及分布情况，大体可以推测出所显示的石油组分及其百分含量。一般油质呈天蓝色，胶质呈黄绿色，沥青质呈棕褐色。

### 1.1.1.7　石油的旋光性

石油在偏光下，具有把偏光面向右旋转的特性。偏转度一般小于 1°。旋光性是有机质所特有的一种性质，当加温至 300℃时立即消失。因此，在研究石油的生成时，常以这种旋光性和在石油中发现色素（由动植物色素如叶绿素或血红素变化而成，并在温度超过 200℃的时候被破坏）的存在作为石油有机成因的依据。

### 1.1.1.8　石油的凝固点与含蜡量

凝固点是指石油从液态变为固态时的温度。这个性质对于石油的储运非常重要，尤其是在低温地区。根据凝固点的高低，石油可分为高凝油（≥40℃）、常规油（≥-10℃ 至 <40℃）和低凝油（<-10℃）三类。

### 1.1.1.9　国内外一些原油的物理性质

国内外一些原油的物理性质如表 1-2 所示。

表 1-2 国内外一些原油的物理性质

| | 凝固点/℃ | 黏度/mm²s | 相对密度 $D_4^{20}$ | 含蜡量% | 含胶质量% | 含沥青量% |
|---|---|---|---|---|---|---|
| 伊朗重油 | -16 | 17.95（50℃） | 0.869 9 | 3.8 | 11.0 | 2.2 |
| 阿曼原油 | -29 | 7.987（50℃） | 0.851 8 | 4.25 | 6.57 | 0.28 |
| 科威特原油 | -22 | 6.965（50℃） | 0.866 5 | 3.8 | 9.2 | 1.8 |
| 阿拉伯中质原油 | -31 | 6.535（50℃） | 0.866 4 | 3.5 | 9.1 | 2.0 |
| 阿拉伯轻质原油 | -37 | 6.964（50℃） | 0.856 5 | 4.5 | 6.1 | 1.5 |
| 俄罗斯原油 | -20 | 3.428（50℃） | 0.837 9 | 2.06 | 5.34 | 0.36 |
| 渤海原油 | +21 | 8.597（50℃） | 0.867 4 | 13.2 | | |
| 南海混合原油 | | 9.836 | 0.856 5 | | | |
| 大庆原油 | +31 | 17.44 | 0.844 5 | 28.60 | 13.3 | 0.98 |
| 克拉玛依原油 | -50 | 19.23 | 0.867 9 | 2.04 | 12.6 | 0.01 |
| 大港原油 | +20 | 22.898 | 0.896 2 | 14.1 | 15.6 | |
| 辽河原油 | +15 | 9.67 | 0.909 9 | 10.9 | 15.6 | |
| 胜利混合原油 | +24 | 195.6 | 0.914 8 | 20.6 | 29.3 | 7.0 |
| 任丘原油 | +36 | 57.1 | 0.895 2 | 22.8 | 23.2 | |
| 胜利孤岛原油 | -2 | 498.0 | 0.940 0 | 7.0 | 32.9 | |
| 胜利孤东原油 | -4 | 243.5 | 0.949 2 | | 34.6 | |

## 1.1.2 化学性质

### 1.1.2.1 石油的组成

石油是一种多组分复杂的混合物，包括烃类及非烃类。

烃类石油中包括：① 链烷烃，含量随馏分沸点升高而逐渐减少。正构烷烃和异构烷烃都存在。后者主要是单取代基异构物，支链较短且大多靠近链端。② 环烷烃，主要是五元和六元环烷烃的衍生物。低沸点馏分中以单环为主，中沸和高沸点馏分中还有双环和多环环烷烃。③ 芳香烃，含量随馏分沸点升高而增多，环数也增多。大多带有烷基侧链，链的长度不一。在高沸点馏分中还常含有环状烃（环烷烃、芳香烃）。

非烃类石油包括：① 含硫化合物，它是石油中主要的非烃化合物。各种原油的含硫量差异很大，少的只有万分之几，多的可达百分之几。在同一石油中硫化物含量随沸点升高而增多。硫的存在形态已确定的有：元素硫、硫醚、硫醇、噻吩及其同系物等。② 含氮化合物，一般在万分之几至千分之几，主要集中在高沸点馏分之中。有碱性含氮化合物（吡啶、喹啉的同系物）和非碱性含氮化合物（吡咯、吲哚、咔唑类）。③ 含氧化合物，含量很少，存在形态以环烷酸为主，脂肪酸和酚的含量很少。低分子环烷酸能腐蚀金属设备。④ 胶状、沥青状物质，存在于高沸点馏分和渣油中，是以稠合芳环为核心，连有环烷环和烷基侧链，并有各种杂原子基团的复杂大分子化合物。其中不溶于低分子正构烷烃而溶于苯的组分称为沥青质。⑤ 金属化合物，以油溶性金属有机化合物或络合物形态存在，集中在渣油中。金属元素有镍、钒、铁、铜等，镍和钒的含量从几个 ppm 到几百个 ppm，相当部分以卟啉络合物形式存在。

#### 1.1.2.2　烃类的化学反应

烃类的化学反应分为热反应和催化反应两类。

热反应：烃类在约 450℃开始即有明显的热反应（包括裂解和缩合）。在加热条件下，烷烃主要发生碳链断裂，生成碳数较少的烷烃和烯烃；环烷烃主要发生侧链断裂和环烷环开裂反应；芳烃除侧链断裂外还发生缩合反应生成稠环芳烃直至焦炭，芳香环本身则很难开裂。

催化反应：烃类在各种不同催化剂作用下发生下列反应：① 以硅酸铝为催化剂，主要发生裂化反应。② 以铂、镍等金属为催化剂可使芳烃和烯烃加氢成为相应的饱和烃，也可使烷烃脱氢为烯烃或使环烷烃脱氢生成芳烃。③ 在三氯化铝等催化剂作用下，可使正构烷烃转化为异构烷烃。④ 用硫酸、氢氟酸为催化剂，可使异构烷烃与烯烃或芳烃与烯烃进行加成反应，生成较大分子的异构烷烃或烷基芳烃。⑤ 各种低分子烯烃可用磷酸等催化剂转化为较大分子的烯烃。⑥ 在催化剂作用下可使烷烃氧化为醇类、醛类、酮类或羧酸类等化合物。

## 1.2　石油的开采、运输及储存

### 1.2.1　石油的开采

石油是深埋在地下的流体矿物。最初人们把自然界产生的油状液体矿物称为石油，把可燃气体称为天然气，把固态可燃油质矿物称为沥青。随着对这些矿物研究的深入，认识到它们在组成上均属烃类化合物，在成因上互有联系，因此把它们统称为石油。1983年 9 月第 11 次世界石油大会提出，石油是包括自然界中存在的气态、液态和固态烃类化合物以及少量杂质组成的复杂混合物，所以石油开采也包括天然气开采。

油气在地壳中生成后，呈分散状态存在于生油气层中，经过运移进入储集层，在具有良好保存条件的地质圈内聚集，形成油气藏。在一个地质构造内可以有若干个油气藏，组合成油气田。

储存油气并能允许油气流在其中通过的有储集空间的岩层被称为储层。储层中的空间，有岩石碎屑间的孔隙，岩石裂缝中的裂隙，溶蚀作用形成的洞隙。孔隙一般与沉积作用有关，裂隙多半与构造形变有关，洞隙往往与古岩溶有关。空隙的大小、分布和连通情况，影响油气的流动，决定着油气开采的特征。

在开采石油的过程中，油气从储层流入井底，又从井底上升到井口的驱动方式主要有：① 水驱油藏，周围水体有地表水流补给而形成的静水压头；② 弹性水驱，周围封闭性水体和储层岩石的弹性膨胀作用；③ 溶解气驱，压力降低使溶解在油中的气体逸出时所引起的膨胀作用；④ 气顶驱，存在气顶时，气顶气随压力降低而发生的膨胀作用；⑤ 重力驱，重力排油作用。当以上天然能量充足时，油气可以喷出井口；能量不足时，则需采取人工举升措施，把油流驱出地面（见自喷采油法，人工举升采油法）。

与一般的固体矿藏相比，石油开采过程有三个显著特点：① 开采的对象在整个开采过程中不断地流动，油藏情况不断地变化，一切措施必须针对这种情况来进行。因此，油气田开采是一个不断了解、不断改进的过程。② 开采者在一般情况下不与矿体直接接触。油气的开采过程中，对油气藏中情况的了解以及影响油气藏的各种措施，都要通过专门的测井来进行。③ 油气藏的某些特点必须在生产过程中，甚至必须在井数较多时才能认识到，因此，在一段时间内勘探和开采阶段常常互相交织在一起。

要开发好油气藏，必须对其进行全面了解，要钻一定数量的探边井，配合地球物理勘探资料来确定油气藏的各种边界（油水边界、油气边界、分割断层、尖灭线等）；要钻一定数量的评价井来了解油气层的性质（一般都要取岩心），包括油气层厚度变化，储层物理性质，油藏流体及其性质，油藏的温度、压力的分布等特点，进行综合研究，以得出对于油气藏比较全面的认识。在油气藏研究中不能只研究油气藏本身，而要同时研究与之相邻的含水层及二者的连通关系。

在开采过程中还需要通过生产井、注入井和观察井对油气藏进行开采、观察和控制。油、气的流动有三个互相连接的过程：① 油、气从油层中流入井底；② 从井底上升到井口；③ 从井口流入集油站，经过分离脱水处理后，流入输油气总站，然后转输出矿区。

石油开采技术：

开采石油的第一关是勘探油田。石油地质学家使用重力仪、磁力仪等仪器来寻找新的石油储藏。

地表附近的石油可以使用露天的开采方式。不过目前除少数非常偏远地区外，该类石油储藏几乎已经全部耗尽。在加拿大艾伯塔的阿萨巴斯卡还有这样的露天石油矿。在石油开采初期少数地方也曾有过打矿井进行地下开采的矿场。埋藏比较深的油田需要使用钻井才能开采。海底下的油矿需要使用石油平台开采。

为了将钻头钻下来的碎屑以及润滑和冷却液运输出钻孔，因此钻柱和钻头是中空的。在钻井时使用的钻柱越来越长，钻柱通过螺旋连接在一起。钻柱的端头是钻头。大多数现在使用的钻头由三个相互之间成直角的、带齿的钻盘组成。在钻坚硬岩石时，钻头上也可以配有金刚石。不过有些钻头也有其他形状。一般钻头和钻柱由地上的驱动机构来旋转，钻头的直径比钻柱要大，这样钻柱周围形成一个空洞，在钻头的后面使用钢管来防止钻孔壁塌落。有些钻头使用钻井液来驱动，其优点是只有钻头，而不必使整个钻柱旋转。为了操作非常长的钻柱，在钻孔上方一般建立一个钻井架。钻井架前面的容器中装有钻井液，钻井液由中空的钻柱被高压送到钻头。钻井泥浆则被这个高压通过钻孔送回地面。钻井液必须具有高密度和高黏度。在必要的情况下，工程师也可以使用定向钻井技术绕弯钻井。这样可以绕过被居住的、地质复杂的、受保护的或军事使用的地面从侧面开采油田。

地壳深处的石油受到上层以及可能伴随出现的天然气的压挤，且比周围的水和岩石轻，因此在钻头触及含油层时它往往会被压力挤压喷射出来。为了防止这个喷射，现代的钻机在钻柱上端都有一个特殊的装置来防止喷井。一般来说刚刚开采的油田的油压足够高可以自行喷射到地面。随着石油被开采，其油压不断降低，就需要使用一个泵在地面上通过钻柱驱动来抽油。

石油平台是用来在海上钻井和开采石油的，通过向油井内压水或天然气可以提高可开采的油量。通过压入酸来溶解部分岩石（比如碳酸盐）可以提高含油层岩石的渗透性。随着开采时间的延长抽上来的液体中水的成分越来越大，最后水的成分大于油的成分，有些矿井中水的成分占90%以上。通过上述手段，依照当地情况，一个油田中20%～50%的含油可以被开采。剩下的油无法从含油的岩石中分解出来。通过以下手段可以再提高能够被开采的石油的量：① 通过压入沸水或高温水蒸气，甚至通过燃烧部分地下石油；② 注入氮气；③ 注入二氧化碳来降低石油的黏度；④ 注入轻汽油来降低石油的黏度，通过提高驱动液黏度，改变聚合物水溶液的流度比将原油从岩石孔隙释放出来；⑤ 注入改善油与水之间的界/表面张力的物质（表面活性剂）的水溶液使油从岩石孔隙中分解出来。这些手段可以结合使用，但依然有大量的油无法被开采。

水下油田的开采最困难，开采水下油田要使用浮动的石油平台。具体应用技术有如下几种：

（1）测井工程技术：在井筒中应用地球物理方法，把钻过的岩层和油气藏中的原始状况和发生变化的信息，特别是油、气、水在油藏中分布情况及其变化的信息，通过电缆传到地面，据以综合判断，确定应采取的技术措施（工程测井，生产测井，饱和度测井）。

（2）钻井工程技术：在油气田开发中，有着十分重要的地位，在建设一个油气田中，钻井工程往往要占总投资的50%以上。一个油气田的开发，往往要打几百口甚至更多的井。对用于开采、观察和控制等不同目的的井（如生产井、注入井、观察井以及专为检查水洗油效果的检查井等）有不同的技术要求，应保证井对油气层的污染最少，固井质量高，能经受开采几十年中的各种井下作业的影响。改进钻井技术和管理，提高钻井速度，是降低钻井成本的关键。

（3）采油工程技术：把油、气在油井中从井底提升到井口的整个过程的工艺技术。油气的上升可以依靠地层的能量自喷，也可以依靠抽油泵、气举等人工增补的能量。各种有效的修井措施，能排除油井经常出现的结蜡、出水、出砂等故障，保证油井正常生产。水力压裂或酸化等增产措施能提高因油层渗透率太低，或因钻井技术措施不当污染、损害油气层而降低的产能。对注入井来说，则是提高注入能力。

（4）油气集输工程技术：在油田上建设完整的油气收集、分离、处理、计量和储存、输送的工艺技术。使井中采出的油、气、水等混合流体，在矿场进行分离和初步处理，获得尽可能多的油、气产品。水可回注或加以利用，以防止污染环境，减少无效损耗。

## 1.2.2　石油的运输

海上长距离运输石油可使用油轮，陆地使用输油管线。对于短程的运输，可以使用汽车、火车和内河油船。

油轮运输已有 120 多年的历史，一直是世界原油贸易的主要运输方式之一。海运是国际石油贸易中最主要的运输方式，运量大、通过能力强、综合运费低等特点使得大部分国家和地区选择此种运输方式。2010 年，通过海上运输的石油占全世界石油消费总量的 50%以上。水上油运航线连接着世界上主要的产油地区和消费地区，有属于跨洋的国际航线，也有属于地区性的短程油运航线。从目前水上原油运输的基本流向看，在主要出口地区中东、西北非、中亚和主要进口地区北美、西欧、东亚之间有四条主要运输航线，这四条航线上的原油运量约占总运量的 70%，根据出发港和目的港不同，又可划分为数条具体航线。除此之外还有一些区域性航线。

管道运输主要用于陆路运输，具有运量大、安全、便捷、经济等优点，是各国油田和油港、炼油中心之间的纽带，在国际石油运输中，是与油轮运输相辅相成的重要运输方式。

铁路运输是海运和管道运输的重要补充方式。铁路运量有限，运输成本较海运和管道运输高，但是在陆地上一些管道无法达到的地方，其与公路运输构成了陆上运输的重要组成部分。但从长远来看，通过铁路运输进行国际油气贸易只是权宜之计。

## 1.2.3　石油的储存

按照石油的储运方式不同，分为散装和整装两种方式。

散装方式是指用油罐、车（铁路油罐车或汽车油罐车）、船（油轮、油驳）、管道等储存和运输油料。在油库中，油罐是储存散装油料的主要容器，也是油库的主要储油容器。

整装方式是指用油桶或其他专用容器整储整运油料。油桶是储存整装油料的主要容器。

除了陆地的主要方式油罐存储外，还有一些海上储存油料方式，如油轮存储、平台储罐、海底油罐、重力式平台支腿油罐等方式。

# 第 2 章

# 溢油污染发生方式及潜在污染源

## 2.1　溢油及溢油事故

溢油通常是指排入海洋或其他水域的油。溢油事故是指因操作不当或自然原因导致原油及其炼制品进入海洋、河流、湖泊或其他不利于石油储存的区域的突发性事故。国际上溢油事故根据其规模和所需的资源进行分级，1 级：指能够通过使用该地的溢油反应资源加以处理和控制的较小的溢油事故；2 级：指需要地区内其他溢油反应资源协助处理和控制的较大型的溢油事故；3 级：指需要国内甚至国际溢油反应力量协助处理和控制的大型或灾难性溢油事故。

国内溢油级别按照溢油量进行定位，其具体定位是：小型溢油，溢油量 10 t 以下；中型溢油，溢油量 10～100 t；大型溢油，溢油量 100 t 以上。

### 2.1.1　溢油的特征及迁移转化过程

溢油事故发生后，溢油可以进入海洋、地表水体、土壤或地下水等环境介质中，通常考虑的溢油迁移转化多指在海洋或地表水系中的行为。原油是多种组分的混合物，故当石油类物质到达水面时，会发生一系列的现象。首先发生的变化是快速扩散，同时还伴随挥发、溶解、乳化等变化。这些变化的发生不仅取决于石油本身的性质，还受到水体、天气状况和地形的影响，会造成溢油性质的改变，进而影响到后续水面除油。溢油的特征也决定了其在水体中的迁移转化过程（见图 2-1），具体如下：

#### 2.1.1.1　扩散

当石油类物质进入水面后，油类物质会立即分散，形成一片薄胶片状物质。溢油扩散速率受到溢油源油膜厚度、原油类型（包括沸点范围、含蜡量、黏度与表面活性剂混合后的状态等）、海况条件、气温、天气情况等的影响。

#### 2.1.1.2　挥发

石油类分散在水层表面后会迅速挥发。影响石油类挥发速率的因素有很多，如沸点、碳氢化合组分的蒸汽压、环境条件和溢油区域的表面积大小等。由于挥发作用，一方面是原油量减少，降低了可燃性及其本身的毒害作用；另一方面是增加了残留物的黏度和密度。这些状态的改变又会影响石油类物质的扩散速率。

### 2.1.1.3　溶解

石油类物质在水中几乎不溶解，只有一部分轻油组分才能与水混溶。

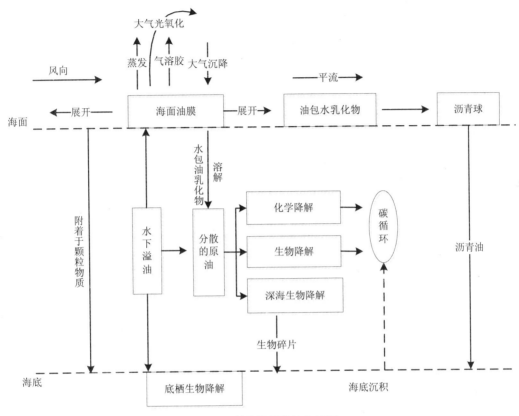

图 2-1　溢油的迁移转化过程

### 2.1.1.4　分散

在水体的机械运动搅拌下，可能使部分原油在水中呈分散状态。分散程度的大小取决于水体本身机械作用的大小和原油的性质。

### 2.1.1.5　乳化

当原油进入水面后，在水体运动的机械搅拌下，就会产生一种油、水分层的乳化物，出现一种含水的乳化油块，它一般是层状的物质。这种乳化油块是一种油包水的乳化物，其中含水率为 50%～70%，高者可达 80%，因而使其体积增加，其黏度及含水量也随着时间而增加。

### 2.1.1.6　氧化

虽然碳氢化合物本身具有明显的抗氧化作用，可是光照条件下，油分与水长期接触后，会很快发生氧化作用。

#### 2.1.1.7 生物降解

由于海水中有细菌以及微生物，水中的油类物质会在它们的存在下产生明显的生物降解作用。降解速率与下列因素有关：原油组分；原油与水中细菌的接触面积；促使细菌繁殖的养分；海水温度和盐度等。

#### 2.1.1.8 沉降

原油经过风化作用或者被颗粒物吸附，均可产生沉降作用。溢油的迁移转化过程实际上是一系列非常复杂的物理、化学及生物转化过程，从短期来看，蒸发和乳化过程是最重要的，也是影响溢油和应急反应决策的关键；从长期来看，光氧化和生物降解过程是最重要的，也是决定海上溢油最终归宿的过程。

### 2.1.2 溢油事故统计分析

21 世纪以来，随着全球化经济的快速发展以及对石油能源的急剧需求，世界范围内运输船舶、海洋石油勘探开发等人类活动引起的重大溢油事故频繁发生。据统计，1973 — 2006 年，我国沿海共发生大小船舶溢油事故 2 635 起，其中溢油 50 t 以上的重大船舶溢油事故共 69 起，总溢油量 37 077 t，平均每年发生两起，平均每起污染事故溢油量 537 t。2007 年 12 月发生在韩国大山港的 $26×10^4$ t 油轮"河北精神号"因碰撞而泄漏 1 万多吨原油，严重损害当地海域的生态环境；2010 年 5 月一艘马来西亚籍的油轮在新加坡海峡发生碰撞，造成 2 000 t 石油泄漏；2010 年 4 月美国墨西哥湾"深水地平线"油井平台泄漏了 $49×10^5$ 桶[①]原油，其中有 $41×10^5$ 桶进入海洋，据估计，该事件造成的社会经济与自然环境资源损失高达 400 亿美元。

随着我国对外开放和海洋经济的迅速发展，海洋溢油事故日益频繁。2002 年 11 月在渤海湾发生的"塔斯曼海"号油轮溢油事故，生态索赔额高达 1.2 亿元人民币；2004 年 12 月珠江口发生的特大船舶溢油事故，溢油量达 1 200 t，损害范围达到海南省近海海域；2006 年 2 月发生的"长岛海域油污染事件"持续时间长达 3 个月之久，波及山东、天津、河北沿岸，引起了国务院的高度重视，成为有史以来渤海湾发生的影响范围最大的油污染事故，对海洋环境、人民财产及健康安全造成了巨大的损害；2010 年 7 月发生的大连新港输油管道爆炸并引起储罐中的原油泄漏污染海洋事故，溢油量超过 1 500 t。

虽然 20 世纪 90 年代以来溢油事故的发生概率和泄漏量都较之前减少，但是由于海洋环境日益恶化和各国人民、政府环保意识的不断增强，人们对溢油的关注有增无减。近几十年来，重大海洋溢油污染事件带来的灾难性后果让人触目惊心，其中有些事故的发生归因于恶劣的天气和海况，但有些则纯属人为操作失误所致，无论如何，事故给环境造成的破坏及给经济造成的损失都是无法估量的。

---

① 1 桶（bbl）=42 美加仑（gal）=0.195 立方米（m³）。

#### 2.1.2.1 国外溢油事故原因统计分析

溢油事故泄漏的油源包括油井、生产平台、船舶、管道、油库以及运输的汽车或者火车等。根据美国的一家信息协会统计,从 1978 年到 1997 年,世界发生泄漏量超过 34 t 的溢油事故共有 5 318 起,其中最大的一起是 1991 年的科威特油田,由于伊拉克入侵造成的油井、码头和油船同时泄漏,总溢油量达 $8.16 \times 10^5$ t。

溢油事故统计分析中,总共调研搜集到国外的溢油事故达 700 余例。从统计分析中发现,事故的主要原因有船舶搁浅、船舶碰撞、船舶沉没、船舶起火、船舶破裂、管道泄漏等,次要原因有石油平台故障、战争、船舶引擎故障、工作疏漏,除此之外还有大量的事故不能确定原因。从 1951 年每隔 10 年做一次统计,得到事故原因的比例见图 2-2~图 2-8。

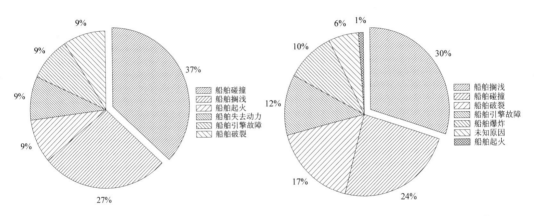

图 2-2 1951—1961 年国外溢油案例中
溢油原因的比例关系图

图 2-3 1962—1972 年国外溢油案例中
溢油原因的比例关系图

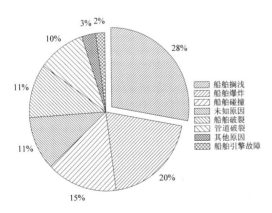
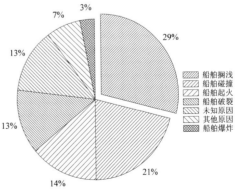

图 2-4 1973—1983 年国外溢油案例中
溢油原因的比例关系图

图 2-5 1984—1994 年国外溢油案例中
溢油原因的比例关系图

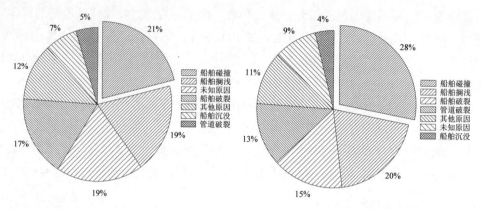

图2-6　1995—2005年国外溢油案例中　　　　图2-7　2006年至今国外溢油案例中

溢油原因的比例关系图　　　　　　　　　　溢油原因的比例关系图

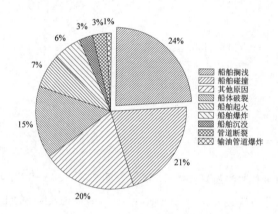

图2-8　1951年至今国外溢油案例中溢油原因的比例关系图

从以上对国外溢油原因的统计可以看出，无论是分段统计还是整体分析，溢油事故的主要原因都是船舶搁浅和船舶碰撞，而且均呈逐渐增长的趋势。在石油污染事故中，船舶溢油事故扮演了最重要的角色，共发生溢油近500次，占统计案例的70%，可见船舶溢油事故对环境损害的严重性。最大一次船舶溢油事故是1983年发生在南非开普敦西北110 km处，最大溢油量达 $2.67×10^5$ t。

#### 2.1.2.2　国外溢油事故种类统计分析

在收集到的从1951—2012年的700余例国外溢油案例中，经过统计发现，事故的油品主要有柴油、重油、原油、燃油、汽油，其次还有馏分油、石脑油、润滑油、沥青等，其中还存在大量没有确定的油品。由于统计的案例年份跨越60年之久，且事故数量偏多，分析逐年的事故种类存在一定的困难，因此以每十年为一个统计时间间隔，做出整个统计年份的分布图。

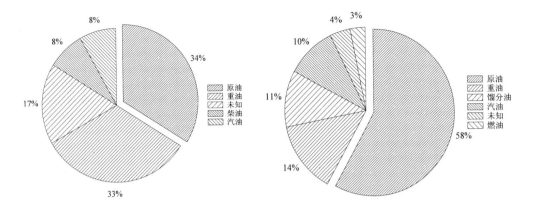

图 2-9 1951—1961 年国外溢油案例中
溢油种类的比例关系图

图 2-10 1962—1972 年国外溢油案例
中溢油种类的比例关系图

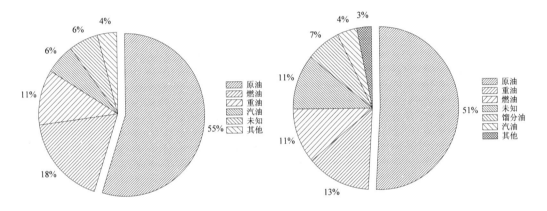

图 2-11 1973—1983 年国外溢油案例中
溢油种类的比例关系图

图 2-12 1984—1994 年国外溢油案例中
溢油种类的比例关系图

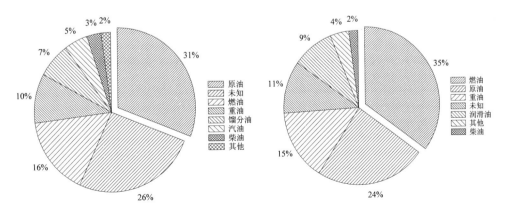

图 2-13 1995—2005 年国外溢油案例中
溢油种类的比例关系图

图 2-14 2006—2012 年国外溢油案例中
溢油种类的比例关系图

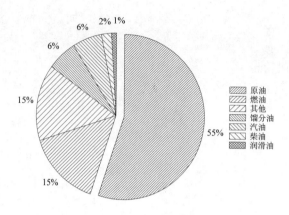

图 2-15 国外溢油案例中溢油种类的比例关系图

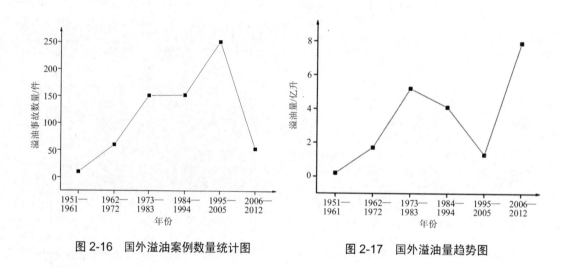

图 2-16 国外溢油案例数量统计图          图 2-17 国外溢油量趋势图

由国外溢油案例统计图和国外所有案例的溢油类型分析图可以看出，国外的溢油事故数量和类型主要是原油，从 1951—1973 年呈现直线上升趋势，且在 1973 年达到最高峰，之后基本保持不变，汽油发生的概率最小。从该图我们可以较明显地看出原油的溢油事故发生频率在逐年增加，虽然数据统计中，2006—2012 年的数据呈下降趋势，这主要由于统计年份不足。此次统计分析中可能搜集案例不够精确，但仍可看出原油溢油事故的发生频率一直呈上升趋势发展。

### 2.1.2.3 国内溢油事故原因统计分析

我国自 1975—1996 年的 22 年中，也发生过大大小小的溢油事故 2 200 起，溢油量达 22 000 t，以溢油量 50 t 以上的大事故计算，有 40 多起。其中最大的一次溢油事故是发生在 1970 年"南洋轮"，溢油大约有 8 000 t。到目前为止，我国尚未发生过像国外超过 $3.4 \times 10^4$ t 的灾难性事故，这除了我国比较重视油污事故的防范外，更重要的原因是我国 20 世纪 90 年代以前海洋石油运输量比较小，但进入 90 年代以后，我国港口石油吞吐量

以 $10^7$ t 的速度增长，1996 年、1997 年增长达 $2 \times 10^7 \sim 3 \times 10^7$ t。目前我国石油吞吐量仅次于日本和美国，稳居世界第三位。加上我国南北部一大批 $2 \times 10^5$ t 级的溢油泊位陆续投入使用，因此灾难性的溢油事故很可能在我国水域发生。

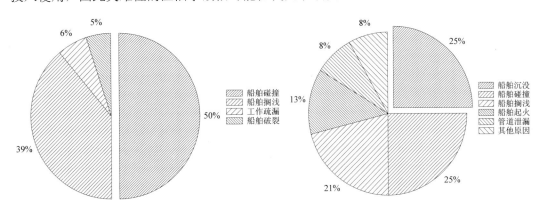

图 2-18　1973—1983 年国内溢油案例中
溢油原因的比例关系图

图 2-19　1984—1994 年国内溢油案例中
溢油原因的比例关系图

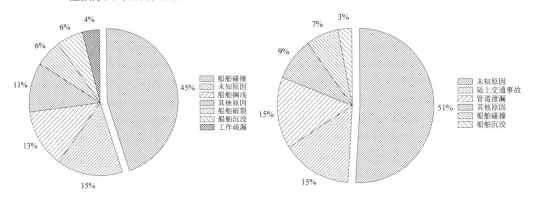

图 2-20　1995—2005 年国内溢油案例中
溢油原因的比例关系图

图 2-21　2006—2012 年国内溢油案例中
溢油原因的比例关系图

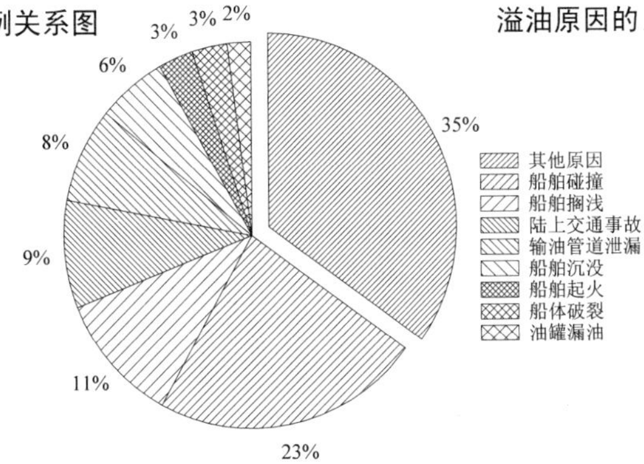

图 2-22　国内溢油案例中溢油原因的比例关系图

从对国内溢油事故的一系列分析图可以看出，造成溢油污染事故的主要原因是船舶碰撞和船舶搁浅。我国把船舶类溢油事故分为船舶事故性溢油、船舶操作性溢油、故意排放事故造成的溢油。根据统计，操作性溢油事故发生的次数较多，占事故总数的 50% 以上，甚至达 80%~90%，但溢油较少，一般每次不超过 10 t；事故性溢油事故发生次数虽少，但溢油量较大，往往导致重大溢油事故的发生。

据有关资料统计表明，船舶在供受油作业中发生的溢油事故，是造成我国水域溢油污染的主要途径，通常情况下容易发生溢油事故的原因如下：

（1）油船操作人员因素如：责任心、精神状态、连续作业等；

（2）受油船操作人员因素如：负责受油的轮机员对受油舱及其管路的分布不熟悉，两个以上受油舱同时受油时检查不及时或无人检查，负责受油的值班人员责任心不强，擅离职守；

（3）天气因素：如在寒冷天气情况下，夜间或遇有暴风雨雪的恶劣天气情况下供油作业，极容易发生溢油事故。

通过分析历年来在供油过程中发生的溢油事故，可归纳为以下常见溢油特点：

（1）供油船操作人员责任心不强，在供油作业前没有认真检查各供油管系阀门的开关情况而造成的溢油。例如 2002 年 9 月 18 日某油轮在供油作业前，操作人员未对供油设备进行检查，供油时该轮使用左右两台泵同时向受油船供油，由于该轮右泵突然发生故障，造成左舱的油被打入右舱，约 50 kg 燃油从右舱通气孔溢出造成水域污染。

（2）受油船另一舷加油管阀门或盲板未关或未上紧造成的溢油。通过国内近几年发生的溢油事故分析看出，由于受油船负责人的责任心不强，在受油前未检查另一舷的加油管阀门或盲板的开关情况，由此发生的溢油事故在夜间较为突出。例如在 2001 年冬季，为某轮供燃料油时，由于受油方未认真检查该轮另一舷受油口阀门（未关，内存燃油已凝固），在加油中途内存燃油被热油融化致使大量燃油打入海中，造成严重污染事故。

（3）受油舱满舱或未满舱时通气孔溢油，这种情况时常发生。造成受油舱满舱溢油的原因有以下几点：受油方未能及时准确地测量受油舱的油位，特别是冬季测量孔内的燃油凝固，使测量失准造成满舱溢油；受油方负责测量或值班的人员擅离职守无人看管造成的溢油；受油方的操作人员不熟悉受油舱及其管系阀门，在装油过程中开错或关错阀门导致满舱溢油。

（4）造成受油舱未装满通气孔溢油的原因有：供油船的供油压力过高，泵速过快，而受油舱的通气孔孔径小，透气不及时将舱内燃油带出造成溢油；受油舱通气孔堵塞造成透气不畅，特别是冬季较为突出，由于通气孔内油凝固造成透气性能差，而舱内空气压力高，很容易造成燃油随空气一同从通气孔内喷出造成溢油。

### 2.1.2.4 国内溢油事故种类统计分析

从上述一系列国内溢油种类的统计分析可知，事故发生时泄漏的主要是原油和燃油，由于数据的搜集受到限制，很大一部分事故不能确定溢油的种类。通过对国内溢油事故的原因分析得出，船舶溢油事件是海洋油污染的重要来源。分析我国海域内溢油事件发生概率的特点，有助于对溢油事件发生规律的掌握以及我国溢油防治决策的制定，对于保护海洋环境具有重要指导意义。利用泊松分布，可以对海域内船舶溢油事件发生次数的概率进行分析。

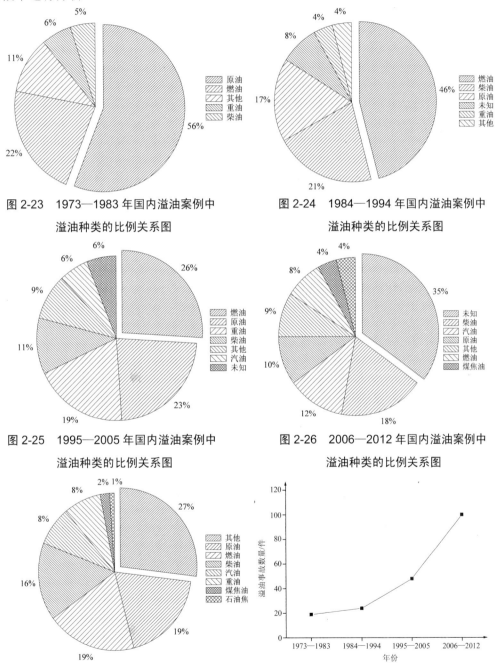

图 2-23　1973—1983 年国内溢油案例中溢油种类的比例关系图

图 2-24　1984—1994 年国内溢油案例中溢油种类的比例关系图

图 2-25　1995—2005 年国内溢油案例中溢油种类的比例关系图

图 2-26　2006—2012 年国内溢油案例中溢油种类的比例关系图

图 2-27　国内溢油案例中溢油种类的比例关系图

图 2-28　国内溢油事故数量趋势图

概率论和数理统计是进行船舶溢油风险概率分析的重要理论基础，泊松分布是随机事件中小概率事件（或稀有事件）的概率分布。在自然灾害、疾病研究方面已经得到了广泛的应用，其在船舶溢油事件概率分析方面的应用也有一定的历史。我国一般将大于50 t 溢油量的事故定义为稀有重大事故，因此在研究中假定溢油量大于 50 t 的船舶溢油事件符合泊松分布。即满足：

$$p(n/\lambda) = \frac{e^{-\lambda t}(\lambda t)^n}{n!}$$

式中，$n$ —— 溢油发生次数；

$t$ —— 所处置的油量；

$\lambda$ —— 每处理单位体积的油引起的溢油次数的平均值。

### 2.1.3 溢油事故发展趋势预测

国内外在船舶溢油事故发展趋势预报方面做的研究很少。从中、长期角度，主要依据以往的事故发生信息及相关影响因素的样本资料，做出有一定可信度的中期或长期的船舶溢油事故危险性趋势预报。这种危险性趋势预报对于开展船舶溢油灾害防御工作和应急资源的储备具有重要的指导意义。

根据 1973—1996 年间中国海域船舶溢油的历史数据，利用灰色系统理论的灰色拓扑分析方法，建立相应的 GM（1，1）分析模型，对未来的溢油趋势进行预测分析。但建立的分析模型仅针对时间序列本身，没有考虑到船舶溢油事故相关影响因素，模型本身也有一定的局限性。

我国长江流域船舶溢油事故样本具有非平稳性和小样本性，这使得传统的预测模型不再适用于船舶溢油事故的中长期预报。目前在解决数据序列的小样本性方面采用的新方法是统计学习理论，该理论是通过支持向量机算法（SVM）实现的。

统计学习理论（SLT）是一种小样本统计理论，着重研究在小样本情况下的统计规律及学习方法性质。SLT 为机器学习问题建立了一个较好的理论框架，也发展了一种新的通用学习算法—支持向量机算法（SVM），能够较好地解决小样本学习问题。目前，SLT 和 SVM 已成为国际上机器学习领域新的研究热点，而 SVM 是近几年机器学习领域最有影响力的研究成果。

## 2.2 溢油原因分析

### 2.2.1 船舶溢油

船舶溢油事故一直以来都是溢油事故的主要类型，随着我国经济的持续快速发展，水上交通、石油勘探开发、海洋渔业等生产活动日益繁忙。据统计，2006 年航行于中国沿海水域的船舶已达到 $4.64 \times 10^6$ 艘次，其中各类油轮超过 $1.6 \times 10^5$ 艘次。沿海石油运输量达到 $4.31 \times 10^8 t$，其中原油 $1.87 \times 10^8 t$。目前每天航行于我国沿海的各类油轮已达 200 多艘次。船舶数量和石油运量的持续增加，特别是大型、超大型油轮在我国水域频繁进出，使得我国沿海水域通航环境更加复杂，船舶突发事故引发的重大溢油风险不断加大。根据统计，1973—2006 年，我国沿海共发生船舶溢油事故 2 635 起，其中溢油量 50 t 以上的重大事故 69 起，总溢油量达 37 000 多 t。随着我国海上生产、运输的不断发展，潜在溢油污染风险还在持续增加。

### 2.2.1.1　船舶溢油事故原因分析

船舶溢油污染事故多由于船舶事故导致，引起船舶事故的原因主要分为三类。

（1）人为过失：航海人员的操纵行为过失。表现在以下几个方面：工作马虎，责任心不强；海上经验不足，应急能力不强；心理素质不佳，情绪波动大，意气用事；人际关系紧张，盲目自信，缺乏海难、海损、海事的经历与实践；驾驶台值班人员不足，连续值班导致过度疲劳；驾驶台指挥人员不熟悉机器性能及操作程序。

（2）操作失灵：主要的机件、设备、装置发生故障，操舵系统故障，舵机故障和锚机故障等。

（3）环境因素：海底地形复杂多变；航道狭窄，可航宽度小；航道弯曲度大；潮沙变化大，潮差大；灾害性天气、恶劣气象、恶劣海况和能见度不良等；资料与实际情况不符或有错，航海通告不及时、有误差等。

### 2.2.1.2　船舶搁浅溢油事故

目前学界把搁浅分为软搁浅和硬搁浅。前者搁浅时触及的海床为较软的黏土，而后者触及的则是坚硬的礁石。

在船舶发生搁浅后，一方面船体结构承载能力削弱，另一方面由于破舱进水或液体外流而造成船舶浮态和外载荷分布的显著变化。在救援、拖航过程中可能会因为强度不够而发生进一步破坏，造成货物泄漏甚至沉船事件。对于双壳结构的船舶，只要内壳完好无损，即使外壳发生了很大的破裂，也不会泄漏。但是，船体的总体强度和局部强度已受到了很大的影响。在救援、拖航过程中仍然会因为强度不够而发生进一步破坏，造成泄漏，甚至沉船事件。所以船舶碰撞和搁浅后剩余强度问题近来也受到了一定程度的重视。

### 2.2.1.3　船舶碰撞溢油事故

在港口、海峡、河道等巷道较狭窄地区容易发生船舶碰撞事故。"船—船"碰撞一般会导致碰撞船首部变形和被撞船舷侧结构变形，严重时会导致船体损坏发生溢油事故。同时，由于种种原因，船舶会与固定刚性物体发生碰撞，引起船体损坏发生溢油事故。尤为重要的是，船舶在码头发生与输油管线碰撞，容易引起重大溢油事故。

#### 2.2.1.4　其他船舶溢油事故

由于不可预见因素，如码头装卸货物过程中船体起火、爆炸，在拖带油驳途中油驳进水，未知因素导致舱室爆炸，由于天气因素导致的船体损坏等，均有可能导致船体损坏，发生溢油事故。

#### 2.2.1.5　船舶溢油事故案例

船舶溢油事故的发生不是单一原因导致的，而是由人为、天气等因素共同导致的。下面以 Tasman Spirit 轮溢油事故为例，进一步对船舶溢油事故进行分析。

2003 年 7 月 27 日，已有 24 年船龄的希腊籍油轮 Tasman Spirit 号装载着 67 535 t 伊朗轻质原油从伊朗驶往巴基斯坦，受潮汐作用而偏离原定航线，在巴基斯坦卡拉奇（Karachi）附近搁浅。该船运载的原油有五分之一（约 27 000 t）漏进了大海。原油泄漏以后，由于风大浪急，海况恶劣，部分原油被吹上岸，大约 15 km 的海岸线被厚厚的油层覆盖。溢油从 Manora 航道向克里夫顿海滩漂移，主要聚集的地方约 7.5 km。事故发生地靠近居民区，克里夫顿休闲娱乐海滩受到污染，而且周围的环境是一个物种丰富多样的海洋生态系统，不仅是绿海龟、橄榄龟、海豚、鼠海豚和突吻鲸的栖息地，还生存着蜥蜴、海蛇等其他物种，共有 200 多种鱼类和 50 多种鸟类分布在该区域。溢油使得数千名居民搬迁，大量鱼类和水生物死亡，红树林和其他物种也受到严重威胁。这次事故被认为是巴基斯坦历史上最为严重的环境灾难。

### 2.2.2　钻井平台溢油

随着人类对油气资源开发利用的深化，油气勘探开发从陆地转入海洋，因此，钻井工程作业也必须在浩瀚的海洋中进行。在海上进行油气钻井施工时，几百吨重的钻机要有足够的支撑和放置的空间，同时还要有钻井人员生活居住的地方，海上石油钻井平台就担负起了这一重任。由于海上气候的多变、海上风浪和海底暗流的破坏，海上钻井装置的稳定性和安全性更显重要。

#### 2.2.2.1　钻井平台溢油事故原因分析

海洋油气钻井的最大问题之一是由其独特工作对象和特殊工作环境带来的安全隐患。"防喷阀"作为防止溢油事故发生的最后屏障，由于种种原因未能有效启动，会引起严重的溢油事故。

造成钻井平台溢油事故的主要原因包括：

（1）原油或天然气意外泄漏或井喷，引起的爆炸或火灾。

（2）由于不可抗拒的强台风或海浪，引起钻井平台的倾覆沉没。

（3）由于操作失误或违反相关规定的人为因素导致溢油事故的发生。

#### 2.2.2.2　钻井平台溢油事故案例

下面以墨西哥湾的"深水地平线"钻井平台溢油事故为例，进一步对钻井平台溢油事故进行分析。

2010 年 4 月 20 日夜间，位于墨西哥湾的"深水地平线"钻井平台发生爆炸并引发大火，大约 36 h 后沉入墨西哥湾，11 名工作人员死亡。钻井平台底部油井自 2010 年 4 月 24 日起漏油不止。事发半个月后，各种补救措施仍未有明显效果，沉没的钻井平台每天漏油达到 5 000 桶，并且海上浮油面积在 2010 年 4 月 30 日统计的 9 900 km² 基础上进一步扩张。此次漏油事件造成了巨大的环境和经济损失，同时，也给美国及北极近海油田开发带来巨大变数。受漏油事件影响，美国路易斯安那州、亚拉巴马州、佛罗里达州的部分地区以及密西西比州先后宣布进入紧急状态。5 月 27 日，专家调查表示，海底底油井漏油量从每天 5 000 桶，上升到 25 000～30 000 桶，演变成美国历来最严重的油污大灾难。原油漂浮带长 200 km，宽 100 km，而且还在进一步扩散，排污行动可能会持续数月。

## 2.2.3　输油管道溢油

陆上石油的运输及使用已有相当一部分采用管线输送，到 2015 年我国的油气输送管线将达到 10 万多 km²。虽然石油产品的管道输送是最安全和经济的运输方式，但各种原因也会引发油品泄漏事故。这些输油管道有很多穿越或临近河流、湖泊等敏感区域，一旦管线发生泄漏，将对江河湖泊及生态环境造成严重污染，使饮用水资源受到威胁，将会给国民经济及人民健康造成损失及损害。

### 2.2.3.1　陆地输油管道溢油事故原因分析

（1）腐蚀泄漏，这是陆上油田石油天然气管道泄漏的主要原因。

（2）意外创伤泄漏，包括不法分子破坏和工程施工机械误伤等原因造成的泄漏，这类泄漏在长距离石油天然气管道泄漏处理中最为棘手。

（3）因设计不当造成的泄漏。

### 2.2.3.2　水底输油管道溢油事故原因分析

（1）管道设计不合理，施工中造成的管道破坏未及时发现，以及管道材料缺陷等会对管道造成损坏。

（2）水上工程施工、船舶起抛锚作业以及拖网捕鱼等人为因素会对水底管道造成破坏。

（3）管道周围土体受冲刷以及运营操作不合理。风浪和海流长期作用会造成管道周围土体被冲刷，使埋设的管道露出管沟，并可能使管道悬跨过长，产生较大应力；管道运营时因操作规程不完善、遇到非常情况处理不当、安全系统操作失灵等都会对管道造成破坏。

（4）落物冲击造成损坏。一件被丢入水中的物品会改变先前的倾斜状态，导致该物品与管道有一个楔点接触，破坏管道。

（5）介质腐蚀的影响。输送介质及淡水、海洋环境因素都有可能引起水底管道的破坏。在海洋环境中引起腐蚀的因素很多，例如海洋大气盐分、温度、湿度、光照、海水盐度、含氧量、氯离子含量、海洋生物、海上漂浮物、海流及海浪的冲击、流沙、土壤中的细菌等都对钢管有不同程度的腐蚀。

（6）油、气在管内流动时会使管道产生轻微振动，使埋设管道浮出管沟。

（7）风浪和海流作用也会造成管道振动，使混凝土层破坏，并可能导致管道产生疲劳破坏。

### 2.2.3.3  输油管道事故案例分析

2010 年 7 月 26 日，美国密歇根州发生了美国中西部最大的溢油事故。该事故是由于美国密歇根州的地下原油管线发生破裂，导致约 3 800 m³ 原油泄漏。溢油最先流入一条小溪，再流入到 Kalamazoo River（卡拉马祖河）。破裂的地下原油管线是属于 Enbridge Energy（安桥能源）公司的 6B 管线，该管线直径 30 in[①]，于 1969 年铺设，日输油量约 $3 \times 10^4 m^3$。

## 2.2.4  储油罐溢油

油料跑冒是油库的常见事故，而这其中最主要的原因是储油罐泄漏。油品泄漏事故大多是人为因素造成的，其中包括管理不善、操作失误、维修不及时等，但也有一些是由于自然灾害或其他事故引起的。任何情形的油罐泄漏，都会造成油品大量流散，遇到火源均会发生大面积的火灾。由于油品从泄漏部位源源不断地供给燃烧，而且不能使用关闭阀门的方法直接切断泄漏源而灭火，故给扑救工作带来很大的困难。

### 2.2.4.1  油罐事故原因分析

在油罐使用过程中，尤其是新建不久的油罐，常见基础下沉并由此引起罐底变形、罐身倾斜、连接管线拉裂或拉断、油罐突然毁坏等事故。长期使用后，由于受到内部介质压力、化学或电化学腐蚀，或由于油罐的结构、材料等方面的问题，使之在使用过程中可能产生罐壁或罐底及罐底阀件的裂纹、腐蚀穿孔等破坏，导致油罐泄漏。此外，焊缝质量低劣，再加上夹渣、裂纹、未焊透等缺陷，投用后，由于反复进出油，也会因疲劳破坏造成油罐从焊缝处撕裂而泄漏。油罐各种与外部相连的法兰、阀门、人孔及排污孔等由于安装质量差，或疏忽而未装垫片，或维修中操作失误等，都可能引起泄漏。储油罐底部装有进出油短管、放水管等接口及人孔等，汽车槽罐车罐底装有排水阀和排油阀等，由于集中应力的作用，各种接口、焊缝处较容易出现泄漏；石油中不同程度地含有硫的成分并且含有一定的水分，对罐底及罐底阀件的腐蚀较其他部位严重，容易出现泄漏。有时，违规作业也可造成油罐底部泄漏。另外，在火灾状态下，油罐底部的各种接口及人孔法兰的垫片、阀门的垫片或盘根也可能因受热熔化失去密封作用而造成油罐底部泄漏。在石油工业生产过程中，泄漏现象随时随地都可能发生。

---

① 1 英寸（in）=2.54 厘米（cm）。

#### 2.2.4.2　油罐事故溢油案例

加勒比石油油罐区爆炸事故发生于 2009 年 10 月 23 日，位于波多黎各巴亚蒙地区的加勒比石油（CAPECO）的设施发生爆炸。未知原因的爆炸点燃了油罐区的大量储罐。该爆炸定为里氏震级 2.8 级的地震，损害了住宅和当地的商业。超过 20 个储存喷气燃料、锅炉燃料和汽油的储罐着火，使产品溢出二级安全壳。

### 2.2.5　交通事故和加油站溢油

#### 2.2.5.1　交通事故溢油事故原因分析

交通事故是导致溢油的一个重要原因，车辆发生交通事故（碰撞、翻车等）造成汽油或其他油类泄漏至陆地、周围河流、湖泊等，污染土壤和水体。交通事故溢油事件具有突发性、破坏性、紧迫性、不确定性、公众性等特点，一旦发生，将会对流域水环境或地下水造成巨大的污染损失，甚至可能威胁到公众的饮水安全。

#### 2.2.5.2　加油站溢油事故原因分析

加油站也会发生漏油事故，加油站的漏油事故可分为油罐车漏油和加油站的储罐漏油。油罐车漏油主要是由于交通事故和油罐车的设备故障造成的，油罐车发生交通事故会使油罐车的罐体及管道发生破裂，油罐车的设备故障主要是由于密封不好而引起油品泄漏；油罐漏油事故主要是由于与油罐连接的地下管道破裂或管道之间的法兰连接不紧而导致密封不好造成的。油品泄漏不仅会造成巨大的经济损失，而且还可能由于疏导工作不到位而引起摩擦起火现象。

#### 2.2.5.3　交通事故溢油案例

巴西热带雨林卡车溢油事故发生于 2001 年 4 月，一个燃油舱车撞上一个大豆麸卡车，油罐车泄漏了 30 000 L 的燃油，油污污染了事故道路，流经下水道和热带雨林，最终流进一条原始河流。事故道路蜿蜒在马尔山的斜坡上，在热带雨林之中，属于自然保护区，地形崎岖、土壤滑坡、植被密集，河流岩石很多，几乎不能穿越。这条道路交通比较密集，与最终流入的河流垂直距离相差 30 m。事故发生之后，交警和其他一些道路工作者立刻利用另外一辆事故车辆中的大豆麸吸收油污以试图围控，但是油污最终还是流进了下水管道。由于陡峭的地形坡度，油污迅速渗入雨林并流进原始河流中。

### 2.2.6　油田溢油

#### 2.2.6.1　油田溢油原因分析

全球石油总产量每年达 22 亿 t，其中 80% 产自陆地油田。我国的石油资源丰富，正在开采的油田遍布全国。目前，我国勘探、开发的油田和油气田共 400 多个，分布在全国 25 个省市和自治区，油田的主要工作范围近 20 万 km²，覆盖地区面积达 32 万 km²，约占国土总面积的 3%，其中约 480 万 hm²[①]土地的石油含量可能超过安全值。

油田开发过程中泄漏事故，主要包括两个方面：施工中的原油、回注污水、压井液等泄漏和输运过程中原油的泄漏。在井下施工过程中，由于管道设备的不合格等原因，会导致套管掉井等事故，从而造成原油的泄漏。对于油层内压较小的油井，一般采用回注水的方法进行原油的开采。如果注水管线因腐蚀而穿孔或因注水压力过大而断裂，将造成回注污水的泄漏，同时造成地表水、地下水的污染。另外，井下作业中的一些洗井液的泄漏也会造成地下水污染。在油田输运过程中，由于设备故障或一些其他原因，原油的集输管道有时因腐蚀穿孔或爆炸造成管道原油的泄漏。输油管道的接口或阀门处也可能由于人为操作的原因，使原油泄漏事故发生。油田开发过程中最恶劣的情况是发生井喷事故，引起井喷的原因有多种，包括地层压力掌握不准、泥浆密度偏低、井内泥浆液柱高度降低、起钻抽吸以及其他不当措施等。有时井喷属于正常现象，处理措施及时、得当就不会演化为事故。

### 2.2.6.2　油田溢油案例

20 世纪 80 年代之前，由于我国钻井技术水平低、设备性能差，油田井喷事故经常发生。80 年代以后随着过平衡以及欠平衡法等钻井技术的开发应用，使我国在油层保护和井喷事故预防方面有很大的进步，但是由于各方面的原因，井喷事故仍时有发生。油田的溢油事故危害更大，井喷出的原油，可使现场工作人员的面部、眼、耳、鼻、口灌满原油，有时井口喷出原油块，能把现场工人压在井口周围。现场人员置于原油雾中会即刻咽喉不适、咳嗽、头痛、头晕、呼吸困难，时间长者，可窒息在井场。如果着火，在原油和天然气的不完全燃烧过程中，会产生多环芳烃。排入大气中的烃类及其他化合物在阳光作用下会发生光化学反应，生成光化学烟雾，对人体危害尤大。井场周围的人会表现出不同程度的头晕、心慌、闷气。

1998 年 3 月 22 日 17 时，四川温泉 4 井钻井至 1 869 m 左右时，发生溢流显示，关井后在准备压井泥浆及堵漏过程中，天然气通过煤矿采动裂隙自然窜入井场附近的四川省开江翰田坝煤矿和乡镇小煤矿，导致在乡镇小煤矿内作业的矿工死亡 11 人，中毒 13 人，烧伤 1 人的特大事故。

## 2.3　溢油特点分析

在石油的开采、加工、储存、运输过程中都存在着"操作性"和"事故性"溢油风险。"操作性溢油"是指由于人员不遵守有关规定，违章操作等，或因作业过程中工作失误等原因造成的污染事故。"事故性溢油"是指因碰撞、爆炸、自然灾害等意外事故，造成突发性溢油事故。

---

① 1 公顷（hm²）=0.01 平方千米（km²）。

由于溢油源的不同，溢油会对不同的地理环境造成威胁。源头控制、防扩散和溢油消除等技术在海洋、内河、港口、海岸、陆地等不同的环境中均有所应用，在不同环境中的使用具有相通行，但是由于不同的环境具有各自的特点，使用溢油应急技术手段需要注意结合不同的环境特点。

### 2.3.1　海洋溢油特点

（1）海洋溢油的发生形式多样。归结而言主要分为两大类，即石油开发运输所产生的溢油（包经河流或排污口向海洋注入的各种含油废水、海底开采溢漏、溢入大气中的石油烃沉降等）与海洋事故溢油（包括水上平台倾覆、海底输油管道破裂、油轮碰撞沉没等）。

（2）海洋溢油的发生具有突然性、偶然性和瞬时性。溢油事故的发生没有固定方式和地点，加之在风、浪、潮流等的作用下，溢油极易移动。因此海洋溢油所影响的区域类型几乎包括了所有的海洋类型，如远洋、河口、海湾、海洋保护区、沙滩浴场、滨海旅游度假区及水产养殖区等。

（3）海洋溢油危害的对象具有普遍性。不仅海水质量、海洋各系统及沉积物会受到溢油影响与损害，而且海洋生物也将受到溢油损害，进而危害人类。

（4）海洋溢油具有潜在性、延续性、缓慢性。大多数损害往往隐蔽于一个较为缓慢的量变过程，通常经过一定的时间，在多种因素复合累积后才逐渐显现。

### 2.3.2　内河溢油特点

从事故及其影响范围的角度来分析，河道突发性船舶溢油事件与一般环境风险事件相比，具有以下鲜明的特点：

（1）事故发生地点不确定。河道溢油事故可以发生在浅滩、江心洲、横跨桥梁、水厂取水口、码头及其他航道任何地方。事故发生在不同地方，带来的后果的严重性以及所采取的应急措施和力度也会有所不同。

（2）事故发生的方式多样。河道溢油事故原因包括碰撞、搁浅、翻沉、火灾、爆炸和船体破损等破坏性因素，也可能是由于操作不当或者违章作业等人为因素引起的。对于剧烈碰撞、爆炸、搁浅、翻船等情况，往往造成大量油品瞬间倾倒；对于一般性的碰撞、油舱破损的情况，只会造成部分油品持续性的泄漏；而对于人为因素的情况则难以估计油品的泄漏量，应根据实际情况而定。

（3）风险受体环境复杂。河流中自然资源敏感区不同于海上，其面积不一定很大，但类型多样，不少内河道的沿线往往会分布着水源保护区，重要湿地，重要水生生物的自然产卵场及索饵场、越冬场和洄游通道，天然渔场等敏感区，密度紧凑，还包括公共民用敏感区如饮用水入口、农业灌溉入口等，一旦遭到破坏，其对人民生活生产的影响是立竿见影的。它们对突发性污染事件的承受能力非常脆弱，具有明显的易损性。同时河流的涨落潮向、流速、水温，以及风速风向，能见度，气温等，都会对污染物质在水中的变化趋势和迁移过程产生影响。

### 2.3.3 港口溢油特点

港口大型溢油事故相比其他区域溢油事故，具有显著的特点：

（1）溢油量大。一旦发生溢油事故，一般都是大型溢油事故，漏油量少则上千吨，多则上万吨。

（2）事故现场空间小，救援现场拥挤混乱。相比于远海海上溢油事故，港口、码头溢油现场离岸近，大量救援船舶、设备和救援人员拥挤在较小的事故救助现场，必然造成救助现场的拥挤混乱，大型船舶无法进入现场从海上展开救援处置工作。

（3）港口溢油事故现场附近的码头布局整齐，码头上边缘较整齐，便于溢油围控设备的布放，能快速有效地控制溢油向远海扩散。同时，港口溢油现场，相比于远海溢油事故现场，离海岸较近，海面风浪较小，救援力量可以同时从海上和陆上两个方面展开救援工作，溢油回收设备受海面风浪影响小，便于充分发挥污油回收功能。

（4）港口码头岸壁多为巨型钢筋水泥土块堆垒而成，内部存在较大空隙，港口内的溢油在被溢油围控设备围控阻止其向外海扩散的同时，港口内的溢油会因表面张力，将大量的溢油挤压到港口码头的巨型水泥土块的缝隙里。此类污油向外渗透速度很慢，清理此处的溢油，需要较长的时间。

### 2.3.4 海岸溢油特点

（1）海岸溢油危害大于陆地和海上溢油。由于海滩上敏感资源区域丰富、溢油滞留时间长、处理清洁度低、影响范围广，等量溢油事故对资源和环境的破坏和危害程度要大于陆地和海上。长期滞留在海滩上的油品渗入岩石、沙泥后，特别是黏度高的原油，经过长时间理化作用后形成"板结的沥青"状物质与地表胶连，很难彻底清除。

（2）处置效果差，难度大。不论溢油的油源来自陆地还是海上，一旦进入海滩后，由于油品附着在滩涂上，常规应急设备不适用，其清理效率和难度远远大于海上和陆地。根据多次溢油应急处置经验，海滩上的溢油流动性丧失，常规的收油机、收油网等设备无法使用。

（3）地理环境复杂。由于海滩松、土质软、承载力差，人员和常规机械难以进入作业，给溢油应急和油污清理带来了困难。在渤海湾局部地区如大港油田滩涂，含沙量极低，滩涂作业区域淤泥深度达 5 m 以上，若此地区发生溢油事故，一般机械设备难以进入开展收油作业。

（4）海滩和海上溢油的应急处置技术既有联系又有区别。溢油从海上或陆地（水面）进入海滩后，由于吃水浅，大型专用溢油回收船舶无法进入，收油能力失效。但是借助两栖车（船）收油装置进入滩涂后，溢油搜寻、部分收油方式、围控方法、吸附材料和消油剂的使用,仍然有相似之处可供借鉴。

(5)海滩冰区溢油处置存在较大难度。首先,由于潮差作用,结冰时多为堆积冰,冰面犬牙交错极不规则,普通冰面运载设备难以到达作业区域;其次,溢油发生后,随着时间的推移,溢油存在状态紊乱、层理无序,一种收油方式难以清除所有溢油;最后,冬季施工对所收油品的转移和储运造成较大困难。

(6)突破滩涂收油的难点在于解决"进得去、收得来"。"进得去",就是应用水陆两栖设备,确保涨潮(水)和落潮(水)都能行走作业;"收得来",就是在水陆两栖设备上安装合适的收油设备,实现机械化作业,克服以往岸线上发生溢油事故时,只能使用人海战术,收油效率低、耗时费力的做法。大港油田配备的履带式两栖溢油回收车,除了可以在陆地和海水中安全航行,还可以在深度达 3 m 的淤泥中以 10 km/h 的速度航行,很好地解决了"进得去、收得来"的问题。

### 2.3.5  陆地溢油特点

(1)陆地溢油变动性强。发生在内陆的溢油事故往往从事故规模、泄漏的油种和溢油位置等方面具有很大的变动性,没有普遍适用的处置办法。

(2)陆地溢油处置措施的选择相似。陆上的溢油事故主要分为油田溢油、油田输油管道泄漏、油库泄漏、交通事故溢油和加油站溢油等。由于内陆地区自身的区域特点,溢油事故有可能发生在陆地、临近江河湖泊或江河湖泊中,虽然溢油的地点会有所不同,但是溢油清除方法的选择在很大程度上都是相似的,都是为了防止溢油污染河流、湖泊、水库、地下水等水源地。

(3)由于陆地溢油的发生地点不确定,所以有可能污染多种区域。

①污染地表水。原油和含油污水发生泄漏以后,会对地表水体造成直接污染,在水体表面形成一层油膜,对周边区域的苇田、虾池和稻田造成直接损害。原油和含油污水若通过地表径流进入浅海,便会对周边海域产生污染。

②污染地下水。溢油事故后泄漏出的石油和含油废水随着时间的推移,会逐渐向地下渗透,尤其是对松软的土壤,渗透的速度更快,会对地下水造成污染。油田在正常生产状态下产生的废弃泥浆、落地油和钻井废水都可能对地下水造成污染。

③污染周边农田土壤。如果溢油事故发生在农田附近,很有可能流入农田,污染土壤。石油开发生产中产生的落地原油和废弃钻井液将对农田土壤造成极大危害,落地油是造成农田土壤环境污染的主要形式,落地油除直接污染井场附近的土壤以外,还会随地表径流污染附近的农田土壤。

由于陆上溢油的地点的不确定性,要保证应急物资的准备充分且分布广泛,在溢油事故发生后,迅速、有条不紊地进行应急响应,及时封堵溢油源,将溢出的油围控在最小的范围内,进而执行下一步的清除措施。

## 2.4　溢油的危害

溢油危害可以分为对环境的危害和对人类的危害。原油及其炼制品是成分极其复杂的化学混合物，它不仅仅具有火灾和爆炸的危险，而且还会对人体健康产生严重的危害；不仅如此，当溢油到达海面或河流中时，还会对水体造成污染，其对水体中的生物危害可以说是灾难性的。

### 2.4.1　对环境的危害

在石油开采、炼制和储运过程中，由于生产流程不封闭，容器与管道破裂等原因，会对周围环境产生多种污染与破坏，其中主要是对水环境、大气环境及土壤环境污染与破坏。此外，在影响环境的同时，也会直接或间接地影响到环境中生存的其他生物。

#### 2.4.1.1　石油对水体的污染

石油及石油产品对水体的污染主要有海洋、江河湖泊以及地下水污染等。海洋石油污染危害是多方面的，如在水面形成油膜，阻碍水体与大气之间的气体交换；油类可黏附在鱼类、藻类和浮游生物上，致使海洋生物死亡；破坏海鸟生活环境，导致海鸟死亡和种群数量下降等。石油污染还会使水产品品质下降，造成严重的经济损失。

河流湖泊水体污染主要是由于炼制石油产生的废水以及石油产品造成的。在炼油工业中，有大量含油废水排出，由于排放量大，常超出水体的自净能力，形成油污染。另外，油轮洗舱水以及船舶在水域中航行时所产生的主要污染物油污，也会对水域造成污染。这些污染使河流、湖泊水体以及底泥的物理、化学性质或生物群落组成发生变化，从而降低水体的使用价值，甚至危害到人的健康。

随着石油大规模的勘探、开采，石油化工业的发展及其产品的广泛应用，石油及石油化工产品对于地下水的污染已成为不可忽视的问题。石油和石油化工产品，经常以非水相液体（NAPL）的形式污染土壤、含水层和地下水当中。当 NAPL 的密度大于水的密度时，污染物将会穿过地表土壤及含水层到达隔水底板，即潜没在地下水中，并沿隔水底板横向扩展；当 NAPL 密度小于水的密度时，污染物的垂向运移在地下水面受阻，将会沿地下水面（主要在水的非饱和带）横向广泛扩展。NAPL 可被孔隙介质长期束缚，其可溶性成分还会逐渐扩散至地下水中，从而成为一种持久性的污染源。

#### 2.4.1.2　石油对土地的污染

油气的开采和运输过程有可能会对生态环境造成影响。在石油、天然气的开采过程中，会产生大量含油废水、有害的废泥浆以及其他一些污染物，如果处理不好就会污染周边土壤、河流甚至地下水，同时石油、天然气本身就含有对人和动物有害的物质，一旦发生井喷或泄漏将对生活在油气田附近的人和动物构成致命的威胁。

石油类污染物排入土壤后，会破坏土壤结构，影响土壤的通透性，改变土壤有机质的组成和结构，降低土壤质量。石油类污染物常常聚集在土壤表层，而土壤表层又是农作物根系最发达的区域，所以其对土壤的污染程度直接影响到农作物的生长。积聚在土壤中的石油烃，大部分是高分子化合物，会在植物根系上形成一层黏膜，阻碍根系的呼吸与吸收，甚至引起根系的腐烂。由于石油对土壤的污染，还会使得污染物进入粮食中，造成污染物的生物累积、放大，不仅影响粮食的质量，更重要的是使石油污染物进入食物链，危害人类健康。进入土壤的石油在向地下渗透过程中还沿地表扩散，侵蚀土层，使之盐碱化、沥青化、板结化，并在重力作用下还会向土壤深部迁移。由于石油类污染物的黏度大、黏滞性强等特点，其在短时间内会形成小范围内的高浓度污染。

### 2.4.1.3 石油对大气的污染

石油燃烧产生的硫的氧化物二氧化硫和三氧化硫会严重污染大气。硫氧化物对人体的危害主要是吸入后刺激人的呼吸系统，诱发慢性呼吸道疾病，甚至引起肺水肿和肺心性疾病。如果大气中同时有颗粒物质存在，吸附了高浓度的硫氧化物的颗粒物质可进入肺的深部，将会大大地加大危害程度。石油燃烧产生的氮氧化物和硫氧化物在高空中被雨雪冲刷，溶解，这些酸性气体成为雨水中杂质硫酸根、硝酸根和铵根离子，使得降落的雨水成为酸雨，酸雨会严重污染土壤以及水体，造成生态失衡。

污染大气的碳氢化合物主要是由于广泛应用石油、天然气作为燃料和工业原料而造成的。在城市里，有一半以上的碳氢化物是由车辆排出的。其次是石油化工生产和以石油作溶剂的油漆、涂料、油墨等在制造和使用过程中也会有碳氢化合物蒸发溢出。

### 2.4.1.4 对浮游植物的危害

在溢油海域中，大量石油漂浮在水面使得水体表层产生了一层油膜，从而阻断了水体与大气的气体交换。白天浮游植物进行光合作用所需二氧化碳得不到满足，夜晚浮游植物生理代谢所需氧气也难以从大气中获取，因而浮游植物的正常生理活动会受到不利影响。海面溢油直接黏附于浮游植物细胞上，将会导致浮游植物在弱光等不利因素的作用下很快死亡。石油也会吸附悬浮物，并沉降于潮间带或浅水海底，致使一些海藻的孢子失去了合适的附着基质，浮游植物的繁殖会受到不利影响。石油对某些浮游植物种类也会有加速繁殖的作用，该类浮游植物可利用石油中的碳、氢等元素，加速细胞的分裂速度，使溢油海域浮游植物群落的多样性指数降低，优势度增高，为赤潮的形成埋下隐患。

溢油的处理过程中，经常会使用到消油剂，消油剂在沉降过程中可能对浮游植物造成影响，造成浮游植物沉降。多环芳香烃碳氢化合物是最常见的石油团块的基本成分之一，其分子量很大，是石油成分中对海洋生态系统破坏性最大的化合物之一。多环芳香烃碳氢化合物能够在浮游植物的组织和器官中聚集起来，毒性影响缓慢而长期。由此将导致溢油发生的海域浮游植物的种类、数量大幅度降低。

### 2.4.1.5 对浮游动物的影响

以浮游植物为饵料的浮游动物，会由于浮游植物数量的减少而减少。被石油薄膜大面积覆盖着的海域，石油薄膜起到了类似日全食的作用，从而改变了浮游动物的正常活动习惯。许多浮游动物,如小虾会错把白天视为夜幕降临,本能地从水深处游向表层,导致浮游小虾会不分昼夜地滞留于海水表层。当表层石油烃浓度较高时,其毒性影响可导致浮游动物在短期内死亡;当石油烃浓度较低时,石油烃可降低浮游动物的运动能力和摄食率,抑制浮游动物的趋化性,降低或阻抑其生殖行为,影响其正常生理功能,降低生长率。由于浮游动物在海洋中处于被动的游动状态,会被漂浮于海面的黏稠的溢油紧紧黏住,从而失去自由活动能力,最后随油物质一起沉入海底或冲上海滩。此外石油附着于浮游动物体表,还可能堵塞浮游动物的呼吸和进水系统,致使生物窒息死亡。

浮游动物被许多经济性生物所食,浮游动物的群落结构、数量特征的变动,不仅直接影响着海洋渔业资源,而且石油的有毒成分可以通过生物富集和食物链传递,最终危害人类健康;浮游生物的生产力约占海洋生态系统总生产力的95%,浮游生物受到损害,就从根本上动摇了海洋生物"大厦"的基础。

### 2.4.1.6 对游泳生物的影响

石油附于海洋鱼类、甲壳类、头足类和爬行类游泳动物体表后,可能堵塞游泳动物的呼吸系统,导致游泳动物窒息而亡;大型哺乳动物体表附上溢油后,虽然经过一段时间自己可以清除掉,但是如果摄入体内,会损害其内脏功能;溢油对鱼类的损害尤为严重,其中又以鱼卵和幼体为甚,鱼卵和幼体对石油污染的毒性敏感程度要比成熟个体高约100倍。

溢油对鱼类的直接损害包括:如果污染事故发生在鱼类的产卵或孵化场,由于油污的覆盖和毒害,鱼卵和幼体会被杀死;性成熟的鱼,在产卵期游到严重油污、地理位置较窄、浅水和水交换不良处,也会被杀死;产卵场或孵化场受到严重油污,将影响鱼的怀卵数量和产卵行为,种群繁衍可能受到伤害;无脊椎动物由于逃离溢油现场的速度较鱼类慢,因此其受溢油的损害更大。

油污能够干扰游泳生物正常的生理、生化机能,从而会引起病变。油污染不仅会降低甲壳类动物的摄食率和运动能力,还会抑制甲壳类动物的趋化性,阻抑或降低其生殖行为,延长其蜕皮时间,降低其生长率。溢油对甲壳动物的毒性大小与生物种类、发育阶段、油品种类等有关。对幼虫的毒性一般高于成体,炼制油的毒性一般高于原油;因溢油污染使水域中大量的饵料生物(浮游动、植物等)数量减少,由此破坏了游泳生物的幼体及部分成体赖以生存的饵料基础,食物链(网)传递能量脱节,致使高营养级生物量下降,造成区域生态失衡。

近些年鱼虾贝类病害时有发生,造成了很大经济损失,水质恶化是造成病害的重要原因之一,而石油污染又是造成水质恶化的重要原因之一;石油污染物会在相当长的一段时间持续影响水域生态环境,使游泳生物产生回避反应,继而使一些种类生物被迫改变生活习性,影响种群正常洄游、繁殖、索饵、分布,从而导致事故海域在一段时间内渔业功能衰退。一般来说,如果溢油事故发生在开阔水域,鱼类受伤害程度较轻,若发生在半封闭或水体交换不良的水域,鱼类受损害程度较重。

#### 2.4.1.7 对渔业资源的影响

石油溢出后，相当一部分石油污染衍生物质甚至石油颗粒会渐渐地沉入海底，底栖生物上常附着一层厚厚的石油污染物，而底栖生物基本上不做远距离迁移，所以一旦受到溢油污染，它们便难以生存；溢油中的多环芳烃将会影响贝类体内脂肪的代谢平衡，从而加速贝类死亡。

此外，溢油区域的贝类会受到氧化胁迫，从而导致贝类酶的活性受抑制，发生突变、活动减弱，繁殖力下降，加速衰老，因而溢油污染对底栖生物的累积效应是更主要的；附着在岸边岩石上的一些海洋生物对新鲜石油更为敏感，往往是首批牺牲者。浅滩上受石油污染过的牡蛎同样会丧生，即使活下来的也不能再食用，被石油污染过的牡蛎有一股浓浓的石油味，这股味道可以存在一个多月之久。

#### 2.4.1.8 对鸟类的影响

海洋石油污染是使海鸟致死的重要原因，漂浮于海面上的石油污染物侵入海鸟羽毛上，可使海鸟体重增加从而丧失飞行能力，只能在海面上漂游；石油污染物充满了羽毛之间的空隙（通常羽毛间充满了空气），从而破坏羽毛的保温性能，也会使海鸟因为受冷而致死。更为可怕的是，当海鸟感到羽毛上沾有石油污染物时，会惊慌失措，于是便反复地潜水企图冲洗掉羽毛上的石油污染物。结果则恰好相反，水面上的油斑会越来越多的集结在羽毛上，加速了海鸟的死亡。

### 2.4.2 对人类的危害

#### 2.4.2.1 溢油对人类健康的危害

溢油对人类最典型的危害是芳香烃类物质，它可以影响人体血液，长期暴露在这种物质的环境中会造成较高的癌症发病率（特别是白血病）。这种危害主要是来源于新油，对于已经风化的油来说，这种危害已大大降低。

有些情况下，苯及其衍生物对人体的危害程度较高，反应的症状像喝醉酒一样，语无伦次。继续在此种环境中还会导致身体摇晃、思维混乱、丧失知觉。随着吸入量继续增加，还可能出现呼吸困难、心跳停止，甚至死亡。

造成上述中毒现象的主要原因是由于油的蒸汽。当油蒸汽比空气重时，烟雾和蒸汽会流动，并聚集在低洼或不通风的地方，此时进入该区域就会引起蒸汽中毒。除油的蒸汽会造成人体中毒外，油的毒性还会通过三种途径对人体产生危害。

（1）吸入：在溢油作业现场将油的薄雾或飞溅泡沫通过呼吸直接进入肺部。

（2）皮肤接触：在溢油应急行动中，皮肤接触到油的情况是经常发生的，这是溢油危害健康的主要途径。任何原油及其炼制品都会对皮肤有毒性影响。油通过皮肤表层、毛囊和汗腺直接对人体造成危害，并且这种危害的反应是很快的，有时这种反应还很严重。如汽油，有些人在手沾有油类物质时会用汽油洗手，洗过之后，手会立刻变白。在此过程中，手上的汗腺已渗入了大量的汽油，长期这样会导致各种皮肤病，包括癌症。

（3）摄取：摄取方式中毒是由被污染的手取食物和抽烟时引起的，意外吞食的情况也有发生。

为避免以上情况的发生，参与溢油应急行动的人员在进入溢油现场前，要充分认识油的毒害性，采取相应的防护和处置措施。

### 2.4.2.2　溢油对安全的危害

原油本身具有易燃易爆性，当其溢出后，对个人安全和公共安全都会产生威胁。

在溢油初始阶段，轻质原油及轻质油炼制品在厚油区可能存在易燃气体，这些气体遇到明火就会燃烧而导致火灾或爆炸。原油及其炼制品易燃危险性主要取决于轻组分，轻组分沸点越低、含量越多，易燃危险性就越大。

由于原油及其炼制品具有易燃危险性，因此给溢油应急工作带来了安全危害。如在溢油初始阶段，作业人员不慎带入火种就很可能引起火灾及爆炸；作业时的铁具碰撞时会产生火花，也可能引起火灾及爆炸；另外，非防暴通信工具及化纤衣物也可能产生火花，引起火灾和爆炸。

因此，进行溢油应急作业前，应了解溢油的类型、闪电等易燃危险系数，以便采取相应的防范措施，避免因操作不当或疏于管理而造成火灾和爆炸事故。

# 第 3 章

# 典型溢油污染事故案例及分析

当今世界已步入一个"石油时代",全世界各国无一例外地将石油作为一种国家重要的战略储备物资。石油的开采区域不断扩大,船舶运输日益频繁,集中储备规模持续上升。在开采、运输和储备过程中,原油污染事故的发生频率也在不断增加,给海洋及其周边环境带来了巨大的生态风险。作为中国近海常见的重要环境灾害之一,海洋溢油在过去的几十年中一直存在。据统计,全世界因油轮事故溢入海洋的石油每年约为 $3.9×10^5$ t,中国沿海地区平均每四天发生一起溢油事故。1973—2006 年,中国沿海共发生大小船舶溢油事故 2 635 起,其中溢油 50 t 以上的重大船舶溢油事故 69 起,总溢油量达 37 077 t。仅 1998—2008 年间,中国管辖海域就发生了 733 起船舶溢油污染事故。

本章主要介绍了近几年国内外重大的溢油污染事故,并重点分析了被称作"生态 9·11"的美国墨西哥湾漏油事故以及大连新港"7·16"输油管道爆炸溢油事故,总结了事故发生的原因、事故危害、处置方式、值得借鉴的经验和暴露出来的问题等。以史为鉴,运用高效的溢油处置技术,丰富应急物资储备,提高溢油事故的应对能力,增强企业的安全意识和海洋环境保护意识,减少溢油事故的发生,使溢油事故的危害降到最低。

## 3.1 美国墨西哥湾漏油事故分析

### 3.1.1 事发现场的情况

墨西哥湾是众多鱼类、鸟类和珍稀濒危物种的家园,墨西哥湾沿岸曲折多湾,岸边多浅滩、沼泽和红树林,是水禽和滨鸟的主要栖息地。美国 70%的牡蛎和虾也产自这里,同时每年还产出上万吨的金枪鱼、石斑鱼和其他海鲜。墨西哥湾的沿岸水域被广泛用作游钓之地,游泳、划船和水肺潜水也都是很流行的娱乐活动。

"深水地平线"钻井平台位于美国路易斯安那州威尼斯东南约 82 km 处海面,由韩国现代重工业公司造船厂于 2001 年建成。钻井平台长 121 m,宽 78 m,最深可在 2 438 m 的海域从事生产,最大钻探深度约为 8.85 km。4 月 20 日深夜,"深水地平线"钻井平台发生爆炸并引发火灾,大约在 36 h 后沉入墨西哥湾,并发现海底的油井管道有两处漏油,立管也有一处漏油,每日泄漏量达到 5 000 桶,远超过原先估计的每日 1 000 桶。石油通过破损的管道流入墨西哥湾，污染了大片水域。5 月 5 日，英国石油公司（BP）表示已经阻止了其中三处漏油处中的一处，但总的泄漏速度却没什么变化。5 月 27 日，美国全国经济事故会"流速技术工作组"估计漏油速率在每天 2 291 229～3 636 872 L 之间。7 月 15 日，英国石油公司终于封堵了泄漏点，终止了大量原油向海湾泄漏，3 个月的原油总泄漏量约为 $9 \times 10^8$ L。墨西哥湾原油泄漏事件已成为美国历史乃至世界历史上最严重的生态灾难。

图 3-1　美国墨西哥湾溢油事故

### 3.1.2　事故原因分析

#### 3.1.2.1　一个甲烷气泡引发爆炸

有关记录还原了爆炸的前后过程，工人在钻井底部设置并测试一处水泥封口，随后降低钻杆内部压力，试图再设一处水泥封口。这时，设置封口时引起的化学反应产生热量，生成一个甲烷气泡，导致这处封口遭破坏。甲烷在海底通常处于晶体状态，这个甲烷气泡从钻杆底部高压处上升到低压处，突破数处安全屏障，由一个小气泡逐渐变成一个相当大的气泡，逐渐扩大的气泡就像一门大炮，向上喷气。4 月 20 日事发时，钻井平台上的工人观察到钻杆突然喷气，随后气体和原油冒上来。气体涌向一处有易燃物的房间，在那里发生第一起爆炸，随后发生一系列爆炸，点燃了冒上来的原油。一段询问记录显示，当时升起一片"气云"罩住了钻井平台，钻台大型引擎随即爆炸。

#### 3.1.2.2　未执行"水泥胶结测井"检测

当向地下钻井寻油时，在井的四周需要用钢管，然后用泵打进水泥，浇灌于钢管外围，从而密封并固定钢管，称为管套。如果钢管没有完全密封或固定不牢，石油和天然气就会在压力作用下外泄于管套和岩石之间，甚至直接从钢管流出。如果水泥或管套本身有问题，也有可能发生类似这样的情况。因此，在安装完毕后，要使用专门设备来检验测试，这种测试称为"水泥胶结测井"。通过测试，技术人员就可以知道管道周围的水泥是否是新的，是否足够坚固。如果水泥不能形成实心套环或存在较软物质，如沙石、松岩、软泥等，可以通过"挤水泥"的方法来弥补。行业专家将"水泥胶结测井"视为一道非常关键的最后防线，可以起到亡羊补牢的作用。但是，出于对成本和私利的考虑，BP 没有执行"水泥胶结测井"测试，从而节约了 128 000 美元。如果进行了测试，或许就能发现水泥存在的缺陷，而恰恰就是这些缺陷导致了漏油事故的发生。

### 3.1.2.3　"防喷阀"未正常启动

"防喷阀"大小如一辆双层公交车，重约 290 t，作为安装在井口处防止漏油的最后一道屏障，在发生漏油后能够关闭油管。"深水地平线"装备一套自动备用系统，这套系统应在人工未能启动"防喷阀"的时候激活它。但在此次溢油事故中，"深水地平线"的"防喷阀"并未正常启动。事发之后，英国石油公司企图借助水下机器人启动"防喷阀"，但也没有奏效。据美联社报道，自从联邦政府监管人员放松设备检测后，数年间数座钻井平台的"防喷阀"未能发挥应有作用。相关事故报告显示，至少 14 起事故起因与"防喷阀"有关。

### 3.1.2.4　政府监管存在漏洞

长期以来，美国政府对海上石油开采缺乏有效监管的一个重要原因是管理体制存在弊端。政府大量发放许可证，但海上油气项目的安全性却没有得到足够重视。监管部门在经济、政治等种种压力下放松了监管标准，允许 BP 项目绕开公众对其潜在环境影响进行评估，对事故有不可推卸的失察责任。美国矿业管理局（MMS）作为美国内政部的下属机构，其法规和标准比飞速发展的海上石油开采业落后若干年，整个机构混乱不堪。该机构仅安排了 60 名左右的检察员负责对 4 000 个海上钻油平台进行监视，其中一些检察员一个人就负责 20 多个油井。并且事发前期政府没有展开独立调查，而是将所有责任推给英国石油公司，致使政府对灾情评估不准确，行动迟缓。

### 3.1.2.5　企业安全意识不足

有资料显示，2009 年英国石油公司向美国政府提交的报告中曾多次强调，"马孔多"油井不会发生重大的漏油事故。万一有漏油事故发生，由于"马孔多"距离海岸线大约 77 km，相关部门可迅速做出回应，不会对海滩、野生动物保护区构成威胁。但是，在英国石油公司递交的报告中却没有提及应对漏油事故的控制技术。挪威和巴西等主要产油国都要求安装关闭油井的遥控阀，但是，出事油井却没有安装。英国石油公司在过去 9 年出事油井开采时，曾多次发生漏油和火警事故，包括 2005 年因人为错误没封好油井或上紧螺丝钉，导致 212 桶润滑油泄漏。过去 9 年，英国石油公司共遭到美国海岸警卫队发出的 6 次警告和 2 次起诉。正是由于企业安全意识不足，没有做好相关的防护工作，贪图一时的私利，才终酿大祸，以致漏油事件一旦发生，就犹如黄河泛滥，一发不可收拾。

### 3.1.3　事故处置技术及分析

#### 3.1.3.1　溢油来源控制技术

墨西哥湾溢油由 3 个漏油点组成。为控制溢油，BP 先后尝试了由水下机器人启动止漏装置、钢筋水泥罩法、吸油管法和灭顶法等，但均未成功遏制石油的泄漏。2010 年 6 月 4 日，通过切断损坏的泄油管，用虹吸管盖住阀门以收集原油，堵漏工作出现积极进展。截至溢油后约 3 个月，墨西哥湾溢油得以控制。2010 年 9 月中旬，减压井竣工，溢油得以彻底控制。

（1）遥控机器人启动水下防喷组。英国石油公司尝试关闭"防喷阀"。据介绍，深海钻井时，一般在离海底 50 ft①处的井管上装有自动"防喷阀"，一旦发生意外，阀门会自动关闭。"深水地平线"海底井管上的"防喷阀"此次没有自动关闭。英国石油公司尝试激活"防喷阀"的努力也均告失败。

（2）钢筋水泥罩法。5 月 7 日，BP 的工程师将一个重达 125 t 的大型钢筋水泥控油罩沉入海底，希望用它罩住漏油点，将原油疏导到海面上的油轮。但由于泄漏点喷出的天然气遇到冷水形成甲烷结晶，堵住了控油罩顶部的开口，使得这一装置无法发挥作用。随后登场的"大礼帽"虽然比钢筋水泥罩小一号，可减少甲烷结晶的形成，但这个方法同样以失败收场。

（3）吸油管法。5 月 14 日，工程师将一根 4 in 的吸油管插入发生泄漏的 21 in 油管，3 天后，这根管道发挥了一定作用，共吸走了 $2.2 \times 10^4$ 桶原油，并将其输送到停泊在海面的一艘油轮里。不过这一数量只占漏油量的一小部分，为着手开展彻底的堵漏工程，这根吸油管随后被撤走。

（4）灭顶法。5 月 25 日，美国海岸警卫队批准 BP 采用"灭顶法"控制漏油。次日，几艘远程操控的潜水艇将 5 000 桶钻井液注入油井。在强大的压力下钻井液会进入油井的防喷器，直至油井底部，这将使得井内失去压力，停止漏油。如果能实现初步的堵漏，BP 还将向井内注入水泥，彻底堵住泄漏点。虽然最开始略有成效，但 BP 在 5 月 29 日宣布，由于石油和天然气喷出油井的压力太强，"灭顶法"彻底宣告失败。

（5）盖帽法。遭遇了连续失败后，BP 拿出一个新的控漏计划——"盖帽法"。工程师将遥控深海机器人，将漏油处受损的油管剪断并盖上防堵装置，防堵装置与油管相连，以把漏出的石油和天然气吸至油管内，再将原油送至海面上的油轮。该方法成功抑制了大部分漏油。

（6）减压井法。永久性解决漏油的最佳方法是钻减压井，工程人员分别于 5 月 2 日和 5 月 23 日开始钻两口减压井，每口井耗资 1 亿美元，但这次是在离海面 $1.8 \times 10^4$ ft 处的海床打减压井，至少需要 3 个月的时间。打减压井是制止油气井井喷的成熟技术，英

---

① 1 英尺（ft）=0.304 米（m）。

国石油公司在这方面驾轻就熟，并最终成功地控制住了溢油的来源。

### 3.1.3.2　溢油处置技术

（1）物理技术

① 围油栏。布控围油栏是保护海岸线最有效的方法之一。此次漏油事故处理中进行了史上最大的溢油围油栏部署，共使用了超过 $1.33×10^7$ ft（约 4 100 km）的围油栏，其中包括约 $4.2×10^6$ ft（1 300 km）的普通围油栏和约 $9.1×10^6$ ft（2 800 km）的一次性吸油围油栏。

② 收油系统。海岸警卫队使用由 Elastec 公司设计制造的 V-型收油系统进行机械清污与回收，取得了明显的效果。

③ 撇油器。本次事故总共使用了 2 063 种不同的撇油器，部署了四个由驳船改装成的"BigGulp"撇油器，该撇油器可以用于处理乳化油和清理水草，并且研发了一种创新性的"Pitstop"撇油器，投入运行已超过 100 天，以及在一条长 280 ft 的海洋工程船上部署了来自挪威的新一代撇油器"TransRec150"。

事故期间各工作组加强了国际合作。在高峰期，开阔海域中有超过 60 个撇油器，同时还部署了 12 条救援船只，创新了"命令和控制"系统，结合航空网络体系打造的创新性"命令和控制"系统能协调撇油船只部署到最佳位置。此次事故的撇油处理程度达到有史以来最大规模。

④ 溢油回收船。研发了新技术以提高深海区溢油回收船的作业效率（包括：围油栏的拖放和溢油船上分离漏油的效率）。

⑤ 沼泽清污。沼泽的清理通常是小规模展开，采用一些技术使生态系统自然修复以达到保护脆弱湿地生态系统的目的。这些措施以前没有在对沼泽的清污中采用过，其设备和技术包括：通过小规模方式整治沼泽油污，逐步恢复沼泽的自然修复能力；超过 2 500 名清污人员进行模块化分工，每个小组由 16～20 名应急响应人员组成，展开高效、快速的清污工作；配备了固定式泵机械臂等新工具，用于在湿地的深处，通过注水以加快对浮油的冲刷作用；对大面积清污作业而言，开发了浅水驳船以应用于清理现场；通过征集机遇之船，提高了作业的可操作性，并减少了在沼泽水域的意外伤害。

⑥ 海岸清理。应急反应小组在沿岸附近采取了大量的防范措施以保护海岸不受到污染，并迅速及时地清除海岸附近的污油。应急反应小组采用以下方法提高了岸滩的清污能力，其中包括：夜间开展海滩清理工作，一方面减少对海滩游客的惊扰，另一方面降低高温对工人的影响，从而提高工作效率；培训了超过 11 000 名合格的环境保护人员，组织安排海滩清洁人员在下一次浪潮来临前的清污工作，并尽量减少在海滩上的油污脚印；评估机械设备的适应情况并作出更换；采用新的设备和方法以便更深入和快速地清理海滩污油；装备了"SandShark"沙滩油污清洁车，在清除污油过程中减少拖带沙砾；明确了何时及如何从海滩清理溢油和废物的管理等。

⑦ 毛发吸油。一些公益组织将头发及动物毛皮装进尼龙长袜里，放到漏油的区域里吸油，对海面油污清理起到了很好的作用，一磅的头发能够吸收多达一加仑原油。为了加快收油进度，路易斯安那州在该州境内设置了 9 处地点来接受社会捐赠的头发及皮毛制品等可以扔进海里吸收泄漏原油的物品，这种方法既环保又高效，加快了溢油回收工作的进程。

⑧ 保护湿地。为防止外漏石油渗入脆弱的湿地，在沿岸建立了 72 km 的沙堤，并采用了一种箱型多孔状墙体材料，通过在其中放置沙子或吸油化合物，有效防止漏油入侵。此外，还在海滩上使用稻草垛堆成稻草围墙，构筑多道防护堤坝等。

（2）化学技术

① 燃烧法。本次溢油事件共执行了 411 次受控燃烧，控制燃烧最长时间持续近 12 个小时，共处理石油约 $2.65 \times 10^5$ 桶。美国海岸警卫队 4 月 28 日已开始用"文火"点燃泄漏到水面上的浮油，以减少事故对海洋环境的污染。有关部门共培训和部署了 10 支专业燃烧队伍，相关专家人数从最开始不到 10 人增加到超过 50 人，并且采用了新技术来控制和燃烧溢油。工作人员还使用有颜色的油布来识别溢油燃烧船，提高了技术的安全性。

就地燃烧法可以清除部分石油，但是石油燃烧后会产生大量浓烟，浓烟中含有多环芳香碳氢化合物等的致癌物质，严重影响空气质量，污染生态环境。原油在海上漂浮一段时间后，在风和阳光的作用下，已经与海水混合在一起，形成乳胶状的物质，在这种情况下使用燃烧法，这种乳胶状物质就会受热卷起来，反而不利于蒸发和降解等自然过程。而且，墨西哥湾地区分布着 3 500 余座石油开采设施，用燃烧法还可能对这些设施构成威胁。值得一提的是，此次事故采用了新技术来控制和燃烧溢油，开发出了"动态燃烧法"，增加了控制溢油燃烧的长度，提高了处置效率。

② 化学分散剂法。在平台漏油事故初期，用飞机喷洒消油剂（Corexit9500/Corexit9527A）至海面，是主要的溢油处理方法。本次事故总共使用了约 7 000 $m^3$ 消油剂，并使用了 3 554 $m^3$ 海面分散剂和 1 719 $m^3$ 海底消油剂。

a. 在溢油事故发生的 2 天内出动约 400 架次飞机喷洒分散剂；

b. 通过改善流程来优化喷洒的数量和目标；

c. 应用成像技术及其他技术包括培训相关的监测人员来提高喷洒的精度和实现喷洒数量的控制；

d. 改善分散剂的供应链，保证供应，以提高 Corexit 分散剂的可靠性；

e. 由政府机构和 BP 负责编制详细的取样和监测方案。

在墨西哥湾漏油事故中使用的分散剂和 20 年前埃克森·瓦尔迪兹漏油灾难发生时所用的分散剂相比并无区别，这是因为整个石油行业在漏油清理技术以及材料方面的研究投入甚少。历史上任何一次的漏油事故使用的分散剂都没有墨西哥湾漏油事故中使用的多，且用在如此深的海水中。从本质上说，墨西哥湾已经成为一个巨大的化学实验场，因为分散剂本身就是有毒的，很难知道分散剂是能控制损害，还是会造成更大的损害。

（3）生物技术

在墨西哥湾溢油事故中，微生物成功利用了部分石油，但是在 2010 年 9 月中旬，微生物主要利用的是天然气而不是石油。

墨西哥湾溢油来自海洋深处，易与海水乳化形成黏稠物，难以进行生物降解，分散剂的使用可以促进微生物降解石油。但是，微生物活动的增加可能减少海水表面氧气的浓度，进而威胁鱼类和其他动物。一种基因修饰的食烷菌（*Alcanivorax borkumensis*）加入到水中以加速石油的降解，但是细菌也可能引起墨西哥湾附近群众的健康问题，比如皮疹等。因此要具体问题具体分析，全面考虑各方面因素，慎重决定。

### 3.1.3.3　溢油废物处置技术

为了应对该溢油事故，英国石油公司已经像许多美国的城市一样建立了一种废物管理程序。每天废物从不同的地点而来，带到一个中心位置进行分类，然后进行回收或处置。

工人每天从海滩、湿地和沿海水域拾取废物，大多数废物是含油的沙子、沾油的植被或工人使用过的清洁材料（沾油的海绵、毛巾、破布）。一些是常见垃圾，例如袋子、瓶子等，这些垃圾可以分离，并允许送往垃圾填埋地。可回收的垃圾进行分离并送到本地的回收中心。来自不同地方的沾油废物被送往附近的暂存区，废物种类相同的装到一个大型船上，经检测确定他们应该如何处理。人们也替换沿海地区和船只上的围油栏，一些围油栏可以洗去石油并重复利用。围油栏和沾油的小船也可来暂存区清洗重复使用。这些暂存区具有类似于洗车的设备，能收集污水和石油，以便于进一步的处理。剩下的污水过滤去除尽量多的石油并送往当地污水处理厂，如果测试结果表明污水不能在这个城市的污水处理厂处理，则运到允许处理液体的地点并注入地下。旧的过滤器必须被送到允许垃圾填埋的地方进行填埋。

州环保机构和环保署人员会监督临时的暂存区，以确保英国石油公司的工作，并确定他们的操作符合法律的规定。英国石油公司被要求测试废物的毒性，环保署还会独立测试废物。

分类后的废物运送到经国家批准的可填埋沾油废物的垃圾填埋场，私人公司运营这些垃圾填埋场并向企业收取费用。因为这些垃圾填埋场是私人企业，州环保机构和环保署工作人员也负责监督他们，确保他们工作无误并遵守法律规定。英国石油公司负责确保废物的收集和正确的处理，该公司支付工人收集废物和废物处理的费用，美国海岸警卫队领导响应和清理，州环保机构和环保署帮助海岸警卫队检查和监督废物处理和清理工作。

### 3.1.3.4　处置技术小结

美国政府在此次事故中采取的清污措施均为较常规的技术，在国家溢油应急响应体系的支持下，布局合理，取得了较明显的效果。但是，由于此次事故的规模空前、处置设施不到位等原因，溢油最终漂浮上岸，导致沿岸大量海岸线、湿地等生态环境敏感区域以及自然资源受到了严重损害，并增大了处理难度，增加了处理费用。此次事故中使用的大量化学分散剂，也给生态环境带来了难以估量的损害。

综上可以看出，深水堵漏和溢油回收的难度很大，准确把握溢油现状和评估溢油趋势对处置的顺利进行十分重要。同时，完善的应急预案和充足的应急物资对于快速有效地处置和控制溢油也是非常关键的。墨西哥湾溢油事故也给我国敲响了警钟，具有较好的借鉴意义。

### 3.1.4 事故危害

#### 3.1.4.1 难以评估的生态灾难

长达 3 个月的溢油导致了 960 多千米的海岸线上全部覆满了油污，和南卡罗来纳州面积大小相同的一块浮油覆盖了富饶的墨西哥湾。浮油威胁到约 445 种鱼类、134 种鸟类和 45 种哺乳动物以及 32 种爬行和两栖动物。环保人士指出，这次油污冲向路易斯安那州海岸，预计美国超过 40%的湿地将需要几十年才能恢复。

被溢油覆盖的海面让人震惊，海水上不仅仅是有棕色、黑色和铁锈颜色的污染物和石油所散射的七彩光，海水甚至被染成了木炭的颜色。令人震惊的是这一片本应充满活力的海洋被污染后一动不动，像是成了毫无生命迹象的有毒的浓汤，静置在无比阴森的石油柩衣之下。很多漏油是不能被肉眼所见的，它们有些以微小液滴的形式悬浮在海水之中，形成云状油团，在水下数千米深的地方形成缺氧、有毒的死区。它们会损害或毁灭游经其中的数十种鱼类及其他深海生物，例如珊瑚礁、乌贼等，也会对被其围住的海底栖息地造成破坏。油团沿大陆架漂移，会扰乱那些富饶的、生活着的石斑鱼以及无数其他鱼类的栖息地。墨西哥湾里成千上万块油污带会随着涨潮落潮涌上沙滩、沼泽、草丛。

从海床散发出来的原油含有 40%的甲烷，远高于一般石油矿床所见的 5%。这意味着，大量甲烷已流入墨西哥湾，有可能令海洋生物窒息，形成氧气含量低得无法支持任何生命的"死亡区域"。

#### 3.1.4.2 珍稀动物处境堪忧

墨西哥湾有 3 处野生动物栖息地，这些地方大多是沼泽地，风浪把浮油吹向沼泽地，许多野生动物将面临灭顶之灾。而且，此次溢油事故恰恰是发生于动物的繁衍期，浮油的到达将把动物的母婴一起杀灭。

在受到污染的 656 类物种中，蠵龟、西印度海牛和褐鹈鹕 3 种珍稀动物处境堪忧。这次受污染海域处于陆地和海洋的交界处，地理位置非常特殊。这里主要以软水为主，而蠵龟、西印度海牛和褐鹈鹕这三种动物严重依赖这一环境，由此可知，受到的威胁也最大。

图 3-2　全身沾满石油的鹈鹕

　　对于蠵龟来说，雌龟通常要到沙滩上产卵，而此时布满油污的沙滩使小蠵龟回归大海之路变得异常险恶。西印度海牛一直被人们视为是最受威胁的海洋哺乳动物之一，目前仅存于墨西哥湾和加勒比海。它的繁殖率很低，且只吃浅海的水生植物。此外，它还要经常浮出海面呼吸，目前墨西哥湾水面的油污将不可避免地对其呼吸系统造成影响。直到 2009 年 11 月才脱离美国濒危动物名单的褐鹈鹕，是路易斯安那州的象征，40 多年来，在杀虫剂和捕猎者的双重夹击下一度濒临灭绝。但原油污染令它的食物来源出现了问题，其生存可能再度受到严重威胁。到 2010 年 8 月为止，已经在墨西哥湾沿岸发现了 2 000 多只被油污淹没了的鹈鹕，它们要么已经死去，要么命垂一线。尽管大量鹈鹕都沾满了石油，但同时也发现了 1 200 多只鹈鹕身上没有石油却也死了，这是因为它们吃了受原油污染的鱼儿。

　　根据概测法估算，每发现一只死亡的动物，就说明实际死亡的至少有 10 只。此次事故对墨西哥湾所造成的伤害是多种多样的。2010 年 6 月，在距离"马孔多"油井 160 km 处发现了一具 7.6 m 的抹香鲸尸体，石油可能就是杀害它的罪魁祸首。抹香鲸是在墨西哥湾被列为濒危动物的 6 种鲸类之一，数量稀少且繁殖率低。现存的抹香鲸数量稀少，甚至损失 3 只雌性抹香鲸，就会给这一物种带来毁灭性的打击。截至 2010 年 8 月底，已经发现了 60 具宽吻海豚的尸体，大部分海豚的尸体上都有油污。而海豚必须到海面才能呼吸，人们观察到的游弋于受溢油污染的海域中的海豚，都至少出现了吸入有毒气体的迹象，甚至有些海豚的喷气孔和肺里都吸入了石油。

### 3.1.4.3　海底食物链遭受影响

墨西哥湾漏油事件正在影响着海底食物链。现已经发现了食物链变化的一些端倪，主要是两个相反的方向：一方面，有一些生物会因为原油的泄漏而死亡或者受到严重的污染，比如美国科学家在附近海域就发现海鞘正在大面积死亡，而这种形状像黄瓜的海鞘正是海龟的食物。另一方面，有一些生物却慢慢适应了这种污染的环境，种群数量开始不断激增。墨西哥湾海底世界的一条复杂食物链显示，有一些能够消化石油的微生物竟然是食物链的第一环，也就是说，因为漏油导致的油滴增多，将会刺激这些适宜在污染环境中生长的生物，进而带动整条食物链的失衡。

### 3.1.4.4　墨西哥湾进入"渔业灾难"状态

受墨西哥湾原油泄漏事件的影响，沿岸的路易斯安那州、密西西比州及亚拉巴马州进入"渔业灾难"状态。37%的墨西哥湾美国海域被迫封锁，渔业活动停止，成千上万靠捕鱼为生的人们及其他相关行业的人们被迫失业，所有船只被迫闲置。路易斯安那州的牡蛎养殖场已被扫荡一空，给渔民家庭的生计带来巨大影响。虾的幼体需要先在河口繁殖，等到长到足够大的时候会到比较深的沿海水域去继续成长。这次事故也给人工繁殖的虾造成了巨大损害，污染了的湿地会危害幼小虾苗的生长，严重影响未来几年的产虾量。

### 3.1.4.5　严重危害人体健康

原油是有害物质的大杂烩，例如苯、甲苯和二甲苯等都是易挥发的有机化合物，一旦挥发到空气中，就有可能严重刺激人的肺部以及中枢神经系统。石油也会释放硫化氢气体，这种气体对中枢神经系统也是一大威胁。苯和原油当中的另一种成分萘，有可能引发白血病。油井喷油后的前几个月里，有超过3 000名墨西哥湾地区的居民明显感到不适，出现的症状包括头痛、头晕、恶心、咳嗽、呼吸困难和胸痛等，其中四分之三的病人都是参与清理漏油的工人。原油中的苯、甲苯等化合物，进入食物链后，从藻类、鱼类、哺乳动物，一路造成中毒或是基因突变。这些动植物或是被有毒物质杀死，或是成了人类食用的海产品，损害人类肝、肠、肾、胃等器官，甚至可能导致恶性肿瘤。墨西哥湾提供全美20%的海产品，对于公共卫生的影响几乎难以避免。事故发生后大火持续燃烧了36个小时，产生大量浓烟，严重影响了环境，危害人体呼吸系统，导致部分地区的居民被迫搬家。

## 3.1.5　美国墨西哥湾漏油事故启示

### 3.1.5.1　"机遇之船"模式

本次事故中，能以最快的速度将有效资源部署到可能受污染的区域，关键的因素是部署应急资源，漏油事件对从路易斯安那州到佛罗里达州的很多渔民和其他船只的船东都造成了影响，并导致他们中的很多人申请参与救援工作。面对这一需求，应急小组及时整合资源并将它们纳入到溢油处理队伍中，形成了"机遇之船"的工作模式。应急反应小组在"机遇之船"计划中投入了巨大的努力并受益良多。"机遇之船"计划中共计包含 5 800 艘船舶，雇佣了当地的海员并提供给他们一些相关设备让他们来参与海岸线的保护。通过他们来布放围油栏和进行撇油器作业，组织收集稠油并将其燃烧。应急反应小组还经常利用船东对当地海岸地区的熟悉状况，预测和观察溢油在敏感海岸的流动情况。

图 3-3　海面的溢油燃烧产生大量浓烟

参考"机遇之船"的发展模式，对沿海的居民普及海洋溢油防护处理常识，不定期地对当地渔民进行相关的作业培训，同时配置一定数量的便携式溢油回收设备供小型船舶使用。"机遇之船"的工作模式值得我们借鉴，这一计划可以看做是未来应急反应系统中富有潜力的部分，其主要体现在：

（1）已经形成了基本的框架和一定的规章制度，包括招募、审核、分类排序、标记、培训和监管要求；

（2）这些训练有素、经验丰富的船队已经被证明可以迅速部署在事故发生区，小组人员也基本掌握了应急物资的使用方法，可以保护当地的海岸线；

（3）这种工作模式可以让受溢油影响的沿岸居民有机会参与到保卫家园的工作中，同时还可以为他们提供临时的就业机会。

### 3.1.5.2　监视监测

溢油应急中的监测工作对有效评估、处置溢油对生态环境的损害等具有重要的作用。

在监视方面，油膜可视的情况下，由有关人员以飞机或船舶作为观察平台，进行肉眼观测。为了保证信息的可靠、准确，美国制定了一系列的溢油观察的技术规范，比如美国国家海洋和大气管理局（NOAA）的《开阔水域空中溢油确认工作帮助》手册等。在缺乏观察平台或气候等原因导致油膜不可视时，主要采用船载或机载相关红外线技术，定点航拍湿地、海岸线等生态环境敏感目标以及利用卫星遥感的手段，对溢油的位置、油膜厚度和密度、油污染区域的位置和程度等进行监视。此次事件中主要的监视设备包括：星载热量散发和反辐射仪、机载可见光/红外成像光谱仪、星载高级合成孔径雷达以及星载多角度辐射成像光谱仪等。

在监测方面，美国环保署定期监测空气、水体和沉积物中油、多环芳烃、苯系物和表面活性剂等特征污染物的含量，并根据这些数据与基准值进行对比，评价其对人体健康和水生生物的影响。NOAA 以自然资源损害评估为主要目的，通过生物监测，了解溢油相关特征污染物的基准值、生物富集状况以及生物影响调查，同时进行食品安全相关监测和分析。

墨西哥湾溢油事件监视监测结果的评价和处理体现了美国在环境基准、生态风险评价等相关课题先进扎实的科研积累。通过监视监测的结果，如溢油轨迹图、溢油现状图、各环境介质的质量状况及公园的环境质量和开发情况等信息，每日或定期向公众发布。良好科研成果的积累和信息公开的机制为墨西哥湾溢油事件的响应提供了坚实的基础，值得我国借鉴。

### 3.1.6　美国墨西哥湾漏油事故反思

#### 3.1.6.1　协调处理海洋开发与海洋治理

此次事件凸显了海洋生态的脆弱性，以及协调处理海洋开发与海洋治理的重要性。综观我国海洋开发和利用现状，海上开采活动日益频繁，海上能源运输日趋活跃，发生海洋污染事件的概率逐日增大。但是，海洋保护的意识远远落后于海洋开发的进程，在实际工作中普遍存在重开发、轻保护，重眼前、轻长远的问题。这就要求充分考虑开发活动对海洋生物、水体、大气、地质等各方面因素的影响，完善海洋开发环境影响评价制度，制订相关海洋生态环境处置预案，防止次生灾害发生。

#### 3.1.6.2　国家要完善监管制度和监管机制

此次事件暴露出的美国海洋管理机制问题，对我国也有警示意义。据美国媒体披露，英国石油公司长期以来一直低估海上开采风险，而美国政府也未有效监管。造成监管不力的一个重要原因在于海洋管理体制存在弊端，不仅联邦和地方层面的监管体制迥异，联邦层面也呈现"多头并举"局面，包括内政部矿产资源管理局、环境保护署、国土安全部乃至军方的海岸警卫队等部门均具有海洋管理功能。更可怕的是，这些部门与油企之间往往关系暧昧，存在利益关系。相对美国，我国的海洋管理机制更加分散。从横向看，目前海洋管理呈现多部门管理局面，涉及海洋、渔业、环境保护、交通海事、海关、边防等多个部门。从纵向看，各省对海洋管理"条块分割"，各自管理本省的邻近海域，缺乏统一、高效、科学的协调管理机制。

#### 3.1.6.3　企业的严格管理是防范安全环保风险的直接手段

如果说先进的技术是企业应对各种情况的最有效武器，那么严格的管理就是企业防范风险的最后屏障。英国石油公司是老牌石油巨头，"深水地平线"号是世界上最先进的深水钻井平台之一，其所有者越洋钻探公司是世界上最大的海上钻井承包商，分包商哈里伯顿是全球顶级的石油技术服务公司。这一作业组合应该说，无论从技术上、管理上，还是从装备上都是世界一流的，但正是由于决策失误、管理不严格、处理措施不当，导致了这一惨剧的发生。英国石油公司在将近 1 年前便知油井套管、防喷阀等关键设备难堪重负，防喷阀曾 3 次泄漏，但管理层仍然不顾工程人员意见，依然使用有安全隐患的组件。英国石油公司还存在着为节约成本一味赶工期，放弃套管水泥坚固性测试等各类重要测试的现象。管理上的粗放、违规操作无疑为事故埋下了祸根。在油气高危行业，一个管理上的侥幸、操作上的违规就可能导致满盘皆输、酿成惨局的严重后果，更何况是多个侥幸和忽视的累积。

随着对海上油气资源依赖的日益增大，而中国油企在技术、管理水平等方面还相对落后，这就导致更容易引发事故。英国石油公司等英美石油巨头都难以预防此类事故的发生，我国油企深海油气开采技术较之还有相当差距，更应从中吸取教训：一是进一步完善健康安全环保制度和体系建设，特别要加强供应商、制造商、承包商责任管理；二是严格执行安全作业制度，特别是做好钻遇高压油气层前的各种应对措施，保证防喷阀处于完好状态，加强员工安全环保责任意识和安全作业训练；三是完善防护、救灾设备体系和应急预案；四是做好防井喷、防污染设备建设、配备和使用，以及污染治理研究，做到有效防范，有效治理。

## 3.2　大连新港 7·16 输油管道爆炸事故分析

### 3.2.1　事故概况

2010 年 7 月 16 日，大连新港附近中石油输油管道发生爆炸。随后，管线中的原油被引燃起火，并持续燃烧长达 10 多个小时。事故原因为，一艘 $2 \times 10^5$ t 的利比里亚籍油轮在作业时使用添加剂操作不当，引发大火。爆炸导致大量的原油泄漏入海，溢油量在万吨以上。受到原油污染的海域面积已达 400 多 $km^2$，其中重度污染海域约 12 $km^2$，一般污染海域约为 52 $km^2$。大连新港附近海面油层厚度甚至在 20～30 cm，被海风吹起的海浪都呈现明显的黑褐色，被溢油污染海域一眼望不到边。大连新港周边的沙滩与海岸也遭受到了不同程度的污染。浮油主要集中在近海区域，并已开始影响大连湾及附近海域海水水质。

### 3.2.2　清污工作

事故发生后，辽宁海事局、大连环保局、大连海事局迅速启动应急预案，对新港水域实施交通管制，迅速疏散附近船舶，调动海事执法船在现场进行油污监控和协调指挥，指挥控制海上火势和溢油蔓延。本次溢油事故的处置手段主要是安置围油栏、放置吸油毡和喷撒吸油剂，根据"围、追、堵、清"这一原则消除浮油。

（1）对重点溢油区域进行阻断。此次溢油事故的特点为典型的水陆结合不固定点源一次有限泄漏，因此要阻断溢油从泄漏点附近陆地随潮涌继续入海。首先，调集围油栏对入海点附近水域进行围控。其次，查堵并封住所有入海通道、涵洞和破损的输油管线。同时，使用撇油器火螺杆式强力泵回收作业，防止原油在风浪下从围油栏下溢出。

（2）根据现场清污船舶规模、吃水、收油方式以及设备的准备时间，大中型内置或侧挂撇油器船舶应集中在溢油重灾区进行拦截回收，提高使用效率。小型船舶追收小批量散碎油膜，同时防止船舶之间、作业船舶外挂设备（围油栏、侧挂撇油器）之间碰撞。

（3）分散成细碎片状或带状且扩散面积较大的油膜，及时发现、追踪并指挥船舶迅速到达。应加强空中监测和陆上识别，对大面积油膜的清除，应合理安排现场就近作业船舶，结合溢油漂移方向对油膜进行拦截。

（4）对不适宜采用机械回收的彩虹油膜可使用消油剂，使用前需标注作业海域敏感区、养殖区和生态保护区，严格按照国家管理要求的消油剂作业条件、喷洒量、喷洒方式和安全操作进行统一规范。尽量不对成片乳化油使用消油剂。

（5）对尚未登岸但受到威胁的岸线，应依据其对油污的敏感程度进行合理处置，必要时以围油栏防护。对已经被溢油污染的海岸，要尽快组织人工清除。

清污行动进行四十多天后，截至 2010 年 9 月 10 日，海上清污行动共投入人员 24 952 人次，清污船舶 1 041 艘次，渔船 436 艘次，飞机 27 架次。累计海上作业面积约 1 678 km²，布设围油栏 4 万余 m，累计回收含水污油 23 357 t，含污油量约 2 284 t，含油垃圾 7 028.6 m³。评估报告表明，受污染海域海水水质基本达到海域功能区标准，沙滩、岸壁油污基本清除，清理的含油废物得到安全有效处置，海面已恢复事故前常态水平。

除了流入海洋的石油所造成的直接污染和次生污染，在扑灭港区大火过程中消防力量所使用的数十万吨泡沫灭火剂、生物消油剂也直接流入了海洋，造成了二次污染。

### 3.2.3　大连新港海域原油污染处置的经验总结

此次溢油事件再次给政府和海洋等相关部门敲响了警钟。认真总结大连新港海域原油泄漏事件及其处理值得借鉴的经验和暴露出来的问题，对现有应对机制加以完善，形成可行地、有效地应对海上原油泄漏事故的处理机制，无疑是非常必要的。

#### 3.2.3.1　科学高效部署，协同开展应急工作

大连新港海上溢油事故发生后，国家海洋局、环保部和相关各单位立即进行工作部署，环境监测人员在第一时间赶到现场，按照应急预案要求马上开展工作。通过卫星遥感监测、机载合成孔径雷达成像、船舶海上监视监测、漂移模拟预测等高新技术，结合广大海监队员的陆岸巡视，为地方政府指挥清油工作提供精准的溢油分布面积区域、漂移趋势和海上水文气象预报等决策依据信息。

#### 3.2.3.2　调动各方力量，全面清理海上溢油

大连市从 7 月 18 日起，每天组织近千艘渔船投入海上油污清理工作，截至 7 月 29 日，共调集了 9 537 艘渔船，31 万人清理海上油污。中海油总公司的 4 艘专业清污船舶携带大量的溢油应急回收设备投入作业，截至 7 月 29 日，总计回收油污水 2 200 余 m³。中石油总公司也积极配合清污工作，通过布设围油栏，撇油器以及喷洒消油剂等处理溢油，并回收了大量污油。

### 3.2.4　大连新港海域原油污染处置的反思

尽管对于大连新港海域原油泄漏事件的紧急应对是比较及时和成功的，但也暴露出许多问题和不足。

#### 3.2.4.1　应对重大灾难的能力较差

大连新港原油泄漏造成了如此大的海洋污染，折射出了大连新港的风险应对能力存在严重缺陷。各有关方面对于溢油灾害风险的重视程度不够，溢油风险系数与溢油处理能力不匹配。问题具体包括：① 在布局规划上存在许多隐患，产业布局没有远离海洋产业密集区，储油基地与港口码头距离太近。② 基地四周陆地上缺乏原油泄漏"隔离导流缓冲设置"，原油一旦泄漏就直接进入海域，没有缓冲余地，造成了海洋原油污染处理的种种困难。③ 基地周围没有配备充足的应急物资储备，导致溢油大量扩散，增大了处理难度。④ 各储油罐体之间的消防通道过于狭窄，消防车无法展开队形。⑤ 自行维护的供电线路事故后停电，多个油罐的阀门无法正常关闭，最后依靠大连供电公司派出的发电机供电，才将剩余的 7 个油罐阀门关闭等。

#### 3.2.4.2　溢油处置技术落后，处理设备严重不足

在本次溢油事故中，港区周围没有配备足够长度的围油栏，使得事故发生后围栏无法完全将泄漏原油阻截在港区范围之内，致使原油很快扩散至港口外海域。此外，由于专业清理船只的数量明显不足，调动耗时长，导致了油污大量扩散，增加了处置难度，错过了处置的最好时机，加大了清理难度，大部分的海面原油是动员渔船渔民以"徒手捞油"的方式回收的。吸油毡数量也不足，使得后来不得不用头发和稻草来充当吸油工具。由于缺少对海面薄油膜的有效机械清除技术和手段，喷洒消油剂成为主流手段，专业的消油剂需要从他处调来，延误了处理时间。同时，海洋应急监测能力与国外先进水平相比还有一定差距。

#### 3.2.4.3　应急预案存在缺陷

这次事故应急预案的可操作性低、溢油应急处理设施和装备短缺、缺少专业应急队伍，当地拥有的溢油处理能力无法满足应对船舶溢油事故尤其是特大事故的需要。在溢油应急处置方面，国家海洋局已经制定相关的预案，但只是针对海洋局系统内部。这次事故表明，当近岸敏感区域发生溢油时，就需要多部门联合应对。现有预案在相关部门职责、指挥协调等方面都存在薄弱环节，更缺少对于这类陆海相连区域发生溢油污染时

的紧急预案。对于这种特殊的情况，应该单独制定具有针对性的应急预案。

溢油应急人员数量不足，且大部分人员为兼职，为数不多的专业队伍专业化程度不高，对应急组织和管理、应急设备的使用和维护、应急处置方法等熟悉程度都不够。此次清污行动的 21 支应急队伍中，专业队伍仅有 4 支，占队伍总数的 19.05%。另外，应急队伍缺少防护用具及配套工具。

## 3.3　蓬莱 19-3 油田溢油事故

### 3.3.1　事故描述

蓬莱 19-3 油田位于渤海海域中南部的 11/05 合同区、渤南凸起带中段的东北端的郯庐断裂带，东经 120°01′～120°08′，北纬 38°17′～38°27′，油田范围内平均水深 27～33 m。油田共有五个作业台和一个储油轮，发生溢油事故的是 B、C 两个平台。2011 年 6 月 4 日，蓬莱 19-3 油田 B 平台东北方向海面发现不明来源的少量油膜。6 月 5 日，B 平台东北方向发现了一处海底溢油点。6 月 17 日，C 平台在钻井作业中发生小型井涌事故，C 平台及附近海域出现大量溢油。

图 3-4　蓬莱 19-3 油田溢油事故 C 平台

### 3.3.2　事故原因分析

经联合调查组调查认定，康菲公司在作业过程中违反了油田总体开发方案，在制度和管理上存在缺陷，对应当预见到的风险没有采取必要的防范措施，最终导致溢油事故的发生。

#### 3.3.2.1　直接原因

关于 B 平台附近溢油。6 月 2 日 B23 井出现注水量明显上升和注水压力明显下降的异常情况时，康菲公司没有及时采取停止注水并查找原因等措施，而是继续维持压力注水，导致一些注水油层产生高压、断层开裂，沿断层形成向上窜流，直至海底溢油。

关于 C 平台溢油。C25 井回注岩屑违反总体开发方案规定，未向上级及相关部门报告并进行风险提示，数次擅自上调回注岩屑层至接近油层，造成回注岩屑层临近油层底部并产生超高压，致使 C20 井钻井时遇到超高压，出现井涌。由于井筒表层套管附近井段承压不足，产生侧漏，继而导致地层破裂，发生海底溢油事故。

#### 3.3.2.2　间接原因

关于 B 平台附近溢油。第一，违反总体开发方案，B23 井长期笼统注水，未实施分层注水。没有考虑到多套油层注水压力存在差异，只考虑欠压层的压力补给，从而存在个别油层因注水而产生高压的风险。第二，注水井井口压力监控系统制度不完善，管理不到位，没有制定安全的注水井口压力上限。第三，对油田存在的多条断层没有进行稳定性测压试验，特别是对接触多套油层的 502 通天断层（断层向上延至海床）没有进行风险提示，也没有开展该断层承压开裂极限数值分析标定。

关于 C 平台溢油。第一，C20 井钻遇高压层后应急处置不当。钻井过程中出现异常情况，未及时分析研究提高应急能力、采取下放技术套管等必要措施。钻至 L100 层遇到 C25 井回注岩屑层形成的超高压，至发生井涌，应急措施无力，导致井中压力不断增高，发生侧漏，造成海底溢油。第二，C20 井钻井设计部门没有执行环评报告书，按照表层套管深度进行设计，降低了应急处置事故能力。

### 3.3.3　事故处置技术

在国家海洋局的监督指导下，康菲中国调动了专业海上溢油处置设备，单日现场海上溢油处置船最多达 33 艘，海上先后布设围油栏 3 000 m，使用吸油拖缆约 4 000 m、吸油毡 2 800 kg。详细的处置方法见表 3-1。

表 3-1　蓬莱溢油事故处置方法

| 时间 | 处置方法 |
| --- | --- |
| 2011 年 6 月 4 日 | 蓬莱 19-3 油田 B 平台井口附近海面发现油膜（B 平台事件）。康菲中国立即布放了吸油栏、撇油器和其他清理设备。一经确认溢油来自一条现有的地质断层，开采期间向地下油藏注水所产生的压力导致断层轻微张开，康菲中国开始降低油藏压力以封堵溢油点 |
| 2011 年 6 月 17 日 | 蓬莱 19-3 油田 C 平台一注水井遇到异常油藏高压带（C 平台事件）。为确保人员和平台安全，油井被立即关闭，但压力导致油藏液体和矿物油油基泥浆溢入海床 |
| 2011 年 6 月 18 日 | 开始派遣员工巡查海岸线，以发现该事件对海岸带来的风险，同时确保一旦海流将部分溢油带到海岸时能够立即采取行动 |

| 时间 | 处置方法 |
|---|---|
| 2011 年 6 月 21 日 | 潜水员开始对 C 平台周围的海床进行探测 |
| 2011 年 6 月 21 日 | B 平台的油藏降压计划成功闭合了断层，从而将油藏和表层隔离，阻止了渗油 |
| 2011 年 7 月 3 日 | 作为额外的预防措施，在 B 平台事件的溢油点上安装了一个钢制海底集油罩 |
| 2011 年 7 月 4 日 | 截至 7 月 4 日，已回收油水混合物约 70 m$^3$ |
| 2011 年 7 月 5 日 | 启动潜水员潜水计划，利用真空泵回收海床上沉降的矿物油油基泥浆 |
| 2011 年 8 月 6 日 | 台风"梅花"临近渤海湾，所有清理活动暂停 |
| 2011 年 8 月 10 日 | 台风退去，清理作业恢复 |
| 2011 年 9 月 2 日 | 康菲中国暂停了蓬莱 19-3 油田所有生产、注水和钻井作业。同时，康菲中国按照要求继续开展清理作业，集中精力确保溢油点被封堵。公司还编制了新的油田海洋环境影响报告，并制定了进一步降低油藏压力的计划 |
| 2011 年 9 月 11 日 | 中国海油同意康菲中国执行进一步的油藏减压计划，并采取额外预防措施封堵蓬莱 19-3 油田的溢油点 |
| 2011 年 9 月 12 日 | 康菲中国开始对 B 平台进行新一阶段的减压作业 |
| 2011 年 9 月 14 日 | 作为确保断层封闭的额外防护措施，康菲中国钻探了一口与断层平行的水平井。水泥注入作业于 10 月 8 日开始，10 月 14 日完成 |
| 2011 年 10 月 12 日 | 海岸线巡查队解散。巡查队总计进行了 1.55×10$^5$ km 机动车巡查和 8 500 km 步行巡查。在此期间，巡查队沿沙滩收集和处理了超过 1.6×10$^4$ kg 垃圾 |

### 3.3.4　事故危害

蓬莱 19-3 油田溢油污染事故的性质被认定为是一起造成重大海洋溢油污染的责任事故。蓬莱 19-3 油田周边及其西北部受污染海域的海洋浮游生物种类和多样性明显降低，生物群落结构受到影响，沉积物污染范围内底栖生物体内石油烃含量明显升高。

#### 3.3.4.1　海水环境

溢油事故造成蓬莱 19-3 油田周边及其西北部面积约 6 200 km$^2$ 的海域海水污染（超第一类海水水质标准），其中 870 km$^2$ 海水受到严重污染（超第四类海水水质标准）。海水中石油类最高浓度出现在 6 月 13 日，超背景值 53 倍。2011 年 6 月下旬污染面积达到 3 750 km$^2$，7 月海水污染面积达到 4 900 km$^2$，8 月海水污染面积下降为 1 350 km$^2$，9 月蓬莱 19-3 油田周边海域海水石油类污染面积明显减小，至 12 月底，蓬莱 19-3 油田海域海面仍有零星油膜。

溢油事故造成蓬莱 19-3 油田周边海域中、底层海水石油类浓度在 2011 年 10 月底之前始终高于表层，主要原因是海底沉积物中石油类的缓慢释放，使海水中、底层的石油类影响持续时间较长。

#### 3.3.4.2　沉积物

溢油事故造成蓬莱 19-3 油田周边及其西北部海底沉积物受到污染。2011 年 6 月下旬至 7 月底，沉积物污染面积为 1 600 km$^2$（超第一类海洋沉积物质量标准）。

## 3.4　巴西热带雨林卡车溢油事故应急处置技术

### 3.4.1　事故描述

2001 年 4 月，一个燃油舱车撞上一个大豆麸卡车，油罐车泄漏了 $3×10^4$ L 的燃油，油污污染了事故道路、流经下水道和热带雨林，最终流进一条原始河流。事故道路蜿蜒在马尔山的斜坡上，在热带雨林之中，属于自然保护区，地形崎岖、土壤滑坡、植被密集，河流岩石很多，几乎不能穿越。这条道路交通比较繁忙，与最终流入的河流垂直距离相差 30 m。

事故发生之后，交警和其他一些道路工作者立刻利用另外一辆事故车辆中的大豆麸吸收油污以试图围控，但是油污最终还是流进了下水管道。由于陡峭的地形坡度，油污迅速渗入雨林并流进原始河流中。

### 3.4.2　溢油事故的处置技术

#### 3.4.2.1　围油栏

热带雨林部分使用了吸附性的围油栏和木片。此次溢油事故清理过程中使用了新的方法，如使用扫帚建立堤坝进行围控回收，效果比较理想。不仅减少了清理时间，还降低了工作风险，大大减小了对环境的影响，所使用的清理材料容易获得且天然可降解，容易进行废物处置，且不会造成二次污染，整个清理工作非常彻底。

#### 3.4.2.2　道路清污

首先进行事故道路清污，用大豆麸、锯末、酸橙和泥炭粉吸收油污，然后用铲子和锄头把这些油污材料清扫干净，集中装进塑料袋并送到油精炼厂进行回收。

图 3-5　公路清洗和净化

### 3.4.2.3 吸油材料

首先用锯末和泥炭粉进行吸收,用塑料袋集中装好之后运到山上。油污材料用桶装好之后,工作人员站成一列然后交替送入下一个人员手中,直到运到山上目的地,这种做法节约时间并节省体力。在道路的清理现场,油污材料被装好之后送到油精炼厂进行进一步的精炼回收。在此部分工作的同时,工作人员使用吸附性的围油栏和木片修筑了一个小堤坝用来存储油污,这些材料小而轻便,容易带入雨林之中,并且对环境没有任何威胁。这种方法虽然较慢,且相当困难,但是效果很好,无二次污染,这部分的清理工作持续了一周。

### 3.4.2.4 建立两个现场指挥基地

第一个现场指挥基地在事故道路旁边,除了使用移动电话和卫星电话,还建立了一个无线电通信系统。另一个在"dos Padres"河边,用于应急小组会议、控制室、自助餐厅、仓库、燃料储存和其他设备。两个指挥基地都有医疗急救设施和救护车。

### 3.4.2.5 "dos Padres"河流部分的清理

国家环境机构提出用扫帚对河面上和岩石的油污进行回收,并找到了一个试点进行测试。结果显示这种方法是有效的,不会对岩石造成附加的污染。工作人员在河流的适当位置修筑堤坝进行拦截然后进行回收,整个工作持续不到一周的时间。

### 3.4.2.6 "dos Pintos"河流部分的清理

该部分的清理使用了常规的方法,清污设备有吸油垫、真空卡车等,整个过程不需要特殊技术处理。

## 3.4.3 应急废物处置技术

### 3.4.3.1 岩石壁部分

岩石壁高达 100 ft,工作人员攀爬到岩石壁上用高压水枪清理岩石。在底部修筑了一个用沙袋堆成的小水池,表面涂上一层塑料薄膜,用来存放清理后的污水和油污。油污用罐和吸附性材料进行回收,装入密封容器后送到路边的指挥基地处。

图 3-6  用于储存刷墙壁水的水池

#### 3.4.3.2　河流部分

使用后的扫帚、吸油垫和天然棉逐一进行手工清理，随后送到加工厂焚烧。本次事故所使用的清理材料容易获得且都由天然物质组成，容易进行最终处理，且不会造成二次污染。该项工作持续了将近一个月的时间。

## 3.5　瓦尔迪兹号溢油事故应急处置技术

### 3.5.1　事故描述

1989 年 3 月 24 日，美国阿拉斯加威廉王子湾遭受污染。从瓦尔迪兹港驶出的埃克森·瓦尔迪兹号超级油轮（载油总量为 $2.11 \times 10^5$ t）触礁搁浅，致使 8 个油舱破裂，原油以 6 360 m³/h 的流速溢出。事故发生后，由于没有及时采取措施，溢出的原油一度失去控制。据海岸警卫队官员报道，事故发生 3 h 后溢出原油达 21 940 m³。6 h 后，在海上迅速扩散成 15.5 km² 的溢油带。造成了美国历史上在墨西哥湾事故之前最大的环境灾难。随后的回收清理工作一共花费了埃克森石油公司 25 亿美元，却仅回收了约 10% 的溢油。

事故发生的几天里，海獭、海鸟、鱼类等动物尸体遍布周围的海滩和陆地，并大量漂浮在附近的海面上。据统计，该事故导致大约 $4 \times 10^5$ 只海鸟以及 4 000 头海獭死亡。而泄漏的 $5 \times 10^7$ L 原油当中只有 35% 左右蒸发到空气中，18% 左右得到了回收，大部分原油仍然滞留在海洋当中，使得威廉王子湾及阿拉斯加湾恢复生态系统艰难而遥远。

### 3.5.2　溢油来源控制技术

事故发生后，为控制原油继续从油轮中溢出，采取的有效方法之一是将油轮中剩余的约 $1.54 \times 10^5$ m³ 原油由 6 台潜油泵和 4 台辅助泵输往另外 3 艘油轮中。为保持油轮平衡，在输出原油的同时，向油轮内泵输送海水。输送到两艘油轮中的油量达 $1.28 \times 10^5$ m³，占总油量的 83%，输送到第三艘油轮中的液体为油水混合物。

### 3.5.3　溢油处置技术

埃克森公司面临社会各界的指责，迅速做出反应：第一，立即拨款，承担由此而产生的全部费用；第二，迅速组成 100 人的油污清扫队，200 人的支援队；第三，立即在瓦尔迪兹港设立赔偿办公室，接待和处理有关污染赔偿事宜；第四，立即与韦科（Veco）工程公司签订合同，委托该公司完成污染清理工作。

1989 年 4 月 11 日，韦科公司租用 14 架飞机和 80 多条船，把 500 多人运送到现场，开始清理污染最严重的地段。军方也动用飞机运输隔油栅、撇油器、拖船等协助清理油污。

### 3.5.3.1  物理技术

（1）围油栏。事发后，首先设置围油栏把漏油的瓦尔迪兹号围住，随后在多处鱼类孵化地和鲑鱼溪设置围油栏进行保护。埃克森公司除了表明态度以外，还批评阿拉斯加有关方面反应迟钝，措施不力。他们说，本来应该迅速用围油栏把出事油轮周围包围起来，防止油膜在海上扩展，但是围油栏来得比较晚，事故发生后 18 h 才运到，此时溢油膜已经延展达 26 km$^2$。而且，这样做也有危险，把油膜控制在油轮四周，油蒸汽和油层有可能着火引起爆炸。

（2）撇油器。本应迅速把海面的溢油吸收起来，但是当时阿拉斯加唯一的一条工作船正在船坞里修理，直到第 2 天，10 条撇油船才陆续来到现场，围起 5 mi$^①$（约 8 km）长的隔油栅。

（3）动物清理。大量的志愿者也从各地赶来，他们用温和的肥皂清洗海獭和野鸭，但仍然无济于事。

（4）海岸清理。对于冲上海岸的溢油，当地的渔民用高压水管清洗或手工清理海滩上的石油，在有些油层很厚的地方，可以直接用铲子和水桶舀。在有些平坦的沙滩，用推土机把被石油污染的表面推走。

开始时韦科公司尝试用常温海水冲刷，效果不大。后来主要采用热蒸汽和热水来冲刷。为此，用旧船改造成工作船，或用方形浮筒组装成 12.2 m 宽、36.6 m 长的工作船，共 16 条，配之以锅炉和吊车，用建筑用的混凝土泵泵送加热了的海水。有的地方，地形复杂，要用特殊的高压喷射扫油船。

清除污染的工作持续了一个夏天，到 7 月中旬清污人员清理 8 km 海滩，每天清出垃圾 250 t。到 8 月底，清理人员已从海滩上清除了大部分溢油，海洋生物开始恢复正常。但是，在岩石海滩上，风化后的溢油稠如沥青，即使用热水冲洗也难以清除。最后，在作业海滩采用了生物降解法，发现在受到轻度及中度污染的溢油海滩上，采用生物降解两周就使溢油完全消失。据估计，采用生物降解法 3~5 年就可降解海滩上的全部溢油，采用其他办法需 3~10 年的时间。

### 3.5.3.2  化学技术

（1）燃烧法。应急人员首先进行了燃烧油污试验，对于集中的油膜，采用点火燃烧的办法，但要求油膜要有一定厚度。最后，在鹅岛附近对海面油膜进行焚烧，大约烧掉 $5.68 \times 10^4$ L 溢油，留下 93 m$^2$ 的焦油质物质。晚上由于风力太大，浮油焚烧中止。

（2）化学分散剂法。当时，威廉王子海峡分成三个分散剂使用区，其中两个区在使用分散剂前须征得环境保护局（EPA）和阿拉斯加州的批准。埃克森的负责人劳尔说，埃克森化学公司储备有分散剂，当时埃克森曾经主张，在 48 h 内撒播化学分散剂，这样可以大大减轻溢油的扩散，但是等到阿拉斯加当局同意使用时，已经错过了最好使用

---

① 1 英里（mi）=1.609 千米（km）。

时机，因海上风浪大，溢油已形成油水乳状液，错过了使用分散剂和燃烧法处理海面溢油的时机。

### 3.5.3.3　生物技术

在努力进行人工清除溢油的同时，还采用了生物降解溢油的方法。在威廉王子湾，海水含有能够降解多数有毒烃类的自然菌。但大量的溢油限制了把烃作为食物的菌类所必需的氮、磷有机营养物的数量。5 月初，美国环境保护局对生物降解法进行了试验，给溢油海滩添加氮、磷营养物，促使细菌增殖，使其含量超过正常含量的 100 倍。实际上，这自然培养了嗜油的有机物，使其降解更多的溢油。

## 3.6　美国密歇根州安桥 6B 输油管溢油事故应急处置技术

当墨西哥湾正在应对美国最大的环境灾难时，2010 年 7 月 26 日上午 9 点 45 分，美国密歇根州遇到了美国中西部最大的溢油事故。该事故是由于美国密歇根州的地下原油管线发生破裂，导致了约 3 800 多 $m^3$ 的原油泄漏。溢油最先流入一条小溪，再流入到 Kalamazoo River（卡拉马祖河）。

破裂的地下原油管线是属于 Enbridge Energy（安桥能源）公司的 6B 管线，该管线直径 30 in（76.2 cm），日输油量约 $3 \times 10^4$ $m^3$。该公司总部位于加拿大卡尔加里，它在美国和加拿大境内经营着世界上最大原油及石油液体运输系统。

### 3.6.1　溢油处置技术

控制溢油扩散是应急工作的首要任务，把受影响的 40 mi 航道划分为五个部分进行分段控制：管线溢油位置到泰尔马奇溪段、卡拉马祖河段（泰尔马奇溪与卡拉马祖河交汇处到巴特尔克里克市区）、卡拉马祖河段（巴特尔克里克市区到卡尔霍恩镇）和卡拉马祖河段（卡尔霍恩镇到莫罗湖大坝）。

作为防范措施，首先对未受原油污染的莫罗湖下游制定应急计划，即如果莫罗湖上游油污控制失败的情况下如何防止油污进一步扩展到莫罗湖下游。

海岸线清理评估技术（SCAT）用来确定受影响的岸线部分，并制定详细的清理过程。SCAT 工作包括五个流程：初步检查；施放除油材料；公布除油结果；效果评估；获得美国环保局（EPA）的肯定。

SCAT 中提供了统一标准的岸线评估指标，同时检查受到油污影响的漫滩区域是否存在集聚的石油或者浸油植被。相关工作者每天都进行地面以及空中监测。鉴于监测结果，针对每一个受污染的区域评估并选择合适的清理措施。相应的清理措施有吸油、挖掘受污染的土壤、土壤冲洗以及植被修剪或移除。

### 3.6.1.1 物理方法

（1）清除沉入水中的油污。河流底部油污的清除工作包括传统及非传统技术，首先用河水冲洗油污沉积物，从底部刨出、换气，使其漂浮到河流表面，然后用吸油剂和真空卡车进行回收；其次挖掘 5 500 m$^3$ 的含油沉积物，沉积物中含水达 1.4×10$^7$ gal，后期需要进行水处理然后再排放到河水中。两种方法一旦在实践中实行，需要进行效果评估。

（2）挖掘。2010 年秋季，安桥公司对油污蓄积中度和重度区域采取了挖掘措施，据估计，大约有 1 400 gal 的石油从 5 600 m$^3$ 的挖掘物中被成功回收。在操作过程中没有对其他地方造成危害。虽然对油污沉积物进行挖掘是一种比较好的方法，但是原油持续迁移的特性导致被挖掘的地方再次蓄积油污。

（3）搅拌。从 2010 年秋季到 2011 年年底，清污的工作人员一直对整条河流中的油污沉积物进行搅拌。密歇根州的水资源部门领导已经发表声明，后期的清理工作将不再采取搅拌措施，因为搅拌引起的混浊和沉降都会产生消极的生态影响作用。搅拌措施不是一种可行的恢复技术，也不是积极回收油污的策略。

（4）油膜回收。河流监测中一旦发现有油膜光泽出现，安桥的清理工作人员将组织进行油膜回收，这是 2012 年唯一实现回收的操作技术，因为该项选择只有在出现油膜的地点实施。该项应急方法并没有对油污积累区域有所成效，而且只能回收很少的油量，因此相对而言，EPA 更加倾向于采取挖掘油污沉积物的技术。

（5）进一步巩固的措施。主要的溢油回收工作完成之后，考虑恢复受污染的区域，稳定并尽量减小目前的影响程度。稳固措施包括：安置有机地垫、播撒植物种子、安装半永久性的防止侵蚀控制物质，如椰子壳等。

### 3.6.1.2 生物方法

美国 EPA 首先针对安桥事故采取生物降解的方法进行了小规模试验，其目的是找到合适的外部环境使油污能在自然条件下削减。但是，即使在最适宜的条件下，能被微生物降解的油污最大仅为 25%。所以此次事故采用生物方法不是最合适的选择。

## 3.6.2 溢油废物处置技术

回收操作过程中产生的含油土壤、碎片以及含油污水被暂时安置在运输处置的暂存地，工作人员对废物进行抽样分析并分类，以实现不同物质在不同地方的回收和处理。回收船、围油栏采用可生物降解的清洗方案、人工涂刷或者高压冲洗，清洗液被集装箱化、分类及厂外处理。

## 3.7 加勒比石油油罐区爆炸事故应急处置技术

### 3.7.1 事故描述

2009 年 10 月 23 日，位于波多黎各巴亚蒙地区的加勒比石油（CAPECO）的设施发生爆炸。未知原因的爆炸导致了油罐区的大量储罐被点燃。该爆炸定为里氏 2.8 级的地震，损害了当地的住宅和商业。储存喷气燃料、锅炉燃料和汽油的超过 20 个储罐着火，使产品溢出二级安全壳。

### 3.7.2 事故反思

从加勒比石油公司（CAPECO）爆炸事故中得出的教训是：遵守基本防护措施对避免事故的发生是至关重要的。美国环保部（EPA）中的泄漏预防控制和措施（SPCC）规定：当储存油量超过 1 320 gal 时可以向美国的通航水域排放一定量的石油，储存设施的二级防护围堵装置必须有足够大的容量，且不受泄漏石油的影响。规定还要求常规检查储存装置，检测管道和相关附件以及培训工作人员手动处理泄漏石油。爆炸事故发生之后，CAPECA 工作人员严格遵守了 EPA 给出的要求的预防控制规定，不仅避免了更大的危害，而且便于以后的清理工作。

图 3-7 初始的爆炸点燃了许多储罐

化学安全委员会（CSB）对事故调查后认为油储存罐 409 被过量输送汽油导致最初的爆炸。储存罐的电子计量系统损坏导致不能对过量输送汽油的情况做出及时的报告，但是物理压力表处于正常的工作秩序。对应于过量输送这种情况，SPCC 给出了以下防止措施：① 在操作过程中或者监测站安装可听或可视的高液位警报；② 能停止输送的高液位装置；③ 在容器测量员和泵站之间保持直接可听的或者代码信号通信；④ 每个储存设施都有快速判断液位的装置系统，同时保证有工作人员。

这四种措施可以任意选择，都能及时得到高液位反馈信息，降低泄漏或者爆炸风险，CAPECO 事故中如果提前采取任意一种方式，或许就能防止爆炸的发生。

油罐区的储存设备建造二次围堵结构系统是防止泄漏的石油进一步扩散，在该事故中涉及的大容量储罐都有土质的围堵结构，而且不受泄漏物质的影响。虽然在事发后不久发现，储罐 409 和储罐 501 的防泄漏围堵装置处于开放状态，造成大量的油产品、水及其他污染物质流到湿地等敏感区域，但是在爆炸发生之后接下来的一段时间内，根据陆地和空中的监测结果表明，其他储罐防止扩散的二次围堵装置拦截了大量的液体物质，有效地防止了事故危害的进一步扩大。除此之外，该事故中还应用了其他控制措施，例如：API 分离装置、遏制堰和废水处理厂。

波多黎各政府号召当地居民撤离，有专门的车辆输送居民到一个安全的地方，美国红十字会和其他的援助机构提供居民水、食品、休息场所以及其他生活用品。

## 3.8　洪水引发美国堪萨斯州炼油厂溢油应急处置技术

### 3.8.1　溢油处置技术

由于此次溢油事故是洪水引发的，溢油面积较大。在开阔的水域，使用围油栏，配以撇油器和吸油材料等。

**图 3-8　洪水淹没了部分树林并漂浮着溢油**

### 3.8.2　溢油废物处置技术

在此次洪水事件中，很多民宅和商铺都遭到损坏，建筑外侧和里面的各种商品、日用品等都沾有溢油。在灾情应急响应过程中，大量的建筑物被拆除，给后期的整顿带来很大挑战。

#### 3.8.2.1　家庭危险废物处置

许多住宅都受到洪水冲击和石油污染，产生了大量的家庭危险废物，需要当作一条独立的废物流进行处置。小物件内含物的处理已有明确办法，但对于受到石油污染的外壳的处理却是一个难题。有 300 多家民宅和几家商户待处置，浸没在水下达到一周的需要全部清理，不足一周的无须全部拆除。因此，需要对每所房屋的稳定性进行评估，稳定性好的材料需要运到固定地点进行检查，受损材料则进行填埋处理。

图 3-9　洪水淹没了住房和公路

### 3.8.2.2　易腐烂废物的处置

当地的杂货店也受到了洪水的影响，洪水退去后，杂货店内各种物品都沾有石油。由于店内制冷设备不能正常运行，许多物品保存期相应缩短。考虑到沾有石油的易腐烂废物的特殊性，为了保证公众健康，这些易腐烂废物应由配有呼吸保护装置的专业人员清理，随后运往指定的填埋场进行填埋。填埋的最后，要在其表面撒上石灰。

图 3-10　房屋废物处置

### 3.8.2.3　酒店的废物处置

在此次洪水事故中，共有两家酒店受到洪水的冲击，店内所有商品都沾有溢油。由于瓶装酒内装有液体酒，因此此类废物的处置方法不同于一般的沾有石油的固体废物，不能直接填埋。经过有关人员的协商，决定将这两家酒店中受到油污染的瓶装酒全部打开，酒倒入指定容器中，随后将这些酒运往污水处理厂进行处理。沾有溢油的酒瓶、易拉罐等则按照一般沾有固体废物的处置办法进行处理。

## 3.9　广东河源市东源县境内交通事故导致汽油泄漏事件

2008 年 3 月 17 日凌晨 6 时左右，一辆载油 40 t 的油罐车在河源市境内梅河高速公路黄田出口约 1 km 处发生交通事故，造成油罐车上约 4.5 t 汽油泄漏入公路旁边的小溪。约有 2.5 t 汽油被拦截在小溪内，流入东江的汽油约 2 t。距离事发地东江下游 1 km 外的黄田（约 1 km 处）、义合（约 10 km 处）、仙塘镇（约 30 km 处）均有饮用水取水点。事件发生后，当地政府积极组织力量清污吸油，事发地小溪及东江木京电站、东江沿岸的油污得到清理，未对东江沿岸群众生产生活造成影响。

### 3.9.1　紧急应急响应

河源市立即启动环境应急预案，制定并实施了具体的应急措施：

第一步，首先对溢油源进行控制，排除安全隐患，现场调来油罐车转移事故车辆内剩余的汽油；

第二步，在本事故中利用了稻草、吸油毡等对小溪的油污进行吸附，并对 1.5 km 处的小溪进行截流，防止溢油进一步扩大；

第三步，调度下游东江木京电站紧急关闸，防止污染东江的油污流向下游；

第四步，组织力量清污吸油，采用吸附毡对东江木京电站、东江沿岸进行吸附，尽可能回收溢油；

第五步，通知可能污染的东江沿岸黄田、义合、仙塘三镇群众禁止饮用和使用东江水；

第六步，市、县环保局组织环境监测站人员到各饮用水取水口对东江水质进行取样监测化验，严密监控各饮用水取水口水质变化，确保东江饮用水水质安全。

### 3.9.2　开展应急监测

河源市环境监测站对事发地下游东江沿线连续跟踪监测，截至 3 月 17 日 20 时，事发地小溪下游 500 m（黄田乌泥渡口）、事发地东江下游 10 km（义合）、27 km 处（仙塘）以及 30 km 处木京电站的四个监控断面的石油类浓度均未检出超限（检出限为 0.01 mg/L），监测结果表明，此次泄漏事故对东江的影响已消除，未对东江沿线饮用水水源造成污染，当地社会秩序稳定。

### 3.9.3　避免二次污染

广东省环保局派出调查小组赴现场，一是全力控制污染扩散，防止小溪的截流坝溢流造成二次污染；二是加强东江沿岸油污吸附力度，要求当地政府尽可能将进入东江的约 2 t 汽油拦截吸附在东江木京电站以内，并做好饮用水应急预案；三是继续加强水质监测，确保下游群众的饮水安全；四是及时发布信息，确保社会稳定。

## 3.10  天津石油公司西青油库过子牙河输油管道纵裂溢油处理

### 3.10.1  溢油概况

1983 年 9 月 20 日 6 时 30 分天津西郊隐贤村西约 500 m 的子牙河南堤坡发现溢油。天津石油公司西青油库过子牙河输油管埋藏在地下 1.5 m 深处，0 号柴油从该输油管底部长 70 cm，宽 2 mm 的纵向裂缝流出，并渗入到堤土里，油在堤土中饱和后从岸边流出，进入子牙河。

由于受风速为 2~4 m/s 的东北风和西北风的影响，浮油自溢油源沿河流南岸向东西两个方向（即上下游方向）迅速扩展，到 22 日早晨为止，已造成沿河 3 km 长的水面油污染。浮油随时间的推移而逐渐变薄，形成油膜，油膜在水面上断续分布。河流南岸水面上见到带状浮油，局部地段出现小油块。

### 3.10.2  控制溢油

#### 3.10.2.1  布设围油栏控制溢油区

为了控制溢油区，防止溢油蔓延，应急人员在溢油区外围设置了固体浮体式围油栏。沿溢油区外围将围油栏布置成弧形，弧长 220 m，离岸最大距离约为 25 m，所围面积约为 1 600 m²。围油栏布好之后，每隔 20 m 用一只锚将围油栏锚定起来，使围油栏在有风浪情况下保持弧形不变。实践表明，在溢油区外围布置围油栏，可以将溢油控制起来。

#### 3.10.2.2  铺放围油栏拦截溢油

据现场观测，此次溢油事故中水面浮油的扩展速度约为 120 m/h，如果不拦截浮油，浮油有可能进入海河，污染天津市。因此应急人员在浮油前方横过子牙河布置围油栏拦截浮油。用人工划进的渔船将围油栏布置呈转动了 90° 的 V 字形（即<形）横过河流，然后用锚把围油栏固定起来，以便围油栏在风浪情况下仍能保持<形。<形尖端位于河中心，并指向河流上游。<形的两翼围油栏各长 60 m，共计 120 m。在横过河流的围油栏中部放置一只小船，当有船只通过时，可将围油栏打开一个小口，放船过去，船过后将围油栏连接起来。

#### 3.10.2.3  设置围油栏保护水厂取水口

在油污染的子牙河河段内有天津西郊水厂的取水口，该水厂供应天津西郊区饮用水和工业用水。在进行溢油处理工作之前，该取水口已停止取水。为了防止浮油继续进入取水口，我们在取水口处以取水口为圆心，10 m 和 20 m 为半径，按半圆形设置两层围油栏。围油栏布好后，在半圆形围油栏中部用锚固定起来，内放入吸油的稻草，稻草吸饱油后捞出来，再放入新的稻草，重复多次，最后，基本上除掉水面上的浮油。

#### 3.10.2.4  放置稻草龙和稻草带截集溢油

所谓的稻草龙是用竹竿或木棍作芯，外面包扎一层稻草，然后再裹上塑料薄膜，做成截面为圆形（直径约 20 cm）长约 10 m 的"栏杆"，这样"栏杆"连接起来就形成一条稻草龙。所谓的稻草带，是将 10 几块长 1.8 m、宽 1 m 的稻草帘子连接起来，再在它们的上面纵向系一条绳子（承受拉力），这样就构成了一条稻草带。由于东北风和西北风的影响，河面上的浮油大部分被风吹到南岸，并呈断续分布，我们将几条稻草龙或稻草带与河岸呈一定角度平行放置，它们之间相距 20～50 m。将河边浮油截成若干小段，通过风的作用，浮油自然地集中到稻草龙与河岸交角处，在此处放入稻草吸油。

### 3.10.3　转移溢油

#### 3.10.3.1　横拖围油栏转移溢油

水面上的浮油随着时间的推移逐渐变薄，并且分裂成许多不连续的条带。应急人员采用在水面上横拖围油栏的方法，把这些条带状浮油转移到河边回收。具体做法是采用 60 m 围油栏，两端各系上一只浮球，用 2 只小木船各以 10 m 长的拖绳横拖围油栏、以 0.5 m/s 左右的速度慢慢地将浮油转移到河边，使其聚集起来，然后从岸上撒下稻草吸油。

#### 3.10.3.2　横拖绳拖把扫油

当油膜出现在有水草的河面上时，可用一种绳拖把掠过水面将油膜扫走。因为绳拖把比重是 0.9，它能浮在水面上，可以漫过水草，因此用它扫油不受水草的影响。绳拖把直径为 23 cm，长为 30 m。中间放置一只或两只浮球，在两端系上 10 m 长的拖绳，然后用两只木船分别牵引一条拖绳横拖绳拖把扫油。扫油的速度小于 0.5 m/s，当水面上有漂浮的水草和垃圾时，扫油速度要更慢些，扫油从河中向河边扫，当油被扫到河边时，用稻草等吸油材料把油收起来。

### 3.10.4　回收溢油

#### 3.10.4.1　挖集油沟

柴油从埋在地下的纵裂油管中溢出，进入堤土，又从岸边流入子牙河。为了截住从堤土流入子牙河的溢油，应急人员在溢油地区沿河边挖了一条集油沟。集油沟长约 60 m，宽 50 cm，深 40 cm。集油沟两端高，中间低，并且中间挖有一个深约 80 cm 的小井。溢油自沟壁渗出，进入沟中，然后从沟的两端自动流到小井里，每隔 2～3 小时用小桶将油取出。

实践证明，挖集油沟是截油集油的好方法。集油沟不仅能截住溢油，同时还能起到集油作用。据统计，从 9 月 20 日溢油开始到 22 日为止，从集油沟中共回收 106 桶油（含水），每桶约重 150 kg。

#### 3.10.4.2　用油拖把回收油

应急人员用油拖把回收浮油集中地区的溢油，使用英国油拖把公司生产的 MK I-4 型油拖把，重量只有 106 kg，绳拖把以约 15 m/min 的速度行进。

#### 3.10.4.3　用吸油材料收油

溢油地区内的子牙河水是天津西郊区人民生活和工业用水，在溢油处理过程中不能使用消油剂。因此，我们对河边的溢油及河中零星的浮油采用吸油材料吸油方法处理。这次用的吸油材料主要是稻草，此外还有锯末。应急人员在河边或河中有浮油的地方，用小木船投放稻草，经过一段时间，稻草吸饱油，然后把它捞上来，放置在河堤上晒干，送往造纸厂造纸。在浮油集中的地方，可用稻草帘子将整片浮油覆盖起来，待稻草帘子吸饱油后从水中捞出，放到河堤上晒干处理，给当地农民烧火。在河流转弯处浮油集中的地方，可投放装有锯末的麻袋，待锯末吸饱油后取出来，晒干后焚烧处理。

#### 3.10.4.4　拔除附着油的水草

溢油地区内的子牙河河边水草很多，草叶周围附着一些浮油，这些浮油很难被风吹散或迁移。天津石油公司发动当地群众，沿河岸布置人员，用刀子将水草割断，然后用多齿的叉子把水草捞上来，放置到河堤上晒干后烧掉。

#### 3.10.4.5　更换含油堤土

从地下纵裂油管周围堤土里流出的柴油不断地流入河中。尽管随着时间推移流入河中的油越来越少，但是一场大雨之后，特别是汛期洪水淹没含油的堤土时，仍会有较多的油进入可中。为了根除溢油，经过几方多次商议，最后确定更换含油堤土。从纵裂油管到河边长约 15 m，宽约 10 m 的地段挖含油堤土，一直挖到水面为止，共取土约 300 m³。

### 3.10.5　溢油处理结果

这次溢油污染了子牙河约 3 km 的区段，水中最高油含量为 3 150 mg/L（天津西郊环保监测站 9 月 20 日化验），溢油源处水中的鱼已经毒死。到 9 月 30 日，已投入总人力 3 000多人次，围油栏 405 m，油拖把一台，1 000 多船只，耗用稻草 13 t，草帘子 2 000 多张，清除水草几十吨，清理河面近 1 万 m²。

溢油处理之后，油膜已经消失，河边的浮油也不见了，一切恢复正常。根据交通部水运科学研究所和该厂的红外光谱分析资料，到 10 月 25 日为止，水中油的含量已经小于 0.3 mg/L，达到国家饮水标准。

## 3.11　山西大同灵丘县煤焦油罐车翻车引发环境污染事件

2009 年 9 月 20 日 7 时 40 分，一载有 34 t 煤焦油的罐车在 108 国道灵丘县独峪乡木须台村大东湾段发生侧翻，车载煤焦油全部泄漏，大部分泄漏到公路路面和路侧沟渠中，少部分进入三楼河。泄漏点下游 15 km 花塔村处是三楼河出山西省境断面，在泄漏点下游 45 km 处三楼河汇入大沙河，泄漏点距北京市备用水源地王快水库约 100 km。

### 3.11.1　开展应急处置

灵丘县、大同市环保局知情后立即组织人员赶赴现场，开展应急工作。灵丘县政府组织实施了四项应急处置措施。

（1）对溢油源进行控制。对泄漏在路面上的煤焦油使用干土、石灰进行覆盖，封堵沟渠内的煤焦油。

（2）在三楼河上构筑土坝拦截油污，防止溢油进一步扩散。

（3）组织人员利用各种器具回收河道内煤焦油，并使用草帘进行吸附。

9 月 20 日上午，灵丘县政府将此事件情况通报河北省阜平县政府。大同市环境监测站于 9 月 20 日 12 时和 20 时在花塔村省界断面进行了取样监测。20 时监测结果显示，石油类不超标，氰化物未检出，挥发酚超标 6 倍，表明污染物已经进入阜平境内，该事件已构成跨省界污染。

## 3.11.2  各部门紧急联动

环境保护部于 9 月 21 日 3 时将该事件通报河北省环境保护厅和保定市环保局，并向山西、河北两省环保部门提出要求。第一，两省环保部门务必提高认识，加大应急处置力度，协助当地政府妥善处理此事，确保阜平县饮用水源地和王快水库水质安全；第二，河北省立即组织对大沙河入境断面和王快水库水质进行监测，山西省加大监测力度，开展对煤焦油特征污染物各项指标的监测，尤其是对苯并[a]芘含量的监测；第三，大同和保定两市环保局，灵丘和阜平两地政府密切配合，建立完善沟通机制和信息通报制度，最大限度地减小污染损失。同时，环境保护部派出华北环保督察中心组成工作组赶赴现场，协调、指导两省开展应急工作。

## 3.11.3  发挥专家作用

环境保护部调查组赶到现场后，组织中国环科院专家和山西、河北应急部门领导分析污染态势，研究处置对策，指导污染事件的应急处置工作。专家要求山西省大同市对上游境内 18 km 范围加大监测频次，河北省要对下游入库前河段开展密集监测，并迅速提交监测数据报告。截至 22 日水质采样监测结果显示监控断面水质均达到地表水Ⅲ类标准，煤焦油特征污染物挥发酚均未检出。

## 3.11.4  做好后续处置

环境保护部调查组对下一步工作提出了建议。第一，这次煤焦油泄漏事件，事发地距离北京备用水源地仅 100 km，属于敏感地点，必须引起高度重视，采取果断措施；第二，要继续做好现场污染处置工作，严防发生二次污染；第三，要继续加强监测，增加监测频率，关注河北省两个水源地的水质情况；第四，掌握舆论主动权，密切关注舆论动向；第五，切实加强对境内或过境危化品及煤焦油之类的运输车辆的监管。

# 第4章
## 溢油应急处置管理与预案

## 4.1 应急管理概述

突发事件的频繁发生、全球信息的快速传播，使得我们对各类突发事件的关注度越来越高，突发溢油事故作为突发事件的一个典型类别，其影响力和被关注度不亚于其他任何类型的突发事件。如何有效预防与应对突发事件，尤其是突发溢油事故，对处于转型期的中国而言，直接关系到政府在公民心目中的权威地位和良好形象，直接影响着我国政治稳定和经济发展。而突发溢油事故中，海洋溢油污染又以发生频率高、后果严重为特点，影响着人类环境的可持续发展。

随着溢油污染事故的频繁发生，尤其近年来大型溢油污染，如墨西哥湾溢油、蓬莱19-3 油田溢油等事故，事故前良好的应急管理会对溢油污染事故的缓解和应对提供强有力的支持。

### 4.1.1 应急管理概念及在我国的发展

人类在生存发展的历史进程中，其实早已形成应急管理的萌芽，只是未将其发展成为理论而已。如中国在五千年的历史文化中与灾难做斗争的典故"大禹治水""都江堰"水利工程等。伴随着这些曲折斗争史，"存而不忘亡、安而不忘危、治而不忘乱"等居安思危、预防在先的应急理念意识等思想萌芽逐步得到酝酿。近年来，随着各类突发事件的频繁发生，人类对于应急管理的认识日益深刻，应急管理体系逐步成熟，应急管理成为一个专门的研究领域。

#### 4.1.1.1 应急管理的概念

应急管理是应对于特重大灾害事故的危险问题提出的。应急管理是指政府及其他公共机构在突发事件的事前预防、事发应对、事中处置和善后恢复过程中，通过建立必要的应对机制，采取一系列必要措施，应用科学、技术、规划与管理等手段，保障公众生命、健康和财产安全，促进社会和谐健康发展的有关活动。

在环保部近期发布的《饮用水源地环境应急管理工作指南（征求意见稿）》中，也有提出环境应急是针对可能或已发生的突发环境事件需要立即采取某些超出正常工作程序的行动，以避免事件发生或减轻事件后果的状态，也称紧急状态；同时也泛指立即采取超出正常工作程序的行动。

部分学者也认为应急管理是政府以突发性危机事件为目标，对突发性危机事件及其关联事务的管理活动，其目的是通过提高政府危机发生前的预见能力、危机发生时的反应与控制能力、危机发生后的救治能力，及时、有效处理危机，恢复正常的社会政治经济秩序。另有学者则指出，政府危机管理就是政府组织相关力量在监测、预警、干预或控制以及消解危机性事件的生成、演进与影响的过程中所采取的一系列方法和措施。

结合环境应急管理实践，我们认为，应急管理是政府及相关部门通过一系列行之有效的管理方法和控制手段，根据突发事件所处的事前、事中、事后不同的阶段，采取响应的预防、应对与修复方法，达到避免、减轻突发事件所带来的严重威胁、重大负面影响和破坏性损害，保障公众安全与社会稳定。

### 4.1.1.2　我国应急管理的发展

应急管理是一个新兴的研究领域，即便在应急管理方面具有较长的历史，职能设置、操作流程、绩效考核、全民教育等方面处于世界领先地位的美国，应急管理系统也没有成为一个成熟的学术领域，而是一个实际运作的系统。相比于其他发达国家，我国应急管理更是处于初步探索阶段，但从其发展经历来看，仍然可以划分为以下三个阶段：

（1）应急管理研究的萌芽时期。在 2003 年以前，关于应急管理的研究主要集中在灾害管理研究方面。自 20 世纪 70 年代中后期以来，随着地震、水旱灾害的加剧，我国学术界在单项灾害、区域综合灾害以及灾害理论、减灾对策、灾害保险等方面都取得了重要研究成果。而对应急管理一般规律的综合性研究成果寥寥无几。对中国期刊网社会科学文献总库中关于应急管理的研究文章进行检索，大多数是以专项部门应对为主的灾害管理为研究对象的成果。目前可以检索到最早研究应急管理的学术文章是魏加宁发表于《管理世界》1994 年第 6 期的《危机与危机管理》，该文较为系统地阐述了现代危机管理的核心内容。此外，中国行政管理学会课题组《我国转型期群体突发性事件主要特点、原因及政府对策研究》、薛澜《应尽快建立现代危机管理体系》，也是早期较有影响力的文章。许文惠、张成福等主编《危机状态下的政府管理》，胡宁生主编《中国形象战略》是较早涉及突发公共事件应急管理的力作。一些学者将应急管理的发展追溯到了新中国成立初期甚至中国古代。

（2）应急管理研究的快速发展时期。在 2003 年抗击"非典"的过程中暴露了我国政府管理存在的诸多弊病，特别是应急管理工作中的薄弱环节。"非典"事件暴露出准备不充分，信息渠道不畅通，应急管理体制、机制、法制不健全这一系列问题促使新一届政府下定决心全面加强和推进应急管理工作。2003 年 7 月胡锦涛主席在全国防治"非典"工作会议上明确指出了我国应急管理中存在的问题，并强调大力增强应对风险和突发事件的能力。与此同时，温家宝总理提出"争取用 3 年左右的时间，建立健全突发公共卫生事件应急机制""提高公共卫生事件应急能力"。同年10月，党的十六届三中全会通过的《中共中央关于完善社会主义市场经济体制若干问题的决定》强调：要建立健全各种预警和应急机制，提高政府应对突发事件和风险的能力。理论和实践的需要，使得2003年成为中国全面加强应急管理研究的起步之年。这一时期的研究主要受"非典"事件的影响，既有针对该事件本身的研究成果，如彭宗超、钟开斌《"非典"危机中的民众脆弱性分析》、房宁等主编《突发事件中的公共管理——"非典"之后的反思》等；同时也有从整体的角度对政府的应急管理进行反思和总结，如马建珍《浅析政府危机管理》等。

（3）应急管理研究质量提升时期。2008年对中国应急管理来说是一个特殊的年份。南方雪灾、拉萨3·14事件和汶川特大地震，为应急管理研究提出了严峻的命题。党和政府以及学界从不同角度深入总结我国应急管理的成就和经验，查找存在的问题。胡锦涛总书记于10月8日在党中央、国务院召开的全国抗震救灾总结表彰大会上指出，"要进一步加强应急管理能力建设"。我国应急管理体系建设再一次站到了历史的新起点上。

## 4.1.2　环境应急管理与溢油应急管理

2012年，国务院出台的《关于加强环境保护重点工作的意见》把"有效防范环境风险和妥善处置突发环境事件"专门列出，首次将环境应急管理纳入国家战略层面。目前，环境应急管理工作面临巨大挑战。一是环境风险异常突出。全国4.6万多家重点行业及化学品企业中，有12%的企业距离饮用水水源保护区、重要生态功能区等环境敏感区域不足1 km，10%的企业距离人口集中居住区不足1 km，72%的企业分布在长江、黄河、珠江和太湖等重点流域沿岸；50%的企业无事故应急池。环境风险隐患突出，极易次生突发环境事件。二是突发环境事故高发频发。安全生产、交通事故等引发的次生环境事件持续上升；重金属污染事件高发。如此之多的突发环境事件，迫使环境保护工作者思考如何预防和有效地应对突发环境事件，如何做好环境应急管理工作，从而保护我们的生存环境。

### 4.1.2.1　环境应急管理

尽管环境应急管理工作已经起步。但对于什么是环境应急管理、职能是什么、内涵是什么，这一系列相关的理论知识，现在还处于探索阶段。从狭义上讲，环境应急管理是指政府及相关部门为防范和应对突发环境事件而进行的一系列有组织、有计划的管理活动，是政府环境管理的重要组成部分，包括针对突发环境事件的预防、预警、处置、恢复等动态过程。其主要任务是最大限度地减少突发环境事件的发生和降低突发环境事件所造成的危害，根本目的是保障环境安全和人民群众生命财产安全。这一定义包含了环境应急管理的主体、管理对象、主要任务和根本目的，但还需结合实际对环境应急管理作些补充，以便大家更形象地把握环境应急管理。

#### 4.1.2.2 溢油应急管理

随着石油在能源领域发挥的作用越来越大，溢油污染事故的发生频率也呈现上升趋势。溢油污染事故作为突发环境事件的一种也得到了专家和学者的重视。

我国政府和海事主管部门，历来重视溢油应急管理工作，并在立法中明确了相关规定。如 1983 年生效的《中华人民共和国海洋环境保护法》（以下简称《海环法》）第三十四、三十五条规定，船舶发生污染事故"应立即采取措施，控制和消除污染；对可能造成海洋环境重大污染损害的，中华人民共和国港务监督有权强制采取避免或减少这种污染的措施"。其他条款还作了发现油污事故报告等有关规定。1983 年生效的《中华人民共和国防止船舶污染海域管理条例》（以下简称《条例》）的第六、第七、第八、第十一条，对《海环法》的相关规定作出了更为具体的要求，并在第十章对船舶发生污染事故的损害赔偿作了较为详细的规定。环境保护的其他相关法律法规也不同程度地规定了相关内容。这些法律法规尽管对溢油应急没有文字表述，但对船舶发生污染事故后，应采取控制和清除溢油的应急措施已有了实际性要求，并得到了实施。虽然这些规定还不够完善，但其实施的经验已为国家溢油应急体系的建立以及国家溢油应急计划的制定打下了基础。

为了对突发溢油事故作出迅速、有效的应急反应，将溢油污染损害降到最低，保护海洋环境，我国一方面积极加入 OPRC1990 和相关的国际公约，加大对溢油应急设施设备的投入，提高履约能力；另一方面加快完善相应的法律法规，建立国家溢油应急反应体系，制定污染应急计划，提高溢油应急反应能力。

### 4.1.3 溢油应急管理体系

尽管目前对管理体系的研究较多，但对于管理体系的定义并没有统一。体系一般是指若干有关事物或某些意识相互联系而构成的一个整体，管理体系则是为了实现某个管理目标而采取的一系列管理手段、管理制度，并建立起执行这些手段和制度的组织构架形式。因此，从这个角度来理解，溢油应急管理体系是指为了实现对溢油污染事故的有效控制而采取的管理手段和制度，同时建立起执行这些手段和制度的组织架构。

#### 4.1.3.1 国外的溢油应急管理体系

国外的溢油应急管理发展的较早，如美国、日本等发达国家溢油应急管理体系建于20 世纪 70 年代末 80 年代初。一般发达国家的溢油污染应急体系分为海上和陆上两个系统，分别建立了不同的应急组织。在中央设有负责海上和陆上溢油应急计划的审定和污染控制工作的部门，在地方由中央的管理人员指导地方应急队伍进行海上溢油或陆上溢油污染控制作业，与地方当局和企业协作制订应急计划。而溢油清污工作主要由专业的溢油清污公司和民间组织来完成，并设有专门的溢油专项基金。下面以美国的和意大利的溢油应急管理体系为例，介绍发达国家的溢油应急管理现状。

（1）美国的溢油应急管理体系

美国十分重视溢油应急，其溢油应急管理体系又有明确的法律依据，各部门的职责划分明确，同时强调各个部门之间的相互合作。主要构成是：国家溢油应急响应指挥中心和相关的州政府、地区建立的溢油应急响应系统。美国的国家响应队伍由美国海岸警备队、环保署、国防部、能源部和农业部等 16 个部门组成，但只有一个部门负责应急行动的指挥，如美国海岸警备队负责水上应急行动，环保署负责陆上应急行动。并且在沿海与内河都设置了相应的设备库与应急反应中心站点，能在 2～4 小时内赶到事故现场。美国还构建了不同级别与地区的应急计划，一般包括总则、应急组织管理、反应程序和各种应急的相关信息，并且不断修订与完善。如美国密西西比河上游污染溢出应急计划与资源手册，包括总论、应急反应和资源手册三部分，其中资源手册包括河流概况、反应与清除资源、环境敏感资源、潜在溢出源、有毒物质、爆炸与化学品溢出应急预案六方面内容。该计划于 1997 年 11 月完成，1998 年、2001 年、2003 年和 2004 年先后四次修订。

美国将污染应急计划作为污染应急反应机制的框架，由三个层次的污染应急反应计划体系构成了国家应急计划—地区应急计划—地方应急计划的三级反应和准备机制。这个反应机制适用于包括国家级重大溢油污染事故的所有溢油污染事故。

美国国家响应体系分为两部分，一是规划管理组织，二是响应组织。在污染应急准备和反应工作中，这两种组织分别具有不同的职能。国家响应组、地区响应组和地区委员会都属于规划管理组织，分别负责国家和地区的应急规划、政策以及协调职能，并不对事故直接做出反应。响应组织是国家响应体系的组成部分，适用于所有溢油响应作业。准确地说，响应组织是由现场协调员决定建立的，形成统一的指挥与管理机制。

（2）意大利的溢油应急管理体系

意大利海洋应急体系实行分级管理。在中央政府层面，负责应对和防止海洋污染的行政主管部门为意大利环境、领土与海洋部，具体执行部门为海港管理办公室总指挥部（意大利海岸警卫队）和海港管理办公室。

意大利环境、领土与海洋部作为政府机构，负责预防和消除海洋污染，关注海上活动（海上运输和近海活动）可能带来的海洋污染，保护公众利益，组织力量和必要工具应对海洋污染。

海港管理办公室总指挥部协调海军力量应对紧急情况。每个海港管理办公室（海事区的领导部门）都有责任在其管辖范围内，制定地方防污应急预案，并根据应急预案协调和指挥应急行动。大区政府和省政府也设有相应的海事处，海事处在环境、领土与海洋部的指导下，组织并实施海洋应急事件中的具体行动。海港管理办公室负责其辖区内的应急行动，海事处负责提供必需的设备，以防止造成海洋污染，消除或减轻污染影响。

如果污染事件已经对国家利益构成严重威胁或地方资源不足以应对时，部长理事会将宣布进入全国紧急状态。国家级别的应急事件由位于罗马的公众保护海上紧急事务中心处理，中心配有全天候的办公室，而海港管理办公室负责指挥和协调不同层次的应急响应。国家级的应急预案主要包括两个：一是国家应急预案，由意大利环境、领土与海洋部的陆地和海洋局提出，目前正在修订；二是国家防备计划，针对碳氢化合物或其他危险物质造成的海洋污染事故设立。

意大利《保护海洋环境和海上应急响应操作手册》于 1998 年获批，是意大利政府应对海洋环境事件的指导手册，手册介绍了应对不同重要性的海洋污染事故应遵循的程序，并重点介绍污染事故发生时实施的应对措施。

根据意大利法律规定，在海洋已经发生和即将发生污染危险的情况下，地方海港办公室在职权管理范围内，应采取污染修复和污染物削减等措施，以防止或者消除污染的影响；如果无法完全修复，则尽可能减少污染的影响。

如果污染风险或污染事故已进入紧急状态，海港管理办公室应宣布"地方紧急状态"，并立即上报环境、领土与海洋部，同时联系海洋保护中央监察局的防污执行中心。根据地方防污应急预案，海港管理办公室组织和协调应急行动。环境、领土和海洋部宣布"地方紧急状态"，并上报公民保护国家服务系统，在两个部门间开展协作。

如果紧急事件在利用所有可用资源后尚未得到有效处理，海洋保护中央监察局的主管应当向环境、领土和海洋部要求部长理事会尽快宣布"全国紧急状态"。在这种情况下，部长理事会主席依据国家防备计划有责任指导应急行动。

需要指出的是，根据意大利法律，船长、船舶经营者、船舶所有人或者负责人的船舶或位于大陆架或者陆地上的设备，如果发生泄漏，由于碳氢化合物或者其他危险性物质的排放可能对海洋环境、海岸、经济活动造成影响或者损失的，必须立即报告最近的海港管理办公室，并采取有效措施防止损害进一步扩大，并尽可能消除污染物已造成的危害影响。

在事件发生后，海港管理办公室需通知相关责任人，要求其在规定期限内，采取一切必要的措施以控制污染和消除影响。若相关责任人在规定期限内未完成规定的工作，在紧急情况下，海港管理办公室可代替相关责任人采取必要的措施，产生的费用则由污染事故中涉及相关责任人承担。

#### 4.1.3.2　国内的溢油应急管理体系

目前，我国已建立了较为完善的海上船舶溢油应急管理体系，包括应急组织指挥体系及各种应急计划和预案。图 4-1 为我国应对海洋溢油的应急组织指挥体系及职责，该指挥体系包括海洋局、相关部门、专家咨询组、石油集团等，发生溢油后，以海洋局为首的应急指挥体系按照应急预案的相关要求进行应急响应和处置。

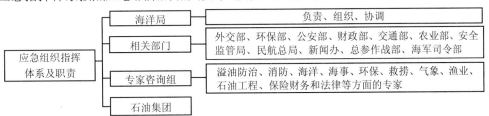

图 4-1　中国海洋溢油的应急组织指挥体系及职责

中国海上溢油应急计划包括船舶溢油应急计划、海区溢油应急计划和港口污染应急计划、船上污染应急计划、油码头和设施的污染应急计划。海上船舶溢油应急管理体系的建立和污染应急计划的实施，大大提高了对海上船舶溢油事故的应急反应能力，减少了突发性溢油污染事故对海洋环境的污染损害。但我国还没有专门应对陆地溢油管理体系，一般都是按照正常的突发环境污染事故处理，并按照突发环境事件的应急管理体系进行管理。

虽然通过近年来的努力，我国的海上溢油应急能力得到了明显提高，应急体系建设已初具规模。但是从总体上，目前我国溢油应急体系还不能完全适应国家航运发展与环境保护的要求，距离建立完善的应急管理体系还有一段很长的路要走。

我国海上溢油应急管理体系现存的主要问题包括：

（1）应急力量相对薄弱。现有的海上溢油应急反应力量仍显脆弱，尤其是长江口、珠江口、台湾海峡、渤海湾、三峡库区等溢油高风险区域的国家骨干力量未能建立。各沿海主要港口配备的溢油应急设备，绝大部分只适用于港区和近岸水域，内河的应急力量几乎是空白。面对特大规模的船舶溢油风险，应急显得力不从心。

（2）应急手段科技含量不高。当前，我国的海上溢油应急监测技术、清除技术、应急设备设施研制等方面的研究进展还很缓慢，导致应急设备科技含量低。大多数的溢油应急行动特别是重特大污染事故的应急清污，人海战术代替了科学技术，清污质量、清污效率等与国际先进水平有较大差距。

（3）应急保障机制有待完善。船舶油污损害赔偿机制是船舶溢油清除行动得到合理补偿的基础保障。而我国的船舶油污强制保险制度、船舶油污基金制度还未真正建立实施，清污费用往往得不到合理赔偿，造成了"谁清污谁吃亏"的局面，同时也导致了清污手段、清污能力得不到发展，严重影响到海上溢油应急反应体系的有效运作。

（4）国家级船舶溢油应急计划立法层次较低。目前我国现有的《中国海上船舶溢油应急计划》是交通部和国家环保总局联合颁布实施，立法层次低，强制力不够，包容面过窄，同时，未能明确省、市各级人民政府在船舶溢油污染事故应急反应中的职责，在一定程度上也制约了各省市应急预案体系建设工作的开展。

虽然我国的溢油应急管理体系存在着诸多问题，但随着国家对环境保护的日趋重视，溢油作为威胁环境安全的一个重要方面，也越来越得到政府和企业的重视。从时间顺序来讲，溢油应急管理体系应当从事故发生前的应急准备、发生时的应急响应、发生后的后处置及后评估等进行全方面管理和指导。

## 4.2　溢油事故应急准备

要完全杜绝溢油污染事故是不大可能的，但做好应对准备可在事故发生时有效减轻其危害。制定一个好的应急预案是准备工作的关键，而预案的落实要在健全的组织机构和科学合理的运作机制上，通过演练检验预案的完备性，通过教育和培训把事故应急知识灌输给每一个相关的人。

溢油应急预案是指为控制和防止溢油事故，减轻污染损害，在特定的海域内，根据可能产生的溢油源和海区环境及资源状况，而制定的紧急应对溢油事故的措施方案是防止石油污染的重大技术措施，主要在石油勘探、开发和运输活动中应用，分为海上平台应急预案和区域性应急预案两种。

## 4.2.1  溢油应急预案编制

溢油事故应急准备涉及很多内容，而应急预案的准备是核心，各项应急准备工作一般都被规定在预案中，因此，制定溢油污染事故应急预案具有重要实际意义。当发生溢油污染事故时，可按照事先制订的应急预案沉着应对，对事故进行有效控制。通过预案的制订，可以发现事故预防方面的缺陷，从而促进事故预防工作。通过事故应急预案的实施，可以降低溢油事故的危害程度，减少事故造成的经济损失和人员伤亡，预案中对应急组织机构及各类人员的职责都有明确的规定，使在事故应急时的每一个环节都有对应的人员负责；通过预案的演练，使每一个参加救援的人员都熟知自己的职责、工作内容、周围环境，在事故发生时，能够熟练按照预定的程序和方法进行救援行动。

溢油应急预案指面对自然灾害、重特大事故及人为因素引起的突发溢油事故，事前准备的应急管理、指挥、救援计划等。它一般应建立在综合防灾规划上。其几大重要子系统为：完善的应急组织管理指挥系统；强有力的应急工程救援保障体系；综合协调、应对自如的相互支持系统；充分备灾的保障供应体系；体现综合救援的应急队伍等。

### 4.2.1.1  溢油应急预案的编制原则

重大溢油污染事故的发生一般具有发生突然、扩展迅速、危害严重的特点，因此溢油污染事故应急预案编制应体现如下的基本原则：

（1）以人为本，预防为主。加强溢油污染事故危险源的监测、监控并实施监督管理，建立溢油污染事故风险防范体系，积极预防、及时控制、消除隐患。提高溢油污染事故防范和处理能力，减少溢油事故后的中长期影响，尽可能地消除或减轻突发溢油事故及其负面影响，最大限度地保障公众健康，保护人民群众的生命和财产安全。

（2）统一领导，分类管理。国家级预案应在国务院的统一领导下，加强部门之间的协同合作，提高快速反应能力。实行分类管理、协同响应，充分发挥部门专业优势，发挥地方人民政府职能作用，使采取的措施与突发溢油事故造成的危害范围和社会影响相适应。

（3）属地为主，分级响应。溢油应急工作应坚持以属地为主，充分发挥各级地方政府职能，实行分级响应。

（4）平战结合，专兼结合。积极做好应对突发溢油事故的思想准备、物资准备、技术准备、工作准备，加强培训演练，充分利用现有专业环境救援力量，整合环境监测网络，引导、鼓励实现专兼结合，一专多能。

（5）自救为首，社会结合。溢油污染事故应急预案的作用之一是能够将事故控制在初期，尽量减少损失，所以单位的自救非常重要。因为本单位熟悉自身情况，临近事故现场，可以将事故消灭在萌芽状态，即使不能完全控制事故的蔓延，也可以为外部机构的援助赢得时间。

### 4.2.1.2 编制应急预案的程序

溢油应急预案的编制程序可分为 7 个步骤：① 成立溢油预案编制小组；② 重大溢油危险源的调查和风险评价；③ 溢油应急能力、资源评估及需求的确定；④ 编制溢油应急预案；⑤ 溢油应急预案的评审与发布；⑥ 溢油应急预案的宣传教育、培训及演习；⑦ 溢油应急预案的更新。

图 4-2 为国家海洋局编制的《海洋石油勘探开发溢油事故应急预案》，可为海洋溢油污染事故的应对提供一定的依据。该应急预案主要包括应急组织指挥体系及职责和应急响应程序两部分，其中应急响应程序包括初步评估、事故报告、启动应急预案、信息发布、调查取证与现场记录、应急结束、溢油清除等方面，对海洋溢油的应急反应提供了指导。

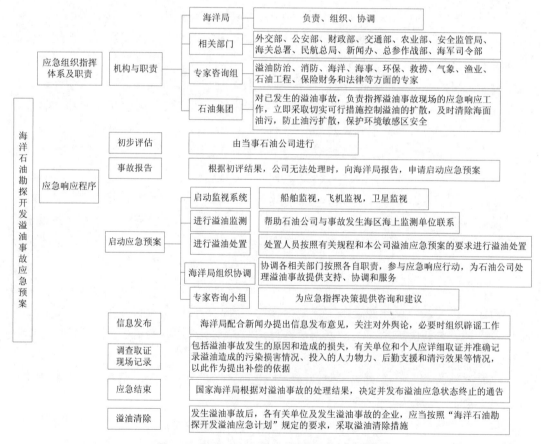

**图 4-2　海洋石油勘探开发溢油事故应急预案**

而针对陆地溢油及地表水（河流湖泊）的溢油事故，国家并没有专门的应急预案，所以非海洋溢油的应急预案主要依靠《国家突发环境事件应急预案》来进行。附件 2 为《国家突发环境事件应急预案》的详细内容，附件 3 为《海洋石油勘探开发溢油事故应急预案》的详细内容。

### 4.2.2　溢油应急物资准备

#### 4.2.2.1　应急物资的概念

应急物资是指在应急物流的实施和保障中所采用的物资，即指为应对严重自然灾害、突发性公共卫生事件、公共安全事件及军事冲突等突发公共事件应急处置过程中所必需的保障性物质。从广义上讲，凡是在突发公共事件应对的过程中所用的物资都可以称为应急物资。应急物资管理是应急物流管理的重要内容，应急物资在救灾和灾后重建过程中起决定性作用。

#### 4.2.2.2　应急物资的分类

应急物资按功能可以分为三类，一是保障人民生活的物资，主要指粮食、食油和水、手电筒等；二是工作物资，主要指处理危机过程中专业人员所使用的专业性物资，工作物资一般对某一专业队伍具有通用性；三是特殊物资，主要指针对少数特殊事故处置所需特定的物资，这类物资储备储量少，针对性强，如一些特殊药品。按用途具体分类如下。

（1）防护用品

卫生防疫：防护服（衣、帽、鞋、手套、眼镜），测温计（仪）；

化学放射污染：防毒面具；

消防：防火服，头盔，手套，面具，消防靴；

海难：潜水服（衣），水下呼吸器；

爆炸：防爆服；

防暴：盾牌，盔甲；

通用：安全帽（头盔），安全鞋，水靴，呼吸面具。

（2）生命救助

外伤：止血绷带，骨折固定托架（板）；

海难：救捞船，救生圈，救生衣，救生艇（筏），救生缆索，减压舱；

高空坠落：保护气垫，防护网，充气滑梯，云梯；

掩埋：红外探测器，生物传感器；

通用：担架（车），保温毯，氧气机（瓶、袋），直升机救生吊具（索具、网），生命探测仪。

（3）生命支持

窒息：便携呼吸机；

呼吸中毒：高压氧舱；

食物中毒：洗胃设备；

通用：输液设备，输氧设备，急救药品，防疫药品。

（4）救援运载

防疫：隔离救护车，隔离担架；

海难：医疗救生船（艇）；

空投：降落伞，缓冲底盘；

通用：救护车，救生飞机（直升、水上、雪地、短距起降、土地草地跑道起降）。

（5）临时食宿

饮食：炊事车（轮式、轨式），炊具，餐具；

饮用水：供水车，水箱，瓶装水，过滤净化机（器），海水淡化机；

食品：压缩食品，罐头，真空包装食品；

住宿：帐篷（普通、保温），宿营车（轮式、轨式），移动房屋（组装、集装箱式、轨道式、轮式），棉衣，棉被；

卫生：简易厕所（移动、固定），简易淋浴设备（车）。

（6）污染清理

防疫：消毒车（船、飞机），喷雾器，垃圾焚烧炉；

垃圾清理：垃圾箱（车、船），垃圾袋；

核辐射：消毒车；

通用：杀菌灯，消毒杀菌药品，凝油剂、吸油毡、隔油浮漂。

（7）动力燃料

发电：发电车（轮式、轨式），燃油发电机组；

配电：防爆防水电缆，配电箱（开关），电线杆；

气源：移动式空气压缩机，乙炔发生器，工业氧气瓶；

燃料：煤油，柴油，汽油，液化气；

通用：干电池、蓄电池（配充电设备）。

（8）工程设备

岩土：推土机，挖掘机，铲运机，压路机，破碎机，打桩机，工程钻机，凿岩机，平整机，翻土机；

水工：抽水机，潜水泵，深水泵，吹雪机，铲雪机；

通风：通风机，强力风扇，鼓风机；

起重：吊车（轮式、轨式），叉车；

机械：电焊机，切割机；

气象：灭雹高射炮，气象雷达；

牵引：牵引车（轮式、轨式），拖船，拖车，拖拉机；

消防：消防车（普通、高空），消防船，灭火飞机。

（9）器材工具

起重：葫芦，索具，浮桶，绞盘，撬棍，滚杠，千斤顶；

破碎紧固：手锤，钢钎，电钻，电锯，油锯，断线钳，张紧器，液压剪；

消防：灭火器、灭火弹，风力灭火机；

声光报警：警报器（电动、手动），照明弹，信号弹，烟雾弹，警报灯，发光（反光）标记；

观察：防水望远镜，工业内窥镜，潜水镜；

通用：普通五金工具，绳索。

（10）照明设备

工作照明：手电，矿灯，风灯，潜水灯；

场地照明：探照灯，应急灯、防水灯。

（11）通信广播

无线通信：海事卫星电话，电台（移动、便携、车载），移动电话，对讲机；

广播：有线广播器材，广播车，扩音器（喇叭），电视转发台（车）。

（12）交通运输

桥梁：舟桥、吊桥、钢梁桥、吊索桥；

陆地：越野车，沙漠车，摩托雪橇；

水上：气垫船，沼泽水橇，汽车轮渡，登陆艇；

空中：货运、空投飞机或直升机，临时跑道。

（13）工程材料

防水防雨抢修：帆布，苫布，防水卷材，快凝快硬水泥；

临时建筑构筑物：型钢，薄钢板，厚钢板，钢丝，钢丝绳（钢绞线）桩（钢管桩、钢板桩、混凝土桩、木桩），上下水管道，混凝土建筑构件，纸面石膏板，纤维水泥板，硅酸钙板，水泥，砂石料；

防洪：麻袋（编织袋），防渗布料涂料，土工布，铁丝网，铁丝，钉子、铁锹，排水管件，抽水机组。

以上各种为相应突发事故储备的应急物资，以及应对突发性溢油污染事故所需的围油栏、撇油器、吸油材料、消油剂、油水分离器等设备和材料，都需要大量的储备，以应对大型溢油事故的发生。而每个企业或每个区域都储备，既不现实，也是一种浪费，所以需要建立良好的应急物资储备与管理制度以合理的规划物资的储备地点、方式，来满足应急的需要。

### 4.2.2.3　应急物资的储备与管理

针对应急物资的储备与管理，《突发环境事件应对法》第 32 条明确规定，国家要建立健全应急物资储备保障制度，完善重要应急物资的监管、生产、储备、调拨和紧急配送体系。目前，溢油应急管理实践中存在着各级政府及环保部门（海洋部门或交通部门）溢油应急物资储备和各相关企业溢油应急物资储备两种情形。各级政府及环保部门（海洋部门或交通部门）溢油应急物资储备侧重于常用现场应急防护与处置装备储备，相关企业则侧重于各种常用围油栏、吸附物资以及处置设备等储备，两类储备都各自独立开展，未能进行有效整合。溢油应急物资储存的种类和数量明显不足，储存方式过于单一，均采用实物储存方式。当然，由于应急物资管理目前正处于研究阶段，尚未构建起完整的管理体系，缺乏完善的应急物资储备制度和管理体制等，应急物资调用难还是一个普遍现象。

为达到"物资储备齐全，调拨工作高效"的目的，溢油应急物资储备应采取政府及环保部门（海洋部门或交通部门）储备与企业储备相结合的社会化储备模式，以企业（中石油、中石化、中海油等）储备模式为主，建立和完善各级政府及环保部门溢油应急物资储备库，利用相关企业产品、原料及设施等构建社会化物资储备网络。同时，结合突发溢油事故特点与两类储备的特点。

（1）构建模式。根据风险源密度和运输半径等因素，坚持统筹规划、节约投资和资源整合的原则，社会化和专业化相结合，按照"合理布局，适量储备，便利调运"的要求，依托大型企事业单位和园区力量，建立"全覆盖，代储备"的应急物资储备体系，初步形成社会化溢油应急物资储备网络。

溢油应急物资储备应实现实物储备和生产能力储备相结合，建立充足、灵活、持续的物资供应系统，根据不同类型的突发溢油事故，在应急物资的品种、数量、规格、储备地点以及生产、运输、储存、调用、配送、监管等各个管理环节上统筹规划，科学地储备应急物资，制订合理的调配方案。

（2）构建方式。要构建社会化溢油应急物资储备网络，各地应结合实际，开展调研，掌握区域内的溢油风险源、敏感目标分布和溢油应急物资市场供应、相关企业储备、生产等情况。充分调动有关企事业单位的积极性，利用其物资储备及生产的优势建立溢油应急设备、材料的应急物资储备库。探索建立应急资源储备金制度，政府及环保部门（海洋部门或交通部门）可对相关企业给予一定的补贴或优惠政策。对于物资可实行先征用后补偿的办法；或与企业签订合同或协议，明确双方应急物资储备与调用的权利与义务。

在理清社会化溢油应急物资储备网络的基础上，各地应及时建立溢油应急物资信息化管理系统，构建溢油应急物资储备数据库。依托数据库对溢油风险源密度和溢油敏感点分布进行分析，依托现代物流业的发展科学合理调拨物资。在应急时第一时间对企业名称、地址、储备物资名称、种类、数量、运输路线等进行调阅，根据突发溢油事故发生地点与影响范围等情况，制定灵活、有效的物资调运方案供决策部门参考，确保突发溢油事故高效应对与有效处置。

同时，应对溢油应急物资储备进行规范化管理，出台应急物资储备管理制度，明确溢油应急物资储备经费来源、储备主体、储备方式和调拨程序等。针对区域性突发溢油事故，还可逐步实现区域间的应急驰援互助，形成溢油应急物资保障制度。通过应急物资储备的制度规范，进一步加强区域范围内应急物资的整合、合理分布与高效调用。

### 4.2.3　溢油应急指挥系统建设

随着 2006 年 1 月 8 日国务院《国家突发公共事件总体应急预案》出台，我国应急预案框架体系初步形成。应急能力及防灾减灾应急预案的制定，标志着社会、企业、社区、家庭安全文化的基本素质的程度。应急指挥系统是指政府及其他公共机构在突发事件的事前预防、事发应对、事中处置和事后管理过程中，通过建立必要的应对机制，采取一系列必要措施，保障公众生命财产安全，促进社会和谐健康发展的有关活动。

为贯彻落实党中央和国务院关于加强突发公共安全事件应急体系和能力建设的有关精神，提高社会应急响应速度和决策指挥能力，有效预防、及时控制和消除突发公共安全事件的危害，保障公众生命与财产安全，维护正常的社会秩序，促进社会和谐发展有关活动，建设突发公共安全事件应急指挥中心。突发溢油事故是突发公共安全事件的一种，应按照突发公共安全事件的相关规定和要求构建应急指挥中心。

溢油事故应急指挥中心是应急指挥体系的核心，在处置溢油事故时，应急指挥中心需要为参与指挥的领导与专家准备指挥场所，提供多种方式的通信与信息服务，监测并分析预测事件进展，为决策提供依据和支持。同时，应建立必要的移动应急指挥平台，以实现对各级各类突发溢油事故应急管理的统一协调指挥，实现溢油事故应急数据及时准确、信息资源共享、指挥决策高效。

不仅如此，随着信息化建设的不断推进，溢油事故应急指挥系统作为重要的公共安全业务应用系统，将与各地区域信息平台互联，实现与省级信息系统、监督信息系统、人防信息系统的互联互通和信息共享，发挥重要的作用。

应急指挥系统的建设是一个复杂的系统工程，涉及公共安全、监控管理、报警联动、计算机、通信、监控等多个专业领域。为了把应急指挥中心按时、优质地规划好、建设好，应构建起指挥统一、功能齐全、反应灵敏、运转高效的突发溢油事故应急机制，切实提高地方处置突发溢油事故的能力。

### 4.2.4　溢油应急联动机制构建

在紧急事态管理实践中，对于涉及多个行政区域的突发性事件，构建区域应急联动机制非常迫切，尤其对于海上溢油事故，一般范围都比较广，更需要多区域多部门的联合应对。国外在应对溢油事故的过程中，区域应急联动机制已经逐渐建立并发展起来，从而极大地提高了政府应对危机的能力。中国是各种突发事件发生频繁的国家，极其需要加强区域应急联动，有效应对各种跨区域突发事件，其中也包括突发性溢油污染事故的处理。

《国家突发环境事件应急预案》规定：溢油污染事故信息接收、报告、处理、统计分析由环保部门负责；海上石油勘探开发溢油事件信息接收、报告、处理、统计分析由海洋部门负责；海上船舶、港口污染事件信息接收、报告、处理、统计分析由交通部门负责。但溢油事故往往比较复杂，所以需要多部门的联合处置，建立良好的应急联动机制是成功应对溢油的保障。

### 4.2.4.1　应急联动机制进展及存在问题

中国不少地区在探索区域应急联动机制方面已开始了实质性行动，例如，泛珠三角区域九省（区）应急管理合作协调、首都地区应急联动协调、长江三角洲区域性应急救援体系、晋冀蒙六城市跨区域应急救援、陕晋蒙豫四省区黄河中游应急管理合作机制等。这些区域应急联动机制围绕重大突发事件信息快速通报、应急联动响应、平台建设协作机制、基层应急管理合作、应急预案的编制和修订、应急救援队伍建设等事项开展了深入合作，提高了应对突发性公共安全事件的区域应急联动能力。一个有效的区域应急联动机制，至少应涵盖组织体系、运行机制、法律制度、协调技术等方面，然而在实际中，当前区域应急联动机制存在不少问题，限制了应急机制的有效运转。

首先，法律制度不健全。法制建设是公共安全管理的基础和保障，也是实施各项应急措施的依据。2007 年《突发事件应对法》的公布实施，标志着突发事件管理进入法制化、规范化阶段。该法律规定，应急管理实行国家统一领导、综合协调、分类管理、分级负责、属地管理为主的应急管理体制。对于跨域协调，《突发事件应对法》第七条规定："县级人民政府对本行政区域内突发事件的应对工作负责；涉及两个以上行政区域的，由有关行政区域共同的上一级人民政府负责，或者由各有关行政区域的上一级人民政府共同负责。"这一体制从纵向上看，包括中央、省（自治区、直辖市）以及市、县地方政府的应急管理体制，实行垂直领导，下级服从上级；从横向上看，包括突发事件发生地的政府及各有关部门，形成相互配合，共同服从于指挥中枢的关系。然而，上级人民政府主管部门如何在各自职责范围内，指导、协助下级人民政府及其相应部门做好有关突发事件的应对工作，相关法律法规并没有规定。

除此以外，在法律法规上还存在以下问题：一是应急法制体系仍需进一步健全。完备的公共应急法律体系应该以宪法中的紧急条款为核心，以《突发事件应对法》为主干，另外还包括单行的部门应急法、部门应急法的实施细则及针对某一独立环节的特别立法等，由此构成一个完整的体系。然而我国现行法律、法规之间在这方面缺乏衔接，甚至会出现相互抵触的情况。二是公共应急法制的可操作性不强。在内容上规定得较为原则、抽象，缺乏具体的实施细则、办法，尤其是紧急行政程序法律规范严重不足。三是应急法律规范执行不到位、执法监管存在漏洞。主要表现在有法不依、执法不严、行政不作为、难获救济等。其次，组织体系欠整合，一个完整的公共安全管理体系，是站在整个社会的角度来思考全社会的安全需求，动员全社会力量来保障公共安全，是政府部门全部工作的总和，而不是某些部门的几项工作。在国外大城市危机管理实践中，各大城市都在努力实现政府和社会、公共部门和私人部门之间的良好合作，实现普通公民、社会组织、工商企业组织在危机管理中的高度参与，构建了全社会型危机管理系统。尽管中国公共安全管理的组织体系在不断健全，但这种体制仍然是分领域、分部门的分散管理，在实践中表现为"政府主体、多头指挥、联动失灵"的特征。

### 4.2.4.2　完善区域应急联动机制的制度构想

建立健全适合中国国情的区域应急联动机制，既是完善公共安全管理机制的重要内容，也是创新社会管理的重要举措。因此，有必要广泛借鉴、吸收国外有关区域应急联动的经验和教训，从经济与社会的健康、安全、发展的现实需求出发，结合中国国情予以制度创新。

首先，要健全区域应急联动的体系，公共安全的提高首先有赖于应急管理体制的健全，而一个完备的区域应急联动体系，必须由要素、结构和功能组成。在构成要素上，必须建立政府、专家、社会三类主体构成的应急管理系统，即由政府首长及各职能部门、专家咨询人员、基层社会组织、群众团体、武装部队等相关主体构成。与此同时，应加强区域应急联动体系中各子系统的建设，通过完善城市公共安全法规体系、信息管理系统、专家决策支持系统、社会心理干预体系、突发事件心理防御体系、城市综合应急联动预案、企业危机处理机制等一系列建设，从而实现区域应急联动能力的增强与提升。

在组织结构上，区域应急联动机构的第一层次为区域应急管理委员会，由政府首长任委员会主任，其成员由相关政府部门和非政府组织以及各方面专家学者组成。第二层次为各地应急管理办公室，是区域突发事件应急管理的重要组成部分，履行本地区应急管理职能。第三层次为各地方政府的专业部门，包括公安、医疗、防疫、农林、环保、安监、交通、电力、城管、水利、电信、气象等，这些部门除了履行日常业务管理职能外，均应承担起各自业务范围内应急管理状态下的相应职责。

在功能作用上，本着"集中指挥、统一调度、信息集成、资源共享、专业分工、分层负责"的原则，健全区域应急联动的基本职能：一是危机监控与处理职能，履行灾情预报、预警分析、危害评估、应急指挥、工程建设、社会宣传的职责。二是资源整合职能，将区域内各地的资源统筹规划与管理，满足各方面的需求，以便在处置突发事件时调配与使用。三是服务功能，旨在减少直接危险、拯救生命、保护财产、控制形势和恢复正常状态。四是信息公开功能，一方面，在危机之前教育公众，帮助他们为可能出现的危机事态做好准备，同时在危机发生的时候，向公众传递重要的信息。另一方面，在应急管理过程中，为整个管理系统提供及时、准确的各类信息。

其次，完善区域应急联动的运行机制。在运行机制的设计上，至少应解决三个难题：

一是统一指挥和属地管理。区域应急联动指挥中心负责整个区域系统的指挥调度，区域指挥中心和各个子系统指挥中心按照职能和应急预案的规定行使相应的统一指挥权。各地应急管理办公室和专业职能部门则依据属地管理的原则，按照应急种类的不同来实施应急救援，提供应急支持和相互协调，并对其行动负责。

二是上下对接和区域互联。考虑到可能发生的区域性紧急事件和社会危机，将会产生跨区域应急救援和信息共享需求，区域应急联动机制建设应着重考虑上下对接与区域互联问题。一方面，区域应急指挥中心应实现与国家、省以及有垂直领导关系的部门相应的指挥中心联动，保证在通信网络、信息网络和资源网络上的互通；另一方面，实现整体联动是指区域内不同部门或机构进入应急状态后，必须保持相互联络与相互协调。

三是广泛参与和合作共治。有效的应急管理需要政府、企业、民间组织、社会公众、乃至国际社会等多元主体的共同参与和相互支持。在强调政府主导作用的同时，最大限度地调动社会资源，拓宽社会参与渠道，形成全民动员、集体参与、上下联动、网络应对的综合治理格局。

最后，提高区域应急联动的技术水平。技术水平首先体现在管理层面上，区域应急联动机制建设的关键在于日常管理体系与危机处理系统这两大平台的整合与统一。有两种方案可供选择：其一是"临时抱佛脚"，在突发事件发生时仓促搭建班子，成立应急指挥系统；其二是在平时即建立应急指挥系统，制定管理制度，明确责任分工，并参照应急预案定期进行演练，在突发性公共安全事件发生时迅速转入"全日制"工作，对事件的应对实施强有力的指挥保障。显然，后一种方案更加有效、可行。

然而，问题的关键在于，如何将各地公共安全管理系统与区域应急联动系统无缝对接。这就要求把与公共安全有关的各子系统、各政府部门、各单位团体和个人都考虑进去，并从空间与时间上考虑各因素间的相互关联、相互作用和相互影响，形成能够统一指挥、实时监测、迅速协调的抢险急救系统和综合安全管理系统。

区域应急联动的技术水平还体现在科技层面上。在此层面上，区域应急联动体系包括区域公共安全的规划、区域公共安全的预测和评估、区域公共安全应急能力评价指标体系的建立、区域公共安全保障体系、区域公共安全管理的优化等一系列内容。为此，需要建立区域公共安全管理的标准，通过区域公共安全应急能力评价以及公共安全保障体系评价判断区域公共安全水平，来提高政府及公众的安全意识，提高整个区域抗灾、抗风险的能力。

此外，应急联动的制度化是衡量技术水平的重要标志。突发性公共事件应对机制的法定化、规范化是社会历史发展的必然选择。由于各国历史背景与现实国情的不同，各国应对突发性安全事件的立法各有特点。美国通过了《国家安全法》《全国紧急状态法》和《反恐怖主义法》等法律；日本通过了《武力攻击事态对应法案》《安全保障会议设置法修正案》等法律。鉴于突发性公共安全事件的性质、类型、特征的不同，以及不同阶段应对举措各异等情况，同时结合中国的具体国情，可以将突发事件应对法律框架设计为两大部分：其一是正常状态下的突发性公共安全事件应对法律体系，包括应急指挥法律制度体系、应急资源法律制度体系、应急预案法律制度体系；其二是非正常状态下的突发性公共安全事件应对法律体系。

综上所述，建立健全突发事件区域应急联动机制、提高政府危机处理能力，是稳定社会秩序的客观要求，也是政府与社会关注的重要议题。鉴于我们曾在蓬莱"19-3 溢油"事故、大连"7·16"输油管爆炸事故时，缺乏应急联动机制，故必须深刻总结经验教训，构建好这一稳定社会秩序、关乎民生的安全机制。

## 4.2.5　溢油应急宣传与培训

为强化和规范应急管理、应急知识的宣传工作，提高全民危机意识和应对突发事件的自救、互救能力，增强全社会的快速反应、协同作战和高效处置水平，环保应急部门应定期开展应急宣传与培训工作，如悬挂宣传标语、宣传挂图，制作环保法律法规、企业污染治理设施、环境应急处置常识等宣传展板，发放环境（溢油）应急宣传资料等。环境监察人员可通过环境知识展板、发宣传单、现场咨询等方式向市民宣传环境保护理念，树立环境（溢油）应急意识。

为提高突发溢油事故应对能力，保障群众生命健康和财产安全，环境部门（海洋部门或交通部门）还应定期开展溢油应急培训班。邀请国家、省市级环境应急部门的领导与专家对应急开展的具体人员进行指导和培训，并对溢油应急组织、应急管理、应急预案、应急保障、应急响应等体系建设提出意见和建议。各环保局环境应急管理人员、重点企业环境管理人员都应参加培训。

对于溢油多发地区，如大型海水港口、油田、长江沿岸、珠江口、输油管附近等，在宣传突发环境事件时应以溢油宣传为主。其他地区以突发环境事件宣传为主，突发溢油事故的宣传为辅。下面以山西孝感市环保局发布的《应急宣传工作制度》为例，介绍应急宣传工作的开展方式。

一、宣传原则

坚持"属地为主、分级负责、形式多样、注重实效"的原则。

二、宣传形式

采取"应急宣传周、应急讲座、知识竞赛、发放宣传单、设立宣传栏、观看宣传片、应急演练"等多种形式。

三、责任分工

（一）市政府应急办应会同市政府有关部门和各县（市）区每年至少组织一次全市性的应急知识和突发事件法律法规宣传活动。

（二）各县（市）区、市政府各有关部门和单位应组织人员对本地区、本行业、本单位进行应急知识宣传，要采取多种多样的形式，每年不少于 2 次；各企事业单位、学校、村（居）委会组织应急宣传每年不少于 6 次。

四、宣传对象

辖区内、行业内或单位内的工作人员和全体居民。

五、宣传内容

（一）应急管理相关法律法规和规范性文件；

（二）本地区、本部门、本单位应急预案；

（三）当前应急形势、应急管理工作的措施和要求；

（四）应急管理工作的基本知识；

（五）科学预防、有效应对突发事件的基本知识；

（六）面对突发事件的自救、互救基本知识。

六、宣传程序

（一）制定方案。按照年度宣传计划，制定具体宣传方案，包括：宣传时间、地点、内容、对象等。逐级报市政府应急办主任、市政府办公室主任、市政府领导审批。

（二）宣传准备。包括：宣传场地、宣传资料、影像、车辆等。材料准备包括：宣传方案、宣传通知、协调会方案、宣传总结等。

（三）下发通知。培训前1~2周下发宣传通知。内容包括：时间、地点、内容、对象及形式等。

（四）组织实施。按宣传实施方案组织实施。

（五）宣传总结。宣传结束后，及时进行总结，整理相关宣传资料，并上报省政府。

七、宣传保障

（一）市政府应急办，市政府各有关部门和单位每年要制定应急管理宣传工作计划，根据各自的实际情况，采取多种形式开展应急宣传活动。

（二）将应急宣传工作纳入应急管理建设的重要内容进行部署和规划，各地区和部门必须在财政预算中列出开展应用宣传的所需经费，保证宣传工作经费的及时足额到位。

（三）市政府应急办应对全市应急宣传工作开展情况进行不定期检查，加强指导督促；各地区、各有关部门和单位也要进行自检自查，加强对应急管理工作的领导，提高宣传效果。

应急宣传工作是提高应急人员及人民群众应急知识的重要途径之一，但仅仅进行应急宣传是不够的，真正发生突发事故后，要求应急人员能够将自己所学的技能、所掌握的知识应用到应急当中去，这就需要应急演练。

### 4.2.6  溢油应急演练

当前，我国各类灾害事故多发，安全生产形势严峻，灾害事故处置和应急救援工作面临着艰巨繁杂的任务。2010年大连"7·16"油库爆炸火灾以及国家近期发生的列车脱轨等重大灾害事故，给我国应急救援工作敲响了警钟。对此，我国正在努力打造以公安消防部门为依托、多部门协作联动的综合应急救援队伍，并加强实战演练，以更好地应对可能发生的重特大灾害事故。

下面以某市的应急演练为例，介绍应急演练的目的、组织机构、准备、实施等演练全过程。

（一）演练目的

1. 检验预案。通过演练检验应急预案的科学性、可操作性，在演练中完善应急体系，明确职责，规范信息报告程序，完善部门之间的协调机制。

2. 锻炼队伍。通过演练，能提高应急队伍的实战能力，科学应对，从容处置突发事件能力。

3. 宣传教育。对于参演人员来说，应急演练是一次培训、一次教育、一次提高。对于观摩人员来说，是学习应急处置规程，提高安全防患意识、危机意识、责任意识，提高自救、互救能力的教育机会。

4. 完善机制。通过演练促进"横向到边、纵向到底"的应急管理预案体系的建立，形成由"政府统筹协调、群众广泛参与、防范严密到位、处置快捷高效"的工作机制。

（二）演练的组织机构及职责

1. 市突发事件应急指挥部（以下简称市应急指挥部）是各类演练的审批机构，职责为：根据实际情况，有计划地组织跨地区、跨部门、跨军地、跨灾种的联合演练；对两个或两个以上市级专项预案联合演练的计划进行审批，并协调有关事宜；根据需要协商部队（含预备役）、武警参加军地联合应急演练，与有关军事机构共同组建军地联合演练领导小组。

2. 各专项应急指挥部（含临时机构）组建的演练领导小组是演练工作的决策组织机构，职责为：制定年度演练计划；组建单项演练指挥部；确定演练的主要内容，实施时间、地点，参加演练的单位、人员等；制定演练规则、纪律；做好物资、资金、技术等方面的保障协调工作。

3. 演练指挥部（市应急指挥部）负责指挥实施演练领导小组（各专项指挥部）各项决策和命令；演练执行机构具体实施演练各项行动和计划。

（三）演练准备

市政府应急办组织有关部门和应急专家成立编制小组，编写预案演练脚本和演练方案，征求领导和各参演机构意见后组织实施。召开预备工作会议、成立综合演练指挥部、制定演练方案、资金准备、场所准备等。

（四）演练实施

指挥部指挥长发布演练命令，各参演机构领受任务。宣布演练条件、纪律、要求；按预定方案，各参演机构在演练指挥部的指挥下对应急预案进行演练。演练告一段落后，市政府应急办应组织专家对演练程序、内容和作业质量等情况进行分析讲评，明确下一步演练的主要内容和需要注意的问题。

（五）演练结束

演练结束后，市政府应急办应对各参演机构演练情况进行汇总，对演练过程进行总结，以便查找问题，分析原因，改进工作，进一步提高应急预案的准确性和有效性。

（六）总结评审

演练结束后，各参演机构应将演练总结报市政府应急办备案。总结的内容包括：演练的主要内容和任务是否完成，目的是否达到；演练组织实施的主要情况；对参演各部门的工作和行动作出评价；演练暴露问题的原因，在实战中可能造成的后果及相应的对策和建议；做好善后工作。

（七）相关规定

1. 各专项突发事件应急指挥部应把预案演练工作纳入重要日程，制定切实可行的演练计划，并结合我市实际情况，根据形势的变化和要求，有针对性地确定重点演练内容，定期演练。

2. 单个专项预案演练计划由各专项突发事件应急指挥部制定，报经市应急办同意后组织实施；两个或两个以上市级专项预案联合演练计划，由提出计划的专项突发事件指挥部会商有关部门制定，报市应急指挥部审批，由市应急办统一组织实施。

3. 军地联合演练，由市应急指挥部会商有关部队（含预备役）、武警派员参加，报请有关军事机关批准后，按照《军队参加抢险救灾条例》及有关规定执行。

4. 参演各部门必须按规定提供必要的物资、技术保障；参演各部门均无法提供的物资、技术保障由演练领导小组负责协调解决。

5. 演练经费由市财政给予补助；各有关单位、部门必须将演练经费纳入年度财务计划。

6. 参演单位参演人员必须准时在规定的地点集结，有事必须提前请假，经批准后出行，违者按有关法律、法规、规定予以处理。

7. 参演人员必须服从演练指挥部的指挥，做到程序规范、协调一致。

8. 参演人员必须严格遵守演练的各项规章制度和纪律；所在单位要大力支持参演人员的演练工作，参演期间，无特殊情况，不得安排其他工作，如有特殊情况，应与演练指挥部及时沟通联系，以确保演练工作顺利开展。

9. 演练指挥部自批准成立之日起即实行 24 小时值班制度，直至演练结束；各执行机构也应有人 24 小时值守。

10. 严格执行保密制度和新闻发布制度，不得私自向外透露、传递、发布消息，严防泄密事件发生。

11. 演练结束后的总结、报告及对预案的相关建议应及时上报各专项突发事件指挥部及市应急办。演练总结报告、涉密文件以及重要资料要立卷归档，妥善保存，以供日后查阅。

12. 重大演练市应急办应派人参加。相关人员应加强演练知识的学习，增强业务素质；贴近实战，从难从严，努力提高演练水平。

#### 4.2.7　溢油应急值守制度建设

应急值守是应急管理工作的基本职责，良好的应急值守制度是应急迅速反应和良好应对的基础。突发溢油事故得到有效处置的首要前提是事件信息的及时通报，而信息的及时上传下达依赖于顺畅的信息沟通机制，顺畅的信息沟通机制的关键在于建立健全应急值守制度。

##### 4.2.7.1　应急职守总要求

（1）应急值守以预防和处置突发溢油事故为重点。

（2）应急值守工作以减少突发事件的危害和损失，维护社会稳定，保障全面工作的正常运转为目标。

（3）应急值守人必须树立高度值守责任意识，坚守岗位、不得脱岗，按照规定程序和规定的突发事件分类，准确无误地向领导和上级部门报告应急重大事件。

（4）应急值守人员必须掌握值班信息报送的要求和重特大突发溢油事故的分类情况，不得误报、瞒报、漏报，做到内容完整、准确无误、程序规范。

（5）应急值守人员应具有高度责任感和政治敏感性，做到严谨细致、周到果断地应急。全面了解情况、认真分析，在最短的第一时间内，报告领导和上级部门。现场应急以快速、稳妥、不扩大事态、减少损失、消除社会影响为基本原则。

（6）值班记录必须准确、及时、简明、完整，同时注意保密工作，避免负面影响。根据领导的指示意见，做好协调督促工作、掌握进展情况，将所有原始材料整理成卷。

（7）应急值守人员，如遇特殊情况需请假、调班时需经应急管理工作办公室负责人批准。

（8）值守期间，原则上不得离开本辖区活动，手机应 24 小时保持畅通。

##### 4.2.7.2　应急职守领导带班制度

（1）领导带班安排的基本原则

① 负责组织、协调好政务值班和应急值守工作。

② 带班领导若需外出、不能带班时，由领导之间沟通、协调相关代班领导，并通知值班室。

（2）带班领导职责

① 负责指挥调度值班工作，检查值班情况，听取值班情况汇报；检查、指导、督促值班工作。

② 遇有按规定需要管委会处置的突发事件、重大紧急情况发生，在其分管领导不在的情况下，带班领导应立即赶赴现场处置，及时掌握突发事件情况，督促相关部门按规定上报突发事件信息。

③ 带班领导带班期间，原则上不得离开本辖区活动，手机应 24 小时保持畅通。

#### 4.2.7.3　应急职守信息报告制度

（1）发生特别重大、重大突发事件，要迅速主动了解现场情况，立即将有关情况向上级领导汇报。紧急情况下，可先通过电话口头报告，并在半小时内报送书面信息。

（2）对于一些事件本身比较敏感，或发生在敏感对象、敏感地点、敏感时间，或可能演化为较大以上突发事件的，要边报告，边跟踪续报，直至有关事情处理完毕。

（3）特别重大、重大突发事件处置过程中，要与事发现场建立固定联络渠道，及时掌握现场处置情况，续报重要信息，并在应急处置工作结束后及时进行终报。

（4）紧急重大情况报告，实行"一把手"负责制，单位主要领导必须高度重视，亲自过问，确保紧急重大情况能及时上报。

（5）对重要经济社会信息特别是紧急重大情况反映不及时、不准确，漏报、瞒报，致使上级党委、政府不能及时、准确掌握有关情况并进行决策的，将进行通报，情况严重的，将追究部门及相关责任人责任。

（6）在重要活动、重大会议、节假日及防火期、防汛期等特殊敏感时期，实行"日报告""零报告"制度，周末值班实行"日报告"制度。

#### 4.2.7.4　应急值守记录制度

（1）应急办应制作规范的值班记录簿。

（2）值班人员在值班期间，应将发生的事项和处理情况在值班记录簿上作详细记载，记录应字迹清楚、要素齐全、详略得当。

（3）特别重大和重大突发公共事件的处置，应按时间顺序详细记录处置过程。值班记录簿须编号归档。

#### 4.2.7.5　应急职守交接班制度

（1）值班人员交接班实行无缝隙交接，确定交接班时间。

（2）值班人员要认真做好各项记录。

（3）当班的事务原则上要处理完毕，未处理完毕的事务要履行交接班手续，说明已办和待办事项，保证值班工作正常、连续运转。

## 4.3　溢油事故应急响应

一旦发生溢油污染事故，应急响应从事故报告到应急终止，需采取一系列措施，包括事故报告、应急启动、应急处置和应急终止等。

### 4.3.1　溢油应急响应简介

#### 4.3.1.1　国内溢油应急响应

环境应急响应是政府及其相关部门在突发环境事件发生之后，为妥善处置突发环境事件，评估修复因事件引起的与环境污染有关的一系列有组织、有计划的工作过程。这些工作应环环相扣，构成环境应急管理响应工作的完整内容。而对于溢油应急响应，可定义为对突发溢油事故的一系列有组织有计划的工作，以消除溢油带来的对环境、社会的不良影响。

溢油应急响应一般包括事故报告、应急启动、应急处置、应急终止等阶段，此外，溢油应急结束后的后处置程序和后评估程序也需要考虑，图 4-3 为溢油应急响应的一般程序。

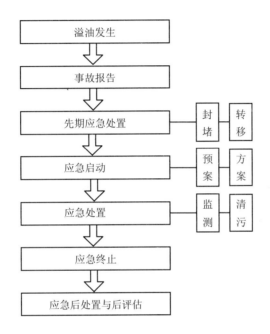

**图 4-3　溢油应急响应的一般程序**

国内的溢油应急响应执行程序，可参照国家海洋局颁布的《海上石油勘探开发溢油应急响应执行程序》，见附件 1。

### 4.3.1.2　国外的溢油应急响应

20 世纪 70 年代末 80 年代初，一些发达国家相继建立和完善了各自的海洋溢油污染应急响应体系。具有代表性的为美国、日本、英国和法国等发达国家，以下将对美、日、英三国的海洋溢油污染响应体系分别概述。

在美国，其溢油污染应急响应体系分为三级。第一级为国家溢油应急响应指挥中心，主要由环保署、内政部、交通部等政府部门组成，其职责为规划美国的海洋溢油防治工作，并指挥协调各州政府及地方的溢油应急响应行动。第二级为地区应急响应指挥中心，为每个州的政府，其职责为规划所辖区域内的溢油防治工作，并协调相关部门的应急配合与支援。第三级为地方应急响应组织，其主要职责是执行具体的溢油应急工作。从职能上区分，前两级为管理组织，第三级为响应组织。一旦发生溢油事故，海岸警备队、环保署、运输署等不同机关部门会分别产生相应的响应，并在所属的管辖范围内履行职责，由国家溢油应急响应指挥中心统一协调。在应急过程中，海岸警卫队指挥海上应急，而环保署则指挥陆岸应急，而具体的清污工作则由专业的清污公司来完成。图 4-4 为美国溢油国家响应系统的具体组成。

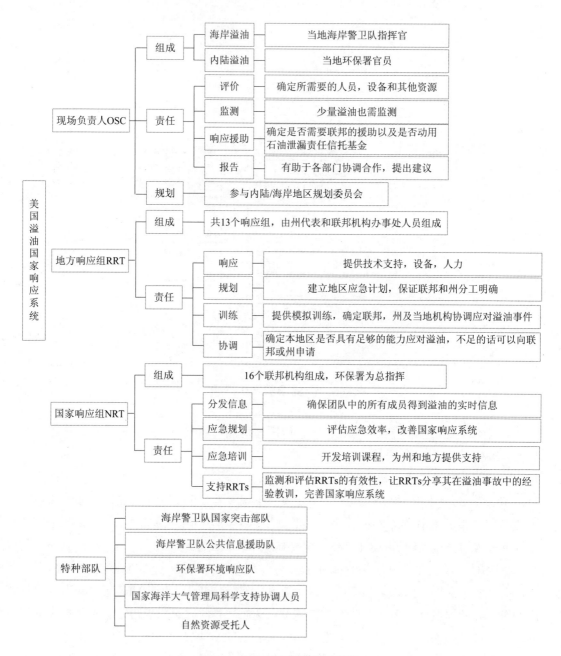

**图 4-4　美国溢油国家响应系统**

在日本,海洋溢油污染应急响应工作主要依靠海上保安厅和海上防灾中心完成,海上防灾中心直接接受保安厅的指示。海上保安厅负责监视海域和督导指挥工作,协调和调用应急设备,及时传达事故信息,并为应急提供有效的技术支持。海上防灾中心在接到保安厅的指示后,立即赶往溢油事故现场采取应急清污措施。

在英国,海洋溢油污染应急响应工作主要由英国海上污染控制中心完成,该中心主要承担大规模溢油事故中的海上应急响应和协调岸线油污清除的任务,也通过一系列科技手段为应急工作提供有效支持(如航空遥感监视溢油的动态预报),并拥有一系列清除和回收溢油的装备设备。在协调岸线油污清除工作时,该中心还会对各地政府相关部门进行技术上的指导。

## 4.3.2　溢油事故报告

海洋溢油基本按照上一节海洋局颁布的《海上石油勘探开发溢油应急响应执行程序》进行,但该执行程序对陆地溢油及地表水溢油的情况未做考虑,本节将针对非海洋溢油的事故报告程序进行总结。

### 4.3.2.1　报告时限及程序

陆地和河流湖泊的溢油情况属于突发环境事件,所以应按照《国家突发环境事件应急预案》的要求进行处置。

《国家突发环境事件应急预案》第 4.3.1 款对报告时限及程序的规定适用于重大(Ⅱ级)、特别重大(Ⅰ级)突发溢油事故,摘录如下:

突发环境事件责任单位和责任人以及负有监管责任的单位发现突发环境事件后,应在 1 小时内向所在地县级以上人民政府报告,同时向上一级相关专业主管部门报告,并立即组织进行现场调查。紧急情况下,可以越级上报。

负责确认环境事件的单位,在确认重大(Ⅱ级)环境事件后,1 小时内报告省级相关专业主管部门,特别重大(Ⅰ级)环境事件立即报告国务院相关专业主管部门,并通报其他相关部门。

地方各级人民政府应当在接到报告后 1 小时内向上一级人民政府报告。省级人民政府在接到报告后 1 小时内,向国务院及国务院有关部门报告。

重大(Ⅱ级)、特别重大(Ⅰ级)突发环境事件,国务院有关部门应立即向国务院报告。

《国家突发环境事件应急预案》是未对"较大环境事件(Ⅲ级)和一般环境事件(Ⅳ级)"的报告时限明确规定,但鉴于环境事件的敏感性,一般不应超过 4 小时。

企业环境污染事故的报告:如果企业环境污染事故为重大(Ⅱ级)、特别重大(Ⅰ级)时,应在 1 小时内向所在地县级以上人民政府报告;为较大环境事件(Ⅲ级)和一般环境事件(Ⅳ级)时,报告时限明确规定为 4 小时;如事故的性质小于上述事故,可以按照《中华人民共和国水污染防治法实施细则》的规定，企（事）业单位在事故发生后 48 小时内向当地环境保护部门报告。

#### 4.3.2.2 报告方式与内容

《国家突发环境事件应急预案》第 4.3.2 款对重大（Ⅱ级）、特别重大（Ⅰ级）突发环境事件的报告方式与内容作了规定，根据溢油事件的特殊性，突发溢油事故的报告可分为初报、续报和处理结果报告三类。初报从发现事件后起 4 小时内上报；续报在查清有关基本情况后随时上报；处理结果报告在事件处理完毕后立即上报。报告应采用适当方式，避免在当地群众中造成不利影响。

初报可用电话或直接报告，主要内容包括：溢油事故的类型、发生时间、地点、污染源、主要溢油种类、人员受害情况、损害国家重点保护的野生动植物的名称和数量、自然保护区受害面积及程度、事件潜在的危害程度、转化方式趋向等初步情况。

续报可通过网络或书面报告，在初报的基础上报告有关确切数据，事件发生的原因、过程、进展情况及采取的应急措施等基本情况。

处理结果报告采用书面报告，处理结果报告在初报和续报的基础上，报告处理事件的措施、过程和结果，事件潜在或间接的危害、社会影响、处理后的遗留问题，参加处理工作的有关部门和工作内容，出具有关危害与损失的证明文件等详细情况。各部门之间的信息交换按照相关规定程序执行。处理结果可以规定在应急行动结束后的 15 天内报告。

#### 4.3.2.3 企（事）业单位污染事故报告时限、程序与内容

对企业、事业单位污染事故报告时限、程序与内容，可根据《中华人民共和国水污染防治法实施细则》和 2004 年修正的《中华人民共和国固体废物污染环境防治法》第六十三条的规定，企（事）业单位造成污染事故时，及时通报可能受到污染危害的单位和居民，并在事故发生后 48 小时内，向当地环境保护部门（海洋部门或交通部门）作出事故发生的时间、地点、类型和溢油的种类、数量、经济损失、人员受害及应急措施等情况的初步报告；事故查清后，应当向当地环境保护部门作出事故发生的原因、过程、危害、采取的措施、处理结果以及事故潜在危害或者间接危害、社会影响、遗留问题和防范措施等情况的书面报告，并附有关证明文件。

如果企（事）业单位能确认事故的级别，应按《国家突发环境事故应急预案》或《海洋石油勘探开发溢油事故应急预案》规定的时限进行报告。

#### 4.3.2.4 企业内外部的报告

在企业环境污染事故应急预案中，应规定对于爆炸、火灾、污染事故，立即通知企业内部人员。可以使用警笛和公共广播情况，动员应急人员并提醒其他无关人员采取防护行动。预案中应明确每个人的职责和应采取的行动，一旦企业应急总指挥决定启动环境污染事故应急预案，协调和通信联络部门就要负责保持各应急组织之间的高效沟通。

当污染事故超出企业自身应急处置能力或可能对周围的环境构成威胁，应及时通报

可能受到污染危害的单位和居民；必须按照法律、法规和标准的规定将事故有关情况上报政府环境主管部门，促成启动响应的环境污染事故应急预案。

企业向当地环境主管部门报告环境污染事故时，应包含以下内容：企业名称、详细地址、电话、排放污染物的种类、数量、人员受害情况、已采取的应急措施、已污染的范围、潜在的危害程度、转化趋向、当地气象条件或水流情况、进一步处理措施和建议等。

### 4.3.2.5　"12369"环保热线

2001 年 7 月，国家环境保护总局向社会公布了在全国统一使用的环境保护举报热线电话"12369"。环境保护举报的受理范围包括环境污染和生态破坏事故，违反各项环境治理制度的行为及其他违反环保法律、法规、规章的事件和行为，对环境保护执法情况的监督等，从而及时发现事故苗头，杜绝更大的环境污染和破坏事故。

## 4.3.3　溢油应急启动

在一般性的突发事件处置中，应急启动往往用"立即启动应急预案"来描述。事实上，在事件处置的实际过程中，应急启动包含了很多关键性动作，包括启动预案、发布预警、制定工作方案等一系列动作。

### 4.3.3.1　启动预案

（1）确定预警级别。按照突发环境事件的严重性、紧急程度和可能波及的范围，突发环境事件的预警可分为四级：特别重大、重大、较大、一般，预警级别由高到低，颜色依次为红色、橙色、黄色、蓝色。根据事态的发展情况和采取措施的效果，预警级别可以升级、降级或解除。陆地溢油可按照突发环境事件的要求发布预警，启动预案，海洋溢油应按照海事部门的要求进行预警的发布和预案的启动。

当收集到的有关信息证明突发溢油事故即将发生或者发生的可能性增大时，应按照相关应急预案执行，并根据事件发展情况确定预警级别。进入预警状态后，当地县级以上人民政府和政府有关部门应当立即启动相关应急预案。

蓝色预警由县级人民政府发布。

黄色预警由市（地）级人民政府发布。

橙色预警由省级人民政府发布。

红色预警由始发地省级人民政府根据国务院授权发布。

（2）成立应急指挥部。突发溢油事故应急指挥部是突发溢油事故处置的领导机构，主要负责事故的组织、协调、指挥和调度。应急指挥部工作内容一般包括：① 组织、指挥各成员单位开展突发溢油事故的应急处置工作；② 提出现场应急行动原则要求；③ 设置应急处置现场指挥部；④ 派出有关专家和人员参与现场应急指挥部的应急指挥工作；⑤ 协调各级、各专业应急力量实施应急支援行动；⑥ 协调受威胁的周边地区加强对危险源的监控工作；⑦ 协调建立现场警戒区和交通管制区域，确定重点防护区域；⑧ 根据现场监测结果，确定被转移、疏散群众返回时间。

应急指挥部由县级以上人民政府主要领导担任总指挥，成员由各相关人民政府、政府有关部门、企业负责人及专家组成。应急指挥部可根据污染事件的类型，下设应急协调组、应急监察组、应急监测组、应急宣传组、应急专家组等。

（3）落实应急人员与应急装备。启动预案后，应首先落实应急人员与应急装备。应急人员通常包括现场调查人员、应急监测人员、处置专家、后勤保障人员等。应急装备主要包括两大类：基本装备和专用装备。

#### 4.3.3.2 制定工作方案

应急预案的基本功能在于未雨绸缪、防患于未然，通过在突发事件发生前进行事先预警防范、准备等工作，对可能发生的突发事件做到超前思考、超前谋划、超前化解。编制应急预案是事前预防的一部分，应急预案都具有一定的普适性，但是，由于每个突发溢油事故都是个案，有其自身的特性，所以在发生突发溢油事故时，应急预案虽然可以指导处置工作，但存在过于笼统、过于原则的问题。而现场工作方案的制定就是将应急预案个性化、具体化、量化的过程，针对个体事件，制定切实可行的现场行动方案，指导实际的应急处置工作，使各项应对工作有章可循、忙而不乱。

现场的工作方案一般应包括以下内容：① 现场应急组织体系的建立；② 事故调查和应急监测的安排和要求；③ 应急处置方案的论证和制订；④ 减小事件影响的控制方案；⑤ 确定信息发布时机及内容；⑥ 明确应急响应终止要求以及应急终止后的其他工作安排等。

《国家突发环境事件应急预案》见附件2。

### 4.3.4 溢油应急处置

根据应急响应流程，落实工作实施方案，开展应急处置是关键环节。应急处置一般包括应急监测、事故原因调查、污染控制消除、专家指导等内容（图4-5）。

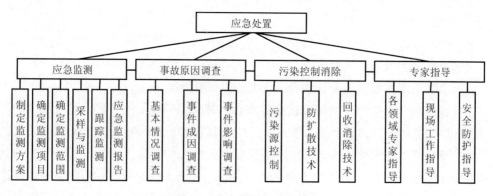

图4-5　应急处置的一般流程

#### 4.3.4.1 应急监测

溢油应急监测是事故处理处置中的重要环节，是在环境应急响应情况下，对溢油种类、数量、污染范围等进行的监测，其目的是发现和查明污染情况，掌握污染的范围和程度。

应急监测一般包括制定监测方案、确定监测项目、确定监测范围、采样与监测、跟踪监测、形成应急监测报告等，详见下一章。本节主要简单介绍监测手段的选择依据。

溢油发生的情况很多，表 4-1 以海洋溢油为例，展示了溢油监视监测手段的选择依据。

表 4-1 溢油监测手段选择依据

| 溢油量/t | 溢油对敏感资源威胁 | 气象条件 | 技术手段选择 | |
| --- | --- | --- | --- | --- |
| | | | 必选 | 可选 |
| <10 | 非敏感区 | | A+B | |
| | 位于或接近 | | A+B+C | D |
| 10～200 | 非敏感区 | | A+B+D+F+H | C+G |
| | 位于或接近 | | A+B+C+D+F+H | G |
| | 非敏感区 | 连续大雾、多云、阴雨 | A+B | C+G |
| | 位于或接近 | | A+B+C+G | |
| >200 | 非敏感区 | | A+B+D+F+H | C+G |
| | 位于或接近 | | A+B+C+D+E+G+H | |
| | 非敏感区 | 连续大雾、多云、阴雨 | G | A |
| | 位于或接近 | | A+B+C+G+E | |

注：A 表示巡逻艇；B 表示取样分析油的密度、倾点、黏度、分离特性；C 表示取样分析油的指纹、毒理特性；D 表示可见光陆地卫星遥感监视；E 表示雷达卫星遥感监视；F 表示 NOAA 等气象卫星监视；G 表示定翼机载航空溢油遥感监视系统；H 表示直升机空中监视。

#### 4.3.4.2 事故原因调查

在开展应急监测的同时，应急监察人员应开展现场调查工作，调查的主要内容包括事故发生的时间地点、污染源情况、污染程度、周围的环境情况，并根据调查结果确定溢油量和事故发生的原因。

（1）溢油基本情况调查。一般情况下，溢油的基本情况调查在事故报告阶段基本完成，但在事故较为复杂、紧急或原因不明时，需要先启动预案，再对事故的基本情况进行调查。事故的基本情况一般应包括：事件发生的时间、地点，溢油种类和数量，事故发生的直接原因和事故周边的环境状况等。

（2）事故原因调查。事故原因调查是指在了解事故直接原因的基础上，挖掘和分析事故发生的深层次原因，准确的把握事故的本质，为决策者调整处置方案，为更快速有效的从根本上降低事故的影响提供依据。随着公众的环境意识逐步提高，环境问题往往成为各类社会矛盾、群体事件的突破口，一些综合性因素引发的突发溢油污染事故也是如此，如果不能妥善处理，将会给社会稳定带来隐患，因此在事故发生的初期，除了对事故基本情况的掌握以外，还要对事故的成因进行细致的分析和调查，准确地把握事故的本质。

（3）事故影响调查。由于污染的长期性，事故的影响往往是潜在的，但又是容易被忽视的，比如对土壤、地下水、水产品、海水浴场的影响等。可以通过专家咨询和科学鉴定的方式，对事故的影响进行调查和评估，也为溢油事故的纠纷赔偿提供科学依据。

### 4.3.4.3 污染的控制和消除

根据现场应急工作方案，应急监察人员负责对溢油污染源进行排查，特别是能产生溢油的企业进行重点排查。第一时间发现污染源，将其控制住，并与专家组研究制定消除污染的方案。

（1）污染源切断与控制。溢油发生后，切断和控制污染源是控制和消除污染最基本和最有效的手段，对于不同类型的溢油，会有不同的污染源控制方式。对于船舶在航行中因碰撞、触礁、搁浅、风暴或船壳腐蚀等原因发生溢油的情况，就必须采取紧急措施将溢油点封堵住，并将其尽快拖离敏感水域。对于输油管因各种原因的溢油，首先要切断输油管中石油的来源，然后封堵住溢油位置。如果钻井平台因意外发生爆炸或溢油的事故，就需要比较专业的团队来进行溢油源头的控制，如墨西哥湾深水地平线钻井平台的溢油，用到的技术很复杂，这需要石油开采公司具有良好的应对能力，才能将溢油的危害降到最低。如果是运油列车或油罐车发生交通事故或其他意外事故而导致的溢油，则可采取倒灌和转移等方式，对溢油的源头进行控制。具体的应急技术将在第 6 章进行详细的阐述。

（2）溢油防扩散技术。当溢油源头难以控制或溢油已经进入一定的区域范围以后，就要利用一切手段将溢油控制在一定的范围内。这时需要溢油防扩散技术将溢油进行围控，再进行回收或消除的工作，以达到将溢油的危害降到最低的效果。对于海面和淡水上的溢油，防扩散的技术包括各种类型的围油栏、集油剂和凝油剂等，对于海岸边和陆地上的溢油，可采取围油栏和挖沟储槽的措施来防治溢油的进一步扩散。在溢油防扩散的过程中，应同时开展溢油的回收和消除工作，以减少溢油的乳化和累积。

（3）溢油的回收和消除。当溢油的量比较大而且比较集中的时候，可利用物理方式如撇油器、吸附材料、油拖网、抽油泵、回收车船等进行回收，这是处理溢油最好的方式，但当溢油已经扩散到比较大的范围，利用回收技术无法将溢油回收时，就必须采取能将溢油彻底降解的技术，这些技术包括化学消油和生物降解技术。

生物降解石油的技术目前还主要存在于实验室中，能大量使用的情况比较少，只能利用一些辅助手段提高生物对石油的降解能力，如墨西哥湾溢油事故中，美国环保署就曾实验将大量的肥料撒到溢油的位置，使微生物大量生长的同时将溢油降解。目前能大量使用且对溢油的消除有明显效果的就是化学消油剂类的产品，我国已批准的消油剂有数十种，有的能将溢油很好的去除，并对环境的影响很小。

此外，其他化学制剂如沉降剂、破乳剂、黏性添加剂等也对溢油的消除起到一定的辅助作用。燃烧法也是一种应对溢油比较好的方法，但是需要的条件比较苛刻，需要大量的石油集中在一起，并且对天气要求较高，但作为溢油消除的一种备选方式，也在溢油应对的历史进程中有比较广泛的应用。

#### 4.3.4.4　专家指导

应急指挥部根据现场应急工作需要组成专家组，参与突发溢油事故应急工作，指导突发溢油事故的应急处置，为应急处置的方式和技术提供决策和依据。

发生突发溢油事故，专家组迅速对事件信息进行分析、评估，提出应急处置方案和建议；根据事件进展情况和形势动态提出相应的对策和建议；对突发溢油事故的危害范围、发展趋势作出科学预测；参与污染程度、危害范围、事件等级的判定，对污染区域的隔离与解禁、人员撤离与返回等重大防护措施的决策提供技术依据；指导各应急分队进行应急处理与处置；指导环境应急工作的评价，进行事件中长期环境影响评估。

各级环保部门或海事部门根据突发溢油事件应急工作的需要建立不同行业、不同部门组成的专家库，专家库一般应包括应急监测、石油化工、生态保护、环境评价、卫生、船舶、海洋、气象、水利等方面的专家。

上级环境保护主管部门应根据现场应急需要，通过电话、文件或派出人员等方式对现场应急工作进行指导。

在应对突发溢油事故处置过程中，要做好参与应急的专家和工作人员的个人防护工作，保护应急人员的人身安全，也可为应急人员办理意外伤害保险。

### 4.3.5　溢油应急终止

溢油应急终止也是应急的一环，要按一定的规矩进行，而不应草草收场。

#### 4.3.5.1　应急终止基本条件要求

（1）事故现场得到控制，事件条件已经消除。

（2）污染源的泄漏或释放已降至规定限值以内。

（3）事故所造成的危害已经被彻底消除，无继发可能。

（4）事故现场的各种专业应急处置行动已无继续的必要。

（5）已采取一切必要的防护措施以保护公众免受危害，并使事故可能引起的中长期影响趋于合理且尽量低的水平。

#### 4.3.5.2　应急终止的程序

（1）现场救援指挥部确认终止时机，或事故责任单位提出，经现场救援指挥部批准。

（2）现场救援指挥部向所属各专业应急救援队伍下达应急终止命令。

（3）应急状态终止后，相关类别环境污染事故专业应急指挥部应根据有关指示和实际情况，继续进行环境监测和评价工作，直至自然过程或其他补救措施无须继续进行为止。

应急终止后还需进行一定的后续活动，包括对溢油原因的彻底查处，防止类似事件的重复出现；对溢油应急过程中产生的废物包括沾油材料、仪器设备等进行维护保养产生的废物等后处置措施；对整个溢油应急过程的评估等。

附件6给出的《长江南京段船舶溢油应急计划》，可以为内河溢油事故的处置提供系统指导。

## 4.4　溢油污染事故后处置及后评估

溢油应急响应结束后，需要对溢油应急过程中产生的废物进行处理，并需要对该溢油事故发生、应对等情况进行评估，为将来的事故提供借鉴。

### 4.4.1　溢油污染事故后处置

一般应急废物的处置流程为物质收集、初步分类、危废鉴定、再次分类，最终运输到废物处理厂处置或采取就地处置等。

溢油应急废物即在应急过程中产生的需要处理的废物，包括溢油本身、沾有油污的应急物资以及受污染的环境介质等。

应急物资包括各种围油栏、撇油器、吸油材料、收油设备及工具。围油栏在实际应用中要经过选择、组装、铺设、固定和回收等几个步骤，回收后的围油栏需要进行清洗和检修。某些吸油材料可以经挤榨后多次循环利用，但大多数的天然有机和天然无机材料只能一次性使用，使用后的吸油材料作为溢油应急废物需要恰当地处置。

应急废物还包括个人防护用品，即溢油清理过程中工作人员使用的防护手套、防护面罩、防护服等。常规的应急废物包括铲子、麻袋、桶、毛巾、棉被、泡沫塑料等。受污染的环境介质包括沾油植被、含油污泥、石缝中及沙滩上的残油等。

图4-6以固体废物为例介绍了应急废物的处置流程：首先将应急废物集中在设定好的收集地点，然后由专门人员进行分类处理。如果属于危险废物，则按照危险废物的相关处置流程进行处理，如果不是，再考虑该废物能否回收利用；如果能回收利用，可进行一定的处理后再回收，如果不能，则按照一般固体废弃物的标准进行焚烧或填埋处理。

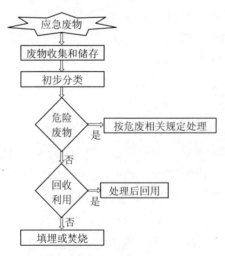

图 4-6　溢油应急后处置流程

## 4.4.2　溢油污染事故后评估

《突发事件应对法》规定，突发事件应急处置工作结束后，应当立即组织对突发事件造成的损失进行评估，组织受影响地区尽快恢复生产、生活、工作和社会秩序，制定恢复重建计划。

### 4.4.2.1　评估的目的

溢油污染事故后评估的主要目的是：评价溢油事故对环境造成的污染及危害程度，并确定相应的经济损失；评价事故污染造成的中长期环境影响，并提出相应的污染减缓和环境保护措施；评价事故发生前的预警、事故发生后的响应、救援行动以及污染控制的措施是否得当，并调查事故发生的原因，为溢油事故的责任的确认及其处理提供依据。其重点是评价事故造成的短期环境影响与中长期环境影响并提出减缓措施。

### 4.4.2.2　评价的内容和范围

溢油污染事故评价的内容包括：溢油事故现场调查，溢油事故等级确定，应急监测评价，应急响应过程评价、后果评价、污染损失评价、事故责任认定、编制环评报告书等。

评价的范围应根据溢油污染事故的现场调查和应急监测的结果以及敏感区域的位置来确定。一般包括溢油污染事故对周围水环境或土壤环境影响较显著的区域。

### 4.4.2.3　事故影响调查及评价

溢油事故的影响包括短期影响、中期影响和长期影响三个方面。短期影响通过对溢油事故应急结束后，开展的现场调查工作进行评价。通过询问事故单位和实地考察记录溢油污染现场状况，包括事故对土地、水体和大气的危害，对动植物及人身伤害，对设备、装置的损害等，详细记录溢油破坏范围，周围环境状况，溢油迁移途径以及产生的危害，提取有关的物证。根据应急监测，人员、动植物的伤害情况和生态损害的情况初步给出经济损失的等级，协同管理部门初步认定事故的级别。

中长期影响可在应急监测的基础上，利用各种手段测定事故地点及扩散地带有毒有害物质的种类、浓度、数量等，石油在土壤、水体、大气中的浓度等，根据本阶段相应的监测数据，结合计算机污染后果及损失模型预测的结果，预测溢油事故对周围环境的中长期影响范围和时间及事故的环境污染损失，给出人员及牲畜受灾的时间和范围等，提出事故后检测的范围和延续时间等。

### 4.4.2.4　事故损失调查

一般情况下，溢油污染事故的损失可划分为直接损失和间接损失。对于事故损失的计算，主要采取罗列损失项目、统计估算各项目的损失额，求和得出总事故损失。通常利用“直间比”确定间接损失，并将非经济损失转化为经济损失进行计算。

（1）直接经济损失。直接经济损失为溢油事故直接导致的、事故遏制前已形成的经济损失以及为遏制事故损失扩大而产生的经济损失。直接经济损失包括：① 人身伤亡所支出的费用：包括医疗费用（含护理费）、丧葬及抚恤费用、补助及救济费用和误工费等。② 财产损失费用：包括固定资产损失和流动资产损失（设备、工具、材料等）。③ 环境资源损失：土地、植被、地表水、海域、地下水、渔业资源、动植物及风景旅游景点的破坏或污染造成的经济损失。④ 善后处理费用：包括处理事故的事务性费用、现场抢救费用、清理现场费用、事故罚款和赔偿费用。

（2）间接经济损失。间接经济损失一般指事故遏制后发生的、与事故相关的费用的增加和收入的减少。间接经济损失包括：恢复生产费用、家属安置迁移费用、恢复环境资源的费用等。其中恢复环境资源的费用在海洋溢油中所占的比例最大，也最难计算，需要应急人员按相关法律法规详细计算。

### 4.4.2.5 应急响应过程评价

对应急响应过程的回顾评价有助于总结应急响应过程中的经验和教训，为改进今后的事故应急工作提供借鉴，同时为对事故应急工作中各方的表现进行奖惩提供依据。

（1）评价依据。应急响应的评价依据包括《国家环境污染事故应急预案》《升级环境污染事故应急预案》《地区/市级环境污染事故应急预案》《县、市/社区级环境污染事故应急预案》《企业级环境污染事故应急预案》《海洋石油勘探开发溢油事故应急预案》及溢油应急过程记录、现场处置组及各专业应急救援团队的总结报告、现场应急救援指挥部掌握的应急情况、应急救援行动的实际效果及产生的社会影响、公众的反映等。

（2）评价内容及方法。应急响应包括：事故报告与通知、指挥与控制、事态监测与评估、人群疏散与卫生、公共关系、应急人员安全、消防与抢险、溢油控制与消除等。在评价过程中，需了解预案中规定的各部门在应急过程中所赋予的职责与义务。因此，从预警开始到事故应急结束，应调查事故应急响应行动中的各环节是否达到了相应的事故应急预案中的要求，必要时调查国内外相似事故的处理情况，从而对污染事故的救援行动进行评价，同时为同类事故的预防提供借鉴。通过取证，了解溢油事故当事人及受害人的介绍和陈述，结合现场环境监测结果，进一步分析事故的责任主体。

# 第 5 章
# 溢油污染的应急监测技术概述

## 5.1 水域应急监测技术介绍

溢油应急管理是为预防和减少突发溢油事件的发生，控制、减轻和消除突发环境事件引起的危害，保护人民群众生命财产及环境安全，组织开展的预防与应急准备、监测与预警、应急处置与救援、事后恢复与重建等管理行为。作为溢油应急响应中的重要内容，应急监测工作在应急管理工作中发挥了不可替代的作用。应急监测是指环境应急情况下，为发现和查明溢油污染情况和污染范围而进行的监测，包括定点监测和动态监测。溢油应急监测包括溢油突发性污染事故监测、对环境造成自然灾害等事件的监测，以及在环境质量监测、污染源监测过程中发现异常情况时所采取的监测等。主要考虑油膜的位置、面积、溢油量等溢油监测因子，气象、海况、水质等环境监测因子以及船舶信息等其他监测因子。

溢油发生后，通常要了解发生的位置、溢油量和扩散趋势。在已投入的监测系统中，航空和卫星遥感是最重要和最有效的手段，在溢油发现和响应中发挥着越来越重要的作用，利用遥感监测海洋溢油成为溢油应急监测发展的趋势。溢油鉴别是溢油事故应急监测的重要取证手段，油指纹鉴别作为目前溢油鉴别的主要技术，通过分析比较可疑溢油源和溢油样的各类油指纹信息为溢油事故处理提供了非常重要的科学依据。

海洋运输业和石油开采业的发展促使输油船、海上石油钻井平台和输油管道发生海上溢油事故的风险加剧，而作为突发性环境污染事故，溢油事故一旦发生将对海洋生态环境和社会经济活动产生重大的长期的影响。对油污进行实时监视监测，能为海洋环境的保护和溢油应急中重大决策的制定提供有力的科学依据。

### 5.1.1 应急监测的目的

突发性溢油事故发生后，应急监测的目的是尽快掌握污染程度和范围，主要考虑油膜的位置、面积、溢油量等溢油监测因子，气象、海况、水质等环境监测因子以及船舶信息等其他监测因子。根据监测结果确定附近饮用水取水口、渔业和水产业等可能受到影响的地点是否采取应急措施，确定处置溢油的范围和处置方式。事故发生后，监测人员应携带必要的简易快速油分检测仪和采样器材迅速赶赴现场，根据现场情况立即调查布点采样，采用现场测定或实验室分析给出定量结果。根据监测结果确定事发水域地区的溢油性质（重油或轻油））和强度、溢油范围、损害程度，帮助查明事件原因，提出合理建议。因此具有重要的意义。

（1）为我国海上污染应急处理体系的建设提供科学理论依据，为快速制定海上溢油应急响应决策、降低溢油污染对环境的损害程度、减少经济损失提供有力的科学技术支持，进一步提高我国海上溢油应急响应的科技含量和现代化水平。

（2）为确保我国海上石油运输安全，有效保护海洋生态环境，促进渤海海域可持续发展，保障沿海地区的社会稳定和经济发展提供支持。

突发性溢油事故应急监测是一项时效性、技术性、专业性很强的工作，需要环保、渔政、水利及当地政府等部门的通力合作，各司其职、各尽所能。整个监测过程要体现快、准、全的原则。快是监测要快、报告要快，体现时效性；准是采样点布设、监测数据要准，评价结论要准；全是监测断面、监测因子的选取要全，报告要完整。这就要求应急监测工作要长期准备、随时作战，组建好训练有素的应急监测队伍，做好应急监测日常准备工作，配备专门的各种应急设施，加强学习，提高应急监测能力。

### 5.1.2 应急监测实施内容

溢油监测包括现场调查、溢油样品采集、溢油鉴别和溢油定量分析等过程，是溢油应急反应的重要过程。溢油监测既可以为溢油应急措施的制定提供重要依据，又可以为溢油漂移轨迹的预测提供必要的理化参数，还可以为溢油损害评估、溢油清污费用和污染损害赔偿提供客观依据。

#### 5.1.2.1 溢油污染事件的现场调查

溢油污染事件发生后，应急工作人员须在第一时间前往现场进行调查，以获得污染事件的相关信息。现场调查的作业区域包括水域和岸线，并靠近采样地点。工作人员在区域内调查的内容包括事件发生当天的气象水文状况、溢油的时间和地点、溢油情况、溢油现场周围各污染源的情况、受污染的资源以及肇事者、目击证人或与事故相关人员的信息等。

调查人员在到达现场之后，首先要根据现场情况制订好调查计划，确定调查顺序和范围，再进行调查。调查过程中，工作人员必须完成以下几项工作：① 制作调查笔录；② 绘制溢油现场草图；③ 现场摄录像；④ 溢油样品采集；⑤ 询问现场有关人员等。其中调查笔录非常重要，必须详尽切实，能够反映现场有用的信息以及在调查过程中所采用的技术手段等。调查过程中，工作人员应把握时机，及时采集与整个溢油过程相关的信息，如溢油的初期情况、中间的变化情况和最终恢复情况等。

现场调查任务结束后，要形成调查报告，报告内容包括调查时间、人员、采用的技术手段、调查所获物证以及有关情况说明，现场所做的全部记录应以附件形式列出，并对溢油污染所带来的不良影响或社会反应都加以说明。现场调查报告形成后，应按档案管理规定严格保管，并对有关情况予以保密，避免向肇事者和受损方透漏有关信息，以备污染索赔采用。现场调查应在溢油污染事件后连续或者间断地进行，每个阶段的现场调查内容都是根据现场变化情况而定的。所以，不同阶段的现场调查所包含的信息种类并不完全相同。

### 5.1.2.2　溢油样品采集

现场调查时，及时采集水上溢油样品是相当重要的。溢油样品采集需要针对溢油事故的污染状况制订相应的计划。所采集的样品应包含用来确认溢油源或溢油污染范围的油污样品、用以评估溢油污染程度的受污染水域的水样、沉积物样品和水生物样品等。在采集样品时，应根据不同的监测目的，遵循各种样品采集规范分类采样。溢油样品是证明溢油来源、污染范围的客观证据。中华人民共和国海事局发布的《水上油污染事故调查油样品取样程序规定》中对溢油样品的采集工作进行了严格的规范。

（1）取样前准备。接到溢油污染事件报告后，应尽快对水上溢油现场进行勘察，并做好采样前的准备工作。采样前需要准备取样记录、监管记录、样品标签、封口条等相关文书，还要准备好样品瓶、取样杆、一次性手套、密封带、取样箱、吸油片、擦布、吸附材料或纸、压舌板、金属勺、采水器以及沉积物采样器等所需的工具。

（2）水上溢油的取样。水上溢油取样应在消油剂施放前或未施放消油剂的油膜处进行，发生溢油后即使形成了乳状油水混合物，也应尽可能快地从新鲜的溢油中取样。对水上溢油取样时，应根据水面溢油的颜色、黏度等外观特征判定区分货油、燃油和舱底污油等不同溢油类型，并在不同类型的溢油中设定取样点。取样点应设在溢油受其他有机物质的污染较少、油膜较为聚集、取样比较方便处。大规模的溢油，至少应确定 3 个取样点；小规模的溢油，应确定 1~2 个取样点。乘船舶取样时，取样点应设在船舶的上风处，并远离船舶排出的废气。当固态或半固态的样品含有海藻或沙砾等外部物质时，应把油和附带物很好地存放在取样容器内。

根据海洋溢油的形态，分别采用海上浮油取样器和油膜取样器等不同的方法采集样品，具体取样方法可参照 IMO 出版的《溢油取样与鉴定指南》。

（3）嫌疑溢油源的取样。对嫌疑溢油源进行采样时应在行政调查分析的基础上，先从最有可能肇事的船舶或部位有序进行取样。但对于同一船舶而言，在采集相关物证时，应先采集油样品，以免油品被混杂。对于同一船舶不同部位的样品，应先采集最有可能是溢油源部位的样品，再采集其他部位的油样品。

取样前应初步判断或绘制出溢油从嫌疑溢油源所有可能流入水中的路径草图，并据此设定取样点。取样过程应有被取样人陪同；如不陪同，需以书面说明。具体取样方法可参照 IMO 出版的《溢油取样与鉴定指南》。对未予取样的其他嫌疑溢油源，取样人员应出具报告说明未进行取样的原因。

（4）取样注意事项。水上溢油和嫌疑溢油源取样后，应立即填写"样品标签"和"封口条"，分别粘贴在瓶体、瓶盖与瓶体之间，再用胶带将瓶盖与瓶体固定在一起。"样品标签"和"封口条"应注明样品号、取样时间、日期、样品名称、取样位置、取样人（两人）并由被取样人签字。对于水上溢油样品，被取样人一栏需加注"水上溢油"字样。

水上溢油样品取样后，应制作"溢油样品取样记录"，并填写取样机构、联系电话、地址、邮编、样品号及样品名称、溢油取样示意图、取样日期并由取样人签字。嫌疑溢油源油样品取样后，应制作"嫌疑溢油源油样品取样记录"，填写船舶/单位名称、船舶停泊地点、船长单位负责人、联系电话、样品号及样品描述、取样机构、联系电话、地址、邮编、取样日期，并分别由取样人和被取样人签字。

（5）样品标注与保存。一般来说，每个取样点采集的样品数不少于两个，每个样品应含有 50～80 mL 的油，当所取的油样达不到上述要求时，也应取样并送实验室鉴定。还应注意的是，取样容器的灌装量不应超过其容量的 3/4，在取样过程中，要采取措施防止样品被污染。

### 5.1.2.3  溢油的鉴别

形成于不同条件或环境下的各种原油的化学特征有着明显的不同，鉴于原油精炼过程所用的原油性质、炼制过程和添加剂等差异以及之后运输过程中与油罐、船舶、管道、卸油管中的残油相混合等原因，同类别的两种炼制油也存在着差别。因此，所有溢油样品在化学组成上存在或多或少的差异，这决定了溢油鉴别具有重要意义。

每种油品都具有和其他油品有显著差异的分子特征，该分子特征称为油指纹，油指纹鉴别是溢油鉴别的主要技术，通过分析比较可疑溢油源和溢油样的各类油指纹信息，为溢油污染的处理提供了非常重要的科学依据。

由于石油是由多个组分构成的，加热至沸腾时，石油中低沸点的轻组分首先蒸发，液相组分发生变化，轻组分含量减少，沸点随之升高。由此可认为，石油的沸点与一定压力下纯物质的固定的沸点是不同的，其没有固定的沸点，只有一个温度范围，该温度范围在石油的炼制中被称为馏程。馏程的下限为初馏点，馏程的上限为终馏点。初馏点越低，开始挥发的温度就越低，油滞留在海面的时间就越短，溢到海面后可以很快挥发掉，无须采取清除措施。但是，挥发性较强的油，也具有较大的火灾和爆炸危险性。

1991 年，美国、芬兰、荷兰、瑞典和爱尔兰等国的溢油仲裁实验室中采用的溢油鉴别方法是北欧国家在总结过去多年的油化学分析的科学工作基础上最先提出的北欧测试合作组织溢油鉴定程序，如图 5-1 所示，经过十多年的实践，证明该法在溢油鉴定中仍有不完善之处。

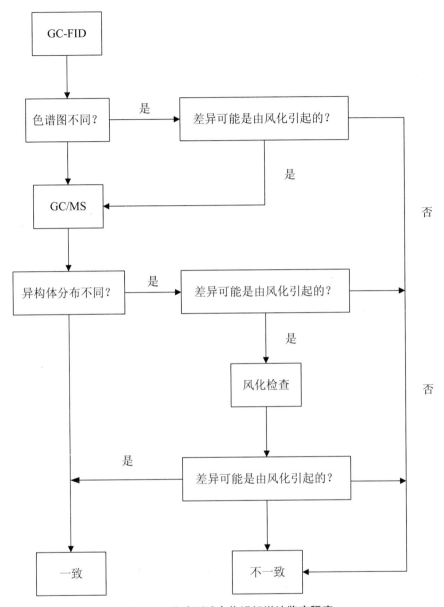

**图 5-1　北欧测试合作组织溢油鉴定程序**

　　1999 年加拿大在北欧测试合作组织溢油鉴定程序基础上进行修正提出了溢油鉴定程序，如图 5-2 所示。该程序中，在鉴定程序开始时，考虑到了溢油样本的萃取；第二级鉴定步骤中引入了对 PAH 和生物标准物分布的分析。根据该鉴定程序，如果在鉴定中的任何一步发现碳氢化合物分布和诊断比值有明显差异，就能得出溢油不是来源于可疑油源的结论；如果这两种方法得出的所有数据对比没有发现显著差异则得出两者一致的结论。

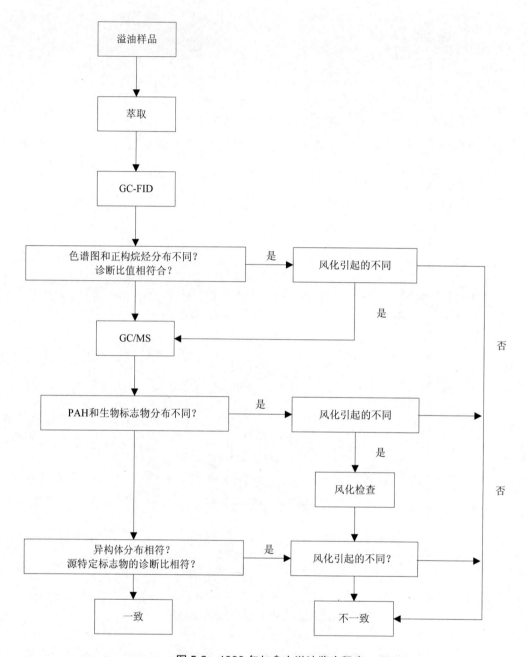

图 5-2    1999 年加拿大溢油鉴定程序

2002 年，挪威 SINTEF 应用化学和美国 Batelle 出版了"溢油指纹鉴定的改进和标准化方法"，如图 5-3 所示。修正后的溢油鉴定程序，其中包括了四个层次 GC-MS 定量分析数据发展和参加法庭鉴定的实验室实际应用总结的分析和数据处理，这个被推荐的程序是经实践证明的，是更多的 GC-FID 和结果。与之前的程序相比，它将最终的评估结果归纳为四种较确切的鉴定术语。

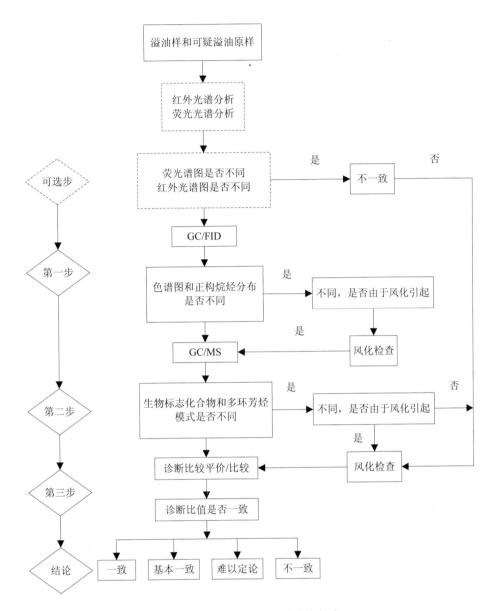

**图 5-3　2002 年的溢油鉴定程序**

### 5.1.2.4　溢油的定量分析

在大规模溢油污染事件的处理过程中，大都涉及溢油污染水域的水质污染程度、水生物的污染程度的评估，在这些监测项目中，油含量分析是必不可少的。在此介绍常用的几种溢油定量分析方法。

（1）水中溢油含量分析

石油是多组分的复杂混合物，进入海洋中的石油烃受风、光、潮、扩散、乳化、蒸发、氧化等影响，同海水中的原生烃混合，形成海水中复杂的石油烃，所以需要不同的测试方法进行测定。国家行业标准规定可采用荧光分光光度计法、紫外分光光度法、红外分光光度法、重量法进行水中油含量分析。具体分析方法与前一节介绍的油指纹分析方法类似，下面仅就各种方法在溢油含量分析中的适用范围进行介绍。

① 荧光分光光度计法：该方法灵敏、快速、选择性强，检测限为 6～13.7 μg/mL。适用于水体中常规检测调查，可用于大洋、近海、河口等水体中油类的测定。

② 紫外分光光度法：该方法适合于含油量在 0.05～1 mg/L 的水体的测定，受标准油影响大，可测定近海、河口中油类。

③ 红外分光光度法：该法适合于含油量 0.2～200 mg/L，测试结果比其他光谱法受标准油的影响小，适用于环境监测和污染源分析。

④ 重量法：该法测试范围为含油量大于 4 mg/L，不受油种的限制，测出的结果可认为是油类的总量，适合于测定含原油、重质燃料油、润滑油等污染较重水样，不适用于大量低沸点烃类的煤油、汽油、轻柴油等水样。

（2）生物体内的石油量分析

分析生物体内的石油含量也是溢油污染评估的一项重要内容。由于生物体内的石油烃含量较少，其背景值范围为 3.37～19.7 mg/L，因此用荧光分光光度法可以灵敏快速地测定海洋生物荧光性较强的芳烃组分，报据实验结果，以芳烃状况代表生物体内累积的石油烃。

（3）沉积物中的石油含量分析

进入海水中的石油烃经过风化，特别是吸附沉降，使烃类进入沉积物。由于悬浮颗粒物吸附大量海水中的石油烃一起沉降到海底，使沉积物中石油烃含量比海水中高几十倍甚至上千倍。进入沉积物中的石油烃，由于缺氧，其降解作用较慢。另外，沉积物受海水流动影响小，具有海区站位的代表性，能更真实地表征海域石油污染状况。海洋沉积物中的石油烃含量在 0.02～6 mg/L，采用紫外分光光度法测定沉积物中的石油烃含量效果较好。应注意的是，进行沉积物分析通常不采用灵敏度高的荧光分析方法，因为当测定浓度太高时会出现荧光淬灭现象。

### 5.1.2.5 油膜厚度的监测

任何溢油污染事件的处理都要确定溢油量。一般来说，获得溢油面积和溢油厚度即可估算出溢油量。通常利用现场观测、航空监视、卫星遥感监视和溢油模型对溢油面积进行估算，而油膜厚度可以利用其他方法计算、估算和快速测量。

（1）油膜厚度的经验公式

油膜厚度与溢油时间、溢油量之间有一定的定量关系，苏联专家拟定了一个经验公式，这个公式对多数原油都能给出满意的计算结果。

$$h_t = \left(\frac{V}{\pi}\right)^{\frac{1}{3}} \left(\frac{S_w}{3S_0\,(S_w - S_0)k_tt}\right)^{\frac{2}{3}}$$

式中，$h_t$ —— 与时间 $t$ 有关的油膜厚度，μm；

　　　$V$ —— 溢油体积，$m^3$；

　　　$S_0$ —— 溢油的密度，$g/cm^3$；

　　　$S_w$ —— 水的密度，$g/cm^3$；

　　　$k_t$ —— 给定油种的常数；

　　　$t$ —— 扩散时间，s。

（2）油膜厚度的估算

在无风和无流作用的开阔海面，溢油以溢油点为中心向外扩散，形成大致圆形的污染面。$1\ m^3$ 原油在 10 分钟内可扩散为平均油膜厚度为 0.5 mm，直径为 48 m 的圆形污染面，100 min 后，污染面的直径可扩大到 100 m，油膜厚度而变为 0.1 μm。

经验认为厚油层覆盖的面积相对较小，薄油层覆盖的面积相对较大。90%的油覆盖了总油膜面积的 10%，另 10%的油覆盖了总油膜面积的 90%。对于溢油应急反应来说，所关注的是面积小，油量大的厚油层，通过观察估算厚油层的厚度即可估算总溢油量：

$$溢油量 = [油膜面积（厚层）×油膜厚度×油的密度]/90$$

（3）油膜厚度的快速测量法

快速测量法是油膜厚度的非光学测量法，仅需一个取样器和一只漏斗，其测量过程及原理如下：首先将取样器置于一定深度取样，然后垂直向下拉到船上，同时用器皿的边缘切断油膜。圆柱部分形成油柱，按漏斗刻度读数后，按圆柱及圆锥底面积比计算出实际油膜厚度。该方法适用于油膜厚度为 0.2 μm 到 10 mm 的情况。测量时间小于 6 min，既适用于暗色石油产品，也适用于有光亮的石油产品。

## 5.1.3　应急监测手段

海上溢油会造成对海洋环境的严重污染，研究开发海上溢油快速跟踪技术对海洋环境保护具有重要意义。目前，海上溢油监测的模式主要有：卫星遥感监测、航空遥感监测、船舶遥感监测、CCTV 监测、定点监测和浮标跟踪等。

### 5.1.3.1　航空遥感监测

航空遥感监测通过航空器（目前主要是飞机）携带各种传感器，在空中可以大范围、同步、连续监测海洋溢油，是海洋环境监测的重要手段之一。常用的航空遥感器包括：机载侧视雷达（SLAR），红外、紫外扫描仪（IR/UV 扫描仪），微波辐射计（MWR）、航空摄像机、电视摄影机以及与这些仪器相匹配的具有实时图像处理功能的传感器控制系统。航空遥感具有部署灵活机动和遥感器可自由选择的优点，特别适合指挥清除和治理工作；但使用费用高，而且易受到天气因素和环境条件的影响，在有雾等恶劣天气下，通常不能航行，如果地势狭窄险要，也不适宜出航。

以瑞典为代表的海洋航空遥感监测技术先进的国家，目前正在采用第三代航空遥感监测系统。系统配备的传感器有 SLAR、IR/UV、照相机和微波辐射计（MWR），并且具有计算机辅助操作、绘图、编辑报告、违法取证和记录存档等功能。由飞机携载的海上溢油监视监测航空遥感平台具备了起航快、机动灵活、距海面高度适宜的特点，相对于卫星遥感平台而言，容易获得实时、清晰的大尺度溢油监视监测图像，有利于应急快速反应的实现。多年来的理论研究和应用实践表明：雷达、热红外和可见光是最重要的溢油成像波段，相应的机载真实孔径侧视雷达、红外扫描仪和可见光成像仪是基本的遥感技术装备。

加拿大环境技术中心对欧美九国在海洋溢油监测中应用遥感技术的调查结果显示，应用航空遥感平台的国家达到了 100%，而应用卫星遥感平台的国家达 44%。主要的航空遥感技术按其应用国家的数量排序依次为：可见光、红外、侧视雷达、紫外、激光荧光、微波辐射、合成孔径雷达遥感技术。

### 5.1.3.2　卫星遥感监测

卫星遥感监测技术是一种利用物体反射或辐射电磁波的固有特性，通过卫星上搭载的探测器观测电磁波，达到识别物体及物体存在环境条件的技术。海上溢油会改变海水的电磁波性质，不同种类的油污其电磁波特性也不同。电磁波中的可见光和反射红外波段反映油污在阳光下的反射特性，热红外波段反映油污的辐射特性，微波反映油污的电磁场特性，相应的遥测称反射遥感、辐射遥感、微波遥感或雷达遥感。通过不同的遥感器获得遥感数字图像图，利用海水与油污之间的灰阶差可以分辨出不同种类的油污。卫星遥感监测技术的监测范围大，可以得到全天候图像资料，且易于处理和解译。但是，由于重复观测周期长，空间分辨率低，因此它的应用受到了一定的限制。

目前正在使用的可用于溢油监测的遥感卫星主要有：陆地资源卫星（LANDSAT）、法国斯波特卫星（SPOT）、欧空局环境卫星（ENVISAT）、ERS-2 雷达卫星、Radarsat-1 雷达卫星、NO-AA 系列卫星、美国海洋水色卫星 SeaWIFS、Quickbird 等卫星。在所有卫星所携带的溢油监测传感器中，合成孔径雷达是目前监测效果最好的。我国近年来开展了大量的卫星遥感监测研究，主要集中于卫星信息的处理和溢油识别。

### 5.1.3.3　船舶监测

船舶监测是利用航海雷达和雷达反射信息处理系统，实现对海面溢油的遥感监视。船舶监视具有一定的机动性，能够实现雨天、雾天以及夜间对海上溢油的监视，弥补了光学监视仪器的不足，给现场溢油应急作业人员提供信息支持。船舶监测多用于白天的巡视监测以及溢油事故发生后的跟踪监测，由于容易受到天气因素和环境条件的影响，在海况恶劣的情况下无法出航，因此，其应用也受到了一定的限制。

20 世纪 80 年代，加拿大、美国、俄罗斯和荷兰等国在应用 X 波段雷达探测海面溢油方面做了大量研究，获得的技术成果已在海洋监测中得到应用。国内只有大连海事大学正在进行该方面的研发工作。

### 5.1.3.4　CCTV 监测

CCTV 监测系统是利用可见光/反射红外波段的遥感技术,国内外都有成功应用的经验,如摄像机、照相机,但利用工业电视系统进行监视海面溢油的应用在国内仍处于起步阶段。目前,我国北方海区各港口中,秦皇岛、天津、大连和烟台建立了 CCTV 系统。其中,秦皇岛、天津和大连均在港区设立了一个监控点,烟台港设立了三个监控点,应用情况良好。烟台海事局在烟台港区的 CCTV 系统一期工程建设于 2001 年,属于海事系统最早的数字化电视监控系统,共设三个监控摄像点,主要监视港区的客船、危险品码头、锚地和航道,从部局至办事处各级均可以看到现场图像,并可以操纵控制云台和摄像机,通过微波将信号传输到中央控制室,计算机对信息进行处理显示和存储。长江海事局在沿江的重要码头也建立了 CCTV 监视系统,在发现溢油后使用 CCTV 监视可以让指挥人员更清晰地了解溢油现场的状况,便于指挥。但 CCTV 监视系统对于海上溢油的发现贡献不大,溢油信息很难通过仪器自动处理识别,通常依靠肉眼观察识别,因此该方法多用于特殊港区的溢油监测。

### 5.1.3.5　固定点监测

固定点监测是将传感器固定在被检测水域的某一结构上进行监测,用于固定传感器的结构既可以是码头或桥梁的一个固定部件,也可以是在流域上的浮标或浮筒。该监测模式所使用的传感器主要有激光荧光传感器和电磁能量吸收传感器,主要应用于排水口和油品作业码头等,其特点是通过无线网络可以 24 h 在线监测,但是目前所使用的激光荧光传感器和电磁能量吸收传感器都存在监测范围较小的缺点。目前我国深圳盐田港使用了美国 InterOcean 公司生产的 Slick Sleuth 溢油监测系统。大连海事大学也在进行该方面的研发,且已形成了阶段性的成果,固定点监视的优点是:反应灵敏,可以进行全天候溢油监测,而且还可以自动报警。

### 5.1.3.6　海洋浮标跟踪监测

海洋浮标是一种现代化的海洋观测设施,它具有全天候、稳定可靠的收集海洋环境资料的能力,并能实现数据的自动采集、自动标示和自动发送。海洋浮标与卫星、飞机、调查船、潜水器及声波探测设备一起,组成了现代海洋环境立体监测系统。海洋浮标一般由水上和水下两部分组成,水上部分装有多种气象要素传感器,分别测量风速、风向、气温、气压和温度等气象数据;水下部分装有多种水文要素传感器,分别测量波浪、海流、潮位、海温和盐度等海洋水文数据。各种传感器采集到的信号通过仪器自动处理后,由发射机定时发出,再由地面接收站接收处理。海洋浮标主要分为锚定类和漂流类两种,前者包括定点的气象资料浮标、海水水质监测浮标和波浪浮标等;后者有表面漂流浮标、中性浮标和各种小型漂流器等。

溢油跟踪定位浮标装置是以海上浮标作为载体,当海上船舶溢油事故发生后,应急人员及时将该浮标用船只或飞行器投放到溢油区域,从而及时、准确、实时地跟踪漂浮在水面上的溢油,掌握溢油的扩散范围和动态漂移的真实情况,为应急部门提供可靠的决策依据。

采用浮标跟踪水上溢油的技术和设备,目前我国还是空白。当前,国内生产和使用的浮标主要为测量海洋水温、水流等,还没有开发专为跟踪水上溢油的产品,也没有该产品的研究技术。国外浮标产品主要集中在加拿大和美国,多用于建立全球海洋实时观测网,而用于溢油跟踪的浮标很少。

## 5.2　遥感技术在水域溢油应急监测中的应用研究

以飞机为平台的航空遥感于 20 世纪 60 年代首次用于溢油监视,经过几十年的发展变迁,航空遥感已在北欧的海洋溢油遥感监视中得到了广泛的应用。相比之下,卫星遥感真正用于海洋环境的监测要晚一些,70 年代初才得以应用,但由于具有覆盖面广、多时相及廉价等众多优点,很快成为沿海各国大力发展的溢油遥感监视手段。

### 5.2.1　各种溢油航空遥感监测技术

航空遥感是目前世界各国普遍采用的方法之一,发达国家都积极运用航空遥感监测海上溢油。航空遥感监测技术适用于小面积、海岸(石头、沙子)、植物上等的溢油污染监测,特别适合为指挥清除和治理工作提供即时信息。

#### 5.2.1.1　紫外技术

紫外线根据波长分为长波紫外线(UVA)、中波紫外线(UVB)和短波紫外线(UVC)。短波紫外线经过平流层时被臭氧层吸收,几乎无法到达海面,但是会产生一定的荧光特性,主要是海表面的油膜反射和辐射较强,同时,气溶胶会对大于短波紫外光谱段的紫外线产生影响,从而导致紫外遥感一般只能选择在 0.3～0.4 μm 的波段内进行。在遥感监视过程中,紫外遥感器便根据海面和油膜对有效紫外光谱反射特性的差异以及油膜在紫外线的作用下会产生荧光特性的原理工作。

油膜在紫外光谱区的反射强度和油膜厚度有关。厚度小于 5 μm 的油膜在紫外光谱区的反射异常敏感,其反射率比海水高 1.2～1.8 倍,使薄油膜出现亮紫色。通过大量实验得出的结论是:在 0.28～0.4 μm 的紫外光谱区,油膜的反射远强于海水,可以明显地分辨出油膜和海水。紫外遥感的优点是可以发现海面上的薄油膜,即使对于非常薄的油层(小于 0.05 μm)也是有效的。同时,由于紫外遥感对监视海面中的热量突变反映明显,所以可以区分热污染和油污染区,分辨出船的轨迹,判定违章船只。紫外遥感的缺点是易受外界环境因素的干扰而产生虚假信息(如太阳耀斑、风产生的海表亮斑以及生物物质的干扰等),而且不能在黑夜工作,较差的天气状况也会给其使用带来困难。由于太阳耀斑、风产生的海表亮斑以及生物物质的干扰等因素在紫外波段产生的效果不同于红外波段,因此,一般将红外和紫外数据进行复合分析,可以得到比单一波段探测更好的效果。

#### 5.2.1.2 可见光遥感技术

利用可见光遥感监视海面溢油时，虽然海面油膜比洁净海面的发射率要大得多，但油膜的反射强度也会随着照明光线的波长、观测角度、油品类型和背景水体透明度的不同而发生变化。目前，可见光高光谱数据也用于溢油的探测，通过光谱波段的细分提高溢油的探测和识别能力。总体来说，可见光溢油监测能力是有限的，但其在提供溢油定性描述和相对位置等方面是一种较为经济和实用的手段。

常用的可见光监视仪器有照相机、摄像机、可见扫描仪等。随着全球定位系统技术的发展，利用摄像机的摄影测量技术也有了长足进步。通过 GPS 的测量，可以直接获得摄影的地理位置，这样得到的信息更具有应用价值。摄影中常采用滤光片来提高图像的对比度，但由于溢油与背景之间的对比度往往不大，可见光遥感技术缺乏主动识别功能，因此，该手段对于溢油监视的效果一般。

#### 5.2.1.3 红外遥感技术

热红外遥感器（例如红外辐射计）以接收和记录物体的红外热辐射量为主，也包括了少许物体反射的周围环境的热辐射和大气路径辐射能量，但是这些部分在某些特有条件下可以忽略不计。

在某温度下，一般用光谱辐射率来衡量物体热辐射的能力。在很窄的谱段内，根据普朗克公式以及积分中值定理，便可得到光谱辐射率 $\varepsilon$：

$$\varepsilon = 1 + \frac{C\Delta T}{\lambda T^2}$$

式中，$C$ —— 常数，$1.44 \times 10^{-2}$ m·k；

$\Delta T$ —— 物体辐射温度与实测温度之差；

$\lambda$ —— 普段中心波长；

$T$ —— 物体实测温度。

在海洋遥感的情况下，由于海水的辐射率很低，接近于 1，可以把海水视为黑体，如果知道监测的目标（如油膜）与背景海水的辐射温度差以及海水实测温度，即可用公式计算出目标物质的辐射率。

红外遥感图像中，在 8～14 μm 的热红外波段内，根据油膜的灰度特征即可分辨出海面的溢油。对于厚度小于 1 mm 的油膜，其辐射率随厚度的增加而增加，红外图像也能反映出灰度随厚度的变化的情况，可推算出油膜的厚度和分布及总量情况。

热红外波段的遥感器在大多情况下，无法探测出乳状油污，这是因为油污中含有 70% 的海水，红外图像上分辨不出温度的变化。并且，由于热红外遥感器是被动接收装置，图像上会出现一些错误目标的干扰，如海草、岸线等。但从目前来看，热红外波段的遥感器仍是溢油监视中最主要的装置。

#### 5.2.1.4 微波遥感技术

由于微波波长比可见光、近红外、热红外的波长都大得多，因此，微波的性质与可见光、近红外、热红外是有很大差别的。微波具有很好的大气透射率和穿透云层、雾、小雨的能力，不受太阳辐射的影响。微波遥感既可以在恶劣的天气条件下工作，也可以昼夜都发挥作用，具有较强的全天候工作的能力。故而微波具有其他遥感技术不可比拟的监视能力。

微波遥感器包括主动式遥感器和被动式遥感器两类。

（1）主动式遥感器。如合成孔径雷达、测试孔径雷达、微波散射计等，主要利用海面反射雷达波的特性，进行溢油遥感的监视。由于海面毛细波和短重力波可以反射雷达波，会产生一种叫作海面杂波的"亮"图像。而当海面出现溢油时，油膜可以与毛细波和短重力波产生相互作用，因此，出现油膜的地方会由于海表面波受到抑制而呈现"暗区"。但是，并不只有溢油才会产生上述现象，在陆地背风区、波浪阴影、海洋生物聚集区等情况下也会发生上述情形，这给该类遥感器的溢油探测带来了不确定性。此外，如果海面过于平静，则很难与油膜覆盖的海面形成对比，如果海面过于粗糙，又会影响雷达波的散射，影响探测效果。适于溢油雷达探测的风速一般为 1.5～6 m/s，这在一定程度上限制了雷达在海洋溢油探测中的应用。尽管如此，由于雷达可以进行大范围目标的搜索，因此仍是溢油探测中十分重要的遥感器。

（2）被动式遥感器。如微波辐射计等，主要利用海面本身发射微波辐射的特性进行溢油遥感监视。海面油层会发射比水体本身更强的微波信号（水的发射率为 0.4，油为 0.8），因而使之呈现为暗背（常规非溢油海面）下的亮信号，被动遥感器能够探测这种差异，可以用于海面溢油监视。由于信号本身随油层厚度而变化，因此，理论上可以用来量测油层厚度。但是，由于探测厚度必须知道多个环境参数和油类的特定参数，而该仪器空间分辨率较低，因而该方法在实际应用中受到一定的限制。

总之，微波遥感器的优点就是不受云、雾、烟的干扰，可以在任何天气条件下进行监视，不受光照条件的影响，可昼夜工作；缺点是容易受海洋生物干扰、信噪比低，而且难以达到很高的空间分辨率。但从长远前景来看，微波辐射计是一种具有应用潜力的全天候溢油探测器。

### 5.2.1.5　激光技术

激光器向海面发射激光束，诱发海水或水面上的物质产生荧光，由于油类中的某些成分吸收紫外光，并激发内部电子，通过荧光发射可以将激发能迅速释放。很少有其他物质成分具有该种特性，而自然荧光物质（如叶绿素）发出荧光的波长与油类差异较大而且易于区分；不同油类产生的荧光强度和光谱信号强度都不相同，因此，利用该特性进行油类的遥感识别是可能的。

## 5.2.2　溢油的卫星遥感监测技术

卫星（航天）遥感技术主要是采用卫星作为遥感平台搭载事先设计好的传感器进行遥感的方式。世界上大约有一半国家在采用航空遥感的同时也运用卫星遥感监测海上溢油，常用的卫星包括雷达卫星：Radarsat-1、ERS-2、Envisat-1，陆地资源卫星 Landsat 系列、SPOT 系列、气象卫星 NOAA 系列、FY-1C，海洋卫星 SeaWIFS 等，适合监测大面积的溢油污染。

### 5.2.2.1　NOAA 气象卫星在海面溢油探测中的应用

卫星遥感探测海上溢油主要取决于背景海水和油膜之间的波谱特征差异。卫星台上搭载的遥感器主要从空中收集海洋表面物质的综合特征波谱，再从中提取有用的特征信息。近海海面的物质组成主要有大气、海水、叶绿素和污染物等，其中，大气中的水汽对遥感探测影响较大。为了减少大气中水汽的影响，遥感卫星采用多波段扫描仪，其探测波段设在大气窗如 Landsat 卫星、NOAA 和 SeaWIFS 卫星等。NOAA 极轨卫星 AVHRR（见表 5-1）设有 5 个通道，拍摄可见光和红外图像，局地分辨率为 1.1 km。CH1 通道（0.58～0.68 μm）位于可见光谱区的黄红波段，在良好的光照条件下，利用油膜的反射特征探测溢油，尤其对轻类油种的油膜反映更好。CH2 通道（0.725～1.10 μm）处于近红外波段，来自油膜对阳光的反射成分仍大于辐射成分，CH1、CH2 通道合成可以探测薄油膜。CH3 通道（3.55～3.93 μm）处于中红外波段，对温度的灵敏度高，多用于夜间温度的观测，油膜与周围海水湿度的差别主要取决于油层厚度、油种类和天气状况等。CH4 通道（10.3～11.30 μm）和 CH5 通道（11.5～12.5 μm）处于热红外波段，常用于探测海表面温度，可以根据厚油膜与背景海水热辐射温度差异分辨出油。

表 5-1　AVHRR 感应器性能

| 通道 | 波长/μm | 星下点分辨率/km | 主要功能 |
|---|---|---|---|
| 1 | 0.58～0.68 | 1.1 | 地标特征测量反照率、冰雪覆盖、植被覆盖、云特征 |
| 2 | 0.72～1.10 | 1.1 | 近红外反射辐射、冰雪状况和融雪、植被生长、云观测 |
| 3 | 3.55～3.93 | 1.1 | 监测森林灾害及其他热源洋面温度和云图 |
| 4 | 10.3～11.30 | 1.1 | 地标特征、温度、火山灰、云特征、洋面温度 |
| 5 | 11.5～12.5 | 1.1 | 地标特征、温度、火山灰、云特征、洋面温度 |

由于油种不同，在 AVHRR 图像各通道上县市的信息量是不同的，原油溢油海区的水中精细图案在多个 AVHRR 图像上可观察到，可见光波段 1、近红外波段 2、波段 3 和波段 5 中与油相关的特征没有波段 4 清晰；重柴油信息较弱，与海水反差小，各通道对油膜信息都没有反映。波段 4 展现了其他 3 个波段被认为有潜在应用价值的 AVHRR 波段的最明显特征，因此，它成为分析 AVHRR 数据的最原始波段，将溢油区从图像上分割出来，并进行拉伸处理，使其海表面温度图像更清晰。

（1）图像预处理

首先，进行图像的预处理工作，即进行几何粗精校正、大气校正等工作，以便获得几乎没有受到任何影响的真实图像。其次，进行波段合成、各种增强和软件处理。其目的是削弱干扰因素，抑制陆地信息，增强海洋信息。把反映油污染的微弱信息提取出来，增大油水之间的反差，扩大其亮度范围，突出油污界限，使油膜层次丰富，确定最好的合成或处理办法。

（2）海洋溢油信息图像卫星影像解译方法

卫星影像解译是溢油信息提取的重要环节，根据对溢油光谱特征的分析结果制订出适当的信息提取方案。经过图像处理后，首先要知道处理后的图像结果和试验分析结果是否一致，然后对处理后的图像进行目视判读，目视判读的过程就是卫星影像解译的过程。

① 卫星图像的特点：卫星图像是利用卫星遥感方式获得的资料，客观真实地记录了地球表面的地物辐射（包括反射和发射）电磁波的强弱变化，因此遥感图像每个像元灰度值的大小反映了像元所对应的地面一定范围内的地物平均辐射量度，而这种平均辐射量度取决于地面的成分、性质、结构状态、表面特征等。对于海域而言，大面积的海水在性质、表面特征、成分、状态等方面产生的不同就导致了卫星影像灰度上的差异，而卫星影像灰度的差异对用户而言，最直接的反映就是影像色调的差异。

遥感图像的灰度值实际上本身所代表的就是波谱特征，因此波谱信息是识别地物的重要依据，色调是载负信息最直接的反映，影响遥感信息的重要因素是几何分辨率，另外在影像解译过程中，影像的时空特征也是相当重要的一个因素。

② 影像解译方法：在掌握了卫星图像的一般特点之后，需要了解基本的解译程序和方法，当然解译不同的主题具有不同的方案，但一般来说均要根据一些基本的判读方法来进行。判读方法一般有 3 种，即直接判定法、对比分析法、逻辑推理法。直接判定法就是根据各种标志的综合分析直接识别地物。例如色调、形状、纹理、结构、大小、位置等都是直接判读的重要依据。对比分析法是指用不同波段、不同时相的卫星图像以及已经掌握的资料进行对比分析，从而得出更加准确的结果。逻辑推理法是在尊重图像的客观事实的基础上根据事物之间内在的关联及影像上的每一个细微的特征，运用逻辑推理法解译出更为丰富的信息的方法，同时要用实地观察加以验证以便确保解译质量及准确性。

在溢油信息的解译过程中基本上采用了上述方法，但根据溢油污染的特殊性，反映在彩像上其灰度值不同，因而表现在颜色、纹理等方面存在着很大的差异，一般溢油图像解译过程包括：① 根据影像色调直接判定油膜污染物；② 采用海图和地理信息基础数据对污染物进行定位；③ 利用连续几天的卫星影像资料，分析污染海域灰度值异常区是否随时空在漂移、扩散，从而确定是否是污染物；④ 利用三原色反射率的大小来分辨污染物和海水，比目视解译更客观、更科学、更精确。卫星图像可以提供溢油前后海洋条件的基本情况，由于 AVHRR 图像的分辨率较低，它仅能再现大面积的油斑。

海面温度（SST）图像增强后显示了海温等深线和与油相关特征的分布。基于 SST 图像的等值变化，多时相图像可以分析表层海水的运动。图像经过彩色分级后，被赋予不同的颜色，其数值与现场测得的结果基本相近。海面温度可以作为区域海况的表面所显示，在某些条件下可用来预测溢油的分布或运动。这对于识别溢油区是很有帮助的。

（3）NOAA 卫星监测海上溢油实例

① 辽东湾双台子河口溢油事件。1993 年 5 月 14—18 日，辽东湾双台子河口以南洋面发生大面积原油污染事故。由于 NOAA 卫星 AVHRR 监测海洋溢油直接受到天气条件的影响，事故发生期间只有 5 月 14 日、17 日和 18 日天气晴朗少云，利用 NOAA-11 号和 NOAA-12 号卫星资料，解译溢油图像。由油膜波谱测试分析结果得知，识别原油油膜的最好波段为热红外，通过对热红外通道图像资料进行增强处理，在影像上显现出了原油油膜污染的异常高温区，其污染区先由西向东移动，后向北扩散到双台子河口岸边的养殖区。根据通道 4 的监测图像可以看出，淡白色的区域为原油污染区，据调查这次原油污染事故是辽河油田的笔架岭 2 号油井泄漏，在西南风的吹拂下，飘向河口海域，给当地渔民的养殖区造成重大的经济损失。因此，由 AVHRR 图像不仅可以解译出油的污染位置和面积，而且还可以确定溢油的漂移方向和速度。

5 月 14 日 NOAA-12 号卫星影像的油污面积最大，由像元数据可以计算出油污染面积为 36 km$^2$。油污由 5 月 14 日至 5 月 17 日移动速度平均为 0.08 km/h，漂移方向是东偏南。由盘锦气象站观测风向风速记录来看，5 月 15—18 日都是西南大风。该海域是正规半日潮，主流向涨潮西南，流速为 0.9～1.5 m/s。落潮主流向东北，流速为 0.7～1.2 m/s。由以上风和潮流资料来看，与原油漂移方向相关性较差。这和近河口地区、流水作用影响有关；另外该海域沙洲、浅滩较多，落潮时和油块之间的摩擦有关。

② 渤海湾曹妃甸附近海域油轮溢油事件。2002 年 11 月 23 日 4 时"塔斯曼海"轮在渤海湾天津曹妃甸附近海域发生溢油事故。由于 11 月 23—25 日评估海域为阴天多雾天气，直接影响卫星的监测效果，无法识别海面溢油。对 11 月 26 日和 27 日 13 时卫星资料进行了一系列的图像增强处理，扩大了油膜与海水之间的微小差异，最终使肉眼能完全分辨出来。在 11 月 26 日和 27 日 13 时红外单通道图像上，在曹妃甸以南海域发现两片深灰色的油污区，其中心分别位于 38.855 °N，118.430 °E 和 38.955 °N，118.612 °E，异常区的颜色比周围海水的颜色深，恰好反映了油膜与海水之间的辐射差异。通过斯捷潘-波尔兹曼公式估算油膜与海水之间的温差为 0.6～1.1 K。为了进一步证实异常区域就是溢油，对溢油事故发生前的 11 月 15 日 13 时的卫星图像进行了同样的处理和解译，在曹妃甸以南海域的颜色和灰度值与其他海域一致，不存在异常区。由此可以进一步证实溢油的发生位置和面积。

另外，天气的阴晴、云量、云状直接影响卫星图像的效果，风向风速控制海上溢油的漂移和扩散。由于溢油事故发生后风力不大（无风或 2～3 级），风向由 25 日下午的西北风转偏南风，因此，风对溢油区漂移和扩散影响不大。同时，溢油区还受到潮流的影响。总之，油污区基本在事故发生地附近海域漂移和扩散。

### 5.2.2.2　Landsat 在海面溢油探测中的应用

陆地卫星是商用系列卫星，其携带的专题制图仪有相对较高的空间分辨率（光学波段 30 m，热红外波段 120 m），一景图像的空间覆盖范围为 185 km×185 km，溢油区的覆盖周期为 16 d。因为是可见光图像，其数据易受云覆盖的影响。陆地卫星图像拥有从可见光蓝光到热红外的 7 个波段（表 5-2）。

表 5-2　TM 图像光谱特征

| | 中心波段/μm | 波段宽度/μm |
|---|---|---|
| TM1（蓝光） | 0.468 | 0.066 |
| TM2（绿光） | 0.570 | 0.081 |
| TM3（红光） | 0.660 | 0.067 |
| TM4（近红外） | 0.840 | 0.128 |
| TM5（近红外） | 1.676 | 0.216 |
| TM6（热红外） | 11.450 | 2.1 |
| TM7（近红外） | 2.223 | 0.252 |

（1）溢油案例

1996 年 10 月底，黄河口外海域某油井发生井喷事故，原油呈气雾状刺漏，此井所产原油为高凝油，凝固点在 32℃左右，该井油气比为 1：90 以上，当时海水表面温度为 15℃左右，海面东北风 8～9 级。原油落到海面凝固成米粒至软枣状大小的固体凝块，并随海浪漂移至岸边沉积。沿岸油污以小颗粒和块状分布为主，呈黑色，小颗粒聚集区油块分布松散厚度为 1～8 cm 不等。由于受风向和涨落潮等影响，油污颗粒发生分选。在岸边，以小颗粒的漂油带为主，油污宽度为 1～2 m 或 2～3 m；高潮带以块状和小颗粒状分布为主，油污宽约 2～5 m，油块表面光滑，形态完整，似篮球大小，最大可达 20 cm×20 cm；潮间带中部以小颗粒为主，伴有 1～10 cm 原油块，宽度为 2～10 cm。

（2）Landsat 波段范围内油品的光谱响应

由于石油平台井喷事件发生在冬季，海面多刮北风 6～7 级，而且气温较低，位于黄河故道入海口的飞燕滩在事件发生后 3 天就发现了油块登滩，为了尽快地了解溢油的状况，跟踪溢油的漂移扩散情况和对沿岸海洋资源和水产养殖带来的危害，收集了 1996 年 12 月 25 日黄河口陆地卫星（Landsat）TM 数字图像，并首先对其进行几何校正和辐射校正，然后对其进行几何编码，以使图像具有坐标信息。

TM 图像各波段的辐射亮度特征反映了各类地物的响应程度，由于时处冬季，黄河三角洲地区的主要地物类型为黄河水、潮间带海滩和海水，此处地处河口地带，海水泥沙含量相对较高。除 TM5、TM6 和 TM7 波段外，TM1～4 波段的辐射亮度值都与潮间带滩涂和海水有明显的不同，经过处理后，呈一亮带。其中 TM1 波段图像上的油膜辐射亮度值为 75～128，海水和潮间带的滩涂分别为 60～65 和 59～63；TM2 波段图像上油膜为 33～84；TM3 波段的值为 40～96，均高于海水和潮间带滩涂的值；TM4 波段的油膜值也明显高于海水和潮间带滩涂。TM5、TM6 和 TM7 波段的油膜信号强度非常低，与海水和滩涂之间的差异非常小，很难将三者区分开，不同的是对于区分浸水滩涂和干滩却十分明显。波段与海水的差异较大，但与滩涂的值却相近。TM6 波段图像上三者的差异不明显。TM7 波段上油膜与海水的值相近（见表 5-3）。TM 波段图像对于不同油品的信号响应强度是有所不同的。Stringer 等在 1989 年美国阿拉斯加"爱克松"号溢油事件的监测过程中，发现 TM 图像的 5 波段提供了最强的油特征信息，而这个特点在本次溢油图像上却没有看到。这两起溢油事件不同的地方在于一个是原油泄漏在海水中，而此次井喷事件的原油都已经登滩，加上冬季气温在 8℃以下，原油以小颗粒状态汇集在岸边，并聚成条带状，沿岸线分布。

表 5-3　登滩原油与海水及潮间带滩涂的典型光谱亮度值（DN）

| 波段 | 潮间带 | 海水 | 油膜 |
|------|--------|------|------|
| TM1 | 59～63 | 60～65 | 75～128 |
| TM2 | 28～30 | 29～31 | 33～84 |
| TM3 | 31～36 | 33～37 | 40～96 |
| TM4 | 25～30 | 20～25 | 40～75 |
| TM5 | 40～46（干滩）、20～25（湿滩） | 4～8 | 15～23 |
| TM6 | 84～91 | 81～85 | 81～85 |
| TM7 | 15～20（干滩）、2～7（湿滩） | 1～8 | 1～9 |

（3）卫星遥感探测与溢油量估算

① 登滩原油信息提取。为了从滩涂上提取登滩的原油信息，对所获得的 TM 图像的 7 个波段进行了分析，选择其中 4 个波段，即 TM1、TM2、TM3 和 TM4 波段做彩色合成，分别将 4 个波段赋予不同的颜色（红、绿、蓝），以选取最佳波段，使滩涂上的油膜信息最明显。

现场调查结果表明，在溢油初期，溢油入海后呈块状浮在海面上，在东北风的影响下，顺海流漂移至岸边，现场调查主要分布在溢油点、黄河海港和飞燕滩西部三点连线的扇形海域内。原油在潮流作用下，大部分聚集在岸滩和中潮线附近的滩涂上。当调查工作向西进行时，因滩涂复杂，车辆难以行进，工作受到影响。推断西侧的湾湾沟为一较大海湾，其开口朝北，可能会聚集一部分漂油。本次卫星图像成像于 1996 年 12 月 25 日，即溢油事件发生后的近两个月之后，气温和水温更低，原油不易溶解和风化，大部分保持原有形态，并在潮流的作用下漂移和扩散。从卫星图像分析可知，黑色条带为提取出的原油信息，原油主要分布在湾湾沟、飞燕滩和黄河故道内。其中，黄河故道内的原油受潮水顶托，深入河道数公里远，分布在黄河西岸，顺河流方向呈带状分布。老黄河口东侧的潮滩上油膜不多，呈面状分布在滩涂中部，这与溢油初期的状况有些不符，可能是油块在潮流的作用下移至他处。黄河故道入海口两侧是当时调查到的溢油重灾区，污染最为严重，而卫星图像却没有看到这样多的原油分布，入海口南侧已经看不到原油的分布，这可能和当时采取的应急回收行动有关，从应急工作记录看，当时的回收工作主要集中在这一区域，这里的滩涂宽度相对较小，工作易于开展。而在河口北侧还能看到油带分布；湾湾沟是老黄河口地区最大的一个海湾，呈 V 字形，开口朝北，湾口宽度为 12 km，长度为 14 km。湾东侧滩涂宽超过 10 km，原油主要聚集在潮间带中部，呈面状分布，最大一块有 200 像元×100 像元，其余呈宽带状顺岸线分布。另外一些原油顺长而且细的潮沟顺流而上，直至高潮线，并沉积在潮沟岸上；西侧滩涂相对较窄，潮沟也短，原油受潮流往复作用的影响，呈线状顺岸线分布；潮沟内的原油主要分布在河流转弯处的漫滩上，在潮沟上游的水塘中也能看到油带的分布。从而也证实了 1996 年 11 月 29 日东营市某海洋管理部门报告中谈到这次溢油事件污染面积涉及整个河口区域，从新乡以东至黄河入海口长达 254.3 km 的海域均受到不同程度的污染。

②溢油量估算。海面溢油量的估算方法一般采用《波恩协议》中建议的油膜厚度估算方法，即利用油膜色彩对应的油膜厚度与体积的关系（见表 5-4），结合溢油面积计算出溢油体积，根据所溢油品的密度计算出溢油量。其基本表达为：

$$V = \sum S_i \times H_i \times \rho$$

式中，$V$——溢油总量；

$S_i$——某一色彩对应的油膜面积；

$H_i$——某一色彩对应的油膜厚度；

$\rho$——溢出原油密度。

如果为连续溢油，则根据单位时间内的溢油量计算出日溢油量和总溢油量。

表 5-4　油膜颜色与油膜厚度的关系

| 序号 | 油膜颜色 | 厚度/μm | 单位面积上油体积/（m³/km²） |
|---|---|---|---|
| 1 | 银白色 | 0.02～0.05 | 0.02～0.05 |
| 2 | 灰色 | 0.1 | 0.1 |
| 3 | 彩虹色 | 0.3 | 0.3 |
| 4 | 蓝色 | 1.0 | 1.0 |
| 5 | 蓝褐色 | 5 | 5 |
| 6 | 褐色 | 15 | 15 |
| 7 | 黑色 | 20 | 20 |
| 8 | 黑褐色 | 100 | 100 |
| 9 | 橘红色 | 1 000～4 000 | 1 000～4 000 |

溢油面积是一个重要指标，经过图像的处理分析和油膜信息提取，可以得到滩涂上油膜分布带。并得到油膜分布的总面积为 12 865 个像素点。根据 LANDSAT 图像的空间

分辨率为 30 m，则每个像素点的面积为 900 m²。此次溢油油膜带分布面积为 11.59 km²。监视人员现场调查结果表明，11 月 3 日外海有原油块漂到沿岸滩涂，12 月 15 日在飞燕滩看到没有清除的原油块成堆，大小不等，最大的约 20 cm×20 cm，小的也 10 cm×10 cm 左右的原油块，在潮水的作用下，小颗粒聚集区油块分布比较松散，厚度为 1～8 cm，宽度不等，一般为 1～2 cm 或 2～3 cm。图像分析结果表明，飞燕滩是油污染相对较轻的区域。

卫星遥感图像对溢油现场监测和清理回收的各个阶段是非常有效的，图像可以提供精确的地理位置信息、油的漂移扩散范围和影响范围。用高分辨率的图像可以把油膜的物理形状、油膜带的结构和位置制到地图上，同时将地图送至溢油回收现场以指导回收工作。从本次溢油事件中可以看出，由于没有卫星图像的支持，事件发生后采取的回收行动带有一定的盲目性，回收范围主要集中于黄河故道的东侧，而在油膜带分布很广的湾湾沟一带却没有采取任何措施。这是因为，在溢油后的短时间之内，没有溢油区的卫星遥感图像。准确实时的卫星监测对溢油现场应急响应工作是十分必要的。要求一颗卫星达到 1～2 天覆盖一次，有些勉为其难，但要实现这个目的也并非难事。目前正在运行的分辨率在 30 m 左右的卫星有多颗，通过它们的协调使用，可弥补时间分辨率的不足。

## 5.2.3 溢油雷达监测技术

溢油雷达（SAR）是一种可以装载在飞机或卫星上的主动式微波探测器，前者称为机载 SAR，后者称为星载 SAR。SAR 所发射的电磁波在微波波段，因此其可以直接穿透云层，不受光照的影响，即使在黑夜或者恶劣的天气下也能进行工作。

SAR 的"合成"孔径原理，是雷达能够沿雷达移动的路径而形成一个相当大的虚拟孔径，这种合成是数字合成，并非物理合成。合成的大孔径使它具有相当高的分辨率，可达到几米到几十米的数量级。因而，SAR 图像有能力清晰地显示出海面上 10 m 以上量级的海洋现象的复杂的空间结构。装载 SAR 的卫星都有其特定的轨道参数，因此在观测完一个目标地区以后经过一段时间 SAR 会再一次扫描这个地区，这段时间称为重复观测周期。重复观测周期越短，信息获得就越及时。如果对图像清晰度和空间分辨率等性能要求不高，则可以通过扩大可视观测来减小 SAR 的重复观测周期。一般来说，轨道高度为 600～700 km，可视观测带为 500～600 km 的情况下，卫星具有对指定区域重复观测周期为 5 天的能力。因此，尽管星载 SAR 由于轨道的限制，在某一观测区的时间连续性表现上稍逊色，却可以通过大范围连续获得资料的优势来弥补。再者，机载 SAR 并不受轨道限制，可以连续观测某一区域。

SAR 由于其所特有的优点，是迄今为止公认的最有效的空间传感器。其对人类的贡献之一是其可以连续地对海面进行大面积的观测，于是可以得到大范围的海洋信息，解决常规观测无法解决的问题。

### 5.2.3.1 SAR 溢油监视原理

海面油膜最显著的特点就是它们对产生散射的海面毛细波和短重力波的阻尼作用。在海面风和重力的作用下，海面会产生表面张力波和短重力波。在有油膜的海面，波浪的作用会使油膜收缩，增大了波浪阻尼的动力弹性。当海面刮风时，海面油膜的存在可大大降低表面张力波的生长率。表面张力波和短重力波反射雷达波后形成的海面杂波，在雷达图像上呈现为亮色。对于有油膜的海面，波浪阻尼作用的增大，使得海面粗糙度减小，从而降低了有油区域对雷达波的发射性，对应的 SAR 图像灰度级降低，颜色变暗。这便可以解释为何 SAR 图像所呈现的海面溢油通常为较暗的斑点或条纹，此为识别溢油的重要特征。

### 5.2.3.2 SAR 油膜确定的运算法则

有一定数量的图像特征能被看成油膜信号，有一些方法能够区分它们中的一部分，在区分引起回波衰减的溢油和其他现象之间寻找那些更有用的方法。对于每个选定的黑暗区域，首先它的边界被确定，然后进行以下信息的测量：① 周长（P）；② 面积（A）；③ 油膜的雷达散射（SRB）；④ 油膜外部雷达散射（ORB）；⑤ 油膜标准偏差（SSD）；⑥ 梯度（GRD）；⑦ 外形要素（FRM）。

起源于前面测量的下列参数被替换：① 周长与面积的比率（P/A）；② 标准化的周长与面积的比率 NP/A，定义为 $0.5P(A)^{-1/2}$；③ 明暗度比率（IRT）；④ 标准偏差比率（SDR）；⑤ 内部明暗度标准偏差比率（ISRI）；⑥ 外部明暗度标准偏差比率（ISRO）。

对 SAR 卫星图像的油膜分析工作框架图见图 5-4。

### 5.2.3.3 SAR 卫星溢油监测案例

SAR 卫星溢油监测的案例很多，例如，在 2002 年 11 月 12 日，船龄为 26 年的利比亚籍油轮"Prestige"号，在距西班牙西北部加利西亚省约 100 km 处的海上船体发生断裂，船上 7 万 t 石油有 2 万 t 泄漏，给当地的海洋环境造成极大影响。Envisat 的 ASAR 在 11 月 17 日 10:45（国际标准时间），获得西班牙西北海面的已有雷达图，计算溢油带长度为 150 km。

另一案例与中国有关。2003 年 5 月 31 日，中国远洋散运公司"富山海"轮，于北京时间 18:00 在丹麦海域被一艘名为"Gdynia"号的塞浦路斯籍集装箱船碰撞，由于货船大量进水，"富山海"轮于北京时间 6 月 1 日凌晨 2:20 不幸沉没。大约有 100 t 轻油从 68 m 深的海底泄漏出来，产生了近 39 km$^2$ 的油带。ESA（欧洲航天局）的 ERA-2 卫星的 SAR 雷达于 6 月 2 日晚间获得雷达图。

对于上述两个案例，都运用了 KSAT 的分析软件，可以分析出溢油位置、范围、污染程度等影响因素。

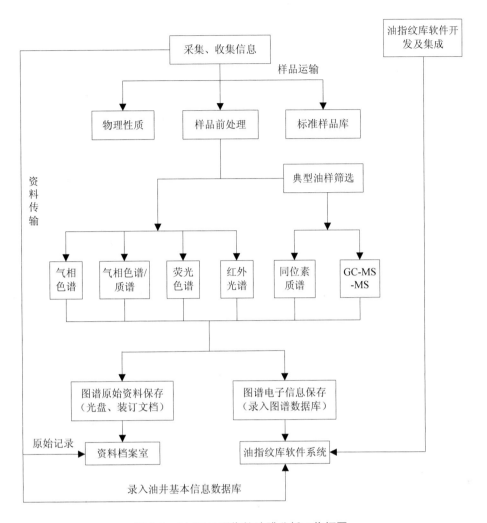

图 5-4　对 SAR 图像的油膜分析工作框图

## 5.3　水域溢油鉴别技术

随着石油开发、船舶运输及石油工业的日益发展，海上排污和溢油事故不断出现，石油已成为当今污染海洋的主要污染物，严重威胁着海洋及陆域的生态环境。为调查处理海上船舶油污染事故，海事主管机关通常会运用多种调查手段，其中，溢油鉴定就是一项重要的科技手段。而神奇的"油指纹"鉴定技术已成为其中重要的技术之一，被广泛地应用于各类溢油事故的调查中，让海上溢油源无可遁形。为准确地查明溢油源，追究肇事者的责任，保护海洋环境，业内研究人员对水上溢油的鉴别方法进行了长期的研究。

### 5.3.1 溢油鉴别技术介绍

#### 5.3.1.1 溢油鉴别技术简介

溢油鉴别技术是伴随着人类对海洋环境保护日趋重视，减少溢油对海洋环境污染危害防范措施而逐步发展起来的。海面溢油鉴别技术，作为海洋执法的有效手段始于20世纪六七十年代美、日等国家相继推出标准方法，80年代北欧各国也颁布了北欧标准。

应用溢油鉴别技术确认溢油源，以确定污染肇事者，并可以通过对监视或模型预测所获得的信息进行综合分析，以确认溢油污染及范围，从而为环保部门提供可靠数据，为受溢油污染损害索赔提供依据或证据。

海洋环境中的溢油有原油、成品油、动植物油脂及各种废油等，这些油类进入海洋后，立即受到风、波浪等作用的稀释、扩散，同时也受到阳光和微生物等作用，发生蒸发、水化、溶解、乳化、氧化、聚合等过程，使油的组成和性质很快发生变化。另外，由于受到各种作用，溢油在海洋环境中以多种形态存在，如漂浮油、油膜、乳化油、吸附油、被生物摄取的油等。因此，溢油鉴别首先要考虑鉴别能力强，并具有高灵敏度高的方法。尽管石油组分复杂，且在海域环境中具有多变性，但油类之间在组成和性质上又有各种不同程度的差异，从而呈现出不同油种的固有特性，应用有关分析技术可以进行鉴别区分。所以，对溢油鉴别技术的基本要求为鉴别能力强、溢油风化对鉴别的影响小、准确性高、重现性好、灵敏度高、分析速度快、操作简便、经济效果好。

从整体上看，现有的溢油鉴别技术比较繁杂，有一个相对复杂的工作流程，对技术的要求高，可操作性不令人满意。因此，人们一直没有停止过溢油鉴别方法的研究和探索，发展简单易行的溢油鉴别流程、分析方法及自动化船载溢油含量实时监控仪器系统，使它的可操作性更强，是溢油鉴别领域所迫切希望的。

#### 5.3.1.2 溢油鉴别原则

基于5种分析方法，包括红外光谱法、荧光光谱法、气相色谱法、气相色谱/质谱法和单分子烃稳定碳同位素法。采用逐级鉴别法，首先进行可疑溢油源样品的筛选，红外光谱法和荧光光谱法作为可选方法，先于气相色谱法进行初步筛选，排除明显不一致的可疑溢油源样品；然后采用气相色谱法和气相色谱质谱法，基于气相色谱、气相色谱质谱信息，必要时辅以单分子烃稳定碳同位素测定法，进行最终鉴别。

#### 5.3.1.3 溢油鉴别流程

（1）鉴别步骤

分析鉴别流程（图5-3），整个步骤分三步。

第一步：采用荧光光谱法、红外光谱法和气相色谱法（单样分析）对样品（包括溢油样、可疑溢油源样和背景样品）进行筛选分析。① 通过对荧光光谱、红外光谱的原始指纹比较，进行可疑溢油源样品的初步筛选；② 获得溢油样品和可疑溢油源样品的气相色谱谱图和烃的总体分布，获取正构烷烃的分布（以各正构烷烃及姥鲛烷和植烷与 $n\text{-}C_{25}$

的相对峰面积或浓度表示）；③ 获得溢油样品和可疑溢油源样品的诊断比值；④ 通过对溢油样品与可疑溢油源样品的气相色谱谱图、烃的总体分布、正构烷烃分布、诊断比值比较，结合背景样品的指纹信息，观察是否有差异，如果没有差异，则继续进行气相色谱/质谱法分析；否则进行风化检查，确定差异是否由于风化引起的，如果是风化引起或不能确定是否由风化引起，则进行气相色谱/质谱法分析；否则得出"不一致"的鉴别结论。

第二步：采用气相色谱法、气相色谱/质谱法对上述无法筛选的溢油样和可疑溢油源样进行正构烷烃、目标多环芳烃和甾、萜烷类生物标志化合物分析（平行样分析）。① 获得溢油样和可疑溢油源样的正构烷烃分布（用相对于 $n\text{-}C_{25}$ 的相对峰面积或浓度表示）及一系列的诊断比值；② 获得溢油样和可疑溢油源样的目标多环芳烃的分布及一系列的诊断比值；③ 获得溢油样和可疑溢油源样的特征（选定的）甾、萜烷类生物标志化合物分布及一系列的诊断比值；④ 比较溢油样与可疑溢油源样特征离子的质量色谱指纹、多环芳烃和甾、萜烷类生物标志化合物的分布是否有差异，如果没有，进行下一步的诊断比值评价和比较；否则进行风化检查，确定差异是否由于风化引起的，如果是风化引起或不能确定是否风化引起，则进行诊断比值评价和比较；否则得出"不一致"的鉴别结论。

第三步：进行风化影响评价、诊断比值评价和比较。① 风化影响评价：基于正构烷烃、多环芳烃的风化检查结果进行风化影响评价；② 诊断比值评价：受风化影响小且能准确测定；③ 诊断比值比较：基于确定的诊断比值，采用重复性限方法进行溢油样品与可疑溢油源样的相关性分析。

（2）样品的感官检查

描述样品的颜色、气味、黏度、游离水的量和所含杂质等，并进行相关记录。

（3）风化检查

正构烷烃的风化检查：正构烷烃是油品中受风化影响最明显的组分，通过其风化检查，可以判断溢油样品是否风化及其风化程度。① 将可疑溢油源样品和溢油样品的各正构烷烃的浓度与基本不易受风化影响的 $n\text{-}C_{25}$ 做归一化处理，以柱状图表示。② 从正构烷烃分布图上看，风化的明显表现就是轻质组分的丢失，$n\text{-}C_{15}$ 以前的组分峰降低是风化的最好证明。溢油事件发生的前几天里，蒸发是主要的风化过程。③ 正构烷烃的诊断比值 $n\text{-}C_{17}/Pr$ 和 $n\text{-}C_{18}/Ph$、$Pr/Ph$ 在蒸发风化过程中会相对稳定。④ 正构烷烃最易受生物降解影响，其降解程度与链长度相关，长度越短，越易降解。直链比支链容易降解。严重生物降解可导致正构烷烃完全消失。⑤ 气相色谱可分辨的饱和烃比不可分辨的复杂饱和烃更易降解，表现为气相色谱可分辨的饱和烃的比例明显降低。

多环芳烃的风化检查：多环芳烃中的部分组分易受风化影响，通过其风化检查可以判断溢油样品风化程度。① 将可疑油源样品和溢油样品的各多环芳烃的峰面积与不易受风化影响的 $17\alpha(H),21\beta(H)\text{-}$藿烷做归一化处理，以柱状图表示，如果 $17\alpha(H),21\beta(H)\text{-}$藿烷在样品中不存在，也可以用其他难以风化的多环芳烃化合物；② 相对于其他的烷基化多环芳烃系列，萘及其烷基化系列最易受蒸发风化的影响，而菲、二苯并噻吩和芴则较少受蒸发风影响；③ 烷基化多环芳烃系列风化损失均表现出 $C_0->C_1->C_2->C_3-$；④ 在 5 类烷基化多环芳烃中，烷基化的萘最易生物降解，其后是二苯并噻吩、菲。

（4）诊断比值确定

确定用于统计分析的诊断比值，主要综合考虑以下条件：① 诊断比值具有独特性和差异性，具有地球化学意义；② 诊断比值基本不受或受风化影响较小。

（5）鉴别结论

结果有四种情况，分别为：① 一致：溢油样品与可疑溢油源样品的原始指纹（包括气相色谱图、质量色谱图、正构烷烃及姥鲛烷和植烷、多环芳烃、甾、萜烷类生物标志化合物）的分布实质上是一致的，有差异是由于风化或分析误差引起的；所确定的诊断比值差值绝对值均小于相应的重复性限或仅有个别比值差值绝对值略高于相应的重复性限。② 基本一致：溢油样品与可疑溢油源样品的原始指纹（包括气相色谱图、质量色谱图/正构烷烃及姥鲛烷和植烷、多环芳烃和甾、萜烷类生物标志化合物）的分布略有差异，差异或者来自风化（如低分子量化合物的损失和蜡重排、蜡析或蜡富集），或者来源于特定的污染；所确定的诊断比值差值绝对值有 1 个明显高于相应的重复性限或有多个略高于相应的重复性限。③ 不能确定：溢油样品与可疑溢油源样品的正构烷烃及姥鲛烷和植烷、多环芳烃和甾、萜烷类生物标志化合物的分布一定程度上相似，但差异较大，而且无法判断差异是由于严重风化所致，还是原本就是两种不同的油；所确定的诊断比值差值绝对值有 1 个明显高于相应的重复性限或有多个高于相应的重复性限。④ 不一致：溢油样品与可疑溢油源样品的荧光光谱谱图、红外光谱谱图、正构烷烃及姥鲛烷和植烷、多环芳烃和甾、萜烷类生物标志化合物的分布差异明显，并且差异不是由于风化引起；所确定的诊断比值差值绝对值有 1 个明显高于相应的重复性限或有多个高于相应的重复性限。

## 5.3.2　油指纹鉴别技术

### 5.3.2.1　油指纹鉴别的意义

（1）油指纹鉴别的概念

溢油鉴别是确定溢油源的综合技术，油指纹鉴别是溢油鉴别中重要的技术手段。原油是由上千种不同浓度的化合物组成，这些化合物通过不同的分析检测手段获得不同的信息，如利用色谱获取的组分信息，利用光谱获得的各种光谱特征，这些信息就是反映油品特征的油指纹。根据所检测的油指纹信息的特点，可将油指纹鉴别分为两大类：非特征方法和特征方法。

传统的非特征方法包括重量法、红外光谱法、紫外光谱法、薄层色谱法、高效液相色谱法、排阻色谱法、超临界流体色谱法和最近兴起的红外纤维光学传感器法。相对于特征方法，非特征方法需要较短预处理和分析的时间，费用较少，但主要缺点是产生的数据通常缺乏详细的个别组分和石油来源的特性信息，因此非特征方法在溢油特征及来源鉴别上具有一定的局限性。

特征分析方法主要指气相色潜/质谱法和气相色谱法，因其能够较容易地获取组分的详细信息，特别是多环芳烃和生物标志化合物的诊断比值，已经被广泛用于溢油源鉴别和溢油风化及生物降解过程的监测。

油品中油指纹主要受三方面因素影响而表现出差异性：一是原油的形成和聚集过程中的因素，包括原油生源岩本身的有机质特征、热环境以及原油在地层和油井内的运移；二是原油通过不同的炼制过程获得的成品油，因为炼制过程不同，不同的需求以及运输、储存等过程的不同，不同成品油油指纹不同；三是油品溢出到环境中后的风化和混合，不同的风化过程，不同的环境背景和环境中其他烃类污染源带来的混合，油指纹也会发生不同程度的变化。正是基于油品指纹的这种差异性，通过对溢油和可疑溢油源油样的油指纹进行比对，从而实现溢油源的排查和确认，这种方法称为油指纹鉴别。

（2）油指纹鉴别的作用

面对溢油污染现状及造成的危害，如何正确鉴别溢油污染的来源是客观进行环境评价，准确预测溢油风险和开展溢油损失评估，制定和执行恰当的应急措施和选取合适的修复方法的重要基础，同时也是确定责任归属、解决责任纠纷的前提。油指纹鉴别在海洋、海事行政执法中的作用主要体现在以下两个方面：一是为事故调查处理提供科学有力的证据支持，可以弥补其他现场调查不足。二是对污染事故调查具有指导作用，通过开展油指纹鉴别，确定溢油来源和种类，可以缩小嫌疑范围，开展有针对性的调查，提高调查效率，缩短调查周期。

### 5.3.2.2　油指纹鉴别指标

目前国际上用于油指纹鉴别指标主要包括正构烷烃、多环芳烃及其同系物、甾萜类生物标志化合物及相应的诊断比值。

（1）正构烷烃（含姥鲛烷、植烷）

正构烷烃是原油中最主要的组成成分，总量一般在 1%～20%，其分布特征直接表现在 GC-FID 谱图上，通过对谱图的目视对比和正构烷烃及姥鲛烷、植烷组成分布即可实现对油样的鉴别，这也是溢油鉴别中最先考虑到的方法。通过 GC-FID 通常能够测得原油样品中 $n\text{-}C_8 \sim n\text{-}C_{40}$ 正构烷烃的浓度。其中的低碳组分容易受风化而丢失，可作为风化程度判断的依据，也能应用于未受风化或受风化程度较小的油样的鉴别。由于受到色谱柱性能的限制，高碳组分的色谱峰往往较低较宽，定量计算时容易产生较大的误差，因此高碳组分也较少用于溢油鉴别。中等碳数组分由于其相对比较稳定并且容易准确测得，其浓度和不同组分间比值成为溢油鉴别中最常用到的鉴别指标。

采用气相色谱（FID）检测到的石油烃特征组分还包括类异戊二烯化合物—姥鲛烷和植烷，它们在色谱图分别与 $n\text{-}C_{17}$ 和 $n\text{-}C_{18}$ 成对出现，这使其非常容易被识别，而其通常也具有较高的浓度，容易准确定量。姥鲛烷和植烷一般比较稳定，因此常作为溢油鉴别特别是风化油样鉴别的重要指标。

（2）多环芳烃及其同系物

多环芳烃是指两环和两环以上的芳香碳氢化合物，它广泛分布于古代和近代沉积物中。岩石圈和生物圈中存在两类多环芳烃，一类是化石燃料或植物不完全燃烧产生的，这其中主要是非取代的多环芳烃；另一类是来自自然界的生物遗体，经过沉积成岩或退化作用转化而成。不同来源原油及其提炼的石油产品有着不同的多环芳烃分布模式。而且很多环芳烃化合物比饱和烃和挥发性烷基化化合物在风化过程中更加稳定，这使得多环芳烃指纹信息成为溢油鉴别过程中一个重要的类别，即使类型相同的石油产品用多环芳烃的指纹信息也是可以鉴别的。石油中很重要的一类多环芳烃就是一些烷基化多环芳烃同系物，主要包括烷基化萘、菲、二苯并噻吩、芴和䓛系列，它们的含量在石油多环芳烃中占支配地位，并且分布模式随油种不同而异。很多的研究指出，利用烷基化多环芳烃同系物作为沉积物和水体中溢油的环境归宿和油源鉴别的主要指示物。

（3）甾萜类生物标志化合物

生物标志化合物是原油中的一类化学物质，其化学结构与成油过程中自然发生的生物化学变化相对应。原油是来源于古代生物体在地壳缓慢加热作用下的有机残留物。各种不同的古代生物体，如藻类、陆地植物、细菌等，在不同的地方堆积，经过长时间的演变，最终变成石油，由此不同地方的石油都具有了独特的化学指纹，生物标志化合物就包含了这些独特的化学指纹信息。生物标志化合物指纹信息在历史上就已经被石油生态学家所利用，来考察石油的移动、种类和沉积条件等特征。具有来源特征以及在环境中稳定存在的生物标志化合物所得到的信息在确定溢油的来源、石油产品的分别和在不同的环境下监测石油降解过程中是至关重要的。过去的几十年里，利用生物标志化合物指纹技术来研究石油在很多溢油鉴别的工作中起到了主导作用。很多学者对生物标志化合物的生物降解作用进行了研究，研究表明，萜和甾类化合物是最稳定的，因此这两类物质是最常用的生物标志化合物。大多数生物标志化合物的挥发性和水溶性都非常小，在人类年代范围内其生物降解是非常缓慢的，所以生物标志化合物在原油和石油产品中属于最稳定的烃类，这使其在风化油样的指纹鉴别中具有特别重要的作用。

（4）诊断比值

诊断比值是用来鉴别溢油的重要指标，它受风化影响较小，所以用诊断比值来进行溢油鉴别非常有效，目前常用的诊断比值主要有：① 正构烷烃（含姥鲛烷、植烷）诊断比值主要有 $n\text{-}C_{17}/Pr$（姥鲛烷），$n\text{-}C_{18}/Ph$（植烷），$Pr/Ph$，$n\text{-}C_{17}/n\text{-}C_{18}$ 等；② 多环芳烃诊断比值主要有 2-M-N/（2-M-N+1-M-N），$\Sigma P/（\Sigma P +\Sigma D）$，4-M-D/（4-M-D+1-M-D），2-M-P/（2-M-P+1-M-P）等；③ 甾萜类生物标志化合物的诊断比值主要有 Ts/（Ts+Tm），$C_{29}\alpha\beta$ 藿/（$C_{30}\alpha\beta$ 藿+ $C_{29}\alpha\beta$ 藿），$C_{31}\alpha\beta$ 藿（S/（S+R）），$C_{32}\alpha\beta$ 藿（S/（S+R）），$C_{33}\alpha\beta$ 藿（S/（S+R）），$C_{27}$ 甾 $\alpha\beta\beta$/（$\alpha\beta\beta+\alpha\alpha\alpha$），$C_{28}$ 甾 $\alpha\beta\beta$/（$\alpha\beta\beta+\alpha\alpha\alpha$），$C_{29}$ 甾 $\alpha\beta\beta$/（$\alpha\beta\beta+\alpha\alpha\alpha$）等。

### 5.3.2.3　油指纹鉴别方法

目前实验室常用的油指纹分析方法有：气相色谱法（GC-FID）、气相色谱/质谱法（GC/MS）、高效液相色谱法（HPLC）、红外光谱法（IR）、薄层色谱法（TLC）、排阻色谱法、超临界流体色谱法（SFC）、紫外光谱法（UV）、荧光光谱法及重量法等。根据所需要的化学、物理信息以及所应用的分析手段，可将油指纹分析方法分为两大类：非特征方法和特征方法。下面主要介绍几种常用的油指纹分析方法。

（1）红外光谱法（IR）鉴别海面溢油

1）适用范围

本方法适用于纯油（原油、燃料油和润滑油），水上薄油膜和包在沙石或其他固体物质上的油类鉴别，也给出了来自海滩、船舶或水中乳化油的鉴别方法。既适用于未风化油，也适用于一定风化程度的油。在某些情况下，在非石油源的油中，例如在植物油中，可能存在干扰此方法的物质，此时要么予以样品净化，要么改用其他方法。

2）样品预处理

将一定量的样品（以够用为准）移入 5 mL 离心管至 3/4 位置。对不同样品需在不同温度下进行温热：

示例 1：对很重的油，需将离心管置于 60～70℃水浴中，温热 10～15 min。

示例 2：对于重质油，需将离心管置于 35～40℃的烧杯中，温热 1 min。

示例 3：对于轻质油、中等轻质油和某些润滑油可免予温热处理或避免过高加热。样品温热处理好后，用带 12 号穿刺针头的 10 mL 注射器吸掉离心管底部的水分。将离心管放入离心机中，在其对面位置放一等重离心管以使离心机总处于平衡状态。立即于 3 000 r/min 下离心 20～120 min（离心时间取决于样品黏度）。用带 12 号穿刺针头的 2 mL 注射器再次吸掉离心管底部的水分。根据离心管中油量的多少，加入少量无水硫酸镁（加入 0.1～1g/mL 无水硫酸镁）。必要时可再次用上法温热样品并用细玻璃棒搅拌之，让无水硫酸镁与油充分混合后马上再离心 20～120 min 即可取用离心管上部样品予以分析。

3）样品制备

测定液体样品，除使用可拆式液体池、密闭式液体池外，近些年发展的衰减全反射法（ATR）也极为便利，只需将样品滴在晶体上即可，而且样品用量很少。

4）红外光谱鉴别方法—谱图配比法

谱图配比原则：由于石油是一种十分复杂的混合物，它含有氧、氮、硫，许多情况下还含有痕量金属，某些产品还事先加入许多添加剂，它们都能给谱图配比造成困难，同时又能提供红外信息。所以谱图配比时，必须进行系统的油"指纹"比较。就是要将溢油与可疑溢油源样品的红外光谱重叠在一起，进行覆盖性指纹检验，如果两种油的"指纹"精密一致，溢油就得到顺利鉴别。大多数情况下光谱间出现种种差异，此时要十分小心地识别可能出现于光谱中的假谱带，排除干扰因素。如果仍不能合理解释谱带的差异和由来，就应当充分考虑到风化对油"指纹"的影响。如果事先已经充分了解到风化影响，差异的来源和性质，就要借助这些信息的帮助进行谱图解析。若溢油的风化较严重须对可疑样品进行实验室的模拟风化处理。

鉴别步骤：① 要确保 1 975 cm$^{-1}$ 处有一可比较的基线。② 要确保 1 375 cm$^{-1}$ 处的吸收介于 12%～25%透过率之间，以定性保证分析样品有相同的厚度。③ 检查 3 400 cm$^{-1}$ 区域,看样品中有无残存的水分。④ 检查 610 cm$^{-1}$ 位置,有无一小的锐峰并寻找 1 075 cm$^{-1}$ 和 1 175 cm$^{-1}$ 处的峰是否受到影响,以确定在干燥过程中有无残存的硫酸镁。⑤ 如果样品已脱沥青,则检查 910 cm$^{-1}$ 和 920 cm$^{-1}$ 处有无小的孪生峰对,这将反映出有无残存的戊烷。戊烷的存在将使 720 cm$^{-1}$ 谱带加大。⑥ 比较整个光谱基线的形状,如果在 2 000～650 cm$^{-1}$ 区域出现了不可解释的种种差异,此可疑油样就可被排除。如果出现了相似情况,就要做下步检查。⑦ 检查 1 685～1 770 cm$^{-1}$ 区域,查看 1 685 cm$^{-1}$、1 708 cm$^{-1}$ 和 1 770 cm$^{-1}$ 谱带。观察风化情况,即使这些谱带仅出现在溢油样品中也要继续检查下去。请注意润滑油风化后于 1 708 cm$^{-1}$ 处也出现谱带,但随风化的增加缓慢且宽阔。⑧ 接着检查 1 350～900 cm$^{-1}$ 区域的基线和峰强度。在这一区域随风化的增加基线要向较高光密度方向移动,峰强度(如 1 300 cm$^{-1}$ 和 1170 cm$^{-1}$)有增加趋势。检查 1 304 cm$^{-1}$ 和 1 032 cm$^{-1}$ 谱带的结构。除风化引起的一般性基线位移外,这些峰的谱带结构通常保持不变。所以,如果它们都不相似就否定了这一可疑溢油源。⑨ 检查指纹区(900～650 cm$^{-1}$),该区提供油的唯一特性。当溢油源相同时,其峰形、强度和位置则彼此相似,所有光谱就表现为互相匹配。检查时将溢油与可疑溢油源样品的 875 cm$^{-1}$ 谱带相重合,然后峰对峰进行比较。⑩ 必要时可加大样品厚度(0.1 mm)后检查 698 cm$^{-1}$、742 cm$^{-1}$、780 cm$^{-1}$、848 cm$^{-1}$、870 cm$^{-1}$、1 030 cm$^{-1}$、1 153 cm$^{-1}$、1 300 cm$^{-1}$ 和 1 700 cm$^{-1}$ 谱带。对于某些个别峰如 1 030 cm$^{-1}$、1 070 cm$^{-1}$、1 155 cm$^{-1}$ 和 1 700 cm$^{-1}$ 谱带,光谱间出现轻微的非相似性,不必排除可疑性。

（2）荧光光谱法（XRF）鉴别海面溢油

1）适用范围

本方法适用于纯油（原油、燃料油和润滑油），水上薄油膜和包在沙石或其他固体物质上的油类鉴定方法。既适用于未风化油，也适用于一定风化程度的油。

当轻质油的风化期超过 2 天，重质油的风化期超过 7 天，或样品中存有某些荧光类物质时，不宜用本法。

2）样品制备

欲配制浓度为 20 mg/L 的油溶液，采用干净的称量瓶称量 0.002 g±0.000 1 g 油（每个样品重量相同）。用纯化合格的环己烷直接将油吸入干净 100 mL 棕色玻璃容量瓶中并定容。摇匀静止 30 min，并在进行分析前再摇数次以确保油全部溶解均匀。有时根据仪器性能和油产生的荧光强度，往往要使用 5 mg/L 的油溶液，以获得最佳荧光强度。在这种情况下，可按上述方法制备所需要的浓度。

3）样品测定

将上述制备好的样品倒入比色池中，放入样品室，普通荧光法依次将激发波长固定在 250 nm、270 nm、290 nm、310 nm、330 nm，发射波长在 270～600 nm 范围内进行扫描，同时记录下 5 个激发波长的发射光谱图。同步荧光法将起始激发波长设定为 250 nm，进行同步激发发射扫描，记录下同步激发发射谱图，进行三维荧光扫描，记录下三维荧光光谱图。

4）荧光鉴别方法

对于将通光谱图和同步激发发射谱图重叠溢油样品与可疑样品的光谱图，在比较油样光谱图时要注意 5 个特征：① 谱图总体形状；② 峰的数目；③ 对应于每个峰的波长；④ 主要峰强度的比率；⑤ 光谱图的轮廓。

若以上 5 个特征中有一个存在明显差异，则溢油样与可疑油样不是同一种油。某些光谱改变可以认为风化所致，风化的程度取决于环境条件和油的类型。对于大部分轻质油，风化后增加长波长一侧的主要峰强度和结构，而对于重质油，风化后其长波长一侧则减少了强度和结构。

在比较溢油样品与可疑样品的三维光谱图（荧光强度等高线光谱图）时要注意 5 个特征：① 谱图形状；② 指纹走向；③ 主峰位置；④ 特征峰荧光强度；⑤ 两特征峰荧光强度比值。若以上 5 个特征中有一个存在明显差异，则溢油样与可疑油样不是同一种油。若以上 5 个特征中的①、②、③、⑤ 特征有一个存在明显差异，则溢油样与可疑油样不是同种油。在仅有一个特征峰时，若只有特征④ 差异明显，①、②、③ 三个特征相同，则也可认为溢油样与可疑油样不是同一种油。

（3）气相色谱法（GC-FID）鉴别海面溢油

1）样品溶解、提取

如果样品到达实验室后不能马上处理，应储存在冰箱里，样品应在 3 天内处理，特别是对于乳化样品和明显含水样品。如果是纯油样品，则准确称取约 0.2～0.5 g 油样，溶解于 10 mL 正己烷中。加入少量无水硫酸钠，以 3 000 r/min 的转速离心 15 min。如果黏附在动物皮毛、羽毛、吸油毡或其他物品上的样品可以刮除下来，剔除杂质后按上述步骤处理。如果黏附在动物皮毛、羽毛、吸油毡或其他物品上的样品，不能刮除下来，或者是含油泥沙、乳化油样，则准确称取适量样品用二氯甲烷多次超声波提取，将提取液合并，用无水硫酸钠层脱水并滤去杂质，用旋转蒸发仪浓缩并用正己烷替换溶剂，定容至 10 mL，超声提取前应加入替代标准，如果不采用超声提取而是直接溶解，则过柱前加入替代标准。对于动物皮毛、羽毛或吸油毡上的样品，应考虑其背景影响。如果样品为水上薄油膜，则直接用二氯甲烷萃取，用无水硫酸钠干燥，萃取前应加入替代标准。不论用何种方法处理，最后进入硅胶柱的油量不应超过 40 mg。

2）柱层析分离

在带有聚四氟乙烯活塞层析柱底部加硼硅玻璃棉，并用甲醇、正己烷、二氯甲烷依次冲洗，然后晾干，用干法通过拍打方式加入 3 g 活化硅胶，顶部放入 0.5 cm 的无水硫酸钠，层析柱用 20 mL 正己烷调节，弃掉流出液。待无水硫酸钠表面刚刚暴露空气之前，加入 200 μL 油溶液，加入 100 μL 替代标准（10 μL/ml），加入 3 mL 的正己烷冲洗，弃掉流出液，然后再用 12 mL 的正己烷冲洗，洗出液为饱和烃，用 15 mL 的苯和正己烷的混合液用来洗出芳香烃。

3）样品浓缩

洗出液接入预先校正的浓缩管中，饱和烃用氮吹仪浓缩到约 0.8 mL，再加入 100 μL 正构烷烃内标、100 μL 甾、萜烷类内标，进气相色谱仪进行正构烷烃、姥鲛烷和植烷的分析，饱和烃中的甾、萜烷类使用气相色谱-质谱联用仪进行分析。芳香烃浓缩到约 0.9 mL 再加入 100 μL 多环芳烃内标，使用气相色谱-质谱联用仪进行分析。

（4）气相色谱-质谱法（GC/MS）鉴别海面溢油

1）样品处理

气相色谱-质谱联用仪的进样系统就是一个气相色谱仪，因此其样品处理方法与气相色谱法相同。样品经层析分离后，饱和烃组分（F1）除用气相色谱仪进行正构烷烃、姥鲛烷和植烷的分析外，还使用气相色谱-质谱联用仪进行甾、萜烷类的分析。芳香烃组分（F2）使用气相色谱-质谱联用仪进行多环芳烃的分析。

2）多环芳烃和甾烷、萜烷定性

质谱仪在物质的定性上具有其他方法难以比拟的优点。一种物质若能与其他物质完全分离开来，并且具有足够的浓度，则通过其质谱图就可能确定该物质。油气地球化学对于油品中的物质已经进行了很深入的研究，其中许多物质的分布具有明显的规律，利用质量色谱图，结合质谱图，可以得到很好的定性结果。

石油中多环芳烃的鉴定和识别需将质谱分析数据与标准化合物的色谱保留数据对比，计算出其保留指数，并与文献中这些化合物的保留指数进行比较。多环芳烃保留指数 $I_X$ 的计算公式如下：

$$I_X = 100N + 100 \times \frac{t_{R(X)} - t_{R(N)}}{t_{R(N+1)} - t_{R(N)}}$$

式中，$t_{R(X)}$ —— 组分 $X$ 的保留时间；

$N$，$N+1$ —— 选定的多环芳烃参比物的环数（萘：2，菲：3，䓛：4，苉：5）；

$t_{R(N)}$ —— 在组分 $X$ 之前流出的多环芳烃参比物保留时间；

$t_{R(N+1)}$ —— 在组分 $X$ 之后流出的多环芳烃参比物保留时间。

3）多环芳烃和甾烷、萜烷定量

目前所用到的气相色谱和气相色谱-质谱联用油指纹分析方法中，有仅关注峰面积及其比值的半定量法，也有求得所关注组分准确浓度的完全定量方法。

半定量分析中，可以不加入任何标准物质，只比较溢油样品和可疑溢油源样品的谱图和特征峰面积比。也可以加入一种参考标准物，该物质是样品中不含有的组分，用以观察样品中组分的相对丰度。

完全定量分析采用内标法进行。选择样品中不含有的纯物质作为对照物质加入待测样品溶液中，以待测组分和对照物质的响应信号对比，测定待测组分含量的方法称为内标法，"内标"的由来是因为标准（对照）物质加入样品中，有别于外标法。该对照物质称为内标物。对内标物的要求：① 内标物是原样品中不含有的组分，否则会使峰重叠而无法准确测量内标物的峰面积；② 内标物的保留时间应与待测组分相近，但彼此能完全分离；③ 内标物必须是纯度合乎要求的纯物质。内标法的优点是：① 在进样量不超限（色谱柱不超载）的范围内，定量结果与进样量的重复性无关；② 定量结果与仪器响应值的重复性无关。

内标法分析需要用到两类标准物质：目标分析物标准物质和内标。内标除加入标准溶液外，待测样品中也要加入内标。将标准溶液和样品均上机进行分析，按下式计算：

$$RRF = \frac{A_{C0} \cdot W_{I0}}{A_{I0} \cdot W_{C0}}$$

$$c = \frac{A_{C1} \cdot W_{I1}}{A_{I1} \cdot RRF \cdot W_S}$$

式中，RRF —— 相对响应因子；

    $A_{C0}$ —— 标准中组分峰面积；

    $A_{I0}$ —— 标准中内标峰面积；

    $W_{C0}$ —— 标准中组分量；

    $W_{I0}$ —— 标准中内标量；

    $A_{C1}$ —— 样品中组分峰面积；

    $A_{I1}$ —— 样品中内标峰面积；

    $W_{I1}$ —— 样品中内标量；

    $W_S$ —— 样品量。

（5）稳定同位素法（GC-IRMS）鉴别海面溢油

1）石油总烃稳定碳和氢同位素的测定

当一个样品是混合物时，如油样中的正构烷烃，总稳定碳同位素比值可测定样品中的物质总和。例如，一个油样的炉 $\delta^{13}C$ 值测定可以通过将全样在氧化炉中燃烧使总碳生成 $CO_2$ 来测定。单体烃稳定同位素的分析原理与总烃类似，只是实验装置有所不同。单体烃稳定同位素分析采用气相色谱-同位素质谱联用装置，在气相色谱与质谱之间连接一高温反应装置，经气相色谱分离后的烃组分在这里氧化生成二氧化碳和 $H_2O$。若分析稳定碳同位素，则将 $H_2O$ 收集起来，将 $CO_2$ 通入质谱进行测定；若分析稳定氢同位素，则将水在高温下还原成 $H_2$，通入质谱进行分析。

2）单分子同位素比值在溢油鉴别中的应用

石油的总烃同位素比值源于生油源的有机物质，但受到成熟度和成油后的物理化学变化的影响，单分子碳同位素比值也受到同样的影响。但是，在此基础上，它们还反映了生油源有机质本身的不同，低分子量的正构烷烃反映的是藻类和细菌类的贡献；高分子量的正构烷烃可能来源于植物蜡质和复杂的藻类和植物分子。这些贡献既影响了总烃的$\delta^{13}C$值，也影响了正构烷烃和$\delta^{13}C$的坡度关系。

轻质油，无论是原油或者是提炼油，因为缺少高分子量的生物标志化合物，如甾萜类化合物，其油指纹鉴别都比较复杂。某些情况下 $C_{14}$—$C_{16}$ 的倍半萜很有用，但是，风化能改变倍半萜的分布，使得风化的溢油和未风化的原油没有可比性。在这种情况下，单分子稳定同位素的测定就特别重要。

#### 5.3.3.4  油指纹库建设体系

随着我国海洋石油勘探开发规模不断扩大，海上无主漂游事件时有发生，面临众多可疑溢油源，如何快速准确确定溢油源，标准油指纹库的建设具有重要基础。为了开展我国油指纹建设工作，我们对油指纹库建设体系及关键技术进行了研究，在此以海上油田油指纹库为例介绍相关内容。

（1）油指纹库主要内容

在油指纹库中，每一个油样对应的信息应当是以当前的技术手段所获得的、对于溢油鉴别有意义的或者在将来可能有意义的所有信息。这些信息包括油样的基本来源信息，采样、运输、储存信息，物理性质，化学指纹信息以及从原始指纹信息中提取出来的特征信息。

① 基本信息：基本信息从采样前开始获取，采样时获取的信息包括油田、平台、油井的名称、地理位置、油层地质层次、含水率、产量等。这些信息不仅作为油的基本信息存储于油指纹库中，也对采样本身具有指导作用。采样后油样的运输、保存信息也应详细记录，并存入油指纹库中，因为不当的运输和保存手段会导致油样化学指纹的改变，即使严格规范操作，也有可能发生微小的变化，这些变化可能以目前的分析手段无法确定，但对于将来更先进的分析技术来说这些信息可能也会有意义。

② 原始指纹：原始指纹即是油样的物理性质和全部化学谱图。这些信息是将来进行溢油鉴别的根本依据，也是各种特征信息提取、统计分析鉴别方法的数据基础，分为油品的物理性质和化学性质。油品的物理性质：如运动黏度、密度、燃点、闪点、含水率等。

油品的化学指纹有：

① 气相色谱指纹中又分为全指纹和饱和烃指纹。全指纹：将油样溶解、脱水后，直接用 GC-FID 分析。这样的气相色谱谱图包含了油样中可被仪器响应的全部信息，可直接进行谱图对比，得出初步的结论。饱和烃指纹：将油样经层析分离，可以分别得到饱和烃组分和芳香烃组分，用 GC-FID 分析，可以得到各自的气相色谱图，谱图轮廓可用于目视对比。总石油烃指纹：指的是可用溶剂提取的总石油烃，包括饱和烃和芳香烃，但不包括一些高分子量的难溶组分，如沥青。在溢油评估历史上，总石油烃是检测最多的参数。该参数可用于在溢油事故中评价海面和海岸清污效率，进行生物暴露评估，估计溢

油归宿。②气相色谱/质谱指纹：主要包括总离子流色谱图，针对各系列的多环芳烃和甾烷、萜烷的质量色谱图。③荧光光谱指纹包括：不同激发波长下的发射光谱、同步荧光光谱、三维荧光光谱和导数荧光光谱。④红外光谱指纹有近红外光谱和中红外光谱。

特征信息包括正构烷烃（含姥鲛烷、植烷）、多环芳烃（萘、菲、芴、二苯并噻吩、䓛及其烷基化系列化合物以及 EPA 优先控制的多环芳烃）、萜烷和甾烷类化合物各组分的浓度、分布及一些诊断比值。总饱和烃、总芳香烃和总石油烃含量。

（2）油指纹库建设总体流程

油指纹库建设主要包括采样及信息收集、样品的运输和保存、指纹分析、典型油样的风化研究、特征信息提取、数字化鉴别方法应用研究、油指纹数据库系统开发。技术流程见图 5-5。

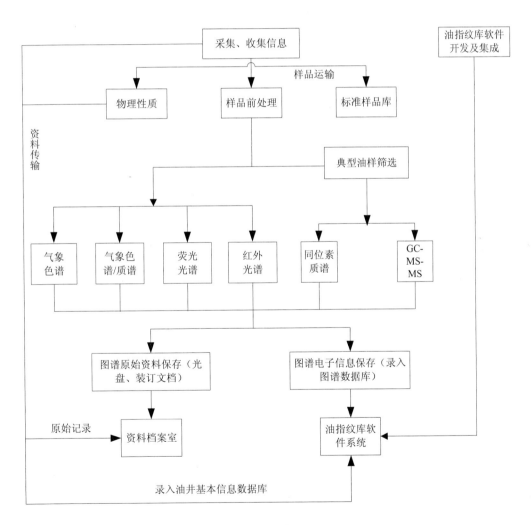

**图 5-5　油指纹库建设流程**

## 5.4 土壤和大气中石油监测技术

### 5.4.1 土壤中石油类分析

（1）国内分析方法。在土壤中石油类有机物的检测最为常用的是重量法、索氏提取、水浴热浸、水浴振荡萃取和其他萃取方法。国内一般采用仪器法和重量法进行土壤中有机物的定性或定量分析。在这两大方法中根据监测目的和实验室条件的不同又产生了很多具体的方法。

（2）美国分析方法。由美国环保局固体污染物办公室（The Office of Solid Waste of EPA）负责编辑出版的 EPA 出版物《固体废物评价方法——物理/化学方法》（Test methods for Evaluating Solid Waste，Physical/Chemical methods，编号为 SW-846）是固体物质中污染物分析的标准方法合集。该出版物是为配合美国的《资源保护与恢复法案》（Resource Conservation and Recovery Act）的实施而制定的系列方法，也是美国土壤中污染物的标准分析方法。其中土壤环境中石油类分析方法见表 5-5。

表 5-5　土壤中石油类分析方法（US EPA）

| 编号 | 分析对象 | 基本方法 |
| --- | --- | --- |
| Method 8440 | 总石油烃类 | 红外分光光度法 |
| Method 8310 | 多环芳烃类 | 高效液相色谱 |
| Method 8021 | 挥发性芳香烃类 | 气相色谱 |
| Method 8270 | 半挥发性烃类 | 气相色谱/质谱联机 |
| Method 3540C | 土壤总有机质 | 索氏抽提 |
| EPA 3550B | 土壤总有机质 | 二氯甲烷超声萃取 |
| 重量法 | 石油总可抽提物 | 二氯甲烷抽提重量法 |
| 重量法 | 土壤中石油烃污染物 | 快速溶剂抽提 |
| 重量法 | 土壤中有机污染物 | 固相微萃取 |
| 重量法 | 土壤中石油烃污染物 | 超临界流体萃取 |

### 5.4.2 大气中石油监测技术

溢油事故发生后，由于新鲜原油、风化油污的挥发以及石油燃烧释放的有害污染物会威胁人体健康，需要对空气中的石油含量进行监测。大气中的石油监测项包括：挥发性有机污染物（VOCs）、多环芳烃（PAHs）、颗粒污染物和硫化氢（$H_2S$）。

#### 5.4.2.1 大气中石油监测项目

（1）挥发性有机污染物（VOCs）：石油、天然气和石油制品会产生挥发性有机污染物。一些 VOCs 具有与加油站气体气味相似的味道。空气中 VOCs 含量的增加将会导致地面臭氧含量的增加。

（2）多环芳烃（PAHs）：PAHs 是一类存在于原油中的半挥发性有机污染物（SVOCs），由化石燃料的燃烧产生。石油泄漏所产生的一些 PAHs 具有类似焦油或油性的气味。

（3）颗粒污染物：石油泄漏也会有颗粒物的产生，一般对 $PM_{2.5}$ 以及 $PM_{10}$ 两种粒径大小的颗粒物进行监测。

（4）硫化氢（$H_2S$）：$H_2S$ 一般来自一些石油和天然气的开采，也可在废水处理过程、腐烂的有机物以及沼泽中产生。$H_2S$ 具有一种臭鸡蛋气味。

### 5.4.2.2　大气中石油监测方法

（1）挥发性有机污染物（VOCs）。挥发性有机污染物（VOCs）的监测方法参见《环境空气　挥发性有机物的测定　吸附管采样-热脱附/气相色谱-质谱法》（HJ 644—2013）。

（2）多环芳烃（PAHs）。多环芳烃（PAHs）的监测方法参见《环境空气和废气　气相和颗粒物中多环芳烃的测定　高效液相色谱法》（HJ 647—2013）、《环境空气和废气　气相和颗粒物中多环芳烃的测定　气相色谱-质谱法》（HJ 646—2013）。

（3）颗粒污染物。颗粒物的监测方法参见：《环境空气颗粒物（$PM_{10}$ 和 $PM_{2.5}$）连续自动监测系统技术要求及检测方法》（HJ 653—2013）、环境空气颗粒物（$PM_{2.5}$）手工监测方法（重量法）技术规范》（HJ 656—2013）、《环境空气颗粒物（$PM_{10}$ 和 $PM_{2.5}$）连续自动监测系统安装和验收技术规范》（HJ 655—2013 部分代替 HJ/T 193—2005）、《环境空气颗粒物（$PM_{10}$ 和 $PM_{2.5}$）采样器技术要求及检测方法》（HJ 93—2013 代替 HJ/T 93—2003）。

（4）硫化氢（$H_2S$）。《空气质量　硫化氢、甲硫醇、甲硫醚和二甲二硫的测定　气相色谱法》。

# 第6章

# 水域溢油应急处置实用技术

## 6.1 溢油应急处置技术概述

在发生溢油事故后，首先要对溢油的种类、溢油量以及可能产生的危害和影响作评价，对不同的污染程度采取不同的措施。总的来说，对于溢油的处置大致可分为以下四类。

（1）限制扩散。水域发生溢油后，首先应该控制污染源，避免持续溢漏，然后将水面上的溢油进行围控，防止其造成进一步的污染和危害。溢油防扩散常用到的围控措施包括铺设围油栏、喷洒集油剂等。目前，最常用最环保的围控措施是使用围油栏对海上溢油进行围控。

（2）溢油的回收。对于溢油最环保的处置是用机械手段将其进行回收，常用的机械设备有撇油器、带状油回收器、油拖网、抽油泵、液压式油抓斗、溢油回收船以及溢油储存设备。

（3）溢油的最终处置。对于溢油我们能回收的尽量回收，而不能回收可以根据具体情况分别采用燃烧法、喷洒分散剂或是沉降剂对其进行最终处置，从而尽量减小溢油对环境造成的污染。

（4）废物处置。在溢油清污工作结束后，需要对应急过程中产生的应急废物进行分类及处置，妥善处置应急废物也是将溢油最终危害降到最低的一个重要方面。

### 6.1.1 应急处置定义

溢油应急处置即在溢油发生后，根据溢油种类和溢油发生地点的不同，有关部门采取的封堵、围控、回收、消除以及应急废物使用后的处置等一系列应急措施的过程。常见的溢油应急处置包括污染源控制、溢油防扩散控制、溢油回收与消除和废物处置几个阶段。溢油应急处置应当是建立在一个全过程控制的基础上，及时且适当地处理好溢油事故发生后的每一个环节，将事故造成的危害降到最低。

### 6.1.2　应急处置流程

　　溢油多属于突发性事故，发生紧急，危害严重，溢油处理是一项复杂的系统工程，需要统一的指挥，调动各部门密切配合，运用各种方法、技术和设备进行处理才能成功。

　　溢油发生后，首先应采取措施控制溢油源，根据溢油发生位置的不同，采取不同的控制方法。随后，根据溢油位置、溢油量和海况等因素确定处理方案，对溢油进行回收或消除。最后，对处置过程中产生的应急废物进行处理。基本应急处置流程如图 6-1 所示。

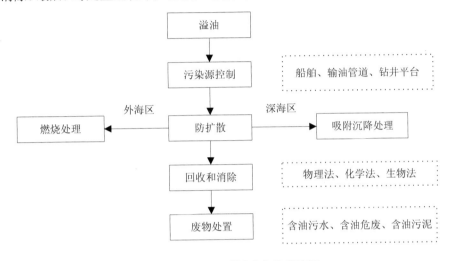

图 6-1　溢油应急处置流程

### 6.1.3　溢油应急处置技术与分类

　　溢油污染发生后，必须及时对溢油进行应急处理，这样才能有效地控制污染范围、最大限度地降低危害。传统的应急处理方法包括溢油的围控、回收、现场燃烧、化学制剂处理以及生物降解等。使用的设备和材料包括围油栏、撇油器、输油泵、储油设备、回收船、吸油材料、化学制剂等。其中，围油栏的主要作用是围控溢油，阻止其进一步扩散和漂移，撇油器、输油泵、储油设备、回收船和吸附材料等则用于回收海面上具有一定厚度的溢油。在进行溢油回收工作时，溢油的回收程度需要根据事发地点的天气海况、溢油范围、油品种类、回收设备的硬件能力以及储油设备的储存量大小来共同决定，每一个因素都很重要。对于很薄的油膜，以上设备和材料回收的效果微乎其微，这时需要使用化学制剂或者生物降解技术进行处理。处理溢油的化学制剂包括溢油分散剂、凝油剂和集油剂等。化学制剂通过将溢油聚集增厚或凝固的方法来改变溢油在海洋环境中的存在形态，从而降低溢油在海水中的污染程度。但是，化学制剂的使用也会带来一些不利因素，表现在化学制剂本身也可能会给海洋环境造成污染。这里需要提到的是，对于近海大型溢油事故，工作人员除了使用化学制剂，一般还会选择现场燃烧的方法来处理溢油。对于部分不能回收的溢油或者被化学制剂改变了存在形态的溢油，则通过生物降解作用来净化，达到消除的目的。在进行溢油的处理时，需根据油污的具体情况优化配置处理方案，同时必须注意保护海洋环境，在溢油处理过程中尽量减少对周围环境的污染。

综上所述，溢油的应急处置技术按照其性质可以归纳为三大类，即物理处理技术、化学处理技术和生物处理技术；按照溢油进入水体的不同阶段可以划分为污染源控制技术、溢油防扩散技术、溢油回收和消除技术、溢油废物处置技术四大类。考虑到实际应急过程中，按应急阶段进行划分的四大类能够更好地与溢油应急处置程序相对应，从而提高应急部门对溢油应急处置的效率，因此，下文按照污染源控制技术、溢油防扩散技术、溢油回收和消除技术、溢油废物处置技术四部分进行详细介绍。

## 6.2 溢油污染源控制技术

造成溢油污染的溢油发生源称为溢油污染源，污染源控制是溢油发生后的最主要的措施。目前，石油开采、储存和运输过程中能发生溢油的源头主要包括船舶、输油管、钻井平台、运油车等，对应不同的源头需要不同的污染源控制技术，本节分别从以下几个方面对各种污染源的控制技术进行了总结整理。

### 6.2.1 船舶封堵技术

船舶在航行中因碰撞、触礁、搁浅、风暴或船壳腐蚀等原因，使船体破损进水，为保证船舶的浮力和稳定性，最大限度地减少船货损失，保障旅客和船员的生命安全而施用各种堵漏器材进行抢救，叫作船舶堵漏。

#### 6.2.1.1 船舶堵漏原则与部署

船舶一旦发生破损渗漏，为了避免发生严重的后果，把损失降到最低限度，船上除了必备的有效堵漏器材外，还必须制定一套完整的应变部署，这样才能在发生险情时迅速协同抢救，正确熟练地使用堵漏设备，有效地控制局面。

（1）发出警报。在船舶发生破损渗漏时，应及时发出堵漏警报信号（两长声一短声，连续发出 1 min），船员应按应变部署表立即组织船员堵漏抢救。

（2）漏洞位置与大小的确定。船舶发生碰撞、触礁等意外受损后，应立即检测漏洞位置，通常有以下几种方法：① 观测船体倾斜状态，判断漏洞位置，一般倾斜侧为进水侧。② 观察舷外四周有无油污泛出，油污泛出处附近为进水处。③ 当用水泵抽水不竭时，可以肯定舱内有漏洞，此时可细心观察水源的方向及冒出气泡的大小、密度和时间间隔，以此判断破口所在的位置和大小。④ 静听各空气管的排气，如空气管排气声迅速，则该处可能进水。⑤ 静心倾听漏水声音，如听不到声音则无法判断漏水舱位，说明漏洞不大。此刻为进一步查明隐患，可将船舶全速前进，如漏水激增，则漏洞在船首；水量不增，漏洞可能在船尾；水量增加较慢，则在舷侧。如果可航的水域宽阔，可再作横风行驶，水量增加，则漏洞在上风侧，水量如果不增加，则可能在下风侧。⑥用榔头敲击相邻舱壁听其声音有无变化。⑦借助于工具和仪器找漏洞。寻漏网和漏洞探测仪，能够比较准确地寻找出漏洞的具体位置，及时采取堵漏措施。

此外在船上规定每天量潮制度，也是确定船舶是否有漏洞的重要方法。另外，船舶发生不正常的倾斜，显著的吃水变化也可能是损漏的因素。

（3）进排水量的估算。发现船体破损进水，要立即查明破损部位和范围，必要时应停船，以减少进水量和冲击力。船员要反复测量进水舱和相邻舱的水位，确定进水速度和漫流情况，并计算进水量。船舱破损的进水量一般可按下式估算：

$$Q_{进} = \mu F \sqrt{2gH}$$

式中，$Q_{进}$——破洞每秒进水量，$m^3/s$；

$F$——破洞面积，$m^2$；

$\mu$——流量系数，破洞面积较小或破洞中心距水面较近时，取 $\mu = 0.6$；

$g$——重力加速度，以 $9.81\ m/s^2$ 计；

$H$——破洞中心在水线以下的深度，m。

当舱内水面超过破洞口位置时，则进水量为：

$$Q_{进} = \mu F \sqrt{2g(H-h)}$$

式中，$h$——破洞中心在舱内水面下的深度，m。

排水量估算：船舶排水能力以排水管内径来决定，一般按下式估算：

$$q = (d/4)^2 \times 50\ (t/h)$$

式中，$d$——管内径，m。

（4）堵漏抢救。根据漏洞的位置和情况，充分利用船上堵漏设备和现有物料，组织船员利用各种器材进行堵漏。

### 6.2.1.2  船舶堵漏器材

堵漏所用器材的形式很多，规格也较多，根据船舶大小、类型和航区等不同，在船上要配备不同规格和数量的堵漏器材。目前，船舶常用的堵漏器材主要有：堵漏毯、堵漏板、堵漏箱、堵漏螺杆、堵漏柱、堵漏木塞、垫料、黄沙和水泥等。使用时应根据破洞的大小、部位、破损情况等灵活运用。

（1）堵漏毯。堵漏毯又称堵漏席或防水席，当破口较大时，用它蒙住洞口限制进水，但不能将船壳水下破口完全堵严，还需在船内做进一步的封堵。它分为重型堵漏毯和轻型堵漏毯两种，重型堵漏毯是用双层防水帆布中间铺有一层镀锌的钢丝网制成的，而轻型堵漏毯是在双层防水帆布中间铺设一层粗羊毛毯。大型的堵漏毯用钢丝绳编织成方形网，四周镶上一条粗的油棘绳，并用较细的蒜绳将它缠绕在钢丝绳上。方形网的两面贴有厚帆布，四个角嵌入金属套环，用于连接各根支索。常用堵漏毯的规格为：3 m×3 m，2 m×2 m，1 m×1 m。

（2）堵漏板。堵漏板主要用来堵漏舷窗大小的中型破洞，有整板式堵漏板、丁字形堵漏板和折叠式堵漏板。折叠式堵漏板在使用时先将板折叠起来，从破洞伸出舷外后再张开堵漏板，收紧拉索或旋紧螺杆，使堵漏板紧贴在破洞外的船壳板上。若漏洞有较大的向内卷边时，应使用折叠式堵漏板为宜。

（3）堵漏箱。堵漏箱也称堵漏盒，是一种从船内进行堵漏的器材。主要用于覆罩有较大向内卷边的洞口，或有一些小型突出物的舷壳裂口，或以木塞、木楔塞漏后四周仍不规则的缝孔等。堵漏时，在舷内用箱口压在破洞口的周围，再用支柱和木楔撑住方箱。

（4）堵漏螺杆。堵漏螺杆是一种带横杆带螺杆或带有钩头的螺杆，适用于堵漏长缝形的洞。

（5）其他堵漏器材。堵漏柱、堵漏木楔都是作为支撑用的器材。垫料、黄沙和水泥是堵漏时的垫料和填料，在堵漏时它们同样起着重要的作用。

### 6.2.1.3 船舶堵漏技术的应用

堵漏方法与堵漏器材配套实施，根据船舶破损情况的不同，采取的堵漏方法也不同，按照堵漏器材作业位置的不同，堵漏方法分为舱内堵漏和舷外堵漏两种。

（1）舱内堵漏方法。截至目前，国内外采用的船舱内堵漏方法主要有六大类：支撑堵漏法、堵漏螺丝杆堵漏法、水泥堵漏法、活页堵漏板堵漏法、电焊堵漏法以及各种小型破洞的堵漏法。

支撑堵漏法是常用的堵漏方法，也是比较简便的堵漏方法。当发现船体破损进水时，首先用棉絮或其他软垫物品将洞堵住，再压以垫板，然后用支撑柱将垫板和软垫撑紧。水泥堵漏是广泛采用的堵漏方法，可与其他方法配合使用，以达到水密、牢固的目的，对舱角等不易堵漏的位置也能使用。

水下焊接和切割金属可使用覆盖水密涂层的专门焊条。涂层熔化比焊条芯稍慢，这样在焊条的端头便形成一遮檐，水便不能接近焊条端头正熔化的表面。堵漏前必须修整孔的边缘，用4～5 mm厚的钢板裁切成三角形或直角形的补丁，按补丁形状清洁焊接处，在补丁上焊接一个或两个卡夹。堵漏时，要用万用夹头或金属伸缩支柱将补丁紧压在船体上，先在补丁周围焊上几个点，然后再将整个补丁全焊上。

活页堵漏板可用来堵塞卷边向内的破洞。先将堵漏板折叠起来送出漏洞外，然后打开堵漏板拉紧，并将螺丝杆套上撑架，旋紧蝶形螺丝帽即可将漏洞堵塞。一般用于直径300 mm以下的圆形或近似圆形的漏洞。

（2）舷外堵漏方法。舷外堵漏方法可分为空气袋堵漏法和堵漏毯堵漏法。空气袋用坚固的橡胶帆布或等效材料制成，是一种充气袋形堵漏用具，船舶破损时，用以堵漏水线附近的漏洞，有球形和圆柱形两种。船舶破损时，采用堵漏毯从舷外遮挡破洞，限制进水流量，是一种便于进一步采取堵漏措施的临时应急器材。

## 6.2.2　输油管道封堵技术

输油管道中的油品不断流动,在腐蚀、冲刷、振动等因素的影响下,直管输送管段、异径管段、流动介质改变方向的弯头及三通处、管道焊缝处均可能发生油品泄漏。造成输油管道泄漏的原因有:人为因素,包括管材选材不当、结构不合理、焊缝缺陷、防腐措施不完善、安装施工质量差等;自然因素,包括温度变化、地震、地质变迁、雷雨风暴、季节变化等。人为因素中,腐蚀、焊缝缺陷、振动和冲刷是造成油库输油管道泄漏的主要原因。

(1) 腐蚀破坏。库内输油管道不仅与外界介质,如大气、土壤、油料发生接触腐蚀,还由于电气化铁路干扰、阴极保护或偶然因素的影响受杂散电流的干扰腐蚀。目前,库内地下管道检漏技术并不可靠,腐蚀和防护层破坏老化日趋严重,造成油品泄漏。

(2) 焊缝缺陷。库内输油管道的焊接处由于未焊透、焊缝夹渣、气孔等缺陷导致应力集中,在压力介质的作用下产生细小裂纹,并延伸扩展,导致油品泄漏。

(3) 振动和冲刷。输油管道法兰连接螺栓、垫片在振动作用下会产生松动,焊缝缺陷在振动和冲刷的共同作用下发生缺陷扩展,流动介质的冲刷力冲击管壁缺陷或流动改变方向处,引发油品泄漏。在以上因素的作用下,油库输油管道会发生环向焊缝断裂、纵向焊缝破裂、管子裂纹、穿孔等损坏。在油库管道堵漏技术选择上,应针对主要破坏形式提前做好应急预案,并筛选出合适的堵漏方法,制作应急堵漏作业箱,发生事故时快速反应,将损失降至最小。

我国先后开发并应用于管道泄漏的堵漏技术主要有调整堵漏法、机械堵漏法、带压粘接堵漏法、带压注剂密封堵漏法和焊接堵漏法等。

#### 6.2.2.1　调整堵漏法

调整堵漏法是通过调整操作,调节密封件预紧力或零件间的相对位置而无须封堵的堵漏方法。主要包括:① 调位止漏,主要适用于输油管道或油库设备连接法兰处的泄漏。② 紧固止漏,常用于球阀阀座与球体间、旋塞阀旋塞体与旋塞锥间的密封面泄漏以及垫片、填料、机械密封的泄漏场合等。③ 清洗止漏,常用于由于杂质附着导致的油库闸阀、截止阀或机械密封的泄漏问题。该方法简易快捷,无须动火,主要适用于低压带压作业情况下法兰、闸阀、密封面的松动、错位等,但复杂泄漏条件下堵漏效果较差,使用受到限制。

#### 6.2.2.2　机械堵漏法

机械堵漏法是一种利用机械形式构成新密封层,依靠机械力的作用实现堵漏的方法,即采用相应的器械在外加装置、填料或机械力的作用下,使泄漏孔洞与堵漏工具紧密结合,从而达到堵漏目的。主要包括:捆扎堵漏法、塞楔堵漏法、螺塞堵漏法和管道连接修补器堵漏法等。该方法广泛应用于输油管道,主要适用于机械连接部位,包括铆接、螺接和冷冲等的泄漏情况,作业简单,但需根据实际工况筛选合适的机械堵漏方法。

### 6.2.2.3 带压粘接堵漏法

带压粘接堵漏法利用密封胶体在渗漏缺陷处能够形成短暂的无渗漏介质的特点，达到堵漏的目的，具有实用性广、流动性好和固化速度快的特点。目前带压粘接堵漏法主要有填塞粘接、攻丝粘接、顶压粘接和紧固粘接几种形式。填塞粘接、攻丝粘接适用于介质压力较低、泄漏面积不大的管道。顶压粘接和紧固粘接则是通过施加顶压块或紧固卡子，在止住泄漏的前提下，利用胶黏剂的特性对泄漏部位进行粘补，施工简便快速，经济实用，但夹具形状的局限性限制了该方法的使用。在合适的胶黏剂作用下，该方法可在不影响正常生产的情况下，快速修补泄漏部位，适用于多种介质的泄漏，应用效果较好。但是该方法要求作业压力很低，只能作为临时性堵漏技术。在油库应急堵漏中，需要对适用于带压、带温环境下快速固化、强度较高、使用方便、储存周期较长和价格低廉的胶黏剂进行筛选，以便获得较好的应用效果。

### 6.2.2.4 带压注剂密封堵漏法

带压注剂密封堵漏法利用固化前密封注剂具有一定的流动性，在注射压力作用下能够到达夹具和泄漏位置组成的密封空腔中的任何位置，堵塞管道泄漏空隙，其固化后变为弹性体，形成新的密封结构封堵泄漏。该方法可在带油、带压、带温、不动火的情况下消除泄漏，避免设备停用和人力、物力、财力的耗费，安全可靠，经济效益显著。可广泛应用于蒸气、酸、碱、盐、烃类、醇、醛、酮和醚等 200 多种石油化工流体介质在直管、弯管、三通、法兰、阀门等处泄漏的动态密封，温度范围在-198～1 000℃之间，压力可高达 35 MPa。该方法施工作业无须进行预处理，不破坏原有的密封结构，适应性好。但注入密封剂时产生的巨大推力可能造成缺陷部位局部失稳或将密封剂沿泄漏通道注入工艺管道中，导致管道堵死引发事故。

虽然带压粘接堵漏技术和带压注剂堵漏技术都具有无须动火和适应介质广泛的特点，但带压注剂密封堵漏技术的适应范围更加广泛，并且无须对泄漏处表面进行预处理，对要求现场操作快速简洁的情况极具优势。带压注剂密封堵漏技术更适用于油库管道堵漏，但基于泄漏问题的复杂性，在泄漏量较大、管道腐蚀损坏严重或强度达不到要求时，需在保障安全的前提下采用带压焊接堵漏技术进行管道更换抢修。

### 6.2.2.5 焊接堵漏法

输油管道发生泄漏时，一般尽可能使用上述几种方法，既经济方便，又安全可靠。但在泄漏量较大、上述方法不起作用或施工困难时，可以采用传统的焊接堵漏法。目前常用的焊接堵漏法有直接焊补法、割管换管抢修法以及不停输换管焊接堵漏法。焊接堵漏法简单易行，可靠性高，但管道参与附件多，危险性大。在采用该法焊补前，需做好充分准备，制定完善的安全措施。该方法广泛应用于长输管道或油库库区外输管道的应急抢险，在油库内部一般不使用。

目前，堵漏技术发展逐渐多样化，要立足油库的实际情况，在技术和优化选择方面对油库堵漏技术进行研究，保证管道的整体性能，杜绝"跑、冒、滴、漏"，从而确保油库系统的安全高效运行。

### 6.2.2.6　输油管道封堵技术的应用

输油管道漏油封堵技术在实际应用中需注意以下几点：① 管道开挖时，被挖出的土应堆放在管道两侧，不能发生一边被挖，一边覆土加厚的"失衡"现象，特别是在新旧管道连接处或应力集中处尤为如此。② 在管道附近施工时，应对管道连续监护，并根据施工情况，制定相应的保护措施。③ 管道上方不应放置易发生火灾的设备，以防止外漏的原油浸泡施工单位在管道上方临时铺设的电缆短路，引起火灾。④ 根据管道沿线地貌及工艺条件的变化，应对管道原来的固定墩重新进行校核。⑤ 旧管道在进行较长距离换管时，必须制定应力释放的措施，在应力未充分释放前不能投入使用。⑥ 管道施工时，管口连结处的环形焊缝应进行超声波或 X 射线检测，及时修补测出的焊接缺陷，确保管道焊缝的质量。

## 6.2.3　钻井平台溢油源控制技术

### 6.2.3.1　钻井平台的分类及特点

海上钻井平台是海上油气勘探开发的主要设施，平台上装有钻井、动力、通信、导航等设备，以及安全救生和人员生活设施。海上钻井平台主要分为移动式和固定式两大类。按结构，移动式平台分为坐底式平台、自升式平台、钻井浮船、半潜式平台、张力腿式平台和牵索塔式平台；固定式平台分为导管架式平台、混凝土重力式平台和深水顺应塔式平台。

海上钻井平台由主体结构、钻井设备和测试设备等多个部分以及百余种部件共同构成，是一种非常复杂的海上结构物。为了在恶劣的海洋环境下进行高危险且高难度的勘探开采活动，平台的各部分结构和设备都拥有极高的技术成分。海上钻井平台具有移动性与固定性，与船舶类似，海上钻井平台中的移动式平台可以在海上移动，但钻井平台作为海上石油开采装置在其作业阶段又具有极强的就位稳定性。海上石油开采作业风险极大，平台作业特有的井喷、爆炸等事故对人身、财产及海洋环境会造成极大威胁。而且事故成因复杂，以井喷为例，其造成的油污损害后果不仅与平台的设备、人员因素有关，更与地下油储藏量、地下油藏的地质结构息息相关，与货油污染相去甚远。

### 6.2.3.2　钻井平台溢油源控制的应用

海洋钻井平台一旦发生溢油，大型的石油公司都会有对钻井平台溢油的紧急处理方案，但这样的方案也不一定能成功，如墨西哥湾深水地平线溢油事故。下面简单介绍一下英国石油公司对深水地平线的应急处置。

（1）遥控机器人启动水下防喷器组。英国石油公司尝试关闭"防喷阀"。据介绍，深海钻井时，一般在离海底 50 英尺（1 英尺约为 0.3 m）处的井管上装有自动"防喷阀"，一旦发生意外，阀门会自动关闭。"深水地平线"海底井管上的"防喷阀"此次没有自动关闭，英国石油公司尝试激活"防喷阀"的努力均告失败。

（2）水下回收控油罩。BP 的工程师将一个重达 125 t 的大型钢筋水泥控油罩沉入海底，希望用它罩住漏油点，将原油疏导到海面的油轮。但由于泄漏点喷出的天然气遇到冷水形成甲烷结晶，堵住了控油罩顶部的开口，使得这一装置无法发挥作用。随后登场的"大礼帽"虽然比钢筋水泥罩小一号，可减少甲烷结晶的形成，但这个方法同样以失败收场。

（3）吸油管法。工程师将一根 4 英寸的吸油管插入发生泄漏的 21 英寸油管，3 天后，这根管道发挥了一定作用，共吸走了 2.2 万桶原油，将其输送到停泊在海面的一艘油轮里。不过这一数量只占漏油量的一小部分，为着手彻底的堵漏工程，这根吸油管随后被撤走。

（4）灭顶法。经美国海岸警卫队批准采用"灭顶法"控制漏油后，几艘远程操控的潜水艇将 5 000 桶钻井液注入油井。工程师希望，在强大的压力下钻井液会进入油井的防喷器，直至油井底部。这将使井内失去压力，停止漏油。如果能实现初步的堵漏，BP 还将向井内注入水泥，彻底堵住泄漏点。虽然最开始略有成效，但随后，由于石油和天然气喷出油井的压力太强，"灭顶法"彻底宣告失败。

（5）盖帽法。遭遇了连续失败后，BP 拿出了一个新的控漏计划——"盖帽法"。工程师将遥控深海机器人，将漏油处受损的油管剪断、盖上防堵装置，防堵装置与油管相连，把漏出的石油和天然气吸至油管内，再将原油送至海面上的油轮。该方法成功抑制了大部分漏油。

（6）减压井法。永久性解决漏油的最佳方法是钻减压井，工程人员先后钻开两口减压井，每口井需耗资 1 亿美元。但由于是在离海面 18 000 英尺处的海床打减压井，至少需要 3 个月。打减压井是制止油气井井喷的成熟技术，英国石油公司在这方面驾轻就熟，并最终成功地控制住了溢油的来源。

### 6.2.4　倒灌与转移

当船舶发生溢油，如果封堵失败，可将溢油源头进行转移或倒灌。其中，倒灌是指在不能实施堵漏的情况下，如不及时采取措施，随时有爆炸、燃烧或人员伤亡的可能，或采取简单堵漏事故设备却无法移动时，实施倒灌可有效地消除溢油源。转移是指在堵漏或倒灌都无法将溢油源头控制，则可用大型船托运到安全地点处置。

## 6.3　溢油防扩散技术

溢油发生后，首先应防止石油继续泄漏，然后抑制溢油的扩散，随后采取适当措施将溢油回收，最后在不可能回收的情况下，应果断采取措施将溢油消除，例如现场焚烧、分散剂处理、强化生物降解、沉降处理等。溢油在海表面风、海流、海浪等的作用下，会迅速地由事发地点向外漂移扩散，形成大面积分散油膜和油带，达到海岸后其处理要比海面上的处理困难得多。而对于很薄的油膜，大部分设备和材料的回收效果不明显。

所以通常情况下，应急处理的第一步是采取围控措施将溢油拦截，阻止溢油的进一步扩散和漂移，或者使用化学制剂来进行处理，将溢油聚集增厚或凝固便于回收。

溢油防扩散技术是指在溢油发生后，通过控制、围控或聚集泄漏到水体或土壤中的石油，防止溢油进一步扩散的技术。溢油防扩散技术主要包括围油栏、围油索、集油剂及挖沟储槽、修堤筑坝等。

## 6.3.1　围油栏

围油栏是一种用来封锁和控制溢油大面积扩散和维持油膜厚度以便于溢油回收的装置。围油栏控制溢油，具有设备简单、投资小、操作方便等优点，其主要作用有以下三种：

（1）溢油围控。是指用围油栏将扩散中的溢油封锁集中于一个小范围之内，阻止其进一步扩散，同时增加和维持油膜厚度，便于对溢油进行回收和其他处理。

（2）溢油导流。是指将围油栏按照设定的角度进行设防，以疏导溢油流向指定地点或者便于回收作业。在近岸水流湍急的区域里，利用围油栏导流可以有效防止溢油进入敏感区。

（3）防止潜在溢油。是指在有可能发生溢油或存在溢油风险的地方，根据当地水域情况，提前布放围油栏进行溢油防控。这样可以在真正出现溢油时，防止溢油扩散，以便采取回收措施，将围控中的溢油及时进行回收。

### 6.3.1.1　围油栏的概述

（1）围油栏的简介

围油栏是防止溢油扩散、缩小溢油面积、配合溢油回收的有效器材之一，可以阻止溢油进一步扩散和漂移，或者将浮油导向水况相对平静且对环境资源敏感区影响较小的区域，保护环境资源敏感区免受或少受溢油的污染。不仅可在海面上使用，还可在港口、码头、污水排放口及海滨浴场附近使用。围栏应具有滞油性强、随波性好、抗风浪能力强、使用方便、坚韧耐用、易于维修、海洋生物不易附着等性能。如图 6-2 所示，为常见围油栏简易结构示意图及实物图。

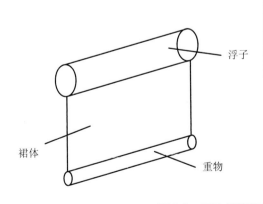

**图 6-2　围油栏简易结构示意图及实物图**

（2）围油栏的分类

围油栏的设计种类繁多，至今尚无统一的分类。根据不同的分类方法可以将围油栏分成不同类别，如根据自身材料不同可以将围油栏分为普通型围油栏、防火型围油栏和吸附型围油栏。根据使用地点的不同可以将围油栏分为远海型围油栏、近岸型围油栏、岸线型围油栏和河道型围油栏。根据围油栏抗风浪、潮的性能不同，又可将围油栏分为轻型、重型两种。下面介绍一些具体的围油栏。

① 固体浮子式围油栏。固体浮子式围油栏是采用具有浮力作用的轻质固体材料作浮子，浮子包皮和裙体多采用以涤纶编织布作骨架涂以聚氯乙烯树脂的双面人造革，或以聚酯纤维作骨架涂以橡胶材料。其浮力小、抗风、浪、流的能力较差，抗拉强度、稳定性差，只能适用于平静水域或风、浪、流不大的气象海况条件下，且使用年限短，属中型围油栏。但该种围油栏具有结构简单、加工制造容易、轻便、易操作、价格低廉等特点，在适宜条件下仍被采用。固体浮子式 PVC 围油栏各种型号及其指标如表 6-1 所示。

表 6-1  固体浮子式 PVC 围油栏

| 型号 | WGV600 | WGV700 | WGV800 | WGV900 | WGV1000 | WGV1100 |
|---|---|---|---|---|---|---|
| 总高/mm | 600 | 700 | 800 | 900 | 1 000 | 1 100 |
| 干弦/mm | 180 | 260 | 250 | 330 | 320 | 320 |
| 吃水/mm | 320 | 400 | 410 | 540 | 650 | 770 |
| 抗拉强度/kN | 20 | 40 | 55 | 65 | 75 | 85 |
| 最大抗波高/m | 0.5 | 1 | 1.5 | 1.8 | 2 | 2 |
| 最大抗风速/（m/s） | 10 | 15 | 15 | 18 | 18 | 20 |
| 最大抗流速/Kn* | 1 | 1.5 | 2 | 2 | 2.5 | 2.5 |
| 浮重比 | 3.9 | 5.6 | 4.9 | 6.2 | 5.6 | 5.5 |
| 围油栏重量/（kg/m） | 3.7 | 6.2 | 7.1 | 8.4 | 9.3 | 9.5 |

注：* 节：航速和流速单位，1 节（Kn/Knot）＝1 海里/小时。

② 充气式围油栏。充气式围油栏在使用之前要对气室进行充气，在使用完后要采用抽气机把气室内的空气抽出，冲排气这两个操作都是通过充气阀来完成的。充气式围油栏浮力大、本体柔软，具有较强的抗风、浪、流的性能，其乘波性、稳定性和滞油性比固体浮子式围油栏好，但价格昂贵。由于其对气象海况的适用性强、寿命长，所以被广泛应用。

③ 固体、气体混合浮子式围油栏。单纯带有充气装置的充气围油栏的充气压力难以测量和控制，临时充气又将拖延处理紧急事故的时间；而固体浮子式又有储存体积大运输拖放困难等缺点。因此有些厂家综合二者的优点，发明了混合式围油栏。如法国KLEBER 公司设计制造的 BALER322、332 型围油栏。

④ 双体围油栏。由于单体围油栏裙体的有效深度会随着潮流的增大而减小，从而使

浮油从裙体底下流走，单体围油栏滞油的临界流速小于 1 Kn。如果采用双体围油栏，可以在很大程度上提高围油栏的滞油能力，滞油的临界速度可以达到 1.4 Kn 左右。因此双体围油栏主要应用于较高潮流下溢油的防止扩散，以及大量溢油时和撇油器一起组成溢油回收系统。

⑤防火围油栏。防火围油栏有阻燃型和防火型两种。阻燃型采用特种复合材料，其铝箔外表面可反射 90%以上的热量，并可以把热量向水中传导，其内部为耐火织物，在毛细管作用下可吸附水，汽化降温，从而构成阻燃性能。防火型围油栏防火功能部分采用耐高温的金属制成，利用金属导热性能好的特点，向水中导热，防止升温熔化。防火围油栏主要用于海上溢油已经起火的场合，或打算用燃烧法清除海上溢油的场合。

⑥吸附性围油栏。吸附性围油栏是围油栏与吸油材料的巧妙结合，一般是人造天然的吸附材料填满在一个管网内或其他编织网中制成。由于其内在强度小，因而需要附加的加固物。当它们浸透油和水时，有时还需用附加的漂浮物防止它们沉入水中。用吸油材料编制围油栏，不仅有挡油的作用，而且还有吸油的作用，适用于较恶劣的海况。但因其回收能力小，所以它们一般适用于较薄油层。

⑦物理围油栏。物理围油栏即气幕式围油栏，它主要由空压机、多孔管组成。在使用物理围油栏对海上溢油进行围控时，先将多孔管铺设在水下，之后由空压机提高压缩空气，当压缩空气从管孔中逸出时形成气泡上浮，产生上升的水流，上升水流形成表面流，使水面隆起，防止溢油进一步扩散。

物理围油栏的管径一般为 25～51 mm，孔径为 3.2 mm，铺设在水下 6～7 m 处，压缩空气压力大约 400 kPa，可在水中形成 50 m/s 的上升气流。上升气流在水面形成的反向水流能拦住流速为 0.7 Kn 以下的水面溢油。物理围油栏具有使用方便、迅速，造价低的优点，同时其所形成的气流屏障不妨碍船舶正常航行。但是，其只适用于狭窄且平静的水域，在水流速度过大时将失效。

⑧简易围油栏。在应急情况下，倘若缺乏专用设备对海上溢油进行围控时，可以利用现场可以找到的材料做成简易围油栏，如漂浮式围油栏可以用木头、竹子、油桶、软管和橡胶轮胎等做成。

⑨岸滩围油栏。岸滩围油栏由三个 10～25 m 长独立管腔组成，一根管腔在上部，另两根管腔在下部，形成一个"品"字形。岸滩围油栏主要应用在有潮汐涨落的沿海岸滩和河流岸边，也可单独在陆地上应用。主要用于围控随潮汐涨落的岸滩溢油，也可用于陆地上围控溢油，防止溢油在岸滩和陆地上外溢、扩散。该型围油栏可用于固定性布放，也可用于应急性布放。产品主体采用 PVC 布或 PU 布，抗拉强度高，耐磨性好，耐油、耐老化、耐海水腐蚀，并能抵抗一般化学品对它的腐蚀。岸滩围油栏一般每条长 10 m，两端配有标准的快速连接接头。岸滩围油栏的总长，可根据用户需求，通过快速接头连接成一定的长度。快速连接接头分为对钩快速接头和铰链式快速接头。

围油栏能有效控制溢油扩散，但如何将围油栏迅速运输至溢油现场是关键。这将必须有以下 4 方面保证：

① 要有一套应急的通信警报系统，一旦溢油事故发生，各有关部门能立即行动。

② 围油栏存放地点应该有利于迅速运输至溢油现场。很显然，如果存放在仓库里是不能适应这种应急要求的。比较好的方法是将围油栏配备到能随时赶赴现场的铺设作业船、防灾巡逻艇、溢油回收船上，或者将一定数量的围油栏放在岸壁卷扬机上保管，一旦需要，迅速放到海里或由围油栏铺设作业船、拖轮乃至专用飞机等将工具运输送到现场。

③ 需要保证相应数量的围油栏铺设作业船和运输船（也可由港内其他适宜船只兼作）。

④ 需要有一批训练有素的围油栏作业队伍（尤其是指挥人员）。

### 6.3.1.2  围油栏的使用方法

围油栏在实际应用中要经过选择、组装、铺设、固定和回收等几个步骤。第一步，先根据溢油事故发生的地点和海况选择围油栏的种类和长度，不同的水域环境对围油栏的干弦、吃水和总张力强度等参数的要求各不相同。第二步，根据需求在陆地或者围油铺设船上进行组装，然后下水对接。第三步，根据溢油状况确定围油栏的铺设方法，如需固定则要选择合适的锚及锚绳。第四步，回收围油栏，并根据实际情况进行再利用或回收。

要充分发挥围油栏在溢油处理中的作用，还要注意以下几种失效模式。激溅状况下的浮油会从围油栏的顶部越过，这种模式为激溅失效。过厚、过深的浮油会从围油栏下侧通过，这种模式为排油失效。海风、海流引起的扰动会使油块分离成油滴并形成旋涡从围油栏下侧通过，这种模式为穿越水失效。此外，在强流条件下作业，如果拖拽速度过高则可能导致围油栏没入水中或平躺在水面而失效。

（1）围油栏的选择

① 围油栏的选用原则。在确定使用目的之后，应将使用地点的海况（海域、水深、潮、流、波浪、风向、风速、海底情况等）调查清楚。再进一步了解围油栏的结构、性能、使用年限、价格、滞油率、操作等。此外还应考虑经济效益和经济负担。在调查的基础上统筹考虑确定使用哪种围油栏。

不同海域对围油栏参数的要求不同，如表 6-2 所示。

表 6-2  不同海域对围油栏参数的要求

|  | 小于 0.3 m 浪高的平静水域湖泊港湾 | 有潮流的水面 | 小于 1.5 m 浪高的遮蔽水域近岸水域 | 大于 1.0 m 浪高的开阔水域 |
|---|---|---|---|---|
| 干弦/m | 0.2～0.5 | 0.3～0.5 | 0.4～0.6 | 0.5～1.0 |
| 吃水/m | 0.2～0.5 | 0.3～0.7 | 0.4～0.8 | 0.6～1.5 |
| 总张力强度/kN | ≥10 | ≥30 | ≥50 | ≥150 |

② 围油栏使用数量的确定。如在码头和海上使用围油栏，可以通过下列公式计算出围油栏的长度。

$$L=（船长×2.5）×2$$

$$L=码头长+（船宽+50）×2$$

外海围放一般单根围油栏，根据当时现场需要确定，如果采用移动法使围油栏围成 U 形的数量可以用下式计算：

$$L=\frac{\pi D}{2}$$

式中，$L$ —— 围油栏长度；

$D$ —— 围油栏掠过的宽度；

$\pi$ —— 圆周率。

（2）围油栏的组装施工

① 围油栏的组装。围油栏一般以 20 m 为一节，根据需要可在陆地上或者围油铺设船上进行组装，连接成一段具有一定长度的一段围油栏。若干段围油栏下水后，工作人员再乘小船在海上将它们对接起来，以便使用。

围油栏节与节之间是通过接头来连接的，目前常用的接头有线绳式、拉链式、铰链式和金属板加螺栓式，其中使用最多的是 10 m 的拉链式和线绳式（秦皇岛市环保设备厂的围油栏就是线绳式），这种接头形式在海上作业困难。金属板加螺栓式两段围油栏之间由两块握合着的铝金板或者玻璃钢板组成，它能快速连接两段围油栏。

② 围油栏的下水。围油栏在岸上组装完毕，准备下水之前要做好各种准备工作，首先将连接好的围油栏进行裙体和绳系整理，避免扭曲和缠结。围油栏可以从码头、船舶及河岸下水，整理后用吊车和人工慢慢地把围油栏放下水，应防止与岸壁与船体或其他坚硬物摩擦。最好是把围油栏放在能滚动的一组铁管上，围油栏通过滚动铁管进入水中。为了防止围油栏与岸壁摩擦，需要在岸壁上放置垫物（例如栅节围油栏布等）。在拖带之前要充分检查是否弯曲，是否与船相碰。

③ 围油栏的拖带。围油栏入海后需用拖船将它拖到溢油现场。拖船的选择首先要考虑拖带的形式。拖带围油栏形式有三种，即直线拖带、曲线拖带和 U 形拖带。直线拖带是单船拖带，围油栏呈直线，主要用于围油栏的布放和回收。曲线拖带也是单船拖带，围油栏呈曲线形行进，主要用于铺放围油栏。U 形拖带是双船拖带围油栏呈 U 形进行，主要用于海面扫油和转移溢油。拖带的速度根据围油栏的长度、拖带的形式和当地海流的情况确定。据国外资料介绍的经验数据见表 6-3。

表 6-3　拖船速度

| 拖带方式 | 围油栏长度/m | 拖带速度/Knot |
| --- | --- | --- |
| 直线 | <200 | <4 |
| | <500 | 3 |
| 曲线 | <200 | 3 |
| | <500 | 2 |
| U 形 | <200 | 2 |
| | <500 | 1 |

（3）围油栏的铺设方法

围油栏的铺设方法，依据用途、溢油的状况、气象、水文条件及周围环境而定，基本方法有以下五种。

① 包围法。在码头装卸过程中跑油或者溢油初期或单位时间溢出量不多，而且风和潮流的影响较小的情况下，采用包围溢油源的方法。溢油有可能从围油栏漏出，可铺设两道围油栏，根据溢油回收作业的需要，应备有作业船。在港口油回收船的进出口，多数采用可搬式和浮沉式包围法，如图 6-3 所示。

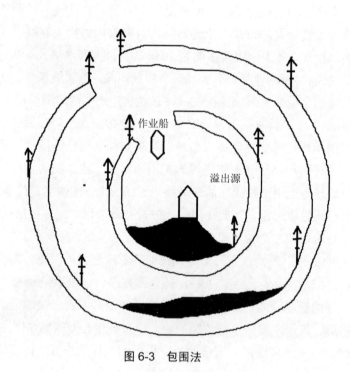

图 6-3　包围法

② 等待法。在溢油量大，围油栏不足或者风和潮流影响大，包围困难的情况下，顺着油的流向，可采用等待法栏油。该法是相对于潮流或海流呈 $\theta=45°\sim60°$ 的角度，离溢出源一定的距离，铺设围油栏，等待栏油的到来。根据具体情况，也可铺设两道或三道

使围油栏像风帆一样展开，如图 6-4 所示。

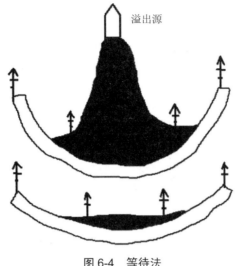

图 6-4　等待法

③ 闭锁法。在港域狭窄的航道中，$\theta$ =45°为好，用围油栏将水路闭锁以防止溢油扩散，若水的流速大，闭锁有困难，或者闭锁影响船舶交通的情况下，可采用中央开口式的铺设法，也可铺设两道或三道围油栏，如图 6-5 所示。

④ 诱导法。溢油量大，风、潮流影响大，在溢油现场栏油不可能时，或者为了保护海岸和水产资源用围油栏将溢油诱导到能够进行回收作业或者污染影响小的海面上，根据情况也可设多道围油栏，如图 6-6 所示。

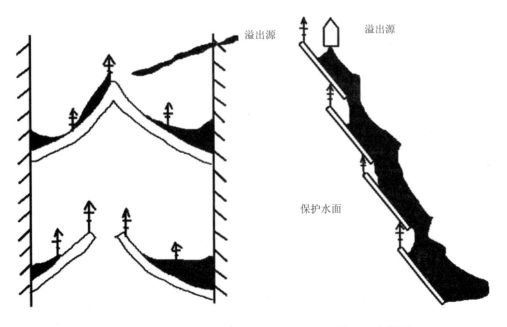

图 6-5　闭锁法　　　　　　　　　　　　　图 6-6　诱导法

⑤ 移动法。水深的海面或风、潮流大，不便用锚，或者溢油在海面漂流范围广的场合，可采用移动法拦油。其中移动法还包括单船（见图6-7）、双船（见图6-8）和三船布设（见图6-9）三种方式。

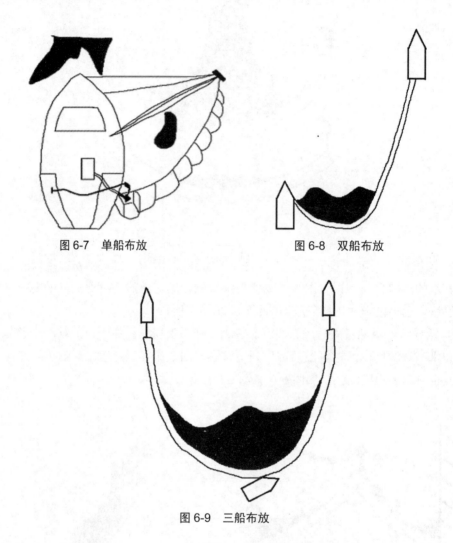

图6-7　单船布放　　　　　　　　　　　图6-8　双船布放

图6-9　三船布放

上述五种基本方法在实际应用时，可根据具体情况灵活掌握，有时可采取两种或两种以上方法同时并用，而且还应考虑到随时变化的自然条件，随机采取相应的措施。

（4）围油栏的固定

① 锚定围油栏。在固定围油栏时需用锚。如一般常用的有海军锚、丹福斯锚、四爪锚及单臂锚。锚的重量的选择可用下式计算：

$$G = \frac{P}{K}$$

式中，$G$——锚重；

　　　*K*——锚抓力系数；

　　　*P*——水平力。

*K* 与锚的类型、抛锚方法和当地土质有关见表 6-4。

表 6-4　*K* 值与抛锚形式及土质的关系

| 锚的型号 | 土壤类别 | | | |
|---|---|---|---|---|
| | 淤泥 | 沙性土 | 砾石 | 黏性土 |
| 单抛锚 | 2.2 | 3 | 3.5 | 4 |
| 铸铁蚌锚 | 1.5 | 2 | 2 | 2 |
| 钢筋合式蚌锚 | 1.1 | 1.5 | 1.5 | 1.5 |

　　铁锚很容易抛入泥沙中。锚杆与锚叶的夹角是可变的，为 30°～50°，材质是铸钢的，外表镀锌。另外，在锚定围油栏时，常常还需要使用直径为 300 mm、330 mm 及 360 mm 的塑料球作为浮标。

　　② 锚绳及其长度。常用锚定围油栏的锚绳有尼龙绳和丙纶绳。尼龙绳强度大、耐磨性和耐油性好，特别是伸长率和弹性大，长期使用不易疲劳。另外，锚绳应当具有一定长度，如果锚绳太短，则波浪作用在锚绳上的动力将使锚移动，导致围油栏不能很好地停留在水中；如果锚绳太长，则难以控制围油栏的外形。

　　锚的固定角度应在 30° 以下，因此所需的锚链长 $L = \sqrt{3}/2 \cdot H$ （水深）。

　　（5）围油栏的回收与保管

　　围油栏的回收工作首先是起锚，工人乘小船到浮标，解开围油栏固锚座上的锚绳，顺着锚绳找到锚。将锚拉出水面并放到船上，较大的锚由船上的绞锚机将锚回收到船上。接着在水中打开快速接头，把整体围油栏拖回到存放地点。

　　围油栏的保管方法大体可分为海上保管、陆地保管、仓库保管和用卷扬机保管四种。海上保管的方法有单点系留方式（顺着海流的方向）、岸壁固定，也有采用将围油栏收存于栈桥下面，利用柱桩的缆索等予以固定。陆地保管可以设置在岸壁和港湾等端部地点，须考虑采取适当措施，不使围油栏与岸壁摩擦。在仓库保管的场合，可用包装袋（20 m 一组）原封不动易地保存，不必把它们连接起来，可分成 3～4 段堆存保管。紧急时也便于把围油栏送往现场，在现场连接围油栏再拖带到海上。此外，也可用围油栏专用车收藏箱把比较紧凑的围油栏每 100 m 左右分成一节，放在岸边壁附近，以备紧急时使用。根据需要把 100 m 围油栏带出去之后，与再次拖出的 100 m 围油栏相连接，如此重复地进行，即可把围油栏展开。使用卷扬机保管，旨在便于展开或收回围油栏。卷扬机有手动式、电动式、气动马达式等。卷扬机的尺寸取决于提升的尺度，可能扬的最大长度甚至可达 1 000 m 左右。

　　围油栏使用后往往会出现小毛病，如包布破裂，支撑件断裂，缝合线开脱，配重件脱落等，因此需要进行修理。当包布破裂小于 5 cm 时，可用一块新包布粘补，其方法是将破裂部分清洗干净，涂上黏合剂。再取每边比破裂部分大 2 cm 的一块新布，也涂上黏合剂，然后将新布粘贴在破裂部分。当包布破裂面积大时，除了粘贴新包布外，还要在补丁的周围用螺栓螺母固定起来。包布时，可用螺栓螺母固定，缝合线开脱后，可用针线手工缝合。一般说来，围油栏使用后必须返厂大修。围油栏经过清洗和修理之后，要平整地叠好，堆放在干燥通风的地方，以防霉烂，同时要注意不能暴晒或雨淋。

### 6.3.1.3　围油栏在河流溢油响应中的应用

河流中溢油围控的情况有些特殊，因为河流中水的流速较大，不同河段水深不同。按照常规的方法布设围油栏时，由于受水流的冲击，围油栏很难控制，并且很容易发生溢油逃逸现象。因此需要采取措施克服水流冲击。下面结合河流的特点，着重介绍围油栏与流速、水深的关系及围油栏的布放结构。

（1）围油栏与水流夹角的关系。实践表明，当水流速度超过 0.38 m/s 时，溢油将会从围油栏底部逃逸。因此在布放围油栏时应使围油栏与水流形成一定的角度，以减小垂直于围油栏的流速。同时也可以将溢油导向流速较低的水域，以便回收。根据图 6-10 围油栏与水流夹角矢量关系图可以确定围油栏与水流夹角的计算公式如下：

$$\sin\alpha = \frac{V_{\text{lim}}}{V_{水}}$$

式中，$\alpha$ —— 围油栏与水流夹角；

$V_{\text{lim}}$ ——垂直于围油栏的极限流速；

$V_{水}$ ——实际水流速度。

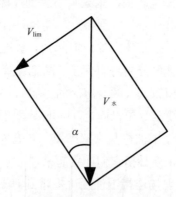

**图 6-10　围油栏与水流夹角矢量图**

由于已知当水流速度超过 0.38 m/s 时围油栏就会失效，因此可以计算出不同流速下围油栏与水流的夹角如表 6-5 所示。在实际布放过程中围油栏与水流夹角应不超过理论值的 ±10°。

表 6-5　围油栏布放角度与水流速度的关系

| 序号 | 水流速度/（m/s） | 围油栏夹角/（°） |
|------|------|------|
| 1 | 0.51 | 48 |
| 2 | 0.77 | 29 |
| 3 | 1.02 | 22 |
| 4 | 1.27 | 17 |
| 5 | 1.53 | 15 |

（2）围油栏与水深的关系。在河流布放围油栏时除控制好围油栏与水流的夹角外，还要考虑围油栏高度与水深的关系。因为如果围油栏高度不合适将会发生溢油从围油栏底部泄漏的情况。该情况是由于水的冲击力造成围油栏裙体后翻导致溢油泄漏。当围油栏裙体太高时由于对水流的阻挡，造成水流速度增大，从而造成对围油栏的冲击力增加，致使裙体后翻而失效。实践表明裙体的深度不能超过水深的 1/3。由于河流不同河段的水深差别较大，在布放围油栏时应充分考虑该因素的影响。

（3）河流围油栏的布放结构。河流围油栏的布放要充分结合事故河流的地形，尽可能地将溢油导向流速较低的区域进行回收，一般河流中心流速为最大区域，靠近岸边流速较低，因此可以采取图 6-11 的结构布放。另外在一些特殊地域如岸壁突出及凹洼区域水流趋于平缓，在河流的转弯处，靠近弯道内侧的区域一般都存在流速为 0 的平静区域，如图 6-12 所示。对于一些敏感区域需要保护时要及时将溢油导向其他区域，另外在实际处置过程中，也可以人为的在河流岸壁挖掘凹坑或设置屏障制造合适的收油环境，如图 6-13 所示。

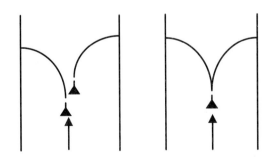

图 6-11　人字形和错列人字形围油栏布放结构

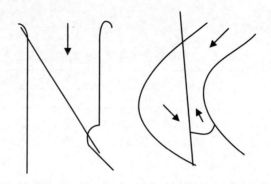

图 6-12　特殊地形围油栏布放结构

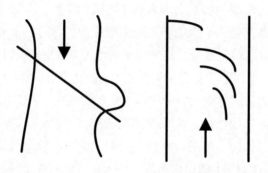

图 6-13　导流及多层导流式围油栏布放结构

除了以上介绍的典型围控结构外，在具体的溢油事故处置过程中还可以采取其他围控结构，但都必须遵守围油栏与水流夹角及水深的关系，以便能够有效围控溢油。另外河流围油栏一般用锚对围油栏进行固定，因此在实际操作过程中应做好锚的选择。

#### 6.3.1.4　围油栏在应急响应中的不足与对策

围油栏在溢油燃烧和溢油回收中发挥了重要的作用，但仍有一些问题需要注意。

（1）围油栏的前期储备问题。围油栏的储备一定要充足，否则会影响应急工作的顺利进行。例如，在墨西哥湾漏油事件，根据美国 1994 年的溢油应急响应计划，墨西哥湾地区需要战略性地储备 10 套防火围油栏设备，可是事发后发现并没有这些设备，只能临时进行紧急调运。大连湾漏油事件中，由于周围没有配备足够长度的围油栏，事件突发后不能阻截原油的外泄蔓延，只能集中使用围油栏控制火灾，最终原油扩散到了更大的海域。对此，需要相关部门严格执行溢油应急响应计划，在溢油危险区储备好足够数量的应急设备。

（2）围油栏的技术问题。目前国内围油栏的生产能力迅速提高。但值得注意的是，围油栏行业的整体技术水平仍有待提高。比如，大连湾漏油事件中使用的围油栏出现了铺设四层被烧掉三层的现象。在围油栏行业中，美国 Elastec 公司是该领域的领军企业，其 Hydro-Fire、MkII System 型围油栏采用水冷却系统替代了传统的陶瓷浮子，可以反复使用。这种高规格的新型围油栏经过了 400 多次持续 12 h 的燃烧试验，耐火可达上千摄氏度。如果在大连新港中配备了高规格的防火围油栏，可以有效缓解石油火灾的蔓延，避免出现多层围油栏被烧的不利局面。因此，需要进一步促进围油栏技术的交流合作，同时国内环保企业也应加大对新型围油栏的关注和投入。

（3）围油栏的后期回收处理问题。围油栏主要采用高分子树脂材料，不能再度利用的围油栏在自然界中降解需要长达百年的时间，如果焚烧则引起大气污染。因此，政府部门和企业应积极参与到废弃围油栏的回收处理之中。2011 年 5 月，通用汽车对墨西哥湾漏油事件中的 365 km 围油栏材料进行了回收，利用这些材料可以生产电动车散热器的空气导流板，在回收资源的同时有效保护了环境。

综上所述，围油栏是溢油应急过程中的一个重要设备，但在实际应用中还有一些不足，这既需要相关政策的严格实施，也需要科学技术的交流创新，这将进一步促进溢油应急响应体系的发展。总之，随着政府部门和环保企业的协同合作，围油栏将在溢油应急响应中发挥更加重要的作用。

## 6.3.2  围油索

### 6.3.2.1  围油索概述

围油索（图 6-14）又称吸油索，是以聚丙烯为原料制成的超细纤维吸附材料，并有套圈或夹子，可以一节节连扣串联而成的索状吸油棉。吸油索轻便，一两名人力即可投放拖拽，可视清污所需串联成任意长度。可用于沿江、港口、内河的围栏防阻浮油垃圾。优选吸收低黏度油品、抗紫外线处理的表层，可经受 12 个月紫外线照射。围油索的尺寸主要有 7.6×120 cm，12.7×300 cm，20×390 cm，20×600 cm 等规格。

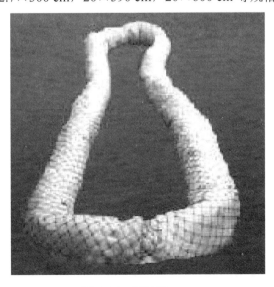

图 6-14  围油索

#### 6.3.2.2 围油索在清污实战中的应用

（1）突发溢油事故时，瞬时应急是关键。尽早将浮油围栏阻挡，遏制其扩散，可提高清污的效果，大大降低清污成本。围油栏较笨重，往往不能及时布设到位；而围油索（吸油索）较轻巧，只需很少人力，即可迅速地一节节布设拖拽，及早围挡油污，为清污赢得时间。

（2）重大溢油污染事故，水域油污带面积往往较大。例如，上海"8·5"浦江特大油污事故，油污带涉及8 km，一时较难凑调布设数千米围油栏。此时，围油索（吸油索）补充配合围油栏，可尽早围挡住油污。"8·5"浦江特大油污事故清污时，使用围油索（吸油索）达两三千米。

（3）清除滩涂岸边、码头桩脚上的油污时，浪涛拍岸，往往又将岸边油污冲刷到水域。此时，将围油索（吸油索）临时布设在岸边浅水中，挡住岸边水域浮油，不使其扩散。待滩涂岸边、码头桩脚的油污清理完成后，再用吸油毡吸附清除被围油索（吸油索）围挡住的近岸水域浮油，清污效果堪称完美。

（4）目前各港口有些小型涉油码头单位，因经济等原因，没有配备围油栏，作为补救措施，可配备较为便宜的围油索（吸油索）。

### 6.3.3 集油剂

#### 6.3.3.1 集油剂概述

集油剂又称聚油剂、化学围油栏、活塞膜、单分子膜，由不溶于水的表面活性剂和活性溶剂混配而成。表面活性物质是集油剂的作用成分，而溶剂主要是用来协助活性物质在水面展开，有利于集油膜的形成，并维持集油膜集油能力的持续性。喷洒集油剂的作用是将海上溢油集中起来而不凝固，防止溢油进一步扩散，方便溢油的回收。目前国外主要使用的集油剂有丙烯酸胺系列、聚丙烯酸胺系列和聚乙烯醇系列。我国在集油剂的研制方面相对较少，主要有羧酸系列集油剂，并有专利商品出售。

集油能力及集油能力持续性是衡量一种集油剂作用效果的重要参数。集油能力是定量集油剂使定量油膜收缩的能力，它可以通过达到平衡时的油膜收缩率来表示。油膜收缩率是集油达到平衡时油膜的覆盖面积与集油开始之前的油膜覆盖面积之比，用百分率表示。

集油能力持续性是指油膜收缩之后集油剂使油膜维持不扩散状态的持久性，通常用时间表示。将集油剂喷洒到水面上的油膜周围之后，油膜往往会很快达到80%～90%的高收缩率，但随后由于集油剂中成膜物在水中和油中的溶解损失及环境条件对表面膜的影响，其集油能力会逐渐降低，于是油膜便逐渐扩散，油膜的收缩率逐渐减小。当油膜的收缩率下降到一定程度时，油膜已变得很薄，这时集油剂虽然仍旧抑制着油膜的扩散，但从提高溢油回收效率这一点来说，集油剂已经失去作用。所以，为了衡量集油剂的集油能力持续性，通常的做法是为油膜设定一个收缩率，然后以这一收缩率作为标准，维持不低于这一收缩率的时间更长的集油剂具备更好的持续性。对于一种实际可用的集油剂，它不仅应具备高的集油能力，还要具备良好的集油能力持续性，二者缺一不可。

#### 6.3.3.2　集油剂的应用

集油剂适用于控制大面积薄油膜，其压缩溢油的最终厚度一般不超过 0.5～1 cm。集油剂不能和油处理剂同时使用，也应避免并用油吸附材料。另外要防止落进碱类或洗涤剂，否则集油效力大幅度下降。并且在风速大于 2 m/s 时，使用效果较差，对含水 50% 以上的油包水乳块使用效果不好，特别是黏性油，当其含水率大于 50% 时，不会起到集油作用。进行撒布集油剂操作时，也应和撒布油处理剂一样，戴上橡胶手套、防护眼镜，注意保护皮肤，避免吸入集油剂蒸气。集油剂的使用量为每公里小于 50 L 时，对鱼类毒性不太大，但是对养殖场的影响尚不清楚，一般集油剂不适用于敏感地区的溢油。

### 6.3.4　凝油剂

#### 6.3.4.1　凝油剂的概述

凝油剂是指将其加入溢油中可使水面溢油快速胶凝成黏稠直至坚硬的油块，形成固态或半固态块状物质并漂浮于水面，最后形成一种便于回收的凝结物的溢油化学处理剂。当凝油剂沿着一片薄油膜的四周施放到水面上时，就在水面上扩展，压缩油膜，油膜受到压缩后，面积会大大缩小，厚度增加。它可使石油胶凝成黏稠物或坚硬的果冻状物。油膜被压缩的程度取决于油的比重、风化程度和油膜的初始厚度。凝油剂可用于凝结原油、重质油、轻质油、某些化学药品，也可用于油包水乳化物（即"巧克力奶油冻"）的处理。添加凝油剂可有效防止油品扩散，便于机械打捞回收，消除对环境的污染，是一种极具潜力的溢油处理方法。凝油剂对 1～1.5 cm 厚的油膜可起控制扩散作用，对 0.3～0.5 cm 厚的油膜，喷洒凝油剂后，凝油剂与溢油发生交联反应，在风浪的搅拌下，交联速度加快，溢油凝固成块状或片状，可用油拖网回收溢油。凝油剂可控制轻质溢油的扩展，降低溢油的蒸气压，并使其凝结，能有效防止火灾的发生并可回收溢油。

凝油剂的毒性低，不易受风浪影响，能有效防止溢油扩散，配合使用围油栏和回收装置可提高它们处理溢油的效率。但目前，凝油剂也存在着凝油速度慢、成本高、易造成二次污染等问题。我国从 20 世纪 80 年代末开始凝油剂研究，先后合成了山梨糖醇型、淀粉型、蛋白质型和氨基酸型凝油剂，对凝油剂在溢油清污中的使用还是一项新技术。凝油剂的未来发展方向是合成凝油速度快、适用面宽、原料来源丰富、可生物降解、不易造成二次污染。

#### 6.3.4.2　凝油剂的分类及应用

（1）山梨醇系凝油剂。国内对此类凝油剂的研究较早，凝结轻质油（汽油、煤油、柴油）与类油物质（如苯、甲苯、二甲苯）的能力很强，山梨醇系凝油剂对各种油类均可凝集，且凝集力强，对轻质油凝集具有速度快、用量少、易回收等特点。实验显示，对汽油、柴油、煤油、机油以及苯及苯系有机溶剂等的去除率达 90% 以上。它能使溢油凝结成块，固化后凝油块可以用网回收，从而避免了使用分散剂所带来的二次污染。山梨醇型凝油剂的活性成分是二亚苄基山梨醇（DBS），可通过山梨醇与苯甲醛在一定条件下反应制得。山梨醇系凝油剂原材料在国内可以配制，是一种有应用前景的凝油剂品种，可在轻质油泄漏突发事故中使用，既可防止油污扩散，也可有效地防止火灾发生。

（2）淀粉型凝油剂。目前，有研究利用玉米淀粉的羧甲基化与酯化等方法改性合成溢油凝油剂。该类型的凝油性能与凝油剂中多价金属离子的种类、油品的种类和脂肪酸的碳原子数目有关。凝油性能随水体盐度的变化很小，即凝油剂对淡水水面溢油仍然有效。凝油性能随油品不同差异较大，对具有一定极性的油的胶凝作用比对非极性油的胶凝作用更强，对水面的原油及植物油比对燃料油具有更好的胶凝效果。实验结果表明当羧甲基取代度足够时，凝油剂的凝油性能随酯化度的增加而增大；当酯化度足够时，羧甲基淀粉酯凝油剂的凝油性能随羧甲基取代度的增加而增大。

（3）蛋白质型凝油剂。目前，有研究采用碱法从铬鞣废革屑中提取胶原蛋白，然后对其进行羧甲基化、酰氯化改性和金属离子沉淀得到胶原蛋白凝油剂。大豆蛋白羧甲基化后，再用高级脂肪酸酰氯酰化，然后以多价金属离子盐处理，得到的凝油剂具有较好的凝油性能，可用于水面原油与燃料油的回收处理。进一步研究发现，三价金属离子形成的凝油剂的凝油性能比二价金属离子形成的凝油剂的凝油性能好。

（4）吸留油型。

（5）碳酰胺类。

## 6.3.5　小结

使用围油栏（围油索）控制溢油，虽然设备简单、投资小、操作方便，但是围油栏只有在水流速度相对较小、海面较平静的情况下才能有效地工作，当溢油规模或流速超过临界值时，围油栏（围油索）会失效。而且，围油栏（围油索）只是溢油处理的初步措施，其后还必须经过回收或燃烧等方法完成对溢油的清理，选择的方法将由实际情况及造成的影响决定。

处理海面溢油所使用的化学制剂，一般都是通过将溢油聚集增厚或凝固的方法改变其在海洋环境中的存在形态，从而降低溢油在海水中的污染程度。但是，化学制剂的使用不免会带来一些不利因素，比如化学制剂本身也可能会给海洋环境造成污染，因此在使用化学制剂时，必须严格根据相关规定来使用，避免对环境造成二次污染。

## 6.4　溢油回收和消除技术

溢油发生后，尤其是当溢油扩散到海面、海底或陆地、土壤中时，对溢油的回收和消除就变得非常重要。如果溢油的范围比较小或者溢油比较集中，回收是最好的方式；但如果溢油已经分散开，对其回收已经不现实的时候，就要采取各种方法对溢油进行彻底消除。溢油回收是指在不改变溢油形态的情况下利用各种手段将油从水面或陆面上分离出来，以清除水面或陆面溢油，溢油的回收技术主要采用物理技术。溢油消除技术包括化学消除和生物处理消除两种。

## 6.4.1　溢油的物理回收技术

### 6.4.1.1　吸附法

利用吸油材料吸附海上溢油从而对其进行回收是一种简单、有效的方法。吸油材料主要用在靠近海岸和港口的海域，用于处理小规模溢油。吸油材料简单易得、使用安全，并且价格低廉，但是这种方法的吸油量较小，适用于浅海、岸边等海况相对较平静的场所。

（1）吸油材料的分类。吸油材料大体上可以分为无机吸油材料、天然有机吸油材料和人工合成吸油材料三大类。无机吸油材料主要是矿物类，包括沸石、硅藻土、珍珠岩、石墨、蛭石、黏土和二氧化硅，它们对非极性有机物的吸附量较小。有机天然吸附剂包括麦秆、玉米秆、木质纤维、棉纤、洋麻、树皮和泥炭沼等。其中大部分的吸油率都比有机合成树脂的吸油率高。然而，其缺点是浮力性质差，吸油的同时也吸水，尽管可以通过改性来提高疏水性，但成本较高。有机合成材料包括聚合材料聚丙烯和聚氨酯泡沫，由于它们具有亲油性和疏水性，与其他类型的材料相比，它具有更好的吸附性能，易制备和重复使用，所以是处理油污染的常用材料。其主要的缺点是不可生物降解或降解速度非常慢，并且不像一些无机材料是自然生成的。表 6-6 中列出了一些吸油材料的吸油性能。

表 6-6　材料的吸油能力对比表

| 分类 | 材料 | 最大吸油能力（比率） | | |
| --- | --- | --- | --- | --- |
| | | 高黏度油<br>（25℃时 3000cSt*） | 低黏度油<br>（25℃时 5cSt） | 吸油后是否浮于<br>水面 |
| 天然材料 | 蛭石 | 4 | 3 | 沉 |
| | 火山灰 | 20 | 6 | 沉 |
| | 玉米秆 | 6 | 5 | 沉 |
| | 花生壳 | 5 | 2 | 沉 |
| | 红木皮 | 12 | 6 | 沉 |
| | 稻草 | 6 | 2 | 沉 |
| | 泥煤 | 4 | 7 | 沉 |
| 合成材料 | 聚氨酯泡沫 | 70 | 60 | 浮 |
| | 尿素甲醛泡沫 | 60 | 50 | 浮 |
| | 聚乙烯纤维 | 35 | 30 | 浮 |
| | 聚丙烯纤维 | 20 | 7 | 浮 |
| | 聚苯乙烯粉 | 20 | 20 | 浮 |

注：* 1 厘斯（cSt）=1 平方毫米每秒（mm²/s）。

（2）吸油毡在实际清污中的应用。吸油毡清污机理是纯物理过程，水域浮油黏附在疏水亲油的吸油毡纤维上，油污渗入吸油毡纤维交织的孔隙之中，被吸附清除。吸油毡比重轻，比表面积大，每张 1～2 m²，投放于水面，似一张轻盈的薄毛毯，覆盖漂浮在波涛浪花之中，随波性能良好，与水面的浮油一起上下随波逐浪，便于将水面浮油吸附回收。吸油毡可反复使用多次，最后用焚烧炉处理。目前常用的 PP-1 吸油毡适合吸附轻质油品，并可吸附多种比重较轻的化学液体；PP-2 吸油毡适合吸附黏度比较高的油品。

吸油毡在实际油污清除过程中最常用，使用简单，与其他吸油材料相比，具有不可比拟的优势。吸油毡无毒，不危害水生物，具有强烈的疏水亲油性，瞬间即可吸水域油污，且保油性能好，吸油后无油珠滴回水面。吸油后形状不变并能长期浮于水面，实用性强，还能临时作擦油抹布使用，可用其擦拭清除岸边油污，一般的油类、矿物油、食品油脂、植物油等皆能吸收。

图 6-15　吸油毡在应急处置中的应用

#### 6.4.1.2　撇油器

撇油器是水面捕集浮油的主要收油机械装置，其适用范围广，集油效果好，抗风等级高，适用于中等以上规模或大面积集中回收溢油。选用撇油器时首先要看油的品种，特别要注意的是油的黏度；其次要考虑的是作业环境和回收速率。不同原理的撇油器或同一原理而结构不同的撇油器，其适宜回收的油品黏度差别很大，适宜的条件和回收效率也不一样，下文将做详细阐述。

（1）撇油器的种类

撇油器也称收油机，根据其工作原理的不同主要将撇油器分为以下几种：

① 黏附式撇油器。黏附式撇油器主要包括带式、绳式[水平绳式撇油器和垂直（悬吊）绳式撇油器分别如图 6-16 和图 6-17 所示]、刷式（如图 6-18 所示）、盘式和鼓式等。黏附式撇油器利用某些物质（如聚丙烯、PVC 或铝等）的黏附能力，通过这些材料制成的物质（如盘、绳、刷、鼓、带等）的连续运动，将具有一定黏度的油吸附在表面，并将其带离水面，之后经过刮擦挤压作用使油与亲油材料分离，将油聚集到指定位置，从而达到溢油回收的目的。

图 6-16　水平绳式撇油器

图 6-17　垂直（悬吊）绳式撇油器

黏附式撇油器纯粹吸附作用时的最大黏度值为 $10^4$ cm$^2$/s，但最佳值在 $100 \sim 1\,000$ cm$^2$/s，若高于 $5 \times 10^3$ cm$^2$/s，效率就很低了。当盘、带、鼓、拖绳、刷的速度低且油黏度低时，回收油中含水率也低，但含水率会随速度和黏度的增加而急剧增加。水域中的浮渣不妨碍流向吸附撇油器的油，因而使用时对浮渣不敏感。但是小一些的浮渣可能会堵塞吸收口或泵入口，大的浮渣则不会进入撇油器中。由于波浪作用可能将油推离吸附表面，盘式、带式和转鼓撇油器适用于相对平静的水面。拖绳和刷式撇油器即使在含有碎冰的水中也能运行良好。小型盘式和拖绳式撇油器（$5 \sim 15$ m$^3$/h）已经在全球近岸、港口和湖泊溢油处理中广泛应用。拖绳式撇油器则多应用在静水中，例如 API 油水分离池。

图 6-18　刷式撇油器

② 堰式撇油器。堰式撇油器（见图 6-19）利用特别设计的带折堰的收油头，将水表层的浮油通过特制的泵抽吸到储油容器中，以达到回收浮油的目的。堰式撇油器包括普通堰式、可调节堰式、斯勒普（SLURP）式和引流堰式等。其特点是可以直接对漂浮的油层进行回收，效率很高，且对油的黏度没有限制。但普通堰式撇油器对波浪和水流的适用性较差，在油层较薄或有风浪的情况下易同时回收大量的水，即使在静水条件下，对中、薄厚度的油层也会同时回收大量的水（通常油只占 20%～30%甚至更低），这往往浪费了现场有限的泵力资源和储存空间。堰式撇油器通常只适用于静水情况下油层较厚的各种黏度的浮油。可调节的堰式撇油器、斯勒普（SLURP）式及披肩式撇油器可以调节其吸油口与水面的角度，从而使收油机能够只收取水层上面的浮油，大大改善了普通堰式撇油器的不足，可适用于油层较薄及有轻微波浪的情况，由于其彻底性效率和接触油的速度较高，因此其收油的进度较快。

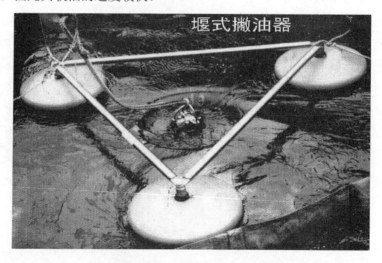

图 6-19　堰式撇油器

③ 水动力式撇油器。水动力式溢油回收技术的开发源自于围油栏的失效现象，即不论研究人员如何改变围油栏的外形和放置形式，当底层水流的速度达到 0.75 节以上时，水面浮油总能绕过围油栏，从其底部逸漏，这种现象称为"上游效应"，有时候也称为"水拖油"现象。并且随着底层水流速度的增加，这种水面浮油的逸漏现象就越为明显，逸漏的浮油会在围油栏的另一侧有效聚集，形成一层较厚的油膜。欧洲和美国的研究者从 20 世纪 60 年代开始致力于这种现象的机理研究。将"水拖油"机理研究的成果应用于生产实践中后，在溢油回收领域产生了两种非常重要的撇油器，一种是倾斜板式撇油器（Hydrodynamic Induction Bow），另一种便是动态斜面式撇油器（Dynamic inclined plane）（图 6-20）。

图 6-20  动态斜面式撇油器

倾斜板式撇油器只是在油水面上向前运动，使板下的油进入收集槽，在这里浮油会再次上浮，随着油层不断增高，内部的撇油堰可将油回收，再用泵转移到回收槽中。倾斜板式撇油器在油黏度高于 $2 \times 10^4$ cm²/s 时无效，更高黏度的油将会滞留在撇油器的前部，很难随水流到收集槽的表面。在适当的天气条件和油黏度低于 $10^4$ cm²/s 的条件下，在收集槽中会形成一个厚油层，回收的油中含水率低，含水率会随撇油器前进速度、波浪和油黏度而增加。较大的浮渣可能会进入收集槽，撇油堰和输油泵是无法处理的，这种情况下需要人工除去浮渣。

动态斜面式撇油器是在母船的拖带作用下向前运动，前部的垃圾挡板可以阻挡水面漂浮垃圾，在运动斜面的拖带作用下，水面浮油沿着斜面向下运动，经过斜面底部之后进入集油器，然后在油水比重差的作用下，溢油开始上浮，进入集油器的上部空间，当集油器上部的溢油积累到一定厚度时，油泵便会通过吸油管将溢油输送到指定的储油容器。

实践证明，动态斜面式撇油器可用于各种黏度浮油的回收，而且在回收的过程中油层没有被打破，回收效率比较高，回收之后的溢油无须经过油水分离设备进行处理。既可以定点回收溢油，也可以在行进中回收溢油，而且都能保持相对较高的收油效率。同时，该撇油器对水面波浪不是很敏感，不仅在静水中有较高的回收效率，在各种海况的条件下仍能保持较高的收油效率，是目前唯一一种在围油栏失效的情况下仍能够有效回收溢油的撇油器。

④ 抽吸式撇油器。抽吸式撇油器的工作原理的应用方式有两种——空气传输和水下抽吸，即真空式和气流式。

真空式撇油器（图 6-21）通常使用真空油槽车或小型真空设备，用吸管连接一个撇油头，进行吸油。真空设备回收溢油的原理在于吸油的同时吸入空气，吸管口及管内空气高速流动，高速空气从水面上将油带走，然后转移到回收槽中。但是，真空抽吸只是对非常轻的油有效，由于吸管内的摩擦损耗，当抽吸的最大压力为 80～90 kPa 时，对于黏度高的油品几乎是无效的。空气传输式撇油器的运行条件相对于水下抽吸更适宜于在静水中。自由漂浮于水面上的设备能随着波浪运动而被抛出水相，因此会降低效率。

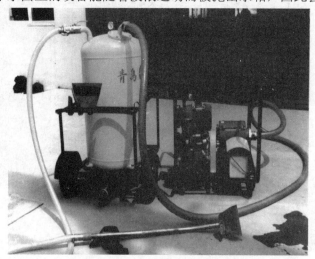

图 6-21　真空式撇油器

水下抽吸式即水下孔吸式。外形似一只漏斗，底部安装排水泵，上部装有吸油泵，吸口深入浮油层中，漏斗固定于浮力箱上进行浮力调节。工作时排水泵不断地从漏斗内吸水，并从漏斗底部向外排出，使漏斗内的水位下降，海水和浮油连续不断地从上部进入，使漏斗内的浮油层积厚，油泵则将浮油吸入并转送至回收槽中。

⑤ 其他撇油器。其他撇油器包括涡流式收油机及多种形式组合在一起的撇油器。涡流式收油机是通过利用旋转的叶片所产生涡流的向心力的作用，将收油机周围的浮油在中心区域集中并通过泵将油抽走，达到回收浮油的目的。它只适用于较平静的水面和流动性较好的中、低黏度的浮油，对黏度较大的原油回收效果较差，可应付少量的小片漂浮垃圾，但在有水流的情况下应避免使用。各种组合式的收油机是将以上两种或两种以上形式的撇油器组合使用，以克服单一形式收油机的不足，具体根据其组合搭配的科学性和合理性评价其表现。

（2）撇油器的性能参数

① 回收速率。回收速率是指单位时间内回收油的体积。制造商标明的回收速率是在最佳条件下回收速率，也就是油层很厚，油的黏度最适宜以及没有波浪等。一般现场真正回收速率为制造商标明回收速率的 20%～35%。

② 回收效率。回收效率是指回收油占总回收液体积的百分数。回收效率由收油机种类和使用条件（风、浪和温度）决定。

③ 彻底性效率。彻底性效率是指回收油占溢出油体积的百分数。彻底性效率由系统性能、使用条件（风、浪和温度）和作业条件（拖带速度等）决定。

### 6.4.1.3 油拖网

高黏度高倾点的溢油漂浮在海面，经过波浪的作用逐渐乳化成块状、片状，尤其是在低温时更易形成块。对于这种高黏度高倾点的块状溢油，可以用油拖网对其进行回收。

（1）双船拖网、单船挂网和大型拖网

拖网式回收装置是根据渔业的经验研制的轻便型回收装置，分为大型拖网和小型拖网两种。按其工作方式的不同又可分为双船拖网、单船挂网和大型拖网三种，现分别介绍如下：

① 双船拖网。拖网下水后，由两条拖船拖至溢油区域进行拖动回收，另外还需一条工作船紧随其后，以监视收油情况。当网袋装满溢油后，工作船及时发出停船信号，由工作船上的工作人员把装满油的网袋吊上工作船或浮拖于工作船后，然后更换新网袋，最后将所有装满溢油的网袋运往岸上进行处理。

② 单船挂网。与双船拖网不同，单船挂网时，网袋可由单船单侧拖挂或单船双侧拖挂或安装于双体船的中间拖带。

③ 大型拖网回收。大型拖网回收是指由两艘船拖带长达百米到千米的网状围油栏，将浮油团团围住或将油引至岸边，然后予以回收。

（2）HO-118 小型固体溢油拖网

1986 年，海洋技术研究所研制了 HO-118 小型固体溢油拖网，小型固体溢油拖网的使用包括：布放、收油、换袋、袋装溢油回收、维护保养等几个方面。

① 布放。当溢油事故发生后，根据溢油现场距岸边的远近，分别用汽车或工作船将分离的小型固体溢油拖网部件运往现场，然后将两翼、浮体框架、主体网、袋网连接起来。当布放准备工作完成后，首先把两翼放下水，并分别用拖绳连接在左右拖船上，再把浮体框架，主体网和袋网放入水，即可拖航收油。

② 收油。HO-118 小型固体溢油拖网有三种收油方式，即双船拖航、单船双侧或单船单侧拖航，需与围油栏联合使用收油。

③ 换袋。当袋网中装满回收的溢油或垃圾时，应首先使用锁紧绳把袋网网口锁紧，同时把主体网口锁紧。把袋网从主体网上解下，扎紧袋口，置于海面上。在主体网上换

上备用袋网，继续作业。

④ 袋装溢油的回收。若有单独的回收船，可用钩子、吊杆把装满溢油的袋子吊放到回收船上。当没有回收船时，可用绳子把装满溢油的袋子依次连接起来，拴在工作船后，拖至岸边处理、回收。

⑤ 维修与保养。收油作业后，应及时用高压水枪冲洗浮体框架和两翼。冲洗干净后，置于沙滩或码头上晒干。及时修补两翼外皮和裙网，置于干燥处存放。

### 6.4.1.4 液压式油抓斗

液压式油抓斗主要用于回收黏度很高的溢油（$1 \times 10^4$ cst 以上），是一种简单有效的设备。在油膜厚度很厚的情况下，该设备每次可抓半吨，每小时可清除几十吨溢油。这种技术也可用来清除冰层中的溢油。但对于油膜不是很厚的情况下，效率很低，而且抓斗中的残油占去不少有效容积，清洗很不方便，因此尚未推广使用。

### 6.4.1.5 抽油泵系统

抽油机、抽油杆和抽油泵（以下简称三抽设备）是机械采油的重要设备。目前，抽油泵系统在石油开采过程中的应用较为广泛。在溢油回收阶段，抽油泵系统主要用来在窄小的港湾内回收低黏度溢油。这种抽油泵系统收油能力有限，每小时大约只能回收 5 t 溢油。

### 6.4.1.6 溢油储存设备

用机械手段对海上溢油进行回收时，必须有现场溢油储存设备，用于海上溢油的临时储存，然后运往陆上处理。能否完成海上溢油的及时储存与运输，将影响到海上溢油的回收效率。

对于大量溢油的储存，最好的设备是油轮，有时这甚至是唯一的选择。当储存中等数量的溢油时，以油驳船为宜，但是油驳船卸油比较困难，在冬天需要额外的加热设备对溢油进行加热，以便把油泵出。在现场少量溢油的储存，可采用一些轻便式容器，如油桶等，这些容器可放置在甲板上。

此外，还可采用浮动油囊对海上溢油进行临时储存。浮动油囊是由增强高分子材料布黏成的囊体，在其上有三个气室，使之能浮于水面，前端装有夹紧拖头，留有清洗口，可用船只拖带。浮动油囊可浮于水面，具有储存和运输的功能，用于江河湖海等水域发生溢油事故时的应急装备，储运回收的油。浮动油囊可以折叠存放，使用时，可固定在某处浮在水面上，也可系在船尾。使用完后，可以方便地进行油囊内壁清洗。大型的浮动油囊可储存几百吨溢油，但是要把这样一个油囊拖带回港口是比较困难的。橡胶浮动油囊和 PVC 浮动油囊分别如图 6-22 和图 6-23 所示。

快装罐可用于存储回收的溢油和多数其他液体，可用作重力分离罐和实验水池。其材质为金属拼装式框架，系吊带式柔性罐体同时被地面所支撑。罐体为耐油橡胶布或纤维增强双面 PVC 涂覆高强度布，罐体耐腐蚀、寿命长，便于清洗和维修。其特点是便于携带，拆卸后存储在人易抬动的包装箱内，特别适合在车、船难接近的地区使用，装卸便捷，无须工具和平坦地基。

图 6-22  橡胶浮动油囊

图 6-23  PVC 浮动油囊

### 6.4.1.7  多功能溢油回收船

溢油回收船是指专门用来回收并处理海上溢油的一种作业船舶，是海洋环境保护的主要设备。溢油回收船主要包括溢油回收装置、溢油储存舱、驳运装置、机械动力系统和垃圾回收设备等装置。

（1）回收船的分类

溢油回收船按船体形式可分为单体船和双体船两种。相比较而言，单体船操作简单、船体灵活、拐小弯容易、维修保养方便，但回收能力稍差，回收油罐容量较小。而双体船则具有较好的回收能力和较大的容量，并且能在极坏的气象条件下工作。

溢油回收船按船体大小可分为大（200 t 以上）、中（20～200 t）、小（20 t 以下）三种类别。船型越大，收油能力和容油能力越大，越适宜在恶劣的环境中工作，适用于大规模溢油回收工作。但大型船经济性和机动性相对较差，维修保养费用较高。提高收油率、降低含油率是今后回收船研究趋势。

2005年12月23日，"碧海1号"（图6-24）浮油回收船停泊在大亚湾海港待命。该船可扑救海面原油、柴油、汽油和其他化学品等引起的火灾，回收和临时存储海面上的浮游及固体垃圾、喷洒溢油分散剂、拖带和布设围油栏拦截浮油、控制浮油污染等。启用后可加强大亚湾海上油品和化学品事故紧急反应的力量。

图6-24 "碧海1号"浮油回收船

（2）回收船的维修与保养

回收船在海洋溢油应急使用后，特别是储运回收的溢油后，要注意及时的维修和保养。回收船的维修保养工作具有相当大的困难，经常接触海水或液货的油漆面易遭到破坏，颜色陈旧，金属表面、棱角、端面比其他船舶的锈蚀要严重得多。

维修保养工作要看海况和时间而定，对回收船维修保养有以下几点建议：

① 在海况良好和航线上过往船只密度小的情况下，洗完舱后能有两天以上的航程，就完全有时间集中部分人力，进行甲板重点部位的维修保养工作；在大风浪天气、过往船只密度大或有雾等情况时，做好安排活锈、加油等保养工作。

② 收油船的甲板龙骨、肋骨、横梁纵横交错，棱角多，死角多，液货管数量多、间隙小，不能用电动或气动工具敲锈，只能手工作业。作业现场必须要有安全质量监督员把好安全和质量关。

③ 锈块、锈斑、锈迹在敲打后应彻底除净，并且保证金属面平滑，避免敲打成麻点儿。

④ 涂防锈漆一般应按形涂刷，不能扩展太大，更不能将小块金属面刷成一大片。底漆、面漆要各涂2～3遍，涂漆前，务必除净锈渣、灰尘和海盐，涂漆后的数小时内油漆面上也不能沾灰、沾水，否则前功尽弃。

#### 6.4.1.8　机械旋转笼式回收装置

日本运输省第二建筑港局和播磨重工业公司曾联合研制过一种机械旋转笼式重油回收装置，其工作原理如图 6-25 所示。该装置主要用一根固定管为轴，把若干个铁丝笼像叶轮一样固定在管轴上，管轴由液压马达驱动皮带轮并带动铁丝笼一起旋转。水面漂浮的高黏度原油一遇转笼即可经导板进入笼中。进入笼中的水分可自动漏出，剩余的油受刮板的作用，可自动进入集油槽，再由螺旋桨输送机将其输送至螺旋桨两端的吸引口，最后由固定管输至储油罐。铁丝笼可以像更换盒式录音带一样随时替换。还可根据不同油种选择不同网格尺寸的铁丝笼，以获得最佳的收油效果。对于一般用泵难以传送的 50 万 CS 以上的高黏度油，由于管壁内附着水膜的作用，此装置仍能传送。另外，对于用喷洒凝聚剂而固化的油种，也可使用该装置予以回收。

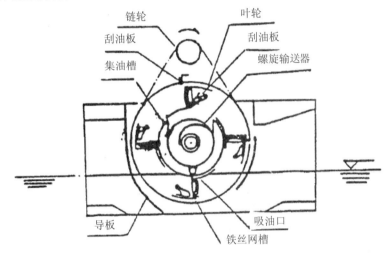

图 6-25　旋转式重油回收装置的工作原理

#### 6.4.1.9　溢油回收车

青岛光明环保技术有限公司在 2010 年申请了一项滩涂溢油回收车的专利。这种滩涂溢油回收车可以解决现有技术中溢油回收装置及收油作业工具不能既在水中行驶作业，又在陆地行驶作业的难题。尤其是不能在水陆交界地域，如淤泥、沼泽、滩涂等地段行驶作业的问题，实现了全方位作业，机动性大，适应性强。

两栖溢油回收车除自备动力能在水、陆滩涂行驶及通信照明的功能外，附带的机械臂还有收油、挖掘、步履等功能。采用浮箱履带结构，以获得水上作业必需的浮力和滩涂行走的功能。设置的机械臂以实现步履功能，并获得在淤泥中行驶的辅助推力。整车采用全液压驱动，配置独立的液压动力站，驱动各种动作所配置的液压马达和液压油缸，以实现应有的动作功能。自带的浮动油囊可以储油，将浮动油囊布入车后水上或淤泥地上，再将收集的油泵入浮动油囊内，直至灌满后脱开。

### 6.4.2 溢油的化学消除技术

化学处理法视情况可以直接应用于溢油处理，也可以作为物理处理法的后续处理，化学处理法包括以下几种。

#### 6.4.2.1 分散剂

溢油分散剂俗称"消油剂"，它是用来减少溢油与水之间的界面张力，从而使油迅速分散在水中的化学试剂，由表面活性剂、渗透剂、助溶剂、溶剂等组成。目前，世界各国在处理各种水面溢油事故时，广泛应用溢油分散剂。在许多不能采用机械回收或有火灾危险的紧急情况下，及时地喷洒溢油分散剂，是消除水面石油污染和防止火灾的主要措施。

（1）溢油分散剂的作用机理

溢油分散剂溶剂具有降低溢油黏度和表面张力的特性，能促使表面活性剂与溢油更好地接触。溢油分散剂表面活性分子中既有亲油基团又有亲水基团，当表面活性剂与油混合时，它就排列在油—水界面上，在亲油基团的作用下，油—水之间的界面张力被削弱而有利于溢油乳化分散，形成微粒子。在乳化分散的微小油离子表面又定向地分布着表面活性剂的亲水基团，可阻挡乳化油微粒子的重新集合，使油的表面积大大增加，有利于油与水的充分接触与混合，使油易于被水中的生物降解，最终生成 $CO_2$ 和其他水溶性物质，被水体净化。

（2）分散剂的分类及特点

目前，世界上溢油分散剂产品已有几百种，可大体分为两类：普通型溢油分散剂（烃类溶剂溢油分散剂）和浓缩型溢油分散剂（非烃类溶剂溢油分散剂）。溢油分散剂国家标准（GB 18188.1—2000）也将溢油分散剂分为常规型（也称普通型）和浓缩型。

普通型溢油分散剂的表面活性剂早期产品为醚型，毒性大；现代产品为酯型，毒性小。普通型溢油分散剂的表面活性剂含量低，一般只有 10%～20%，普通型溢油分散剂的溶剂一般采用芳香烃含量低的烃类，溶剂比例一般高达 80%～90%，因而普通型溢油分散剂溶解溢油能力强，处理高黏度油及风化油的效果好，使用时应直接喷洒，但喷洒后要搅拌。该类分散剂使用前不能用水稀释，使用比率（分散剂/油）在 1∶1 至 1∶3 之间为宜。

浓缩型溢油分散剂的表面活性剂多数是从天然油脂中提取的脂肪酸，从糖、玉米及甜菜中提取的梨糖醇，基本上是无毒的。浓缩型溢油分散剂的表面活性剂含量较高，一般为 40%～50%，因此能迅速地分散溢油。浓缩型溢油分散剂的溶剂为非碳氢化合物。相对于普通型溢油分散剂而言，浓缩型溢油分散剂的溶剂含量较低，均为 50%～60%。浓缩型溢油分散剂多为水溶性，分散溢油效率高，处理高黏度油效果差，使用时可直接喷洒，也可以与海水混合喷洒，但前者效果更好。该类分散剂喷洒后不需搅拌，使用比率（分散剂/油）在 1∶10 至 1∶30 为宜。

（3）分散剂的性能指标

由于消油剂是直接用于水域环境的，所以除了要求对油的乳化效率高以外，它还应具有低毒、可生物降解、使用方便、安全不易燃烧等其他物理性能。1992 年 8 月 20 日国家海洋局根据《中华人民共和国海洋石油勘探开发环境保护管理条例》的规定，制定了《海洋石油勘探开发化学消油剂使用规定》。其中规定的第四条严格规定了消油剂的性能。

《海洋石油勘探开发化学消油剂使用规定》第四条，消油剂的性能应符合下列要求：

燃点：> 70℃

黏度（30℃）：< 50 mm$^2$/s

乳化率：30sec > 60%

　　　　　600sec > 20%（标准油为 100℃蒸馏的胜利原油）

生物毒性（鱼种为虾虎鱼）：24 h LC$_{50}$ 3 000 mg/L

生物降解度：BOD$_5$/COD > 30%

（4）溢油分散剂的适用条件

溢油分散剂适合在开阔、水流快、温度高的水域使用。

① 适合处理 5 mm 以下厚度的溢油，如果厚度在 5 mm 以上，溢油分散剂分散溢油效果不佳且易使用量过大。通常处理水上溢油的方法首选机械回收法，尽量将溢油回收后，再使用溢油分散剂处理残油。

② 适合于处理比重中等且具有挥发性的原油和燃料油。轻质燃料油和轻质原油比重小，易挥发，可以自然消散入大气中；比重大的原油和燃料油不易挥发，使用溢油分散剂的效果不佳。

③ 适合于处理黏度小于 10$^{-3}$ m$^2$/s 的油品。

④ 通常情况下，海能高时所需的分散剂较少，风速大于 5 m/s 时，分散剂使用效果较好。

⑤ 分散剂在低于 15℃的海水中使用效果很差，在低于 5℃的水中几乎不能使用。

溢油分散剂属于非易燃品，化学性质稳定，对金属无腐蚀作用，运输比较安全。应储存在岸上或船上干燥通风、避免暴晒或雨淋的地方以便应急使用。

（5）溢油分散剂的使用原则

在下述情况下可以考虑使用溢油分散剂处理水面漂浮油或溢油事故：

① 水面漂浮油或事故溢油可能向海岸、水产养殖地以及其他对溢油敏感的水域移动，威胁着商业、环境的利益，并且在到达上述敏感区域之前既不能通过自然蒸发或者风、浪、流的作用而自行消散，也不能用物理方法围堵或回收处理。

② 对于物理的、机械的方法难以处理的溢油，采用溢油分散剂促使其向水体分散所造成的总的损害比把油留在水面上不处理的损害小。

③ 溢油发生在水深大于 20 m 的非港区水域，可以先使用，然后向主管部门报告。

④ 水面漂浮油或事故溢油的类型及水温适合于化学分散剂（一般来说，水温须高于拟处理油的倾点 5℃以上），气象、海况等环境条件宜于分散油扩散。

⑤ 在已经发生或可能发生油火灾、爆炸等危及生命或设施安全的不可抗拒的情况下。

（6）溢油分散剂的使用方法

消油剂是化学品，人们在操作时应注意安全。使用消油剂时一定要戴好安全眼镜和PVC手套，同时，建议使用呼吸面具以防吸入消油剂的蒸气。操作后，一定要用肥皂清洗手和脸，特别是在吃东西之前一定要洗手。在使用旧消油剂（保存时间多于十年）时一定要特别注意，因为它们可能分解成毒性更大的组分。现行法规也可能不允许它们的使用了。

确定分散剂的使用比率既要考虑溢油的比重、黏度、倾点，又要考虑分散剂的种类和其组分，还要考虑油膜的厚度及其流动状态等因素。根据经验，分散剂/油的使用比率在1/100～1/10之间，视油的类型、油膜的厚度而定。因此，通常对厚油层进行回收之后，对海面的漂浮油膜使用分散剂进行处理，表面活性剂容易进入油层，使分散剂保持正常的使用比率。按照分散剂的实验和使用经验，分散剂与溢油的使用比率为：常规型的分散剂/油：1∶3～1∶1；浓缩型的分散剂/油：1∶30～1∶10；稀释型的分散剂与水的比率为1∶10，直接用于清洗油污。通常情况下，大多数分散剂在海水中的分散效率比在淡水中好。通过搅拌等方式，可以使分散剂与油充分混合，以利于分散剂的溶剂进入油层中，也能增加分散剂与油的混合程度，提高分散剂与油的乳化程度和分散效果。但在使用时需要考虑分散剂的类型，溢油的位置、面积大小以及喷洒分散剂的机械装置。

分散剂可通过船舶喷洒、空中喷洒和人工喷洒。选用喷洒方法时，主要取决于分散剂的类型，溢油的位置、面积的大小以及喷洒分散剂的船舶或飞机的有效利用率。喷洒作业时注意如下几点：

① 喷洒要从油膜的较厚部分以及油膜的外部边缘开始，不要从中间或油膜较薄的地方开始；

② 船舶顺着风向作业以避免分散剂被吹到甲板上；

③ 分散剂的喷洒作业应尽可能在溢油事故发生后的短时间内进行，因为时间过长，油的风化会造成"乳化"，降低分散效果。

（7）溢油分散剂国家标准及使用规定

国家标准《溢油分散剂技术条件》（GB 18188.1—2000）和《溢油分散剂使用准则》（GB 18188.2—2000）经国家质量技术监督局公布自2001年10月1日起施行。交通部也制定了相应标准：《溢油分散剂技术条件》（JT 2013）。

《溢油分散剂使用准则》中规定可使用分散剂的情况有：溢油发生或可能发生火灾、爆炸，危及生命安全或造成财产重大损失；溢油用其他方法处理非常困难，而使用分散剂将对生态及社会经济的影响小于不处理的情况。规定禁止使用分散剂的情况有：溢油为易挥发性的汽油、煤油等轻质油品；溢油已被强烈乳化，形成了含50%以上水分的油包水乳状液或在环境温度下呈块状；溢油发生在对水产资源的生存环境有重大影响的海域。

（8）溢油分散剂产品检验认证

根据我国分散剂生产和使用管理的实际情况，为了减少和防止使用海面溢油处理剂造成二次污染，中国海事局于2000年制订了《消油剂产品检验管理办法》，对海上使用分散剂、凝聚剂、沉降剂的生产、检验和发证做出了规定。

消油剂产品必须由经过认可的检验单位进行检验，并取得中国海事局颁发的有效的产品型式认可证书；禁止销售和使用没有取得产品型式认可证书和被取消型式认可证书的消油剂产品；产品检验项目有：外观、pH 值、燃点、黏度、乳化率、鱼类急性毒性和可生物降解性；抽样、检验必须符合交通部标准《溢油分散剂技术条件》（JT 2013）的要求。中国海事局依据检验报告，对检验合格的产品签发消油剂产品型式认可证书。中国海事局对出厂的产品进行不定期抽检；产品型式认可证书有效期为五年，自签发日期起两周年前、后一个月为复检期。目前中国海事局委托交通部环境保护中心开展产品质量检验，已定期公告了六批次以上经认可的消油剂产品，如海环牌 1 号海面溢油分散剂、JDF－2 溢油分散剂、油立肃等十几个产品。

（9）船舶、码头设施使用化学消油剂作业许可

海事部门对船舶、码头设施使用化学消油剂作业实行严格的行政许可制。船舶、作业单位或其代理人应具备以下条件：

① 申请使用的化学消油剂为交通部海事局认可；

② 符合《溢油分散剂使用准则》（GB 18188.2—2000）规定的使用条件；

③ 使用方法符合《溢油分散剂使用准则》（GB 18188.2—2000）的规定；

④ 申请使用的数量与处理的溢油适当。

并提交以下材料：

① 使用化学消油剂申请；

② 拟使用化学消油剂的品种型号及使用说明材料；

③ 说明申请使用化学消油剂的使用区域和污染情况、使用方法、使用时间、计划用量、使用理由和对使用效果的预测的材料；

④ 有关专家或相关人员的评估意见（大量使用时）；

⑤ 使用化学消油剂情况报告（经批准使用后提交）。

符合条件的，海事部门在其书面申请书中签署核准意见，在 1 个工作日（情况紧急的应当场答复）的期限内予以许可；不符合条件的，不予许可并说明理由。

（10）消油剂使用管理上存在的一些问题

① 把消油剂当作万能产品，使用过滥、过量。无论发生怎样的溢油污染，无论在什么样的水域条件下，均把消油剂作为唯一消除油污染的方法。

② 内河港口、船舶消油剂等溢油应急设备设施配备不足、管理相对滞后。使用者对国家有关消油剂使用的管理规定知之甚少，特别是对使用前的报告、不同水域的使用量和不能使用消油剂的条件等具体实施要求不清楚。目前，长江干线上制定的《长江干线中下游围油栏布设监督管理办法》（长江港监局于 1999 年 1 月 12 日颁布实施），仅第 14 条规定"无法回收而需使用消油剂的，应事先报港监机关批准"。另据《2004 年长江海事局辖区船舶防污工作状况》通报，目前长江海事局辖区仅九江港、安庆港配备有消油剂

共 680 kg，大多数港口和船舶都未配备和储存消油剂。荆州港石油年吞吐量为 90 万吨左右，荆州海事局虽已制定《荆州港区溢油应急计划（试行）》，但荆州港在围油栏和机械回收设施、消油剂等溢油应急设施上尚属空白，待随着港区的发展而陆续配备完善。

③消油剂品种少、质量参差不齐。目前，大多使用普通型常温消油剂，这种消油剂用量大、适用的范围小。而低毒性的生化消油剂推广应用工作进展不利，市场上更缺乏适合低温条件下使用的消油剂。

### 6.4.2.2　沉降剂

沉降剂（也叫降凝剂）多采用高密度的材料用作亲脂肪的外壳使其吸附油，最后沉降。使用沉降剂虽然可以清除海上表面溢油，减少海上环境污染，但是它会造成海底污染、杀死海底微生物。因此，一般深海区的溢油可用沉降剂使之沉入海底，之后进行生物处理。在有其他选择的条件下，最好不要使用沉降剂。我国原油降凝剂种类如表 6-7 所示。

表 6-7　我国原油降凝剂种类一览表

| 降凝剂组成 | 牌号 | 适用原油 |
| --- | --- | --- |
| 苯乙烯-马来酸酐-十八醇脂共聚物 | SMO | 含蜡原油 |
| 苯乙烯-马来酸酐-混合醇共聚物 | | 中原原油 |
| 苯乙烯-马来酸酐-十八胺共聚物 | | 某些含醋原油 |
| 丙烯酸高级脂-醋酸乙烯酯或马来酸酐-或不饱和烯烃共聚物 | | 江汉、荆门、大港 |
| 丙烯酸正十六醇和十八醇混合脂-马来酸酐共聚物 | OEAM | 鲁宁、胜利、中原 |
| 聚丙烯酸烷基脂 | | 中原原油 |
| 丙烯酸高碳醇脂-马来酸酐-醋酸乙烯酯共聚物 | AA-MA-VA | 胜利、中原原油 |
| 乙烯-醋酸乙烯酯共聚物 | EVA | 任丘原油 |
| 苯乙烯-丙烯酸十八脂共聚物 | PSOA | 大庆原油 |
| 甲基丙烯酸酯-醋酸乙烯酯共聚物 | P（n-OMA-CO-VA-） | 大庆、新疆、马岭东 |
| 聚丙烯酸高级醇脂共聚物 | PAHE | 辛、孤东、濮阳原油 |
| 苯乙烯-马来酸酐-混合高级醇共聚物 | | 大庆原油 |
| 烯烃-烯烃基脂肪酸酯-烯属不饱和酰胺或烃磺酸盐共聚物 | H89-2 | 青海原油 |
| 丙烯酸高碳醇脂-马来酸酐-苯乙烯-醋酸乙烯脂共聚物 | H89-2 | 大港原油 |
| 马来酸酐-混合 σ 烯烃-高碳脂肪醇共聚物 | MAOC | 大庆原油、柴油 |
| 乙烯-醋酸乙烯酯-乙烯醇共聚物-聚醚 | WHP | 吐哈、新疆、鲁宁、中洛线原油 |
| 马来酸酐-苯乙烯-丙烯酸高级脂共聚物 | MSA | 胜利原油 |
| 丙烯酸烷基脂-马来酸酐-苯乙烯共聚物 | AAMSA | 胜利原油 |
| 乙烯-醋酸乙烯酯共聚物与顺丁烯二酐-醋酸乙烯酯-丙烯酸烷基脂共聚物的复配物 | EMS | 大庆、江东、冀东 |
| 乙烯-醋酸乙烯酯共聚物与富马烯-乙烯-醋酸乙烯酯共聚物的复配物 | | 马岭原油 |
| 聚合物 AEMV 和非离子表面活性剂的复配物 | | 辽河原油 |
| 苯乙烯-马来酸酐-丙烯酸十八醇脂共聚物与醋酸乙烯酯-马来酸酐-丙烯酸十八醇脂共聚物的复配物 | | 含蜡原油 |

目前常用的沉降剂主要有两类。① 液体：四氯乙烯（相对密度 1.62）；② 固体：砂、砖瓦碎屑、火山灰、硅藻土、石膏等（多经过疏水处理后再用）。

### 6.4.2.3　其他化学制品

其他的化学制品包括用于破坏油水混合物的破乳剂，用于加速石油生物降解的生物修复化合物以及黏性添加剂等。

### 6.4.2.4　燃烧法

将海上溢油直接用火点燃将之除去的方法称为就地燃烧法。燃烧法适合于在发生大型溢油时使用，如美国墨西哥湾"深水地平线号钻井平台溢油事故"发生后大量使用了燃烧法处置溢油，取得了良好的效果。现场燃烧的关键问题是焚烧的可行性和安全性。对于可行性而言，只要保持油膜有 2～3 mm 的厚度，以免油层向水下散失过多的热量，焚烧就可以进行。对于安全性主要是将溢油引导至安全地带进行可控燃烧，以免造成其他事故。燃烧法的优点是所需后勤支持少、高效、迅速；其缺点是会造成二次污染，容易对生态平衡造成不良影响，并且浪费资源。

（1）就地燃烧的条件

对水中的溢油采用就地燃烧技术进行处理，需要满足以下条件：

① 距离人口居住区的距离应不小于 1.6 km，并且应位于人口居住区的下风向位置，制定燃烧方案时，应考虑对周边居民和现场作业人员采取安全防护措施。

② 焚烧点应与海岸、船坞、森林和海岸通信设施保持适当距离，并远离生态敏感区和停泊在附近水域的其他船舶，火势也不应波及周边地区的其他浮油。

③ 任何海上焚油活动都必须具备良好的通信和导航设施，以保证焚烧及其产生的污染物不对人类、自然资源、当地的器材设备和下风向的作业产生不良影响。

④ 风速应小于 37 km/h，波浪高度应小于 1 m，一般需配备 300～500 英尺（92～152 m）防火围油栏，这种防火型围油栏需要抵御超过约 2 093℃的高温、海浪的撞击以及适合拖带，通过防火围油栏形成最佳池火燃烧环境，并为维持燃烧状态创造条件；两艘长度 10 m 以上的拖放围油栏的自航船（性能相同）、拖航配件、至少 500 英尺（152 m）长的拖绳、点火装置。

⑤ 泄漏油品应为中、轻质原油，API 重度大于 32°或者密度小于 0.864 g/cm³，这种情况容易被点燃，燃烧效率高，残留物相对较少。

⑥ 泄漏油品进入水体时间不宜过长，一般不超过 2 d，防止油品风化或乳化，油品挥发程度不超过 30%，且厚度已经达到 2～3 mm，含水量小于 25%，这种情况是燃烧的最佳状态。当油品乳化时，如果乳化物中水的含量超过 50%，即使是轻质燃油或精炼产品也很难进行就地燃烧。

（2）点火系统

一旦使用防火围油栏围控溢油，就要燃烧被控制的溢油，根据要点燃的溢油种类选择点火装置。对于大型溢油、连续溢油的油层或防火围油栏已经控制的溢油使用一个点火装置足以。如果溢油已经风化或乳化，或溢油被风、波浪搅动，可能需要多个点火装置才能点火成功。在所有情况下，为了使点火装置向油膜传递足够的热量蒸发溢油并点燃油，要求点火装置对油层造成最小的扰动是非常重要的。在有些情况下，点火源可以是浸有油的破布。还有一些专用的点火装置，包括：美国 SIMPLEX 公司生产的直升飞机抛投点燃火炬装置，该点火装置喷洒出大量的凝固燃油滴落在油层表面燃烧。加拿大研制了两种手动点火装置，"PYROID"和"DOME"点火装置。安装在直升飞机上的标准点火装置喷撒出很多聚苯乙烯小粒，利用喷撒这些聚苯乙烯小粒时释放出的化学热量点燃这些小粒。

（3）就地燃烧流程

对泄漏油品采用受控燃烧除需满足相应的技术条件外，还需满足当地政府、公众团体以及其他监管部门的要求。通过上述对受控燃烧所需具备的技术条件进行分析，结合一些案例的响应过程，以及我国当前行政体制的具体情况，形成了就地燃烧流程图（图6-26）。

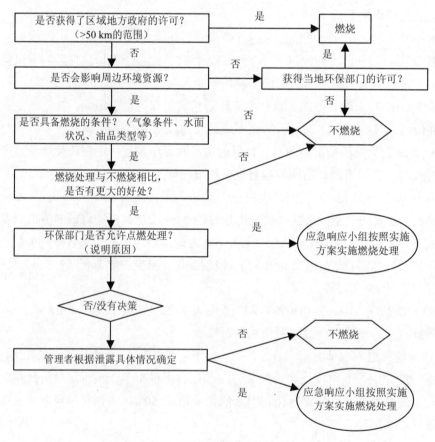

图 6-26　就地燃烧流程图

（4）国内外相关标准

国内在泄漏油品应急产品技术标准方面相当匮乏，只形成了 GB 18188—2000《溢油分散剂》、JT/T560—2004《船用吸油毡》和 JT/T 465—2001《围油栏》等标准。美国在泄漏油品处理技术方面形成了比较全面、系统的标准体系，尤其在受控燃烧方面的标准比较完善和具体。美国对于进入水体的泄漏油品的处置标准主要由美国材料与试验协会（ASTM）制定，ASTM 受控燃烧相关标准如表 6-8 所示。

表 6-8  ASTM 受控燃烧相关标准

| 标准号 | 标准名称 | 主要内容 |
|---|---|---|
| ASTM F1644—2001 | 《溢油应急人员的保健与安全培训标准指南》 | 提供针对初期溢油应急、长期处置和应急后方支持人员培训矩阵、培训内容、培训效果评估要求等 |
| ASTM F1656—2001 | 《美国溢油应急人员的保健与安全培训标准指南》 | 提供 3 种不同危险程度（热区、温区和冷区，指初期应急、长期清理、后方支持）培训需求、培训内容、培训评估等 |
| ASTM F2152-2007 | 《溢出油就地燃烧的标准指南：防火围油栏》 | 提供防火围油栏性能要求与测试方法 |
| ASTM F1788—2008 | 《水上石油泄漏原地燃烧指南：环境和操作事项》 | 包括环境方面的考虑（空气、水和生物），操作注意事项（安全性、监测控制、风和海况、燃烧效率和速度等） |
| ASTM F2067—2007 | 《溢油扩散模型开发和使用的标准实施规程》 | 包括模型的原理以及模型输入参数、特征和输出参数等 |
| ASTM F2230—2008 | 《冰水环境溢油现场燃烧的标准指南》 | 提供燃烧需要考虑的因素，不同冰情不同水体（海上、河流、湖泊）燃烧方法 |
| ASTM F2327—2008 | 《侦查和监测水中油的空中远程遥感系统选用标准指南》 | 提供燃烧需要考虑的因素，不同冰情不同水体（海上、河流、湖泊）燃烧方法 |
| ASTM F2533—2007 | 《海船或其他船舶中溢油现场燃烧的标准指南》 | 包括船中燃烧受到的限制、燃烧操作注意事项 |

## 6.4.3  溢油的生物处理技术

生物处理法是微生物利用油类作为新陈代谢的营养物质将其降解，从而达到去除海上溢油的目的，微生物降解原油的总反应过程如下：

微生物 + 石油烃类（碳源）+ 营养物（N，P 等）+ 氧 ⟶

微生物增殖 + 二氧化碳 + 水 + 氨及磷酸根等

生物处理法目前主要有菌种法和营养法两种类型。该方法具有费用低、无二次污染等优点，适于大面积应用；但是速度慢，不能分解原油中的高沸点组分（石蜡除外）。目前，已知可降解石油的微生物大概有 70 个属、200 多种，其中 28 个属是细菌，30 个属是丝状真菌，12 个属是酵母。与化学、物理方法相比，生物处理对人和环境造成的影响小，并且处理费用仅为传统物理、化学处理方法的 30%～50%。

石油的自然生物降解速度较慢，可采取多种措施强化这一过程，常用的技术包括：第一，投加表面活性剂促进微生物对石油烃的利用；第二，提供微生物生长繁殖所需的条件；第三，添加能高效降解石油污染物的微生物。

### 6.4.3.1 影响微生物处理的因素

（1）石油的理化性质

石油组分的不同在很大程度上会影响微生物的降解速率。而微生物对石油中各种烃组分的降解难易程度也不同，一般而言是低分子量的直链烷烃和支链烷烃最易降解，其次是低分子量的芳烃化合物，然后是 PAHs，最难降解的油组分为胶质和沥青质。同时，石油的各项理化性质对高效烃降解微生物的降解程度也有很大的影响。

（2）微生物种类的影响

微生物种类不同，对石油烃的降解效能不同；石油烃的组分不同，即便是同一菌株其降解效果也不同。将不同的菌种混合培养所形成的菌群的总体降解效率要比纯株菌高。而且，在油污染区域，石油烃降解菌的数量明显要比未受石油污染地区多。由于原油来源不同，石油烃的组分不同，因此将石油烃菌株进行合理的搭配，避免相互竞争是实际应用中的主要困难。

（3）共代谢作用

大部分烃降解菌可利用石油烃作为唯一的碳源和能源物质，但是在溢油污染物中，仍有部分污染物不能作为微生物的碳源而被直接利用，它们只能被其他微生物在石油烃降解过程中代谢产生的酶所降解或氧化后，再被微生物利用并彻底清除。例如，PAHs 具有强烈的"三致"作用，随着环数的增多微生物降解的难度也大大增加。但是某些微生物可降解双环或三环的 PAHs，并且在其代谢过程中产生了某些物质，这些代谢产物能够在一定程度上促进微生物对四环或多环的高分子量芳烃的降解，从而达到共代谢的目的。

（4）环境因素

①温度。温度会影响细菌的生长、繁殖和代谢过程。在一定范围内，微生物的烃降解速率与温度成正相关。在海洋环境中海水的温度一般较低，这时就需要使用在低温条件下也能够进行正常生长和代谢的微生物对海洋溢油污染物进行降解。

②营养盐。在海洋环境中，溢油事故发生后，石油中含有微生物可以利用的大量碳源，但是微生物的生长还需要氮源和磷源的存在，所以在海洋溢油修复中，营养盐含量偏低也是微生物降解过程的一大限制条件。

③ 氧气。微生物在对溢油污染物进行生物降解时需要大量的氧气，烃化合物的代谢机制中第一步反应一般都需要有分子氧的存在。在表层海水和高能量海岸线氧为非限制性因素，但是在沉积物和深海缺氧区域，氧的含量可能成为微生物降解的限制因子。

#### 6.4.3.2　增强微生物处理的措施

（1）营养盐的添加。在海洋溢油污染区域进行微生物处理工作，在很多情况下，由于 N、P 等必需营养盐的缺乏，致使油污的降解率大幅度下降。因此，在现场溢油污染的微生物处理过程中，营养盐的额外投加被视为一种必需的辅助处理措施。

在海洋环境中，额外投加的营养盐同样也受到很多条件的影响。无论是在水体中还是在近岸滩涂区域，直接进行投放的营养盐会很快被海水冲刷稀释，不仅使得大部分营养元素不能被微生物菌株所利用，溶解到水体中的营养盐还很容易造成水体的富营养化，导致二次污染。研究表明，将营养盐进行固定化处理之后，能够大幅度提高微生物对其利用程度。固定化处理后的营养盐，在海洋水体环境中可以进行缓慢的释放性溶解，在滩涂区域也能够使间隙水中营养盐的浓度保持在一定范围之内。

目前经常使用的营养盐包括水溶性营养盐、缓释型营养盐和亲油性肥料。水溶性营养盐，就是在溢油污染区域对氮磷营养盐按一定比例直接进行投放。这样的投放方式经常被用于近岸的滩涂区域。投加的营养盐在最短的时间内便加入到微生物的代谢过程中，见效快且在短时间内便达到理想的浓度范围。缓释型营养盐能够在一定程度上缓解海水对盐的溶解和冲刷。它通常是由表面上涂加了疏水材料的无机盐组成的固体物质。亲油型的营养盐可以克服水溶性营养盐易被海水冲刷的缺点。亲油型营养盐能够黏附于油膜上，通过在油水界面上的固定而为微生物菌株的生长代谢提供营养元素，不需要考虑间隙水中营养物质的浓度问题。此种产品在大规模的生物修复工程中都取得了较为成功的效果。但研究表明，在海滩溢油污染区域使用亲油型营养盐，效果要低于水溶性营养盐，而且在滩涂沉积物中使用时，亲油型营养盐还受沉积物颗粒大小的影响。因此，虽然营养物质的添加对提高微生物菌株的石油烃降解性能有很大的帮助，但是在实际现场操作中采用何种类型的营养盐添加剂，还需要因投放环境的不同而进行选择。

（2）外源烃降解菌的投放。在大部分油污染区域特别是海洋环境中，可以利用的土著微生物数量一般较少，若想要对油污进行高效的生物降解，需要经过相当长的一段时间对油污染环境进行适应，突发的溢油事故并不能在短时间激活土著微生物的烃降解性能。因此，需要引入高效的烃降解菌（群）对目标区域的油污染物进行生物降解，进而达到修复的目的。

（3）表面活性剂的添加。石油烃组分的水溶性较小和微生物的可利用率较低是造成生物修复效能下降的主要因素，在海洋环境中通常使用表面活性剂来降低石油烃组分的界面张力，促进其解吸和溶解，以此来提高微生物对溢油污染物的生物降解程度。但是，化学表面活性剂对微生物生长的促进作用是极为有限的，并且要对浓度进行有效控制，否则会对微生物的生长带来较强的毒性危害。

（4）共代谢底物的添加。添加共代谢底物能使大分子量的物质能够被微生物所利用，提高生物处理的效率。特别是针对一些有较强毒性作用的石油烃组分而言，共代谢作用作为一种有效的修复举措，在油污修复处理过程中发挥着较大的作用。

### 6.4.3.3 国外就地生物治理的工艺技术

目前，国外就地生物治理已形成几种比较定型的工艺技术，可供我们借鉴。

（1）空气喷布或生物喷布。这种技术治理的对象为土壤及地下水中石油烃类的污染，主要是鼓风供氧促进微生物降解。采用此技术，烃类降解速率可达 1.5～3.9 mg/kg 土壤。

（2）生物抽气。这种技术治理的对象主要为土壤中轻质石油烃类污染，即采用负压充氧、喷灌营养物等方法促进微生物降解。美国已有 120 余处空军基地在使用或试验使用这套工艺技术，以治理航空煤油、汽油等的污染。采用此技术，经过 13 个月后，烃类去除率可达 85%，生物降解速率为 4.28 mg/kg 土壤。

（3）生物抽吸。这种技术治理对象主要为石油烃类泄漏量大而且比较集中的情况，即采用抽吸地下水充氧后渗灌回原地的方法促进微生物降解。美国有 20 余处空军基地在使用此方法治理石油烃类泄漏污染。

（4）就地地耕处理。如果土壤只在表层被石油污染，且被污染地块有就地地耕处理的条件，可进行就地地耕处理，即对被污染土地土层进行耙耕，耙耕深度以 0.2～0.4 m为宜，以使石油烃类与土壤均匀混合，并尽可能提供微生物代谢的好氧环境。

### 6.4.3.4 生物修复技术在大连"7·16"溢油事故现场中的应用

2010 年 7 月 16 日大连发生溢油事故，中海石油环保服务（天津）有限公司利用所开发的高效石油烃降解菌剂和生物修复营养剂在大连溢油现场开展了现场试验。

项目团队在大连市甘井子区蟹子湾的沙石岸滩选取了 3 m×10 m 区域进行试验，该区域沙石粒径在 0.1～0.5 m，含油量为 2.6%，油浸深度大于 50 cm。往试验区域添加 30 kg高效石油烃降解菌剂和 12 kg 生物修复营养剂，翻耕深度 5～10 cm，每隔一周时间取一次样，取样时间为 9 月 3 日、9 月 11 日、9 月 17 日、9 月 2 日、9 月 30 日、1 月 6 日、1月 13 日，样品在试验区域 5 个不同的点选取表层、10 cm 层、40 cm 层，一共 15 个样品，将 15 个样品均匀混合，测定样品含油量，平行测定三次选取平均值后扣除空白对照得出原油降解率。空白对照为邻近区域不进行任何处理的样品。

由于修复时间是从 9 月 3 日开始，大连海域的气温水温均已较低，这对生物修复效果的影响较大。从表 6-9 中能看出，在生物修复前期，降解率变化较大，这是由于此期间试验场地的气温水温稍高，有利于菌剂的生长繁殖。从而促进菌剂对原油的降解作用；然而到了修复后期，尤其是 10 月以后，降解率变化不大，因为此时处于北方的大连海域气温水温都已经较低，抑制了菌体内的酶活性，使得降解率降低。

表 6-9 生物修复大连现场试验降解率

| 修复时间/d | 降解率/% |
| --- | --- |
| 0 | — |
| 7 | 28.57 |
| 14 | 18.03 |
| 21 | 19.91 |
| 28 | 20.52 |
| 35 | 37.66 |
| 42 | 39.88 |

## 6.4.4 溢油清污方案的选择原则

溢油清除方法和技术的采用，应根据溢油的性质、溢油量、气象水文条件，对溢油现场海域以及对周围环境近期和长远的影响，并且进行可能使用技术的经济效益比较分析后，再最终选择最佳的清污技术方法。

### 6.4.4.1 根据油种进行选择

（1）流动点高的油。我国原油（如大庆、胜利、任丘原油）、印尼原油等流动点的温度均在 30℃以上，运输过程中需加温，一旦该类油种的原油溢流到海面上，遇海水冷却凝固，经波浪作用，形成大小不等的片状和块状在海面上漂浮。对于这样的海面溢油，如采用化学分散剂和吸油材料吸收可以说是无效的；而采用刮板式、倾斜板式回收船和网袋回收装置以及人工方式回收是很有效的。

（2）流动点低的油。流动点低的中东、阿拉伯原油，一旦溢流到海面，迅速扩散的同时低沸点成分也不断挥发，在有可能引起火灾之前，作为应急处理措施，喷洒油分散剂使溢油乳化分散于海面下是很必要的，但溢出油经过 30 min，低沸点成分几乎挥发完了之后，是否使用油分散剂，需根据现场情况而定。对该种原油可考虑使用围油栏，除刮板式装置的油回收船、油吸引装置、吸油材料、油拖把等。

如果溢油在海上漂浮数日，由于风浪的作用，油层中含有大量的微细水滴，含水量达 70%以上时，形成了油性乳化油，其黏度达 1 J·s/kg 以上，相对密度接近于 1。这样高黏度的溢油采用上述回收方法显然是无效的，可采用流动点高的溢油处理方法回收。

（3）重油等燃料油。这样的油多数黏度低，不容易凝固，利用油处理剂、吸油材料、油吸引装置、油回收船、油拖把等装置能够回收。但其中某些重油（如日本的 B 和 C 重油）在海上漂浮时间长，也能生成高黏度的油性乳化油，采用流动点高的溢油处理方法回收最为适宜。

### 6.4.4.2 根据溢出油量选择

（1）在 10 t 以下的溢油场合。这种场合多属油轮装卸时的跑、冒、滴、漏和小型油轮发生事故以及岸上油罐溢油事故等，多数是在港区内发生的溢油，一般海况比较平稳，事故一旦发生，立即铺设围油栏，防止扩散，并使用吸油材料、简易的撇油工具等进行人工回收。海面上剩下的残油用油分散剂清洁净化处理。

（2）在 10～500 t 的溢油场合。在这种溢油场合下，如果仅靠人工回收是很困难的。根据溢油性状、气象条件、水文情况，可考虑选择使用围油栏、吸油材料、油回收船、油吸引装置、网袋装置、油拖把等回收溢油。

（3）在 500 t 以上的溢油场合。海上发生大量溢油事故时，如果天气情况恶劣，而且溢油事故的海域远离沿岸和海上回收溢油设施，在这种情况下，除了利用上述各种处理方法外，利用燃烧处理方法也是一种有效手段。

### 6.4.4.3 根据油膜厚度选择

在实际操作过程中可通过观察溢油在水面的颜色来确定溢油的大概厚度，一般油层越薄颜色越浅，油层越厚色则越深。水面油膜外观与溢油量的关系见表 6-10。

表 6-10 溢油量和油膜厚度及面积的关系

| 油膜外观 | 大约厚度/mm | 每平方海里油量/t |
|---|---|---|
| 良好的光线条件下刚好看到油膜 | 0.000 05 | 0.14 |
| 在平静海面上看去呈银光色 | 0.000 1 | 0.31 |
| 初显油的彩色踪迹 | 0.000 15 | 0.45 |
| 明亮的彩虹色 | 0.000 3 | 0.9 |
| 在平静水面上呈现阴暗的彩色 | 0.001 | 3 |
| 在飞机上可以辨别出微黄色光滑的棕色 | 0.01 | 30 |
| 在飞机上能够看到淡棕色或黑色 | 0.1 | 300 |
| 深棕色，黑色或橘黄色的乳状油 | 1 | 3 000 |

确定了溢油厚度后就可以根据不同的厚度选择合适的收油方法，不同厚度的溢油处置措施如图 6-27 所示。

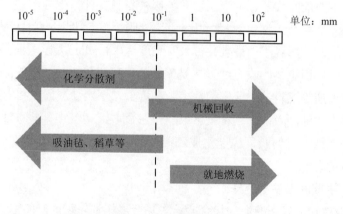

图 6-27 不同厚度溢油处置措施

#### 6.4.4.4　根据气象水文条件选择

目前能使用的防止溢油扩散和回收装置，在风浪、潮流大的场合下其防除效果都较差。而往往大风浪等恶劣气象条件又是溢油事故，尤其是大型溢油事故发生的"导火索"，所以开发在大风浪等恶劣气象条件下迅速处理溢油事故的技术，如海上溢油生物处理剂等，将是亟待开发的课题。

在外海风浪大的气象条件下发生溢油事故，一般不能采用物理法处理技术。因为，围油栏一般只适用风速为 15 m/s，潮流 2 Kn，波高 2～3 m 以下海况条件下使用；油回收船、油吸引装置、吸油材料等在平静海面回收效果良好，但在大风大浪的外海现场一般不适宜使用。这时，可考虑使用分散剂或燃烧处理技术。化学分散剂借助风浪的搅拌作用，乳化分散溢油的效果良好。

#### 6.4.4.5　溢油清污方案的选择

溢油清污方案的选择如表 6-11 所示。

表 6-11　溢油应急技术的选择

| 备选清污对策 | | 机械围控及回收 | | 化学分散 | | 现场焚烧 | | 自然分散降解 | |
|---|---|---|---|---|---|---|---|---|---|
| 选择可行性 | | 可行 | 不可行 | 可行 | 不可行 | 可行 | 不可行 | 可行 | 不可行 |
| 环境条件 | 风速/km | <20 | >20 | <20 | >20 | <20 | >20 | <20 | >20 |
| | 波浪/m | <3（6 s间隔） | 短时大浪 | >0.6 | <0.6 | <3（6 s间隔） | 短时大浪 | 短时大浪 | |
| | 潮流/kn | <1 | >1 | <3 | >3 | <2 | >2 | >2 | |
| 溢油特性 | 油膜厚度/mm | >0.25 | <0.25 | >0.25 | <0.25 | >0.25 | <0.25 | | |
| | 溢油黏度/cSt | <2 000 | >2 000 | <1 000 | >1 000 | <2 000 | >2 000 | | |
| | 风化程度 | 在水面可自由流动 | 不能流动发生沉降 | 在水面可自由流动 | 不能流动发生沉降 | 在水面可自由流动 | 不能流动发生沉降 | | |
| 溢出油种 | 胜利原油 | ■ | | ? | | ■ | | ■ | |
| | 中东原油 | ■ | | ■ | | ■ | | ■ | |
| | 燃料油 | ■ | | | □ | ? | | ■ | |
| | 柴油 | ■ | | ■ | | ■ | | ■ | |
| | 汽油 | | □ | | □ | | □ | ■ | |
| 地点 | 近岸地区 | ■ | | | □ | | | ■ | |
| | 水产养殖区 | ■ | | | □ | | | ■ | |
| | 河口地区 | ■ | | | □ | | | ■ | |

注：■表示可行；□表示不可行；? 表示不确定。

### 6.4.5　小结

吸附材料便于携带，操作方便，利用其可以很好地处理很薄的油层。当前，如何增强吸油材料的使用次数及吸油效果、增强吸油材料对高黏度油的吸收能力等是吸油材料研究中的热点问题。此外，随着人们环保意识的增强，可生物降解吸油材料的发展日益受到关注。随着人们对其研究和开发的不断深入，各种费用低廉、性能卓越的可生物降解吸油材料将会层出不穷，不断地投入市场，成为吸油材料的主导产品。就目前的情况来看，吸油材料一旦用于处理海面溢油，最终必须要被清理掉，并得到妥善的处置或再利用，以免对环境造成新的污染。相信在不远的将来，可生物降解吸油材料的广泛应用将会对避免二次污染的发生和保护环境起到积极的作用。而目前，港口水域，船舶运输及装卸频繁，突发溢油事故的概率较大。但港口水域，水流缓慢，水体自净能力弱，又往往涉及港口的水厂、电厂、工矿企业的取水口以及渔业养殖、旅游浴场等因素，清污时忌用或禁用消油剂时便主要使用吸油毡清污。另外，目前水域溢油事故，绝大多数是原油、燃料油等黏度高的油种。浓缩型消油剂处理黏性油效果差；常规型消油剂对黏性油或风化油有一定处理效果，但对黏度大于 5 000 毫帕秒（mPas）的油，常规型消油剂亦无效，便只有使用 PP-2 吸油毡吸附清污。如气温甚低，高黏度溢油凝冻成所谓巧克力油块，则使用油拖网回收清除油块，并辅以 PP-2 吸油毡吸附回收尚有流动性的黏腻残油。

溢油回收船既可以配合围油栏进行作业，也可以独立工作，若要充分发挥溢油回收船的作用，还应注意下列事项：① 考虑溢油现场的天气和海况。溢油回收船的回收效率和回收速率与天气和海况有关，回收船舶的航行能力也受到天气和海况条件的影响，应考虑回收船舶的航行区域和抗风等级。② 溢油回收船的回收装置不同，适用的溢油类型不同。应根据溢油的种类和规模来选择具有不同回收装置的回收船舶。例如，对高黏度、规模大的溢油，应选择带式等回收船舶；对低中黏度的溢油应选择水动力、堰式等回收船舶。③ 在溢油回收作业时，应考虑回收船舶的应急反应能力。溢油回收船舶能否发挥作用，关键取决于回收船舶能否在溢油大面积扩散前赶到现场，并跟踪溢油。回收作业时，还应考虑溢油的储存能力。近海作业时，还需要考虑子母船舶配合作业。

使用消油剂处理海上溢油具有下列优点：① 不受天气及水面状况的影响（严格地说受温度的影响）可直接对浮油喷洒；② 消除浮油速度快，处理方式简便；③ 可增加油分散程度，有利于细菌的氧化分解，加速生物降解作用；④ 对易挥发的轻质油类可消除火灾隐患；⑤ 减少对岸边及滩涂的污染。但在使用化学试剂时，必须严格根据相关的规定来使用，避免对环境造成二次污染。

溢油采用生物处理法有如下优点：① 经济，费用一般为物理或化学方法的 1/5～1/2。② 高效，经过生物处理，污染物残留量可降至很低的水平。③ 无二次污染，生物治理最终产物为二氧化碳、水和脂肪酸，对人类无害。④ 可以就地处理，避免了技术过程的二次污染，节约了处理费用。⑤ 不破坏土壤环境和海洋环境。特别是对机械装置无法清除的薄油层，同时又限制使用化学药剂时，更显出其无可比拟的优越性。生物处理法也有缺点，主要表现在：一旦出现大规模的溢油或是油层比较厚时，营养和氧气供应不足，降解速度会非常缓慢，此时，添加亲油性肥料来补充海水中缺乏的氮、磷促进微生物降解，便会取得良好的效果。

若溢油发生在敏感区，对于不同类型的敏感水域，选择的保护措施也不尽相同。海洋自然保护区，可采取的措施为围油栏防护或改变漂移方向，撇油器围控，回收现场溢油，远处喷散分散剂，尽量避免现场焚烧，近处使用分散剂和高压冲洗的方式；对于渔业养殖区 1 km 以内的区域，可采用围油栏防护，撇油器回收溢油，避免现场焚烧和使用分散剂；对海滨浴场和旅游区，可采取的措施有围油栏防护或改变漂移方向，撇油器回收现场溢油，关闭进水闸门，关闭休憩、旅游区，岸线清洗、底质运移，避免现场焚烧；对岸线敏感区，溢油会影响居民生活、船舶靠离或码头作业，此时可采用围油栏防护或改变漂移方向，撇油器回收现场溢油，岸线清洗、底质运移，使用分散剂，但要避免使用现场焚烧的处置技术。

## 6.5　港口溢油应急处置技术

### 6.5.1　制定港口大型溢油事故处置方案应遵循的基本原则

港口大型溢油事故处置应坚持"安全第一、先围控后回收"的原则。应急处置首先应该在保障应急人员、设备自身安全的前提下进行，用围油设备对溢油进行有效的围控，防止、减缓溢油的扩散，减轻溢油扩散而造成的大面积污染，同时便于溢油的集中物理回收。

### 6.5.2　制定方案前应当注意的问题

（1）严格控制事故现场。港口大型溢油事故现场一般比较混乱，空气中可能会含有因石油挥发生成的易燃易爆气体；海面的溢油有可能发生燃烧，空气中弥漫着的浓烟，这些都会对人员和设备造成危害。应急处置的第一步就是严格控制事故现场，设置警戒区，对空气中易燃易爆及有毒有害气体的浓度进行测量；进入现场的人员严禁吸烟及携带能产生明火的物品；对进入现场的船舶、车辆和设备进行防爆处理等。

（2）了解事故现场情况。首先要对事故现场的情况进行详细的了解，这样才能制定有针对性的处置方案。需要了解的现场情况包括：溢油事故的类型；发生溢油的油品种类和数量；海面的溢油是否还在燃烧；港口码头的布局、尺寸、面积及溢油事故发生的具体地点；港口内潮汐的特点及风、水流、波浪和天气的情况；港口出海方向及海面溢油可能扩散的方向；港口码头上的交通布局及可以存放救援设备、车辆的地点；港口码头的建设情况；港口周围海洋敏感资源分布情况等。

### 6.5.3　制定应急处置方案

根据溢油事故类型，所溢油品的种类、数量和港口布局、尺寸及面积等，确定应急处置所需要的设备、物资种类及数量，确定救援力量的规模。还应根据港口出海口方向及潮汐、海流、周围敏感资源分布情况确定溢油围控方案，根据码头岸壁整洁情况确定溢油围控设备的安装，并根据码头岸上场地及交通状况，确定岸上物资、车辆、应急指挥场所、人员工作休息场所等。

### 6.5.4 港口溢油应急处置技术

#### 6.5.4.1 现场管理

港口大型溢油应急处置可以从岸上和海上同时展开救援。岸上救援首先要清理救援现场。如果港口附近的石油储备设施发生爆炸，码头上会布满石油，不利于救援设备、物资、车辆和救援人员的进出和工作，此时，应用大量的石子将地表覆盖，有利于雨天顺利展开救援工作。根据码头上的地形及交通状况和风向情况，确定岸上工作场所，应急指挥所，人员医疗、休息场所，救援设备、物资存放，进出车辆停放等的位置。救援设备、物资存放场所应当存放在便于运输车辆进出及离救援工作现场较近的地方，进出现场的车辆应当尽量在救援场所的最外部。岸上上述场所应当用相应的标识标注，杜绝救援物资、设备乱堆、乱放、乱丢现象。现场垃圾要定点存放，防止碎状垃圾进海，影响专业污油回收设备的正常使用。海上救援工作通常以船舶为单位，由于船上有自己的标准化管理程序，加之人员、设备比较固定有序，因此一般不需要做特别的安排。

#### 6.5.4.2 溢油围控

港口布局一般比较规范，以溢油源为中心，用数道围油栏按照半圆形或者扇形布放，将海上溢油围控在港口码头内部。为了防止溢油从围油栏两端扩散到外海，可以用潮差补偿器将围油栏固定在码头岸壁上。应考虑潮水涨落和围油栏在潮水带动下运动受力情况，在围油栏同岸壁间留下一定的间隙，用绳子拴在围油栏上靠近岸壁五六米处，将其拉紧后连在岸壁上，这样可以有效避免潮差补偿器因受力变形而失效。当溢油被有效围控在港口码头内后，由于石油本身具有向外扩张的特性，这些扩张力会将溢油向码头钢筋水泥土块的空隙里挤压，为避免出现此种情况，还应当沿码头岸壁四周布放一道围油栏。

#### 6.5.4.3 溢油的回收

专业清污队伍使用专业污油回收船、专业收油机、吸油毡和吸油拖缆等专业设备和物资清理海面上的溢油。当海面上的溢油厚度较厚时，使用专业污油回收船和专业收油机效果都比较理想，甚至可以直接用导油泵从海面上直接回收溢油。而当海面上的溢油比较薄时，使用刷式收油机和鼓式收油机效果比较理想。如果海面上的溢油较薄或者成片分布，可以用吸油拖缆或围油栏将海面上的污油集中到收油机处回收。尽量不要向海里抛投吸油毡及稻草等吸油物资，因为这些碎状物会堵塞专业污油回收设备的收油泵。

#### 6.5.4.4 海面薄油的处理

海面上的薄油应尽量回收。薄油会在潮汐和海流的作用下，聚集在围油栏的两侧，在围油栏的两侧布放吸油拖缆，能够有效地吸收污油。当海面上的溢油超薄时，可以在《海洋石油勘探开发化学消油剂使用规定》允许的条件下使用溢油分散剂进行处理。喷洒溢油分散剂应从上风处向下风处进行，先向油膜周边喷洒，最后向油膜中部喷洒。喷洒完后，要及时用船舶搅拌，以提高溢油分散剂的效能，同时降低其在海水中的浓度，减少对海洋生物的毒害。

#### 6.5.4.5　码头空隙中污油的处理

码头空隙里的溢油比较难以清除，因为没有设备可以进入码头石块空隙中进行清理，只有待其渗出到海面后方可回收。码头石块空隙中的溢油，在潮水带动下，也会慢慢地向外自然渗出，渗出的速度较慢，会大大延长清污工作的时间。可以使用下列两种方法以加快码头空隙中溢油的渗出速度：

（1）在岸上打孔，将管道伸到码头石块空隙里，然后向管道内输入热水或热蒸汽，从而减少空隙中污油的黏度，使其在内部压力和热水的带动下，流到码头石块外面的海面上。

（2）将码头上内部有空隙的地方挖开，当涨潮的时候，空隙里的污油会在海水的冲击下，聚集在挖开的坑里；在退潮时，则向挖开的坑里大量注入热水，使坑里的热水高度始终高于海面的高度，坑里的热水就会通过缝隙向海里流淌，从而将缝隙中的污油冲刷到海面上，再用专业收油机回收。

## 6.6　水中乳化油的处置技术

### 6.6.1　溢油乳化的特点

溢油的乳化是石油进入水体后所发生的许多变化中的一种重要过程。所谓石油的乳化，是指在风化作用下石油与水体混合在一起形成油水乳化液的过程。形成的乳化液有两种形态：一种是油变成了很小的油滴分散在水层中，即所谓水包油型乳化液；另一种是水以很小的水滴形式分散在油层中，即所谓的油包水型乳化液。

（1）乳化油的高黏性。基于石油乳化液有其组成特征和流动特征，乳化油有着非常高的动力黏度，能够大幅度地增加油层中石油的流动阻力，降低油相渗流能力。

（2）乳化油的携带性。石油乳化液流体具有较高的黏度，即具有较强的黏附性，故在水中石油乳化液流动的过程中，会对与其相接处的易流动的杂质有较强的黏带性。

（3）乳化油的稳定性。一般在海洋发生溢油事故时，多数会产生油包水型乳化液。在乳化油形成的初期阶段很不稳定，但是当水充分饱和后，乳化液变得非常稳定。其稳定性受水相、温度、海水搅动作用等环境因素的影响。

（4）乳化油的危害性。由于溢油在海洋中形成了油水乳化液，阻碍了水体与大气的气体物质交换，严重影响了阳光向水中的透射，给水域环境带来更大的危害。由于乳化液改变了原油的性质，因而使对它的处理也变得相当困难。

### 6.6.2　水域乳化油的处置方法

海洋表面溢油污染的治理方法按性质分可分为物理法、化学法和生物法。这三种方法的详细情况在手册中有所提及，本部分不再赘述。

一般不采用物理法对乳化油进行处理。当水体中乳化油含量未超过 50%时，可以使用分散剂进行处理。通常情况下，分散剂在海水中的分散效率比在淡水中好。但通过搅拌等方式，可以使分散剂与油充分混合，以利于分散剂的溶剂进入油层中，也能增加分散剂与油的混合程度，提高分散剂与油的乳化程度和分散效果。但在使用时需要考虑分散剂的类型、溢油的位置、面积大小以及喷洒分散剂的机械装置。但是，当水体中乳化油含量超过 50%时，该方法失效。当乳化油膜较薄时，微生物的生长并不会因营养和氧气不足而受到抑制，微生物处理也可以作为一种绿色有效的方法。

从上述几种方法可以看出，目前为止，并没有专门针对乳化溢油的处置方法，乳化油与其他原油有着相似的共性特点。但是，石油发生乳化以后，将给海洋环境带来更大的危害。当发生海洋溢油时，要尽可能在溢油发生乳化之前处理处置，以减少对海洋的污染。

# 第 7 章
# 陆地溢油应急处置实用技术

## 7.1 岸线溢油应急处置技术

海岸线是我国重要的后备土地资源，也是水产养殖和发展农业生产的重要基地，更是开发海洋、发展海洋产业的宝贵财富。然而由于岸滩的特殊地质特点，一旦发生溢油事故，不仅会造成严重的经济损失，更会对海洋生态环境和周边海岸造成重大的污染。海岸上的溢油通常来自海上溢油没有得到有效控制，致使油污漂流上岸。在溢油处置中其处理周期比陆地和海上均长，且费用更高、难度更大。因此对滩涂溢油应急处置技术的研究和应用十分必要。

### 7.1.1 海岸溢油应急处置准备工作

（1）溢油信息。事故发生后应以最快的速度准确全面地收集现场的溢油信息（包括溢油地点、溢油源头、时间、溢油量、溢油速率、油膜位置、油膜面积、溢油漂移方向和速率等）。

（2）环境信息。收集现场环境信息（包括通往现场的道路情况、地形、地貌等），为溢油处置方案的制定提供依据。

（3）敏感资源。收集污染点及岸线周边的敏感资源信息，如饮用水取水口、珍稀动物栖息地等。

（4）监视和追踪溢油。根据事故大小和影响范围，利用卫星遥感、直升飞机和船舶溢油雷达（如中石油应急 101、102 船等都配备了此类雷达）以及人工方式对溢油动态信息进行监测。利用应急辅助决策系统模拟溢油漂移路径、溯源和计算并制定处置技术方案（包括动用的人力、物资和装备等）。

（5）建立通信系统。接到事故报警后，要在第一时间搭建陆地、滩涂和海上的通信平台。通过车载岸滩指挥系统，将滩涂现场抢险救援信息通过静中通卫星实时传送语音、视频至指挥中心，指挥中心将指挥决策信息以视频、语音、传真和电子文本等形式准确下达到事故现场指挥部；通过船载动中通卫星系统与指挥中心实现语音和视频的互通。在指挥中心、船舶、车载岸滩通信车上建立视频会议功能，根据事故处理进展情况，通过视频会议进行技术讨论，及时调整处理方案，指导现场抢险工作。由于现场情况瞬息万变，抢险时机稍纵即逝，信息畅通至关重要。卫星通信受环境影响最小，是各种通信手段中最可靠有效的手段，在专业抢险队伍和有条件的组织应当配备，为抢险提供可靠的保障。根据滩涂溢油应急需要，同时配备常规通信手段，如短波电台（SSB）、海事甚高频电台（VHF）、对空超短波电台（或对讲机）、对空甚高频电台（或对讲机）等以保证常规通信，并能与直升机联系。中心在处理大连"7·16"溢油应急事故行动中，大量使用卫星通信、短波电台、海事甚高频电台、溢油雷达、通信指挥车等先进通信设备，确保指挥中心能够准确把握事故现场信息，为合理制定应急处置方案，调配应急资源发挥了重要作用。

## 7.1.2　海岸溢油应急技术措施

### 7.1.2.1　岸线溢油清除步骤

岸线溢油清除分为三个阶段进行：清除表面大片溢油、清除隐蔽区域溢油和最后清洁。

（1）清除表面大片溢油。回收岸线水边的漂浮溢油和清除岸线上厚的油层。清除作业需要使用收油机、泵、真空罐车、铁锹和桶等机械设备和工具。此阶段的作业，选择使用真空罐车吸取岸线溢油是最适宜的方法。

（2）清除隐蔽区域溢油。事故现场表面大片的溢油控制、清除后，对隐蔽区域内的溢油进行清除，如石块缝隙、护堤石表面及缝隙等区域，通常需要使用吸附材料、小型真空式收油机等。

（3）最后清洁。将残存的各种油污比较彻底地清除掉，这一阶段的作业需要使用吸油材料，如果当地主管部门许可，也可使用消油剂。

### 7.1.2.2　岸线溢油主要清除技术

岸线溢油的清除主要使用泵、机械设备、人工回收或岸线清洁机等特殊设备，以及溢油吸附材料、表面清洗剂等，有时也可使岸线自然恢复。

（1）使用泵/收油机。利用泵/收油机回收岸线上的溢油是最简便的方法。由于岸线上的溢油含有一些沙砾和垃圾，应使用对垃圾沙砾不敏感的真空泵、真空罐车或真空收油机回收溢油，并将溢油泵送到储油设施。

（2）设置障碍物/隔墙。设置障碍物/隔墙的主要目的是防止油污进入敏感地带或便于收集。可以在需要保护或方便回收溢油的区域边界挖截水沟或沟渠，或铺设围油栏或过滤栅栏，如果需要具备排水功能，可以使用下溢堰或溢流堰，沿着溢油地点布设。

在海滩高水位线以上构建溢流堰能够有效防止由于海浪作用导致的油对敏感生境的影响；当生境敏感点受到威胁，且其他手段不可行时，设置障碍物/隔墙是一种有效手段。但是，这种方法可能导致地表及植被受到油污的污染；流入沟渠里的油污会快速渗透到地下，很有可能污染地下水；由于挖截水沟或沟渠或铺设其他物理性障碍物，这些行为可能会对鸟筑巢地区、海狸坝地区或其他敏感地区造成干扰，使用这种方法时要慎重考虑；若铺设围油栏或过滤栅栏，会产生含油废物，含油废物的处置需要遵循相关规定。

（3）人工清除。人工清除即雇佣劳动力利用工具（例如，手把、耙子、叉子、铁铲、筛子和吸附剂）去除表面油污，将清除物质集中后处理。这种方法除了必要的运输设备外基本不需要其他设备，适用于任何类型的岸线，特别适用于敏感性高的岸线和机械设备不能进入的岸线，对于黏稠或者风化的油污块清除效果较好。虽然这种清除方式效率低，但是清洁后的岸线资源恢复快，对岸线的生态破坏性较小。但是，应避免对环境敏感点（湿地、贝类生长区、藻丛、鸟类繁殖区、沙丘等）的脚印干扰，也要避开特定的时期，如鸟类筑巢期等。人工搬移/清洗后，要对含油基质、油污斑块和操作工具进行清洗，清洗后产生的含油废水要进行有效处置。

（4）冲刷岸线。利用海水冲刷污染岸线的表面，这种措施适用于清洁轻微污染的大圆石、鹅卵石、沙砾、码头岸壁等类型的岸线。冲洗法适用于能布设冲洗装置的大多数海岸线，并不受海岸线陡峭程度影响；使用这种方法时，要与围油栏、收油机配合使用，或在现场挖设污油水储存槽，防止被冲刷的污油水污染其他区域。如果低潮间带具有较高的物种丰富度，当涨潮时需要严格限制使用该方法；在富含泥土的海岸也不适合使用该方法。冲洗法可能会导致海岸表面基质流失和景观的破坏，低洼处若浸泡时间过长，造成缺氧，会危害当地生物的生存环境。如果防范控制设施不足，含油物质可能会污染邻近区域。处理过程中产生的废物，必须遵循相关的法律法规进行处理和处置。

低压常温冲洗即使用软管喷射低压（小于 140 kPa）常温水冲洗油污。高压常温冲洗与低压常温冲洗类似，但是水压超过 700 kPa，高压冲洗对于去除黏稠的石油比低压有效，适合于沾有油污的岩床、人工构筑物（堆石护坡、海堤）以及石质基质的清洗。高压常温冲洗由于水压高，很可能冲出处理区域中的生物，将溢油冲击至基质深层或侵蚀基质表层。低压温水冲洗即用加热至 70℃、压力小于 72 kPa 的水流冲洗附着于基质表面的油污，使油污溶解流动。适合去除附着、汇集于自然或人工基质表面非流动态的石油。高压温水冲洗即使用手持设备喷射 70℃，压力高于 700 kPa 水流清洗的方法。当油污已经风化到低压清洗无效的程度时，可以考虑使用高压清洗方法，能活化严重附着于基质表面已经风化的黏稠油污。

（5）自然恢复。自然恢复，适用于敏感程度比较高和进入非常困难的岸线或偏远地区岸线，有时进行岸线清除会造成比不清除更大的损害。若这些岸线经常暴露在汹涌的波涛中，自然清洁则更加快速有效。但是，这种方法会对大量可移动的动物（如海鸟、海洋哺乳动物、蟹类等）造成不良影响，因为漂到岸上的油污如不及时处理，会威胁它们的生存。对采取自然恢复的岸线应进行定期监视监测，确定自然恢复程度。

（6）使用岸线清洁机。岸线清洁有时需要使用沙滩清洁机，沙滩清洁机是通过筛子回收沙滩油球块和污染石块的装置。使用时，应沿着岸线方向自岸上向水边一排一排逐步进行，最后清洁到水边。

低压清洁装置是用周围水源来冲洗岸线油污，这种装置适用于清洁高敏感性的岸线，并用围油栏和收油机配合作业。操作时先从污染严重的区域开始，最后清洁到水边。高压热水清洁装置是用来从坚硬表面上清洁风化的溢油的装置。使用该装置时，应提供足够的淡水，不能使用海水。清洁作业时应自上而下进行，并配合围油栏和收油机一起工作。这种清洁方法容易损害海洋表面的微生物。

（7）海岸线清洁剂[表面清洗剂（SWAs）]。表面清洗剂可以柔化被风化的石油或重油，增加冲洗处理的效率。化学分散剂并不适合岸线溢油的处理，因为它们被专门设计用来分散水体中的溢油，而表面清洗剂的作用是在石油与基质之间建立一个屏障，增强清洗及回收效果。当受外界的水温及低压的影响不能够移除风化的石油时可使用表面清洗剂。表面清洗剂的适用条件可查询厂商的说明书。

表面清洗剂的使用通常受限于有机悬浮物料浓度高的区域以及邻近敏感近岸水域资源。在对受溢油污染的区域使用表面清洗剂之前，应急人员与决策者应该测试产品对基质中石油的去除能力。每当使用一种产品时，应该考虑它对水生生物的毒性，多数情况下要得到有关部门的批准。处理后的石油需要回收。废物的产生与石油回收的方法有关，一般包括吸着剂和撇油器。处置过程中要遵循相关的管理条例。

（8）吸附法。吸附法即使用吸附剂或吸附材料吸附溢油，将材料布置在岸线上，吸附由波浪带来的石油，或者人工用材料吸附表面基质上的石油。吸附材料分为吸附式围油栏、吸油毡、吸油索、吸油垫、油拖把和吸附颗粒等。吸附效果与吸附材料和吸附剂的吸附能力、油污分散于水中的情况以及石油种类和风化程度有关。在吸附剂吸附过程中，要严格监控吸附效果，及时回收饱和的吸附材料，争取循环使用吸附材料。吸附法适用于油污漂浮至岸边或已经在岸上的情况，且溢油不能太黏，以至于黏着在岸上而不能被吸附材料吸附。吸附法不适用于高能量海岸线和陡峭的岸边，且吸附剂的使用和吸附材料要在影响较小的设置地点铺设，不能影响野生动物的生存环境。

（9）机械除油。机械除油即用机械方法去除岸上的溢油和被污染的基质，使用设备包括前端式装载机、反铲、平地机、推土机、升运式铲运机、挖掘机和沙滩清洗机等，还需要暂时储存、运输和其他处理设施。使用这种方法的前提是受污染岸滩能够承受重型的机械设备。重型机械设备在敏感生境或当地物种的敏感时期要限制使用，同时要考虑对当地历史和文化敏感点的影响，也要考虑噪声因素。在处理过程中，由于设备的移动，可能会加速石油的渗透，且处理后会产生大量的含油废物，需要及时处理。

（10）生物修复。生物修复技术是清除岸线溢油最有效、最彻底、最环保的方法，是利用生物降解来修复受溢油污染的海岸的方法，因为其可以就地处理、操作简便、成本较低、不产生二次污染等优点，在溢油处理中得到广泛的应用。一般来说，生物修复适合于低浓度的溢油污染，当浓度较高时，需采用其他常规措施将游离的、高浓度溢油清除后才能使用。生物修复法又可以分为生物添加和营养物富集。

由于固有的能够降解碳氢化合物的微生物数量很少，不能有效降解石油。因此，向受石油污染的区域投加能够降解碳氢化合物的微生物可以促进溢油快速降解。营养富集通过加入营养物质（以氮、磷为主）来促进土著微生物的生长，进而加速对石油的生物降解速率。如果受污区域被潮汐和波浪浸没或微生物极大地需求营养时，每天都需要投加营养物质；如果受污区域仅仅是在涨潮、风暴潮或高水位的情况下被浸没的话，投加营养物的频率将由水覆盖受石油污染区域的面积所决定。水溶性的营养物可通过喷雾灌溉的方法投加于被污染区域，缓释的颗粒状或胶囊状的营养物质或亲脂的肥料无须频繁投加。要避免在邻近水体的地方使用氨基肥料，因为未电离的氮对水体生物具有毒性。硝酸盐是一种很好的氮源，且没有氨这样的毒性。这种方法适用于营养物缺乏且允许进入的任何区域，但不建议在邻近溪流口和潮汐池使用。

（11）固化剂。固化剂法即向石油中加入 10%～45% 体积或以上的化学品（聚合物），在几分钟至几小时的时间内，将石油固化。撒播系统可以使用落叶鼓风机、高压水炮或灭火系统等，加以修改即可用于大面积范围喷撒固化剂。固化剂法可以防止海岸线上的石油进一步渗透、扩散或再度进入水体，适用于处理大多数天然和人工基质表面的溢油，但不适用于处理黏稠状的重油。使用过程中注意固化剂用量，确保石油完全固化，避免二次污染。一般得到的产物都是不溶的，只有微量的水生生物毒性。石油固化后要完全回收含油废物，回收过程中要避免对周围的栖息地造成干扰。固化后的石油常使用安全填埋方法处置。

（12）原位燃烧。原位燃烧即通过燃烧去除岸线上溢油的方法。特别是当石油附在易燃基质（如植被、原木等碎片）上时，燃烧法的效果很好。当石油黏附在不易燃基质上时，可以通过添加燃烧促进剂的方式促进燃烧。有些情况下，需要挖沟渠使石油汇集一定量来保证持续的燃烧。重油难以点燃，但是可以持续燃烧，而乳化油既不易点燃也难以维持燃烧。燃烧法最好在溢油初期进行，尤其适在确认用物理法难以回收处理且需要快速移除溢油的情况。

燃烧法不适用于干燥、燃烧产生的热量会影响生物生产力的某些潮湿区域或其他木本植物的区域。在使用燃烧法之前要考虑到大量的烟雾可能会对附近的野生动植物产生影响，并且需要对人口稠密的地区进行评估，同时也需要对濒临灭绝的物种的存在与迁移情况进行评估。燃烧后的残留物需要按相关规定进行有效处置。

## 7.1.3　河流典型岸壁溢油处置技术

河道中的油污清理干净后，需要对河流岸壁油污进行清理。河流岸线溢油清除比河道中的清除工作量更大，更复杂，需要大量的人力进行处理。岸线类型各异，具体的岸线处置措施大不相同，大致可以将岸线分为：岩石、卵石、沙及泥地 3 种类型。

### 7.1.3.1　岩石、卵石类岸线

对于大块岩石上的污油清除一般比较简单，但对于一些卵石及碎石区域大量的溢油会渗透到石头缝隙中，清除较为困难，在清除该类型岸线油污时一般采取以下措施：

（1）首先使用高压清洗机对岩石上及卵石表面的油污进行冲洗，在冲洗的过程中必须使用围油栏将作业区域尽可能地围成密封性，以防止冲洗下来的油污对水体造成二次污染。

（2）利用真空收油机对大面积聚集在一起的油污进行初步回收，并对冲洗下的油污进行回收。

（3）将分散剂喷洒在清理完毕的岩石上（需要得到政府部门的批准），然后利用清洗机再次进行冲洗，反复操作，直至清理干净为止。

（4）对于渗入底层的油污，可以考虑用推土机将表层的石砾推铲成堆集中进行冲洗处理。

### 7.1.3.2　沙砾类型岸线

沙砾型岸线发生污染后，油污会不断地向底部渗透，对于需要清理的沙砾岸线则需要及时将被污染沙砾回收，以防止进一步的侵蚀。

（1）利用机械设备或者人力收集受污染的表面沙砾，并运输到临时储存场地清洗或掩埋处理。

（2）对于油污渗透较深区域，用岸摊围油栏分段进行围控，在中间区域挖出大坑，利用泵抽取河水对周围沙子进行冲洗，将浮油与沙子分开。

（3）利用小型真空收油机将分离的浮油回收。对于残留的油污可以考虑用化学试剂进行处理。

### 7.1.3.3　泥地类岸线

有沉积物的泥地岸线情况比较复杂，往往伴随有大量的植物及水体生物，这些特点给清污带来了很大困难，如果不进行清理，其造成的损害比油污损害会更大，一般情况下不采取处理措施，依靠自然降解清除。

## 7.1.4　曹妃甸海域典型岸线溢油清除

曹妃甸位于河北省唐山市南部沿海，地处天津港和京唐港之间，为渤海湾北岸岸线转折处海域中的条状沙坝，距大陆岸线 18 km。曹妃甸南侧海域水深岸坡陡，甸头前 500 m 水深即达 25 m，深槽达 36 m，是渤海最深点。"面向大海有深槽，背靠陆地有滩涂"，是曹妃甸最明显的特征和优势，为大型深水港口和临海工业的开发建设提供了得天独厚的条件。曹妃甸邻近海域蕴藏着丰富的石油和天然气资源，这里有著名的冀东和冀中油田。

曹妃甸海域比较典型的岸线类型主要有人工建（构）筑物组成的岸线、沉积岸线和盐沼岸线，如果海面发生溢油事故，溢油上岸后由于岸线的类型不同，溢油所表现的状态也不同，所选择的清除方法也有所不同。下面给出曹妃甸海域典型岸线溢油清除的相关资料，分别对曹妃甸海域的三种岸线类型特征以及溢油上岸后的表现加以详细叙述，并结合 7.1.3 节中介绍的岸线溢油清除技术，总结出适合这三种岸线的溢油清除方法。

### 7.1.4.1　由人工建（构）筑物组成的岸线的溢油清除

这类岸线主要是在码头、人工岛区域，主要的构筑物是防浪墙、护堤石、码头的壁墙等。海面漂浮的溢油借助岸边海浪的影响，通常会越过岸边人工构筑物的裸露部分，最终积累在浪花破碎飞溅到的区域。对于极端暴露型的，很难受溢油污染，一旦污染，由于海浪的作用，油污也不易长期留存。而遮蔽型的缓坡巨石海岸内却可以积聚大量的油污，仅依靠海浪的作用很难在短期内将积存在巨石下或冲水沟、缝隙中的油污带走，这些积存的油污渐渐释放，会形成长期的低度的污染。在选择清除方法时，需综合考虑生态、经济和环境等各个方面的因素，优先选择能去除大量油污却不会造成严重损害的技术，此外还应该考虑其他许多实际因素，最重要的是进入油污地点的难易程度。

一般来说，自然风化可以较快从大部分岩石海岸上去除油污，恢复可在几年之内完成。人工介入清除工作必须以显著缩短复原时间或以重要的经济资源、宜人的旅游景点或野生动物受到重大威胁为前提，同时必须谨慎选择清除技术及清除操作的程度，尽量避免使用过于剧烈的清除操作，如大量使用消油剂、机械刮除石头上的油污以及高压热水冲洗等，以防对滨海生物造成巨大的影响，从而延长岸线的恢复时间。表 7-1 中对各种方法的适用范围及优缺点进行了分析，为实际操作中各类方法的选择提供了参考依据。

表 7-1　人工建（构）筑物组成的岸线的溢油清除方法

| 处理方法 | 适用范围 | 优点 | 缺点 | 说明 |
|---|---|---|---|---|
| 人工或机械清除 | 清除在冲水沟、岩石池和巨石及人工构建物间汇聚的溢油 | 可以用于小面积油污清理，去除大量溢油 | 会产生需集中处理的油污废物，且机械清除中重型机械会对地形造成物理损害 | 泵及真空收油机可以根据现场情况有选择地使用；大型设备很难进出现场 |
| 吸附材料 | 清除小面积的液态油，擦除表面的油污 | 操作简单 | 需要对处理后的材料进行集中处理，处理不当会造成二次污染 | |
| 低压水冲洗 | 潮位几乎与油污的岸线同高 | 物理损害较小，可以去除大量溢油 | 需布放围油栏并对冲出的油及时收集，以防止污染附近海岸 | |
| 高压热水冲洗 | 在高潮位时进行 | 能将大量溢油冲出 | 破坏性大，且难以控制，需对产生的溢油及废物进行集中处置 | |
| 喷洒表面清洗剂 | 大面积油污 | 可应用于较苛刻的环境中；通过飞机喷洒可处置大面积区域；操作简单，物理损害较小 | 过量使用会产生二次污染；对含蜡量高、黏度大的油不起作用 | |

### 7.1.4.2 沉积海岸岸线的溢油清除

沉积海岸由厚且松散的沉积物组成，形成原因多为泥沙的沉积和潮流的冲蚀。在曹妃甸海域，比较典型和有代表性的该类岸线就是淤泥质岸滩。

对于暴露型的沉积海岸，其敏感性指数较低，其表面的溢油很容易通过自然过程（尤其是浪潮的作用）被清除，因此选择自然清除比较合适。但是如果溢油在风浪流及潮汐的作用下，被沉积物掩埋，或深深地渗入沉积物底层，或大量溢油在沉积物表层固结，则它们将会存留相当长时间，这时就要选择合适的清除方法。此外，自然清除适用于人员难以到达进入的偏远地点，但是要通过飞行器等设施持续观察关注污染区域的情况。

当自然清除不合适时，可以根据现场情况采用表 7-2 中的清除方法，但是其前提是要考虑现场的易接近程度及沉积层可承受的最大载重，两者往往会限制到设备的使用。清除的目的是将溢油对环境的影响降至最低，恢复生态功能和人类的使用，所以选择清除方法时应该综合考虑溢油特性、自然条件，以及受影响区域的环境和社会、经济的重要性等。

**表 7-2 沉积海岸的溢油清除方法**

| 处理方法 | 适用范围 | 优点 | 缺点 | 说明 |
|---|---|---|---|---|
| 低压水冲洗 | 坚固的缓坡沉积海岸 | 对沉积层结构和生物的损害较小 | 可能会造成沉积层的侵蚀 | |
| 铺设吸油材料 | 集中在沉积海岸凹地小油潭 | 可减少油污渗入底土 | 需对处理后的吸油材料集中处理 | |
| 人工清除 | 尚未渗入沉积层的小面积油污和油斑；难以进入或可能破坏海岸结构而限制清除设备的使用的地点 | 对沉积层的结构损害较小 | 需对收集的油污废物集中处理；费时费力 | |
| 机械清除 | 油污面积广但渗入浅的沙滩 | 相对于人工清除较省时省力 | 需对收集的油污集中处理 | 在潮间带区域可以使用两栖工作车（船） |
| 喷洒消油剂 | 粒径较大的砾石滩和沙滩 | 使用方便 | 使用不当会造成二次污染 | 喷洒后用水冲洗或等待潮水冲洗 |
| 生物修复 | 低浓度污染，或采取措施将游离的、高浓度溢油清除后采用 | 可作为未回收油和残余油的最终处置方法 | 有时需要补充营养物质或菌种，可能产生负面作用 | |

### 7.1.4.3 盐沼地岸线溢油的清除

盐沼地海岸属于遮蔽型岸线，生长着众多的盐沼地植物和其他许多动植物、微生物。由于盐沼地植物能够滞留大量的溢油，而溢油对动植物的危害较大，且该区域内的溢油的清除很困难，所以是最脆弱的岸线类型之一，也是溢油应急中应该优先保护的区域。

溢油进入该类海岸后，污染的程度、清除的难度都会大大增加，因此在溢油发生后，必须在其外部采取机械回收、布放围油栏、喷洒消油剂等方法尽最大努力阻止油污进入，一旦拦堵失败溢油进入该类海岸，则要根据现场实际情形，采取合适的方法进行清除，表 7-3 中对在该类区域适用的方法进行了汇总，并列出了其优缺点。表 7-3 中的各类方法在实际中都得到了广泛的应用，其中铺设吸油材料是一种简单、有效且广泛应用的溢油清除方法。在溢油发生后，快速铺设吸油材料可减少溢油渗入盐沼地的底土，将溢油转化为固态废物，然后进行进一步的集中处理。

表 7-3　盐沼地海岸溢油清除方法

| 处理方法 | 适用范围 | 优点 | 缺点 |
|---|---|---|---|
| 围堵、回收 | 溪流水面上、底土表层、凹地或冲水沟内的溢油 | 可以去除大量溢油 | 使用重型机械可能会损害表土 |
| 低压水流冲洗 | 底土表面的油污 | 对植物的损害较低 | 对渗入地下的油污无效，可能对地表有侵蚀 |
| 铺设吸油材料 | 底土表面的油污 | 可减少污油渗入底土,将溢油转换为固体废物 | 需对处理后的吸油材料集中处理 |
| 割除被油污污染的植物 | 生长草本类植物的盐沼地 | 可以帮助被油污窒息而死的植被恢复 | 有可能造成植物的永久性损失和土壤侵蚀 |
| 就地燃烧被油污污染的植物 | 偏僻、底土软的浅水区；主要植被为草本植物,不在植物的生长季节,如晚秋和冬季；有冰雪覆盖的寒冷地 | 可快速去除大量溢油;防止溢油向敏感地区或更大区域扩散;减少最终油污废物总量;需要的人力和设备较少 | 减少植被,可能会带来侵蚀问题；改变优势物种 |
| 生物修复 | 污染不太严重的地方,或大部分溢油已经通过其他方法清除后采用 | 损害较小 | 修复时间较长;营养物质的引入可能会使附近水体产生富营养化;菌种的引入可能会产生负面影响 |

## 7.1.5　小结

溢油上岸后对岸线的影响程度以及清除溢油的难度都要比在海上大很多，因此，海上溢油事故发生后，要采取一切措施，千方百计地阻止溢油上岸，另外要根据事态发展，在沿岸水域做好防护措施。溢油一旦上岸，要优先保护生态环境比较脆弱、经济社会价值较高的岸线，综合考虑各种因素后，采取适宜的清除方法，以使清除工作对岸线生态的破坏最小。

## 7.2　陆地溢油应急处置技术

陆上的溢油处理必须谨慎进行，随意大量地清除植被和移动土壤都可能会干扰当地的生态系统，影响其自然恢复。在准备移除沾上溢油的树木和其他植被时，一定要仔细评估溢油对它们的损害，如果树木和其他植被没有死亡，一定不要因为影响生态美观而将它们移除，因为植被本身具有自我修复的能力，会在下一个生长周期或下一年修复好。

### 7.2.1 陆地溢油处置措施

发生在陆地上的溢油事故有两种情况，第一种是溢油只发生在陆地地区，不涉及污染地表水的问题，但是如果溢油流入可渗透性土壤，就要迅速采取措施控制溢油的扩散，以防石油污染地下水；第二种是溢油事故发生在内河附近，油污很有可能流入邻近水域，污染地表水。湖泊、河流等是我国的重要饮用水水源地，一旦被污染，如控制不当，将严重影响城镇居民的日常生活以及公共服务（医院、学校、政府机关、企事业单位、餐饮业、旅游业等）的正常运转。

#### 7.2.1.1 陆地溢油源控制技术

陆地发生溢油后，首先要迅速封堵溢油点，将泄漏量控制在最小。当油罐、输油管道等发生溢油时，首先要对泄漏点进行封堵；如果封堵失败，可将溢油源头进行转移或倒灌。其中，倒灌是指在不能实施堵漏的情况下，如不及时采取措施，随时有爆炸、燃烧或人员伤亡的可能，或采取简单堵漏事故设备却无法移动时，实施倒灌可有效地消除溢油源。转移是指在堵漏或倒灌都无法将溢油源头控制，则可用油槽车或大型船将溢油源托运到安全地点处置。

#### 7.2.1.2 陆地溢油防扩散技术

最有效的紧急预防环境污染的措施是利用隔墙/护坡引流，挖沟引流，或者利用自然的沟渠和自然地势引流，将油集中在自然形成的或人工挖掘的储油池中，将漏油控制在有限的区域内，避免油品继续扩散或流入附近的河流、湖泊等敏感区域。隔墙/护坡可以用标准的土方搬运设备，例如装载机、平地机、推土机或手工工具等建造。引流构筑物可以是土制、吸附剂、砂袋、植被或其他可以阻止漏油流动的材料，人工挖掘的土储油池一般要用塑料或其他材料铺垫，以防止油品渗入土壤，扩大污染。

如果溢油事故发生在江河湖泊的附近，一定要采取措施，防止溢油流入水体。可以采取挖截集油沟的方法，截集油沟两端高，中间低，并且中间挖有一个小井。溢油自沟壁渗出，进入沟中，然后从沟的两端自动流到小井里，是截油集油的好方法。截集油沟不仅能起到阻隔作用，防止溢油流入水体，同时还能收集溢油。同时，也可以在岸边附近布设围油栏，一旦溢油流进水体，将油污控制在最小范围内，避免引起更大的污染。也可以在岸边等区域放置稻草、秸秆等易获得的天然吸附材料，截集溢油。

#### 7.2.1.3 陆地溢油回收和消除技术

对于利用以上方法收集到的溢油，可以利用抽油泵、软管、滚动式和固定式储罐等回收设备进行油品回收，在溢油现场要准备充足的储油设备。在回收过程中，要及时收集现场有关地表油流域范围、土壤渗透性、油品渗透深度等数据，为其他应急反应组织及时选择最佳策略提供可靠数据。油品抽干后，在油池底部铺垫吸附材料来吸附剩余油品，及时收集吸附材料中的溢油。

地面溢油的清除技术可参考岸线的清除技术，详见 7.1.2.2。

## 7.2.2　土壤环境修复方法

受石油产品污染的土壤要及时进行有效的处理，主要的土壤修复方法包括物理修复法、化学修复法和生物修复法。

（1）物理修复法

① 薄层摊撒法。将被污染土壤薄薄地摊撒在不渗水的表面上，例如水泥路面、玻璃钢等。通常，摊开土的厚度小于 304.8 mm，摊晾时间为 2 个月或更长。摊晾增加了土壤的营养和水分，促进了土壤的生物降解能力。此方法的优点是经济，适用于各种土壤类型，特别是处理污染程度相对较低的土壤。缺点是需要较大的区域来摊撒大量的被污染土。

② 土壤通风法。在清理现场安装一口或数口地下浅井，用一台吹风机抽吸土壤中的空气，流经土壤的空气可以带走土壤中的挥发性污染物，并增加了土壤的氧含量，促进生物降解。挥发物既可以直接释放到大气中，也可以进入处理装置处理。地上设备主要由一台吹风机和一台集水器组成。根据污染状况，有时也需要一台空气处理装置。一般情况下，被污染的现场需要几年才能恢复，而严重污染的地方或受柴油、燃料油污染的区域，其恢复期还要更长。

③ 挖掘堆置处理法。该方法又称处理床或预备床法，就是将受污染的土壤从污染地区挖掘出来，防止污染物向地下水或更广大地域扩散，将土壤运到一个经过各种工程准备（包括布置衬里、设置通风管道等）的地点堆放，形成上升的斜坡，并在此进行生物修复的处理，处理后的土壤再运回原地。复杂的系统可以用温室封闭，简单的系统则是露天堆放，有时也将受污染的土壤先挖掘出来运到一个地点暂时堆置，然后在受污染的原地进行一些工程准备，再将受污染的土壤运回原地处理。这种技术的优点是，可以在土壤受污染之初限制污染物的扩散和迁移，减小污染范围。但挖土方和运输费用明显高于现场处理方法，另外，在运输过程中可能会造成污染物进一步暴露，还会因挖掘而破坏原地点的土壤生态结构。

④ 热解吸附法。将被污染的土加热或烘烤，使污染物从被污染土中蒸发出来，然后再在蒸汽处理装置中燃烧由土中蒸发出来的蒸汽。热解吸附法最明显的特点是，能够很快地清洁被污染的土壤并用其回填开挖区域，缺点是需要大的现场空间，以安装处理设备和堆放土壤。

⑤ 电修复法。将电极插入受污染的地下水及土壤区域。在施加直流电后，形成直流电场，引起土壤孔隙水及水中的离子和颗粒物质沿电场方向进行定向的电渗析、电迁移和电泳运动，使土壤孔隙中的水和荷电离子或粒子发生迁移运动。

⑥ 超声波降解法。利用超声空化现象所产生的机械效应、热效应和化学效应对污染

物进行物理解吸作用、絮凝沉淀作用和化学氧化作用，从而使污染物从土壤颗粒上解吸，并在液相中被氧化降解成 $CO_2$ 和 $H_2O$ 或环境易降解的小分子化合物。

上述几种土壤处理方法没有涉及经济对比，但是处理方法的经济性常常是某项技术应用的制约因素，因此选择哪一项技术和方法，需要对各种因素进行综合考虑。

（2）化学修复法

① 焚烧法。焚烧法要求温度在 $815 \sim 1\ 200℃$ 之间，进入焚烧炉的土壤颗粒直径不得大于 25 mm，而且要求焚烧炉带有气体回收装置，对焚烧过程中可能产生的有毒物质进行收集处理。可见，使用该方法时条件要求较高，而且处理过程中能量消耗大，资金投入大，最主要的缺点是产生二次污染，所以，焚烧法只适于小面积被石油烃类严重污染土壤的治理，无法大面积推广。

对于发生在长满植物地区的溢油，只有在确认溢油基本破坏了当地的所有植被、严重影响植被的自我修复或对公众或野生动植物有毒害作用的情况下，才能使用燃烧法。在使用了燃烧法的区域，要及时翻土，使土壤疏松透气，并种植新的植物，促进残留的烃类被植物和土壤中的微生物吸收、降解，促进该区域的自我修复。同时，也要适时地向土壤中添加营养物和调节土壤 pH 的物质。

② 土壤洗涤法。土壤洗涤法即用表面活性剂、热碱水等化学试剂制成洗涤剂洗涤被石油污染土壤的方法。土壤洗涤法的能源消耗较低，处理费用也低，而且可以回收洗脱下来的原油，这不仅可以使被石油污染的土壤得到初步净化，而且其经济效益也很可观。但该方法仅适用于沙壤等渗透系数大的土壤，同时，它存在着明显的缺陷，即引入的洗涤剂易造成二次污染。

③ 化学氧化法。化学氧化法指向被石油烃类污染的土壤中喷撒或注入化学氧化剂，使其与污染物质发生化学反应来实现净化的目的。化学氧化剂有 $ClO_2$、$H_2O_2$ 及 Fenton 试剂、$KMnO_3$ 和 $O_3$ 等。化学氧化法既可单独使用，也可与其他修复技术（如生物修复）联用。该方法可作为生物修复或自然生物降解之前的一个经济而有效的预处理方法，且该方法不必开挖土地，不破坏土壤结构，可灵活应用于不同类型污染物的处理，不会对环境造成二次污染，但操作比较复杂。

（3）微生物修复法

生物修复技法是利用土壤中的土著菌或向污染土壤中接种选育的高效降解菌，在优化的环境条件下，加速石油污染物的降解。

① 施肥法。施肥法是将磷和氮甚至空气等养分泵入土中并向其补充营养，刺激有生物降解能力的微生物的增长，促进被污染物的分解。自然界中养分的供应可能是有限的，这将会限制天然微生物的增长数量。而加入的养分越多，天然微生物数量的增加就越迅速，从而加快了生物分解的速度。这种方法是在受污染地区直接采用生物修复技术，不需要将受污染土壤挖出和运走。

一般采用土著微生物处理，有时也加入经过驯化和培养的微生物以加速处理。处理方法是，在受污染区域钻两组井，一组是注水井，用来将接种的微生物、水、营养物等物质注入土壤中，另一组是抽水井，通过向地上抽水（使用水泵和空压机等设备），迫使地下水在地层中流动，以促进微生物的分布和营养等物质的输送，保持氧气供应。该处理方法简单，费用低。缺点是，因采取的工程强化措施较少，处理时间可能有所增加，而且在长期的生物修复过程中，污染物可能会进一步扩散到深层土壤和地下水中，因而适用于处理污染时间较长、状况已基本稳定的地区，或者受污染面积较大的地区。

②播种法。播种法是增加现存天然降解微生物种类的方法。对于一个地区里缺乏可降解的微生物种类，可以实行增加天然微生物种类的方法。如同施肥法一样，播种法的目的也是增加可以生物降解泄漏石油的微生物的数量。

在一些条件适宜的被污染现场，污染土壤可以进行自然生物降解，不需要采取其他人为的干预措施。所涉及的成本仅仅是降解过程的进展监测，但是由于自然生物降解的速度缓慢，若不采取措施加速降解，清洁一个现场可能需要几年的时间。因此，这种方法比较适合于被污染程度相对较低、环境清理可以在适当的期限内完成的那些场合。

③植物修复法。植物对有机污染土壤的生物修复作用主要表现在植物对有机污染物的直接吸收，植物释放的各种分泌物或酶类促进有机污染物生物降解及强化根际微生物的矿化作用等方面。此外，植被也可以有效改善土壤条件、增强土壤透气性，从而提高降解效率。在受污染土壤上种植对石油类物质有耐受性的植被，并施用肥料，可大大加速土壤中石油类物质的降解，这是一种简便经济的治理方法。其关键是要针对不同的污染土壤选择适当的植物和肥料。该方法主要适用于表层土壤受到污染时的治理，如采油井场的治理等。常见的适宜治理采油井场的植物有：虎尾草、轮藻、绵蓬、骆驼蒿、猪毛菜、羊矛、蒺藜、旋花、苍耳、芦苇、蒙古冰草、防风和赖草等。对于污染的农田土壤，可选择种植一些对石油烃耐受性强又具有一定经济价值的绿化苗木、花卉及经济作物如蓖麻等，以提高治理过程的经济效益。

④土地耕作法。如果土壤只在表层被石油污染，且被污染地块有就地地耕处理的条件，可进行就地地耕处理。对污染土壤进行耕耙、施肥、灌溉，并加入石灰，耙耕深度以 0.2～0.4 m 为宜，以使石油烃类与土壤均匀混合，尽可能地为微生物降解提供一个良好的环境，使其有充足的营养、水分和适宜的 pH 值，以保证污染物在土壤中的降解。

⑤生物反应器法。生物反应器法是将污染土壤置于一专门的反应器中处理。其处理过程为：将污染土壤挖掘起来与水混合为泥浆后转入反应器中，同时加入必要的营养物和表面活性剂，鼓入空气充氧，剧烈搅拌，最终完成代谢过程。该方法的缺点是工程复杂、处理费用高，因而目前仅作为实验室内研究生物降解速率及影响因素的生物修复模型使用。

## 7.3　油田溢油处置技术

### 7.3.1　油田含油污泥方法

油田发生井喷事故后，可使用插管法压井、导流引流降压法封井等措施控制住井喷。对撤离下井场的应急人员，应迅速脱去污染的衣服，用纱布擦去原油，酒精纱布擦洗皮肤上残存的原油，耳、鼻、口、眼可用清水或生理盐水冲洗。点抗生素眼水，皮肤涂抹抗过敏药物。抢险预防：对于上井口抢险的队员，上井前要穿上工作服、雨鞋，戴上口罩、手套、安全帽、耳塞，以防原油污染肌体。随后，要及时对溢油进行围控，防止溢油流入附近的水域、农田等地区。现场要禁止明火，以防爆炸。对于溢油的回收和其他处置可以参考 7.2.1.3。

### 7.3.2　油田溢油处置方法

油田开采过程中的含油污泥除了由溢油事故产生外，还来源于石油勘探开发以及石油开采和运输过程中产生的沉降罐污泥、落地油泥、污水处理站的构筑物底部的沉淀物、三相分离器含油污泥及生产事故产生的溢出油污泥等。油田开发生产中，试油试采、井下作业、洗井等过程均可产生落地油，另外管道穿孔、站库检修、场站事故排污等，也可产生落地油和含油污泥，造成环境污染。油田含油污泥已被列为危险固体废弃物，若不及时加以处理整治，将势必对周围土壤、水体、空气及其生物圈造成污染。含油污泥具有产生量大、含油量高、重质油组分高、综合利用方式少、处理难度大等特点。含油污泥处理是以稳定化、减量化、无害化和资源化为目的。含油污泥处理方法大致可分为机械分离、溶剂萃取、生物处理、热处理、微波处理、超声波方法及综合处理方法等。

（1）调质-机械分离处理工艺。机械离心分离通过对含油污泥进行调质，使固体颗粒凝聚，产生固液间密度差，同时通过调质过程使油相。与固液间产生界面，在离心机作用下，达到油-水-固三相分离。在油田主要采用固-液两相分离，其中分离的油水进入生产系统，固体达标后排放。而在调质阶段须根据污泥的组成以及影响因素，进行含油污泥的分拣，固体直径达标后（常规＜5 mm）进行污泥的调质，使高度分散的污泥颗粒、油珠或乳化油间进行电中和和网联架桥，从而使颗粒发生凝聚，最终变成大颗粒以至凝聚体，增加固液之间的密度差，从而改善固液分离性能。

此类处理方法无论对油田落地原油、油田及炼厂容器内的污泥，还是油田含油污水处理过程产生的胶质污泥（含水率＞99%）的除油脱水均有广泛的应用空间。此技术操作简单，投资少，可以与生化池的活性污泥合在一起进行处理，污油回收率高，脱油率可达到90%以上，但处理后的污泥含油量及 COD 含量因生产工艺和老化油的不同特性存在差异，可采用土壤生物法及固化法等后续措施进行处理，以保证处理后污泥不会对环境产生影响。

（2）超声波法处理工艺。超声波处理污油，是通过其机械振动、空化效应及热作用来降低油污黏度和油水界面膜的张力，同时增加液滴间的相对运动，促使其聚结、絮凝而破乳。超声波脱油处理设备结构简单，投资成本较低，并且超声波所具有良好的传导特性，可作用于不同类型的乳状液，对污油有较好的适应性。另外，超声波的扩散效应能提高破乳剂的作用效率，相同处理条件下，超声波处理效率明显高于热沉降，可用于常规方法效率不高的情况，目前在炼厂污油的处理中有广泛应用。

超声脱油的两种作用机理，第一，可以减少油污层厚度，加速含油污泥超声过程中的固液之间的传质过程；第二，由于超声波的振动作用可以使油泥水混合液进行强烈振动，增强搅拌作用，含油污泥表面的油污在声压和液体微射流等作用下被撞击而迅速被剥离下来，并乳化，从而使含油污泥中的油和泥沙分离开来。同其他清洗处理技术相比，超声脱油技术具有以下优点：① 超声作用效率高，速度快；② 清洗脱油作业的劳动强度可被显著降低；③ 清洗物件表面的洁净度可大大提高；④ 化学溶剂的用量减少，降低环境污染；⑤ 便于清洗工艺的实施，有利于清洗工艺过程实现自动化。

（3）焦化法。采用焦化法处理含油污泥实质是对重质油的深度热处理，是烃类的热转化过程，即重质油的高温热裂解和热缩合，其反应过程如图 7-1 所示。

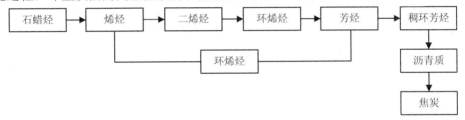

图 7-1　焦化法反应过程

焦化法处理含油污泥时，产生的石油焦和轻质裂解烃都可以作为燃料二次回收利用。在处理工艺过程中，应控制系统，调整系统能力，保证各种控制参数的稳定性。整个工艺过程较复杂，投资较大，该工艺处理后污泥能够达到土壤环境质量标准 II 级标准。

（4）热解析。热解析是用于含油污泥无害化处理的手段。油泥在绝氧条件下加热到一定温度使烃类及有机物解析，同时通过冷凝方式使烃组分重新凝析，在缺氧条件下，整体有机组分变化较小。在不同含氧和氮气混合的条件下，还可以裂解合成轻组分物质。

热解析处理含油污泥技术是一种新的含油污泥无害化处理技术，反应条件要求较高，技术工艺和操作较复杂，投资较大，配套工艺相对简单。

（5）萃取法。溶剂萃取技术被广泛用于去除含油污泥挟带的油和其他有机物。溶剂萃取技术是利用萃取剂将含油污泥溶解，经搅拌和离心后，大部分有机物和油被萃取剂从污泥中抽提出来，然后回收萃取液进行蒸馏，把溶剂从混合物中分离出来循环使用，回收油则用于回炼。溶剂萃取一般在室温下进行，溶剂比越大萃取效果越好，但溶剂比大萃取设备的负荷变大，能耗相对较大。

萃取法的优点是处理含油污泥较彻底，能够将大部分石油类物质提取回收。但是由于萃取剂价格昂贵，而且在处理过程中有一定的损失，所以萃取法成本高，还没有实际应用于炼厂含油污泥处理。

（6）生物处理。生物处理是比较有效的一种含油污泥处理技术。生物处理的主要原理是微生物利用石油烃类（作为碳源）进行同化降解，使其最终完全矿化，转变为无害的无机物质（$CO_2$ 和 $H_2O$）的过程。

生物处理法通过对含油污泥添加微生物菌类，对污泥进行稀释、充氧、混合、投加营养物质、控制温度及 pH 值等措施提高自然生物降解速度，从而达到去除含油污泥中各种污染物的目的。针对不同的废弃物，相应的处理技术及烃类的生物降解速度各不相同。烃类的生物降解半衰期从几天到几个月不等，取决于废弃物特性和处理技术，相对处理速度：生物反应器法＞堆肥法＞地耕法。此项技术机理较为成熟，对于污泥处理比较充分，运行十分安全，不需要高温加热，投资较少，但不能进行石油类物质的回收再利用。随着石油不可再生资源的日趋短缺，油品回收是含油污泥处理的主要方向，对于含油量高的污泥及油砂采用此方式是不经济的，该方法受到温度限制较大，不适合冬季较长的北方地区应用，但此类方法可最大限度地减少污泥中的含油量，可作为各类含油污泥处理技术后期完善的有效方法。

（7）冷冻/溶解法。冷冻/溶解法通过对含油污泥在冷冻过程中有机固体间碰撞，固体从冰晶框架中驱替出来，从而达到固液分离以及脱水目的。这一过程改变了固体生物学特性，因而在溶解后，它们不能存在于原水中。另外所添加的表活剂分子在冷冻过程中从冰晶的框架中被驱替以及在溶解过程中表活剂界面层的形成，从而实现了破乳作用产生的界面层与油水密切联系。从油中脱水主要依靠形成的界面层稳定性，在冷冻与溶解过程中，W/O 乳状液脱水率与原始的含水率、冷冻温度、冷冻速度、冷冻时间以及溶解温度和溶解速率有关。初始含水率越高，溶解温度高，脱水率就越高，脱水结果越理想。最佳的溶解条件是在常温条件下或在 20℃水浴中。

此类处理技术在炼化企业及国内油田还未被应用，但此类技术对高寒地带进行含油污泥的处理具有操作工艺简单、生产成本低、投资少、见效快等特点，因此具有广阔的应用空间，但处理后污水中 COD 值较高。

（8）微波处理。微波是频率大约在 300 MHz～300 GHz 的一种高频电磁波。常用的微波频率为 2 450 MHz，其热效应的特点是加热速度快、反应灵敏、加热均匀、效率高、选择性较好，利用微波的这些特性，可对污泥进行干化和脱水，使污泥中的油水乳状液破乳分离，实现油、水、渣三相的资源化利用。

（9）焚烧法。焚烧法只适于产量少的特殊含油污泥的处理，在温度 815～1 200℃范围内，将含油污泥直接送入焚烧炉焚烧，去除其含有的矿物油等有机物质，焚烧后的残渣掩埋处理，焚烧过程中产生的烟气，通过除尘、淋洗工艺处理，使其中的粉尘、氮氧化物、硫氧化物等达到排放标准后放空。采用焚烧法处理含油污泥，工艺复杂、投资大、成本高，废水、废气的排放量增加，而且根据我国目前的环保标准，对废气的排放不仅要控制其中污染物的浓度，而且还要控制其排放总量。

焚烧处理法对原料的适应能力较强，废物减量化效果较好，处理彻底，多种有害物几乎全部除去。但焚烧的费用昂贵，同时要消耗助燃剂，为了使燃烧产生的气体达到环保要求，需要采用投资巨大的除尘与气体洗涤设备。用该法进行大规模处理受到限制，目前国外具有成型的设备，但是应用并不是很广泛。

（10）综合处理技术。此类技术主要有生物、焚烧、固化、制砖、调剖液和石油膏等方法。固化技术利用物理化学方法将有害固体废弃物与能聚结成固体的某种惰性物质组合，使固体废弃物固定或包容在惰性固体材料中，具有化学稳定性和密封性，从而达到污泥稳定、无害、减量和土壤再利用目的。而焚烧、生物降解等方法则通过高温分解，使有机物质以 $CO_2$ 和 $H_2O$ 的方式被分解，以达到环保目的。压裂液、石油膏和调剖剂等化工物质的制备是通过净化污泥，并进行调质处理，使污染物重新回到石油生产过程中，从而杜绝污染源进入环境。这些综合技术的应用，应在含油污泥无回收价值即含油量小于 5%的前提下进行，可作为部分技术后续处理的有效措施，技术相对成熟，不仅能最大限度地降低对周边环境的影响，同时处理后的产品所产生的价值对于环保技术的再开发具有深远的意义。

### 7.3.3 油田溢油应急管理基本原则

针对油气田的井喷故事建立应急管理，必须结合实际情况，整体考虑，其中重点考虑三个因素：地域特征、生产情况和工艺特点。结合这三个因素建立应急系统，确定如下的几个原则：

（1）专门的应急设备。喷流出的天然气，一般都含有易燃易爆气体、有毒气体等，所以应配以专业的设备，如气体防护类、消防灭火类、应急照明类、医疗救助类、井口抢险类、特殊机械类、辅助抢险类等。

（2）专职的应急队伍。根据实际情况，建立应急救援分站或者是单独功能的救援站。救援站由素质高、训练有素的专职人员组成。

（3）应急联合体系。在应急队伍中，无论是专职队伍、义务力量还是其他施工队伍和人员，都必须隶属同一个应急体系。在这个体系中，要达到场地应急自救、区块应急救援和区域联合应急救援三者的统一。

### 7.3.4 油田污染防治对策

从近年石油企业几起典型井喷失控事故来看，井喷事故都是多岗位、多层次、多方面违章或工作不到位的综合结果，为了减少井喷溢油事故的发生，重点应抓好以下几项工作：

（1）构建严密有效的井控管理体系。施工方与建设方主管部门要贯彻积极的井控理念，建立齐抓共管、各负其责的管理机制和模式，形成主动工作、相互配合的良好局面；自上而下建立完善的井控管理机构和网络，理顺全过程管理渠道，加强监督管理力度；修订完善技术管理制度，明确界定各级岗位人员的技术权限和安全职责，并严格落实；发挥技术管理对安全工作的支撑作用；落实坐岗制度，带班队长制度。落实高危井、重点井和关键工序管理。

（2）构建规范有效的设计管理体系。油气田企业要认真开展地层压力、油气预告、注水连通情况等井控内容研究和资料收集工作，确保地质设计为井控安全提供齐全准确的资料数据，提高井控安全措施的针对性；推广工程设计的井控特性化功能，在规范管理工程设计基础上，完善井控分级管理制度，根据地层压力、危险级别等因素确定施工井控级别，据此提出有针对性的井控要求、井控装备组合及井控措施等，指导施工队伍的井控工作。

（3）构建完善有效的井控培训体系。尽快制定统一的、有针对性的各层次人员培训标准和要求，编制统一的培训教材和题库，开展井控事故案例汇编等工作，提高井控培训的针对性和实效性；强化人员培训工作，借鉴国外先进公司培训的经验，切实落实岗位人员的培训，扎实开展各种工况下现场的应急及防喷演练，确保全体员工的素质和应急操作技能的全面提高。

（4）构建合理有效的装备配备体系。严格按照井控管理规定要求，根据队伍规模、油气藏属性等，配齐、配好井控装备，夯实井控工作基础；严格按照井控分级制度，配备井控设备，按照标准抓好现场井控设备的摆放、安装和试压，确保井控设备管用；抓好井控设备管理工作，完善井控设备台账，健全运行管理机制，靠实维护保养工作，落实强制报废制度，确保设备性能完好。

（5）构建持续有效的监督管理体系。施工方要制订监督工作标准，明确监督人员职责、权力和管理办法，加强监督队伍建设，并将巡视与现场日常监督相结合，发挥内部监督的积极作用。建设方要完善各项监督管理机制，落实待遇、管理等问题。要加强监督的培训注册工作，大力培养专职、高级别监督，提升监督队伍整体技术素质，切实发挥监督工作的安全保障作用。

# 第 8 章
# 溢油污染应急废物处置技术

## 8.1 溢油应急废物

### 8.1.1 溢油应急废物概述

溢油应急废物即在应急过程中产生的需要处理的废物，包括溢油本身、沾有油污的应急物资以及受污染的环境介质等。物理法用到的应急物资包括各种围油栏、撇油器、吸油材料、收油设备及工具。某些吸油材料可以经挤榨后多次循环利用，但大多数的天然有机材料和天然无机材料只能一次性使用，使用后即作为溢油应急废物需要被恰当地处置。应急废物还包括个人防护品，即溢油清理过程中工作人员使用的防护手套、防护面罩、防护服等。常规的应急废物包括铲子、麻袋、桶、毛巾、棉被、泡沫塑料等。受污染的环境介质包括沾油植被、含油污泥、石缝中及沙滩上的残油等。

溢油事故清理中产生的各类油泥、沾油废物等均为危险废物，必须委托该地区的环保固废处置有限公司处置，并按危险废物交换和转移管理办法中有关规定，办理危险废物转移报批手续等，危废暂存设施须满足《危险废物储存污染控制标准》（GB 18597—2001）的要求。

### 8.1.2 应急废物处置流程

以墨西哥湾溢油事故为例，溢油现场应急废物的处置流程如图 8-1 所示。

一般应急废物的处置流程为物质收集、初步分类、危废鉴定、再次分类，最终运输到废物处理厂处置或采取就地处置等。

#### 8.1.2.1 废物的收集

不同地域各城市可根据当地的经济、交通、垃圾组成特点、垃圾收运系统的构成等实际情况，开发使用与其相适应的垃圾收集车。国外垃圾收集运输车类型很多，许多国家和地区都有自己的收集车分类方法和型号规格。尽管各类收集车构造形式有所不同（主要是装车装置），但它们的工作原理有共同点，即规定一律配置专用设备，以实现不同情况下城市垃圾装卸的机械化和自动化。一般应根据整个收集区内不同建筑密度、交通便利程度和经济实力选择最佳车辆规格。按照装车形式大致可分为前装式、侧装式、后装式、顶装式、集装箱直接上车等。车身大小按载重分，额定量 10～30 t，装载垃圾有效容积为 6～25 $m^3$（有效载重 4～15 t）。

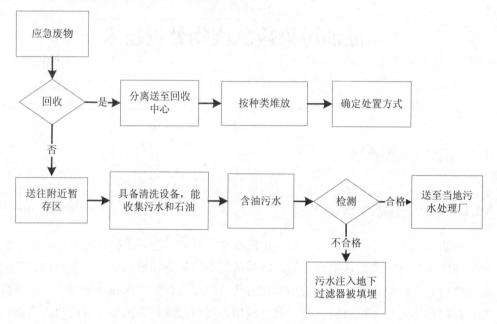

**图 8-1 墨西哥湾溢油事故废物处置流程**

#### 8.1.2.2 废物的储存

一般采用就地分类储存的方式，将可燃废物和不可燃废物分开储存，可循环再利用的垃圾单独储存。就地分类储存的工作开展是一项长期和艰巨的系统工程，需要提高应急处置过程中工作人员的环保意识和工作技能，环保主管部门应当制定相应的规章制度，并采取相应的切实可行的技术措施，才能保障这项工作得以顺利地开展。

#### 8.1.2.3 废物的运输

通常，公路运输是危险废物的主要运输方式，载重汽车的装卸作业和运输过程中的事故是造成危险废物污染环境的重要环节。负责运输的汽车司机担负着重大责任，为保证危险废物的安全运输，需要按下述要求进行。

（1）危险废物的运输车辆必须经过主管单位检查，并持有相关单位签发的许可证，负责运输的司机应通过培训，持有证明文件。

（2）载有危险废物的车辆须有明显的标志或适当的危险符号，以引起关注。

（3）载有危险废物的车辆在公路上行驶时，需持有许可证，其上应注明废物来源、性质和运往地点。此外，在必要时需有单位人员负责押运工作。

（4）组织和负责运输危险废物的单位，在事先需做出周密的运输计划和行驶路线，其中包括有效的废物泄漏情况下的应急措施。

此外，为了保证通过运输转移危险废物的安全无误，应严格执行《危险废物转移联单管理办法》的规定。危险废物转移联单制度是一种文件跟踪系统，在其开始即由废物生产者填写一份记录废物产地、类型、数量等情况的运货清单，经主管部门批准，然后交由废物运输承担者负责清点并填写装货日期，签名并随身携带，再按货单要求分送有关处所，最后将剩余一单交由原主管检查，并存档保管。

#### 8.1.2.4  危险废物的鉴别

危险废物的鉴别标准如下：

（1）腐蚀性鉴别。本标准适用于任何生产、生活及其他活动中产生的固体废物的腐蚀性鉴别。通过玻璃电极法测定，当 pH 值大于或等于 12.5，或者小于或等于 2 时；或在 55℃条件下，对 GB/699 中规定的 20 号钢材的腐蚀速率大于或等于 6.35 mm/a 时，该固体废物是具有腐蚀性的危险废物。

（2）急性毒性初筛。本标准适用于任何生产、生活及其他活动中产生的固体废物的急性毒性初筛。急性毒性初筛鉴别值按照《危险废物急性毒性初筛试验方法》进行试验，对小白鼠（或大白鼠）经口灌胃，经过 48 h，死亡超过半数者，则该废物是具有急性毒性的危险废物。

（3）浸出毒性鉴别。该项适用范围扩展到任何过程产生的危险废物，在项目上包括无机元素及化合物、有机农药类、非挥发性有机物及挥发性有机物的鉴别标准等，共 50 项。在新的标准中，镍及其化合物的标准值有所提高，氰化物浸出毒性鉴别标准定为 5.0 mg/L，不再按 GB 12502—90 分级指定标准值。

固态的危险废物经水浸沥，其中有害的物质迁移转化，污染环境。浸出的有害物质的毒性称为浸出毒性。无机元素及化合物的浸出液中任何一种有害成分的浓度超过标准浓度值，则该废物是具有浸出毒性的危险废物。

目前，中国危险废物的鉴别方法有三种：第一种是名录法，即根据名录查阅待判定的固体废物是否列入在名录中，如果名录中已经列入，则可判定其为危险废物，但不能判定未列入名录的不是危险废物。第二种是检测法，对未列入名录的危险废物进行检测，结果高于鉴别标准的，可以判定为危险废物，低于标准的不一定是危险废物。前两种鉴别都属于肯定性单项判别，鉴别方法是结果的充分非必要条件。第三种是专家判定法，用前两种方法都无法判定的，由国家级别部门组织专家认定其是否是危险废物，鉴别方法是结果的充分必要条件。

## 8.2  沾油危废的处置技术

溢油处置后，围油栏、撇油器、吸油材料、收油设备及工具等均沾上油污。收油器的处理可根据沾有的油品特性不同采用不同的处理方法，如轻质、低黏度的油品，可用水管冲洗，但对于高黏度或已经结块的油品，则需采用专用工具加以处理。目前我国已有多家企业生产收油器清洗机，其产品可实现高温高压冲洗，对于难处理的油品有较好的清理效果，冲洗水可回收至污水处理厂进行处理。可重复使用的围油栏等需要用高压水枪冲洗或使用专用的围油栏清洗机加以清洗。废弃的围油栏和各类吸油材料通常采用焚烧或填埋的方式处置。

目前常用的含油废弃物的处置方式是焚烧。焚烧法处理能力大，对于溢油应急中产生的大量含油污废弃有机物的处理十分理想。可以将焚烧炉拖拽到海岸和污染现场，用于现场燃烧油污废弃物和吸油材料等十分方便，效果理想。对于进行安全填埋的沾油废弃物需要从废渣分类、填埋场的选址，一直到封场操作，包括地表水导流系统、场地监测系统，拦渣坝及辅助设施等诸多环节进行统筹考虑，对各种方案做出比较，找到一个既能使各个组成部分相互配合好又符合实际情况的方案，只有这样才能达到既满足环保要求又节省投资的效果。

使用后的沾油废弃物经鉴定大多按照危险废物的处置方式来处理，危险废物常用的处置技术如下所述。

## 8.2.1  固化技术

固化技术是处理危险废物的重要手段，通过固化把有害的废物固定在一种惰性的不透水的基质中，废物经过固化处理后可将有毒有害污染物转变为低溶解性、低迁移性及低毒性的物质。固化技术稳定废物成分的机理是废物和凝结剂间的化学键合力、凝结剂对废物的物理包容、凝结剂水合产物对废物的吸附等的共同作用，使废物转变为不可流动固体或形成紧密固体，改变废物的渗透性、可压缩性和强度。危险废物经过固化处理后可减轻或消除自身的危害性，能安全地运输，并能方便地进行最终处置。

目前，常用的固化技术主要有水泥固化、石灰固化、沥青固化、塑性材料固化、有机聚合物固化、自胶结固化、熔融固化和陶瓷固化等。水泥固化使用水泥作为危险废物稳定剂，由于水泥是一种无机胶结材料，经过水化反应后可以生成坚硬的水泥固化体，从而达到降低废物中危险成分浸出的目的。石灰固化是指以石灰、熔矿炉炉渣以及含有硅成分的粉煤灰和水泥窑灰等具有波索来反应的物质为固化基材，进行危险废物的固化操作。沥青固化是以沥青类材料作为固化剂，与危险废物在一定的温度下均匀混合，产生皂化反应使有害物质包容在沥青中形成固化体，从而达到稳定的目的。有机废物更适宜用于无机物包封法处理。

## 8.2.2  焚烧技术

焚烧炉的结构形式与废物的种类、性质和燃烧形态等因素有关。不同的焚烧方式有相应的焚烧炉与之相配合。通常根据所处理废物对环境和人体健康的危害大小，以及所要求的处理程度，将焚烧炉分为城市垃圾焚烧炉、一般工业废物焚烧炉和危险废物焚烧炉三种类型。不过，为了更能反映焚烧炉结构特点的分类方法，按照处理废物的形态，将其分为液体废物焚烧炉、气体废物焚烧炉和固体废物焚烧炉三种类型。

液体废物焚烧炉的结构由废液的种类、性质和所采用的废液喷嘴的形式来决定。炉型有立式圆筒炉、卧式圆筒炉、箱式炉、回转窑等。一般按照采用的喷嘴形式和炉型进行分类，如液体喷射立式焚烧炉、圆筒焚烧炉等。气体废物焚烧炉相当于一个用气体燃料燃烧的炉子或固体废物焚烧炉的二次燃烧室，其构造及分类与液体废物焚烧炉相似。固体废物焚烧炉种类繁多，主要有炉排型焚烧炉、炉床型焚烧炉和沸腾流化床焚烧炉三种类型。但每一种类型的炉子根据其具体的结构不同又有不同的形式。《危险废物焚烧污染控制标准》（GB 18484—2001）见附件 4。

### 8.2.3　物化法处理技术

物化法处理技术是指通过对不同性质的危险废物采用相应的化学反应技术或溶剂萃取的物化技术，将危险废物转化为非危险废物，单一工业危险废物或性质相近的化学废物常采用这种处理方法。工业企业还可以应用此法处置自身产生的危险废物。物理化学法处理技术主要用于处理有机医药废液、含油废液、各类酸碱废液等液体危险废物和其他固态危险废物，同时还可以处理多氯联苯。物化法处理技术处理工艺的特点是用物理化学的方法进行处理。物化法处理技术实现了危险废物处理的专业化，针对不同的废物类型采取相应的最有效的处理方法，从而达到"一把钥匙开一把锁"的作用。物化法处理技术具有针对性强、回收利用价值高的优点，但专用设备多、设备通用性差，而且处理成本较高。

### 8.2.4　地表处理法

地表处理就是将危险废弃物同土壤的表层混合，在自然的风化作用下，实现某些种类的危险废弃物的降解、脱毒。地表处理方式经济，且简单易行，但是，这种方式并不适合所有的危险废弃物。如某些不可降解的危险废弃物有可能附着在土壤颗粒上，在风或雨水的冲刷下扩散到周围的环境，对人畜的生命安全造成威胁；其他危险废弃物也可能迁移到土地深层土壤，污染地下水。从长远角度来看，地表处理并非实现危险废弃物无害化处置的有效手段。

### 8.2.5　安全填埋法

现今，国际国内对工业固体危险物的最终处置方法就是进行安全填埋。安全填埋往往被认为是为减少和消除废物的危害，在对其进行各种方式处理之后所采取的最后一种处置措施。对危险废物进行填埋前，需根据不同废物的物理化学性质进行预处理，利用各种固化剂对其进行稳定化，固化处理，以减少有害废物的浸出。当然，填埋法也存在一些环境问题，最主要的问题是填埋废物中的某些成分与水或其他物质发生物理化学作用产生浸出液，污染地下水源，其次是废物填埋场占用土地。《危险废物填埋污染控制标准》（GB 18598—2001）见附件 5。

### 8.2.6　资源化利用技术

2008 年，美国对含油危险废物增加了气化的处置方式，这种气化的方式就是将含碳材料转化成一种合成气，被用于能源生产、发电或者作为其他化学制造行业其中的一个板块。该气化操作是在一个高温高压且氧气有限的环境中进行的，产生的合成气主要是由一氧化碳、氢气和甲烷组成的，也会产生二氧化碳。这项规定的实施既避免了废物管理的花费，又节省了气化系统的原料。

### 8.2.7　危险废物处置方法的优缺点比较

危险废物处置方法的优缺点比较见表 8-1。

表 8-1　危险废物处置方法的优缺点比较

| 技术 | 优点 | 缺点 |
| --- | --- | --- |
| 固化法 | 减轻或消除其自身危害性，方便运输 | 并非最终处置方式 |
| 回转窑焚烧法 | 使用广泛、技术较为成熟；尾气可以净化 | 投资大；加重温室效应 |
| 物化法 | 针对性强、回收价值高 | 设备通用性差，处理成本高 |
| 地表处理 | 经济、操作简单 | 难降解的会污染地下水，并非无害化 |
| 安全填埋 | 最终处置法 | 产生的浸出液会污染地下水；占用土地 |
| 生物处理 | 安全降解为无害物质 | 需要加填充剂增加透气性和额外碳源 |

## 8.3　含油污泥的处置技术

### 8.3.1　含油污泥的来源及特点

溢油清理后，往往有大量的油残留在海滩、海岸线上，形成含油污泥；溢油清理过程中吸油材料的装卸、运输、储存处理不当也会导致含油污泥的产生。含油污泥中含有大量的苯系物、酚类、蒽、芘等有恶臭的有毒物质，若不加以处理，不仅污染环境，而且造成资源的浪费。尤其针对陆源溢油污染，不仅破坏大量耕地，还会污染周围的土壤、水体、空气。

含油污泥的含油率通常在 5%～50%，含水率在 40%～90%，一般由水包油、油包水以及悬浮固体组成。污泥中的悬浮固体、胶体颗粒与油、水会形成非常稳定的乳化体系，黏度较大，难以沉降。但含油污泥中，含量较高的石油类物质、金属及无机矿物质，具有非常重要的油气回收和金属矿物质再生利用价值，因此，含油污泥又是一种资源。

含油污泥处理最终的目的是以减量化、资源化、无害化为原则。目前，含油污泥的处理方法很多，主要分为物理化学法和生物法。主要包括：清洗法、溶剂萃取法、焚烧法、浓缩干化法、固化/稳定化法、化学氧化法、生物法、焦化法、含油污泥调剖和含油污泥综合利用等。

## 8.3.2　浓缩干化法

浓缩干化法是一种传统的处理工艺，适合于含水率较高的含油污泥，主要是通过自然沉降分离出污泥颗粒间隙中的水，这部分水一般占污泥含水的 70%左右。通过浓缩处理可以使含水率降低 95%左右，然后将浓缩后的污泥自然风干、填埋。该工艺的优点是基建投资少和运转费用低，操作简单，目前国内油田对高含水污泥多采用该工艺进行处理。

## 8.3.3　调质法

由于含油污泥颗粒表面吸附同种电荷，相互之间排斥，加之充分乳化，极难脱稳，使得油、水、泥渣分离比较困难。需要加入调质剂，使原油与固体颗粒分离、油滴聚合、原来加入的化学药剂随固体杂质沉降，实现油、水、渣三相的完全分离。

## 8.3.4　固化作用/稳定化作用法

该方法是通过投加化学试剂使含油污泥形成具有完整结构的坚硬块状物，将含油污泥中有毒有害物质固化或包容在惰性固化基材中，以便于运输、利用或处置的一种无害化处理过程。这种处理方法能够最大程度地减少含油污泥中有害离子和有机物对土壤的侵蚀和沥滤，减少对环境的影响和危害。经固化处理的含油污泥环境安全性更高，再进行安全土地填埋较直接填埋更易为环境所接受。

在此方法的基础上，现在又衍生了一种新的方法，即解吸/活性硅酸盐法。活性硅酸盐能提高含油污泥中烃类长期稳定性，在解吸过程中能将含油污泥固定在"砂砾"（二氧化硅）中。这种固化作用包括三个步骤：① 用含水的乳化剂使烃类从含油污泥中解吸出来并得到乳化。② 用硅酸盐溶液与乳化剂反应从而包裹烃类。③ 在一些有效的烃类减少后，最后一步是用石灰和黏合剂的混合物采用传统的固化作用稳定化作用固定剩余的有机物。这种固定法和传统固定法相比，优点在于含油污泥的质量增加较少；此法与其他方法相比，运行费用较低。不足之处在于堆放场地过大，随着时间的推移，污染物可能会再度污染环境，对于毒性期长的石油烃类，只是暂时地防止了石油烃类的迁移，不能作为永久的治理方法。

## 8.3.5　回注法

回注法是将含油污泥作为泥浆，加入分散剂等注入井下待调剖面或堵水。孤东油区通过将含油泥沙进行相关技术处理后，基本上能满足油水井调剖要求。临盘采油厂采用该法处理石灰乳改性的含油污泥，基本上也能满足要求。不过，该方法不仅难以消耗大量污泥，而且对污泥粒度要求极高，无法处理油沙和含聚污泥，与其他调剖法相比成本更高，只能作为一种辅助方法。

### 8.3.6 溶剂萃取法

溶剂萃取是一种用以除去污泥挟带的油和其他有机物的单元操作技术，其中包括超临界流体萃取，超临界流体萃取技术，是一种新兴的含油污泥萃取技术，利用"相似相溶"原理，选择一种合适的有机溶剂作萃取剂，将含油污泥中的原油回收利用的方法。它将常温、常压下为气态的物质经过高压达到液态，并以之作为萃取剂，由于其巨大的溶解能力以及萃取剂易于回收循环使用。常用的超临界流萃取剂有甲烷、乙烯、乙烷、丙烷、二氧化碳等，这些物质的临界温度高、临界压力低，而且原料廉价易得，是良好的超临界萃取剂，且密度小，易于分离。

萃取法的优点是处理含油污泥较彻底，能够将大部分石油类物质提取回收。但是由于萃取剂价格昂贵，而且在处理过程中有一定的损失，所以萃取法成本高，还没有实际应用于炼厂含油污泥处理。此项技术发展的关键是要开发出性能价格比高的萃取剂。

### 8.3.7 焚烧法

含油污泥的焚烧是将油泥、沙掺入煤粉中或锯末中制造成型煤或用作烧砖燃料，对于含油污泥，焚烧前一般必须经过污泥脱水，其预处理过程是：含油污泥泵入污泥浓缩罐，同时适当加温（60℃左右），并投加絮凝剂（PAC 或有机阳离子絮凝剂），经搅拌、重力沉降后，进行分层切水。经过浓缩预处理的污泥，经设备脱水、干燥等工艺，在温度 815～1 200℃范围内，将油泥送入焚烧炉焚烧，经 30 min 焚烧即可完毕，灰渣再进一步处理。焚烧过程中产生的烟气，通过除尘、淋洗工艺处理，使其中的粉尘、氮氧化物、硫氧化物等达到排放标准后放空。目前国内焚烧炉类型主要有：厢式、固定床式、流化床式、耙式炉或回转窑等。

焚烧处理法的优点是污泥经焚烧后，多种有害物质几乎全部除去，减溶效果好，减少了对环境的危害，缺点是耗能大，焚烧中产生了二次污染。

### 8.3.8 热解法

热解法是一种能量净输出工艺，是近年来备受关注的污泥资源化技术之一。其包括：高温裂解、低温热解和焦化法。与焚烧法相比，在隔绝氧气的情况下，通过热解的方式将含油污泥中重质组分转化为轻质组分，可以将其中挥发性有机物组分（VOCs）和半挥发性有机物组分（SVOCs）进行回收，不仅具有较高的能量回收效率，而且其低温还原性可使大多数金属元素固定在固体产物中，同时遏制了二噁英的生成，减少了大气污染。

高温裂解技术是指含油污泥在绝氧的条件下加热到一定温度（一般为 450℃左右，甚至更高），使烃类物质在复杂的水合和裂化反应中分离出来，并冷凝回收。该工艺对含油污泥处理得比较彻底，处理后的高温污泥可以直接填埋或抛撒。其主要工艺过程为：含油污泥经振动筛处理后，去除砖瓦石块等大颗粒杂质，经传送带输送至密闭的旋转处理器，在旋转处理器中污泥被加热至 500～800℃进行油泥分离，挥发出的油气通过循环水冷凝回收，处理后的高温污泥经淋水降温后达标排放。这种工艺的主要优点是对污泥中的油（烃类物质）回收率较高，处理后的污泥可以达到直接填埋的要求。缺点是热消耗大，投资较高。随着各国对含油污泥处置指标的进一步严格，该工艺作为一种处置彻底、速度快的污泥处理方法，将成为含油污泥处理的重要方式之一。

污泥低温热解是一个正在发展的新的能量回收型污泥处理技术。在加入催化剂、无氧微正压、250～500℃条件下，含油污泥中的有机物通过蒸馏、热分解过程生成油品，最大转化率取决于污泥组成和催化剂的种类，低温热解是能量净输出过程。污泥低温热解制油技术的反应温度一般在 400～450℃，0.5 h 可获得最大油品收率，含油污泥低温热解采用带加热夹套的卧式搅拌反应器，该工艺能使含油污泥处理后达到 BDAT 标准。

### 8.3.9　熔融法

污泥熔融技术是将污泥进行干燥后，使污泥在超过焚烧灰熔点的温度（通常为1 300～1 500℃）下燃烧，不仅可完全分解污泥中的有机物，燃尽其中的有机部分，还使灰分在熔融状态输出炉外，经自然冷却，固化成火山岩状的炉渣。同时，污泥熔融所形成的熔渣密度比焚烧灰的密度高 2/3，明显减少了灰渣的体积。污泥中的重金属因被固定在玻璃态的熔渣中而不具有溶出活性，污泥熔融后的熔渣可用作建材，在日本和德国有多套污泥熔融装置。污泥熔融处理技术的有机质分解率接近 100%（包括耐热分解有机物），无机熔渣的化学性质稳定，其中的重金属几乎完全失去可溶出性，因此，比一般的焚烧处理有更安全的环境特性。尽管该技术具有以上的优点，但因其操作温度很高，一次性投资及运行成本高于焚烧法，阻碍了该技术的推广应用。

### 8.3.10　含油污泥处理方法的优缺点比较

含油污泥处理方法的优缺点比较如表 8-2 所示。

表 8-2　含油污泥处理主要方法的优缺点比较

| 序号 | 处理方法 | 适用范围 | 优点 | 缺点 |
|---|---|---|---|---|
| 1 | 简单处置 | 各类含油污泥 | 简单易行 | 污染环境，不能回收原油 |
| 2 | 物理化学处理 | 含油量在 5%～10%以上的含油污泥 | 回收原油,综合利用 | 需处理装置，需加入化学药剂，仍有污水、废渣排放，处理费用较高 |
| 3 | 生物处理 | 各类含油污泥 | 节省能源,无须化学药剂 | 处理周期长，不能回收原油 |

| 序号 | 处理方法 | 适用范围 | 优点 | 缺点 |
|---|---|---|---|---|
| 4 | 焚烧处理 | 含油量在5%~10%以下的含油污泥及含有害有机物的污泥 | 有害有机物处理彻底 | 需焚烧装置,通常需加入助燃燃料,有废气排放,不能回收原油 |
| 5 | 作燃料、制砖 | 各类含油污泥 | 综合利用,较易实行 | 不能回收原油,有废气排放 |
| 6 | 熔融法 | 各类含油污泥 | 体积和有害物质明显减少 | 操作温度高,投资成本高 |
| 7 | 萃取法 | 各类含油污泥 | 处理较彻底,能将大部分石油类物质提取回收 | 目前该方法还处于试验开发阶段,萃取剂价格昂贵,导致成本太高 |

## 8.4 含油污水的处置技术

### 8.4.1 含油污水的分类

收油器械类在清洗过后会产生含油污水,这些污水经检测需要就地处置或是运送至当地的污水处理厂进行处理。根据含油废水中油粒直径的大小,废水中的油类可分为浮油、分散油、乳化油和溶解油4种。

(1)浮油,其粒径一般大于100 μm,以连续相的形式漂浮于水面,形成油膜或油层;浮油粒径较大,占总含油量的60%~80%,利用油水体积质量差异,通过隔油池能很容易地与水分离。

(2)分散油,以微小的油滴悬浮于水中,不稳定,静置一段时间后通常变成浮油,也有可能变成溶解油,油滴的粒径一般介于10~100 μm之间。

(3)乳化油,油滴粒径极小,一般小于10 μm,多数在0.1~2 μm之间,单纯用静置方法分离较困难;由于乳化油油滴表面存在双电层或受乳化剂的保护阻碍了油滴的合并,使其长期保持稳定状态,因此乳化油的去除是含油废水治理的重点和难点。

(4)溶解油,以分子状态存在于烃类化合物之间,呈均匀状态,油粒直径一般小于0.1 μm;油品在水中的溶解度很小,溶解油所占比例一般在0.5%以下。

### 8.4.2 含油污水的危害

含油废水对人类、动物和植物乃至整个生态系统都产生不良的影响,其危害主要表现在两方面。

(1)对企业的危害:含乳化油的废水,会在工艺设施和管道设备中与废水中悬浮颗粒及氧化铁皮一起沉降,形成具有较大黏性的油泥团,堵塞管道和设备,影响生产的正常进行。

（2）对环境的危害：油类物质对环境的影响是多方面的，如污染水体，冶金备件在水面上形成油膜，起到阻碍水体复氧的作用，水体中由于溶解氧减少，藻类光合作用受到限制，影响水生生物的正常生长，冶金备件使水生动植物有油味或毒性，甚至使水体变臭，破坏水资源的利用价值；油类黏附在鱼鳃上，可使鱼窒息，浓度为 200 mg/L 时，鱼类不能生存；黏附在藻类、浮游生物上，可使它们死亡；油会抑制水鸟产卵和孵化，严重时使鸟类大量死亡；用含油废水灌溉农田，油分及其衍生物将覆盖土壤和植物的表面，堵塞土壤的孔隙，阻止空气通入，使土壤和微生物不能正常进行新陈代谢，使农产品质量和实用价值下降，严重时会造成农作物减产或死亡，油类在土壤中向下迁移，还可能造成严重的地下水污染。

综上所述，含油废水污染对生态系统可能造成毁灭性的破坏，对人体健康也会造成潜在的危害。

## 8.4.3　含油污水处理方法

### 8.4.3.1　气浮法

气浮法是在水中通入空气或其他气体产生微细气泡，使水中的一些细小悬浮油珠及固体颗粒附着在气泡上，随气泡一起上浮到水面形成浮渣，然后使用适当的撇油器将油撇去。

### 8.4.3.2　化学混凝法

常用的混凝剂主要有两大类：① 无机盐类混凝剂，目前应用最广的是铝盐和铁盐；② 高分子混凝剂，又分为无机和有机两大类，应用比较多的有聚合氯化铝（PAC），聚合硫酸铁和聚丙烯酰胺（PAM）。该方法存在成本较高、易造成水体二次污染、后续处理困难等问题。

### 8.4.3.3　吸附法

吸附法是利用亲油性材料吸附水中的油。最常用的吸附材料是活性炭，具有良好的吸油性能。此外，吸附树脂、煤炭、吸油毡、陶粒、石英砂、木屑和稻草等也具有吸油性能，可用作吸附材料。吸附法处理后的出水水质好且比较稳定，对其他方法难以去除的一些大分子有机污染物的处理效果尤为显著，但吸附剂成本较高，吸附容量有限，一般用于深度处理。

### 8.4.3.4　生物法

生化处理法是利用微生物的生物化学作用，对废水中石油烃类进行降解，主要是在加氧酶的催化作用下，将分子氧结合到基质中，先形成含氧中间体，然后再转化成其他物质。常用的生物法有活性污泥法、生物滤池法、生物膜法和接触氧化法等。生物技术的关键在于根据含油废水的特性，开发出高效的生物菌种和处理工艺，一般与其他方法联用。山东莱钢冷轧生产线采用无机陶瓷膜超滤与生物接触氧化以及核壳过滤的组合工艺处理含油废水，出水水质可达到杂用水水质标准，废水、废油、废渣全部实现资源化利用。

### 8.4.3.5　膜分离法

膜分离技术是利用特殊制造的多孔材料的拦截作用，以物理截流的方式去除水中一定颗粒大小的污染物。多孔膜基质可以促进 μm 级和亚 μm 级油粒合并为较大的油滴以便依靠重力分离。以压力差为推动力的膜分离过程一般分为微滤、超滤和反渗透 3 种，其中超滤应用较多。

膜分离法进行油水分离的过程是纯粹的物理分离，不需要加入化学药剂，不产生含油污泥，虽然废水中油分浓度变化幅度大，但透过流量和水质基本不变，便于操作，设备费用和运转费用低。但也存在一些问题，如膜的热稳定性差，不耐腐蚀，污染后再生困难等，需要研究新的材料和方法制备出性能更好的膜。

### 8.4.3.6　粗粒化脱水法

利用油水对固体物质亲和状况的不同，常用亲水憎油的固体物质制成各种脱水装置。用于油水分离的固体物质应具有良好的润湿性，由于这种润湿性，油水混合物流经固体表面时水滴附着于固体表面上，在流体的剪切下水滴界面膜破裂，水滴聚结。适合这种要求的材料有：陶粒、木屑、纤维材料、核桃壳等。例如大港油田的陶粒脱水器，用陶粒作填料，当油水混合物流经陶粒层时，被迫不断改变流速和方向，增加了水滴的碰撞聚结概率，使小液滴快速聚结沉降。

### 8.4.3.7　电脱分离法

电脱水作为油水处理的最终手段，在油田及炼厂得到广泛应用。其原理是乳状液置于高压的交流或直流电场中，由于电场对水滴的作用，削弱了乳状液的界面膜强度，促进水滴的碰撞、合并，聚结成粒径较大的水滴，从原油中分离出来。由于用电脱水处理含水率较高的原油乳状液时，会产生电击穿而无法建立极间必要的电场强度，所以通常电脱法不能独立使用，只能作为其他的原油处理方法的后序过程。

### 8.4.3.8　重力分离法

由于油、气、水的相对密度不同，组分一定的油气混合物在一定的压力和温度下，当系统处于平衡时，就会形成一定比例的油、气、水相。当相对较轻的组分处于层流状态时，较重组分液滴按斯托克斯公式的运动规律沉降，重力式沉降分离设备即根据这一基本原理进行设计。由斯托克斯公式可知，沉降速度与油中水分半径的平方成正比，与水油的密度差成正比，与油的黏度成反比。通过增大水分密度，扩大油水密度差，减小油液黏度可以提高沉降分离速度，从而提高分离效率。

### 8.4.3.9　离心分离法

利用油水密度的不同，使高速旋转的油水混合液产生不同的离心力，从而使油与水分开。由于离心设备可以达到非常高的转速，产生高达几百倍重力加速度的离心力，因此离心设备可以较为彻底地将油水分离开，并且只需很短的停留时间和较小的设备体积。由于离心设备有运动部件，日常维护较难，因此目前只应用于试验室的分析设备和需要减小占地面积的场所。

利用离心分离原理工作的一种主要设备是水力旋流器，它是一种将作为连续相的液体与作为分散相的固粒、液滴或气泡进行物理分离的设备。分散相与连续相之间的密度差越大，两相就越容易分离。与重力场中的情况类似，在两相之间的密度差一定的条件下，分散相的颗粒直径越大，在重力场中达到平衡状态时两相之间反向运行的速度差越大，因此就越容易分离。

### 8.4.3.10　超声波处理

超声波处理废油是通过其机械振动、空化及热作用来降低废油黏度和油水界面膜刚性，同时作用于性质不同的流体介质产生位移效应实现油水分离。超声波处理技术设备简单，运行费用低廉，不但具有热化学沉降技术可以大批量处理的优点，更能够降低处理温度，节约药剂，缩短处理时间，适于常规办法难以奏效的老化油处理，如果能大面积推广将取得很好的处理效果和经济效益。但由于各地老化油组成和性质的差异性，以及超声波可能引起的一次乳化，应用时要特别注意参数的选择。

## 8.4.4　含油污水处置方式的优缺点比较

含油污水处置方式的优缺点比较如表 8-3 所示。

表 8-3　各种含油废水处理方法的优缺点比较

| 方法 | 适用范围 | 去除粒径/μm | 优点 | 缺点 |
|---|---|---|---|---|
| 重力分离 | 浮油、分散油 | ＞60 | 处理量大、效果稳定、运行费用低 | 占地面积大、处理时间长 |
| 气浮 | 分散油、乳化油 | ＞10 | 效果好、工艺成熟 | 占地面积大，难以去除浮油 |
| 絮凝法 | 乳化油 | ＞10 | 效果较好，工艺成熟 | 占地面积大、药剂量大，难以去除浮渣 |
| 吸附法 | 溶解油 | ＜10 | 出水水质好，占地面积小 | 吸附剂再生困难，投资较高 |
| 生化法 | 溶解油 | ＜10 | 出水水质好，运行成本低 | 设备和基建费用高 |
| 电化学 | 乳化油 | ＞10 | 除油效率高 | 耗电量大、装置复杂 |
| 粗粒法 | 分散油、乳化油 | ＞10 | 设备小型化、操作简单 | 滤料易堵，久用效率下降 |
| 离心分离 | 润滑油 | | 占地面积小、藏量小、处理迅速 | 日常维护较难，目前主要在实验室里应用 |
| 超声波处理 | 适用老化油的处理 | | 设备简单、运行费用低廉 | 技术还不成熟，未大面积推广 |

## 8.5 含油废物的资源化技术

### 8.5.1 含油废物资源化处置原则

危险废物的产生、储存、运输、处置全过程以无害环境的方式进行有效的安全处置，不仅需要高难度的技术、巨额的资金，而且焚烧、填埋等处理处置场地的选择也十分困难，处理处置容量有限，然而通过优惠政策等鼓励措施激励危险废物在产生和处理环节充分进行资源化利用，鼓励回收利用企业的发展和规模化，既减少原料和能源的消耗，又减少进入焚烧、填埋处置的危险废物数量，所以危险废物的资源化处理处置具有重要意义。考虑到危险废物潜在的危险特性，其造成的危害程度远比一般固体废物高，且具有长期性和潜在性风险，以及来源广、种类繁多、产生量相对较低等特点，危险废物的资源化处理处置应考虑以下原则或主要影响因素。

#### 8.5.1.1 环境无害化原则

应在确保无害环境和人体健康的前提下进行安全有效的危险废物回收利用。危险废物的收集、储存、运输、处理处置全过程都应满足危险废物的环境无害化管理要求，回收利用过程应达到国家和地方的法律法规的要求，避免二次污染。特别地，危险废物资源化处理设施及其产品应符合相应的环境保护标准及相关产品质量要求，并采用隔尘和路面处理等一系列防范措施，避免处理和利用过程中的二次污染。《中华人民共和国循环经济促进法》中规定："在废物再利用和资源化过程中，应当保障生产安全，保证产品质量符合国家规定的标准，并防止产生再次污染。"

#### 8.5.1.2 分类管理原则

危险废物种类相当广泛，其危害程度又各有差异，需要依据回收处理及再生利用的不同物质可能造成的威胁程度不同，并考虑当地处理场所的实际情况，采取分类管理原则，对危害程度较大的进行优先重点控制。以美国为例，《资源保护和回收法》对危险废物回收提出了具体的分类管理程序及管理要求。当某物质因被回收利用而归类为固体废物，但又不符合任何豁免规定（40CFR261.2）且满足危险废物定义时，可根据危险废物管理要求（40CFR261.6）确定该废物及其回收利用的管理要求。危险废物回收行为从无管制到全管制进行管理，其管理法规要求和标准的严格程度取决于物质的类别和回收利用方式。

#### 8.5.1.3 风险性因素考虑

危险废物的回收利用过程中，如果处理不当或发生事故，可能会对环境、人体健康等方面造成不利影响，其危害程度因回收利用处理方式、回收物质的危害程度而不同。例如，含油危险废物的提炼制燃料过程中，用于去除污染物的蒸馏设施发生故障，未去除的污染物会在后续燃烧利用中被释放污染环境；由危险废物和其他原料混合制成的商用化肥即使符合产品使用标准，但由于过度施用，也会因污染累积存在污染土壤和地下水的风险。此外，由于危险废物回收利用需要进行储存积累到一定规模，不恰当的储存也可能存在导致泄漏、火灾等风险，会对土壤和地下水造成污染。这些潜在的危害风险都应加以考虑，进行风险评估，为降低风险，采取有针对性的风险防范、事故应急措施提供指导和支持。

#### 8.5.1.4　经济技术可行因素的考虑

与一般固体废物的处理成本相比，危险废物的处理处置通常需要耗费大量资金，尽管采用危险废物资源化处理方式可以获得一定的收益，但是该处理方式的经济性因素仍需加以考虑。例如，评估回收利用资源的价值，或获得该资源所需投入的成本。由于危险废物的产生量相对较低，但危险废物回收经济效益受益于大量危险废物的处理，为此危险废物在处理以前，能否稳定获得具有一定数量规模也需要考虑。废物产生数量较少的单位，一般会把这些废物资源集中起来，运到集中回收工厂，从而减少基建投资和运行费用。通常，可被产生者大规模重复使用的含较稀组分的废物流，是目前循环量最大的废物。例如，在化学工业生产部门，从运输设备中回收废酸和废碱；在电镀和镀铬工艺中，循环利用废水处理污泥；在基础金属工业中回收废酸洗液；在制革厂循环利用铬溶液等。

一般说来，危险废物回收利用往往要由废物产生单位根据下列几方面因素来决定：① 与场外循环利用工厂的距离；② 废物的运输费用；③ 适于加工处理的废物体积；④ 废物就地储存和场外储存的费用关系。

与其他废物相比，溶剂的回收量要大得多。这是因为有其回收技术和回收利用的市场。就目前的回收技术（即蒸馏法）而言，回收费用相当低，并能达到较高的纯度（95%或更高）。然而对其他的产品生产工艺，由于回收的废物不是用于生产中，因此回收这部分废物是不实际的。

通常含有某种成分浓度较高的废物是优先被考虑回收和循环利用的。有数据表明，废物的某种组分达到最低浓度限度以上时，方可考虑采用回收技术。废物中溶解的和非溶解的卤化物浓度达到 30%～40%时，采用回收技术才是有效的，而对于其他废物，用于回收的最低浓度限度则比较低。一般情况下，使用回收技术回收的废物浓度相对比其他处理方法要高。

回收废物流的许多其他典型特征也是相同的。如为了使回收经济合理、技术可行，通常废物流应该是均一的（即必须是只含有一种主要成分）。为了使回收技术成功地使用，还必须满足下列因素：① 在经济可行的情况下，必须要有回收材料的市场；② 回收的废物纯度必须满足生产工艺的要求。

### 8.5.2　含油废物的资源化技术

危险废物资源化利用贯穿于废物的产生、处理处置过程，即对生产过程中产生的危险废物，推行系统内的回收利用；对系统内的无法回收利用的危险废物，通过系统外的危险废物交换、物质转化、能量转化等措施实现回收利用。国家和地方各级政府应通过经济和其他政策措施鼓励企业对已经产生的危险废物进行回收利用，实现危险废物的资源化。国家鼓励危险废物回收利用技术的研究与开发，逐步提高危险废物回收利用技术和装备水平，积极推广技术可行、经济适用的危险废物回收利用技术。

危险废物来源广、种类复杂，形状、大小、结构及性质各异，在对其进行再利用前，往往需要通过物理、化学等处理方法，对废物进行解毒、对有毒有害组分进行分离和浓缩，并提取有价值的物质，或者回收能量。根据危险废物的资源化利用途径特点，危险废物资源化的技术主要可分为以下三类。

### 8.5.2.1　在生产过程中以废物的综合利用为目的处理技术

危险废物直接利用或再利用的资源化活动往往伴随工业生产活动，主要集中在工业生产系统之间进行废物再利用。工业生产活动中的危险废物的交换是危险废物再利用的一种重要机制，对产生者没有使用价值的某种废物可能是另一工业所希望得到的原料。通过危险废物的交换，可以使危险废物再次进入生产过程的物质循环，由废物转变为原料，成为有用而廉价的二次资源，从而实现危险废物的资源化利用。工业危险废物的综合利用主要通过对危险废物进行预处理或解毒，在企业生产内部循环或作为另一企业生产的原料再利用，达到危险废物的资源化目的。常见的处理技术包括破碎、筛分、水洗、氧化还原，煅烧、焙烧与烧结等。

### 8.5.2.2　分离回收某种材料的处理技术

危险废物回收处理目的在于除去废物中混合的有毒有害物质，或水分、有机物、灰尘等杂质，对有用成分进行回收和分离，获得相对较纯的可再生利用物质。

在生产、流通、社会消费等领域，最常见的回用废物是酸、碱、溶剂、金属废物和腐蚀剂。主要的分离回收技术包括吸附、蒸馏、电解、溶剂萃取、水解、薄膜蒸发、非溶解性卤化物的脱氮、金属浓缩等。

危险废物回收难易与废物种类、性质、组分含量、回收方法及污染程度等因素有关。危险废物的类别及其性质往往与选择合适的分离、提纯方法密切相关；组分简单的危险废物比组分复杂的易于回收；高品位的比低品位的易于回收。为了提高回收效果，还应选择适当的预处理，去除有害杂质或改变危险废物结构和形状，使其有利于后续回收处理。

### 8.5.2.3　能源利用技术

危险废物的能源利用技术主要通过能量转换的方法，从废物处理过程中回收能量，包括热能和电能，主要的处理方法包括焚烧、热解，以及沉淀、过滤、脱水等物理化学预处理。例如，通过废有机溶剂的焚烧处理回收热量，还可以进一步发电。首先是因为能够作为能量回收的废物通常也能用于材料的回收和重复利用。相对而言，作为回收的材料可以多次重复使用，而作为回收的能量则只能使用一次。由于溶剂具有高能价值，可用于能量回收，在水泥长和石灰窑中使用高热值废物的量正在逐步增加。

## 8.5.3　废油资源化回收技术

废油是指全部或部分由矿物油、碳氢化合物（如合成油）、油箱中的油残渣、水油混合物和乳状液等组成的半固态和液态废物。它们产生于溢油事故中油的泄漏、清污过程中及后处置回收过程中的分离，由于使用过程中其原始性质发生改变而不能作为原材料继续被使用。由于全球大量用油，废油具有可二次使用、回收和再生产的潜能，如果不适当处理处置还会造成环境危害。废油的再循环是指通过适当的物理化学处理方法回收、再造和再生（再精炼）。大多种类的废油都可以回收再利用，某些类别的废油，特别是润滑油，处理后可以直接二次使用。下面将详细介绍废油的基本处理。

### 8.5.3.1　物理再生净化法

废油的物理再生净化法不消耗废油的化学基础，而只将其中的机械杂质，即灰尘、沙砾、金属屑、水分、胶状及沥青状物质、焦炭状及含碳物质等除去的方法，均属于废油的物理再生方法。应用最广泛的物理再生方法分为沉降、离心分离、过滤、水洗、蒸馏等。

（1）沉淀。所有的废油再生时，都要经过沉降工序，以便除去机械杂质和水分，这是一种最简单而又最便宜的方法。它是利用液体中杂质颗粒和水的密度比油大的原理，当废油处于静止状态时，油中悬浮状态的杂质颗粒和水便会随时间的增长而逐渐成为沉淀沉降出来，进行分离。沉降效果的好坏，直接影响下一步的蒸馏、硫酸精制、溶剂精制等工艺的操作。

（2）离心分离。离心分离是沉降的另一种形式。其原理是利用离心机高速旋转时产生的离心力，来达到分离油、水和机械杂质的目的。离心分离也是建立在油、水和机械杂质密度不同基础上的物理再生法。在离心分离的实际应用中，使用分离机和离心机两种设备。

（3）过滤。过滤是驱使液体通过称为"过滤介质"的多孔性材料，将悬浊液中的固体与液体分离的方法。驱动液体的方法与过滤介质的阻力有关。废油再生中最常用的单元过程是白土接触精制，接触精制后，油中的废白土需要使用真空过滤机或板框压滤机将其滤出。真空过滤机只用于处理量大的连续装置，故一般常用的是板框压滤机，由每一块滤框独立地滤油。

（4）蒸馏。蒸馏是利用各种油品的馏程不同，将废池中的汽油、煤油、柴油等轻质燃料油蒸出来，以保证再生油具有合格的闪点和黏度。当加热废油时，废油中所含燃料油的沸点比废油自身的沸点低很多，燃料油首先气化而与油分离，以恢复油的黏度和闪点。蒸馏所需温度取决于燃料油的沸点和蒸馏方法。常用的蒸馏方法有两种：水蒸气蒸馏（或减压蒸馏）和常压蒸馏。

（5）水洗。水洗是为了除去废油中水溶性氧化物。废油加以水洗，并不能保证使污染严重的废油充分复原。将水洗和离心分离联合的方法常用来净化再生汽轮机油。

### 8.5.3.2  物理化学再生法

以下简要介绍几种物理化学再生方法，包括凝聚、吸附精制、碱洗、硫酸精制等。

（1）凝聚。凝聚（絮凝）即向废油中加入少量的表面活性物质或电解质，使分散的杂质颗粒凝聚成为较大颗粒，更容易在沉降时分离除去。

（2）吸附精制。在废润滑油再生中，吸附精制工序同硫酸精制一样，具有重要作用。吸附精制可以在硫酸精制之后，作为补充精制的手段，也可以单独对老化变质程度不甚严重的废油进行再生。吸附精制之后，通过过滤，滤掉已经吸附了杂质的吸附剂，就可以得到精制的再生基础油。

（3）碱洗。碱洗是为了除去废润滑油中的有机酸、磺酸、游离酸、硫酸酯及其他酸性化合物。碱洗既可对某些润滑油品种独立进行再生，也可以与硫酸精制、水洗等联合进行。大多数废油的处理都不经过碱洗工序，只有处理变压器油、缝纫机油等轻质润滑油的废油时才经过这道工序。

（4）硫酸精制。硫酸精制是废润滑油深度精制的再生方法，对提高油品质量起决定性作用。硫酸精制的原理，就是利用浓硫酸在一定条件下，对油中某些组分起强烈化学反应，对某些组分起溶解作用，将润滑油中有害组分除去。但由于硫酸精制时产生黏稠黑色的、难以处置的酸渣，同时还产生刺激性很强的酸性的二氧化硫气体，对环境有相当严重的污染，因此 20 世纪 70 年代以来，在许多新建的废油再生大装置上都不再采用，而代之以加氢精制、溶剂精制和吸附精制等。

### 8.5.3.3  废润滑油再生工艺

目前，比较常用的废润滑油提纯制取基础油的工艺技术有：酸、碱-白土精制型、蒸馏-溶剂精制-白土精制型、蒸馏-溶剂精制-加氢精制型、脱金属-固定床加氢精制型、蒸馏-加氢精制型。

酸、碱-白土精制型：污染严重，产品得率低，副产大量白土和酸渣，现在许多国家都不允许采用此类方法生产。

蒸馏-溶剂精制-白土精制型：有不少厂家采用这种方法，但是生产工艺较为复杂，溶剂挥发污染环境，产品得率不是很高。

蒸馏-溶剂精制-加氢精制型：生产工艺复杂，高温高压，该工艺的最大特点是没有废物处理问题，同时还具有收率高、产品质量好等特点，但其设备投资高，需要氢气来源。

脱金属-固定床加氢精制型：属于美国埃克森公司开发出了一套废润滑油回收工艺，主要包括蒸馏部分、加氢精制部分。该工艺对原料质量要求较高，尤其当金属含量较高时，仅靠蒸馏难以达到固定床加氢精制工艺进料要求，这时需进行较为复杂的预处理，如脱金属、吸附等。

蒸馏-加氢精制型：属于德国 Meinken 公司开发的 Meinken 工艺。它采用一种强力搅拌混合器，可降低硫酸消耗，进而减少酸渣生成量，该工艺减压蒸馏塔中的润滑油用热载体换热器循环回反应器再利用。该工艺所用的加氢催化剂为氧化铝上负载的硫化镍-钼-钴-铜酸盐或硫化钨-镍催化剂。反应条件缓和，可防止裂解反应发生。

近年来，我国科研人员自行研发了 FMX 膜过滤法处理废油技术和分子蒸馏法处理废油技术，并建设了示范工程，取得较好的经济效益和环境效益。

FMX 膜过滤法处理废油是将废油经沉淀、除水、过滤颗粒物后通过 FMX 膜过滤设备使其再生。

分子蒸馏技术是一种新型的物理法分离技术，它不仅避免了化学法的污染，而且克服了传统蒸馏技术的缺点，是精细化学品分离和提纯的理想方法。

## 8.6　含油废物管理与建议

目前，我国的溢油事故发生率有逐步上升的趋势，在围控、回收阶段的技术往往是溢油应急部门关注的重点，对于溢油事故发生后产生的废物处置与管理是一个被大多数人忽视的环节。事实证明，溢油废物的管理不该在产生后采取一定措施去解决，而应当在废物产生之前就做好相应的计划与方案，以实现废物管理的减量化、无害化、资源化。这个管理过程是渗透在应急前、中、后三个阶段同时进行的，包含从废物的产生到废物最终废弃或者再循环利用的全过程，亦称从摇篮到坟墓的管理方式。在废物管理计划中将按优先次序使用这样的层次结构：减少资源的使用量、再使用、再循环、预处理、废弃处置。对我国关于溢油废物管理方面的资料很少，相应的管理制度还不完善，缺乏一个系统的管理体系。参考美国密西西比河的溢油废物管理计划，我国应当提高对溢油事故的废物管理水平，具体体现在以下几个方面：

（1）实施分类管理计划

按形态可分为固体、液体两大类。固体包括：① 含油材料、土壤、碎片残骸、从海岸线收集的植被、固态的已风化的石油、个人防护用品、废弃的装置器械、吸附剂等，应从材料中挤压出可回收的油，被收集起来的油参照液体的处置方式。② 在清理活动中使用的未受油污污染的材料，包括垃圾和废物，属于市政废物。③ 注射器、刀片、个人防护品和其他在野生动物康复中心产生的跟医学相关的材料，属于医学废物。④ 在清污过程中发现的和野生动物中心产生的动物尸体，鱼类和野生动物服务中心将肩负着收集和处置动物尸体的责任。液体处置被包括在液体废弃物管理计划中。固体废弃物的管理计划又分为四大类：① 轮船和水槽的底部沉积物。② 应急相关的实验室的样品分析废物。③ 有害废物。④ 可循环利用的物质，包括塑料瓶、易拉罐、废金属、玻璃、硬纸板、清理后的吸附围栏。

（2）进行废物的样本采集与分析

首先进行废物的样本采集与分析。分析 VOCs、PAHs、重金属的含量等，经鉴定后按照有关标准和规定将其分类。建立这样的废物数据资料有助于对其处理方式、回收再用技术进行研究。

（3）完善多部门合作机制

最初的工作任务是尽可能快速地收集、控制和移除受污染的材料，对于产生的垃圾和废物首要思想是将其循环再利用。

废物管理部门（WM）必须公示白天和夜间的联系电话；提供劳动力、材料、容纳和运输废物的器械；分离和分段处理废物；正确处置废物的设备；获得数据并确定废物的类别。

环境资源管理部门（ERM）电话公示。完成的任务包括废物运输的载货单或装卸账单；签署废物授权单；完成废物的追踪管理文件，包括废物的产生种类、产生量、处置种类和处理量；完成对特殊场地就地建立净化场所的批准与管理工作；提供废物管理活动合同操作的第三方监管工作。

毒理学与环境健康中心（CTEH）电话公示；进行废物样品的描述与分类；对样本的分析可通过与第三方有保证的实验室契约来完成。

（4）提前建立处理站相关信息

充分了解当地的交通、废物中心的位置、事故发生地周边环境，建立废物暂存区、处理场地信息列表。

（5）建立运输计划

运输过程和废物处置过程应当是一个密不可分的整体，与政府、当地法律相协调，应当包括在废物管理计划之中。

①分段运输。根据场地的功能和器械所在地、清污站的位置来划定暂存区，政府和废物管理中心有权利去增加新的暂存区。

②装卸车的运作。负责运送的车听从暂存区管理员的指示。一般固体废物采用滚装式的容器运输，优先装卸固体废物。司机应当意识到液体外溢的潜在风险，采取适当的措施确保与收油设备的需求相符。

③废物剖析。根据废物的物理性质、化学性质等，合适的安排其运输方式，避免风险的发生。

④装卸的文件材料。一个装卸文件应当包含的内容有：暂存区产生的废物名称和地址；废物运送者的名字和地址；处置设施的名字和地址；废物的说明书；废物托运的数量（产生的估计量、收油设备回收的量）。装卸文件由废物管理中心负责保管。

⑤运输的要求。废物管理中心加强对运输司机的培训，或雇用高水平的运输者去托运废物材料到适当的暂存区和处置中心。被挑选出来的运输者必须有相关资格证书。

⑥交通控制程序。在暂存区车辆需要被控制减速慢行，控制灰尘、保障安全。

⑦运输线路。在主干道或者高速公路上运输废物材料，将运输废物对周围环境和社区的影响降到最低。废物管理中心和当地政府合作识别确定车辆的运输路线以降低对当地社会活动的影响。

⑧ 场地外的处置设施。基于废物处置的需求，预先建立的清污设备在清污活动中回收废物，最后根据废物种类（固体还是液体）选择处置设备。由固废中心指导设备的更新需求。

⑨ 记录保存。ERM 环境资源保护中心负责材料文件的保存，包括废物的信息、运输的信息、处置情况及废物追踪信息等。

⑩ 健康和安全。安全管理需符合为暂存区、收集区、处置设备制定的特殊场地的健康与安全计划（HASP）。所有在这些场所工作的人员需要熟知 HASP。同时，加强对清污场地的空气质量监测。

（6）建立应急风险防范

每一个暂存地点、处理中心都要有为紧急状况发生而制定的应急计划，比如车辆故障、交通事故、废物溢油、废物泄漏、火灾、爆炸等。一些应急计划要在废物管理中心存档。给每个司机都提供事故应急的电话号码。在暴雨来临的情况下，所有敞口的容器应当用塑料袋或其他防水布覆盖好，以防雨水的渗入。运输过程中也要用布或防水布覆盖好。每一个暂存区的存储装备应当被定期观察，以确保废物存储的安全、恰当。破损的装置应当及时被检出，移除服务区，待修理满足要求后再被运回服务区使用。一旦发生泄漏，利用可视化监测系统及时监测泄漏物质及位置，使用铲子、吸附剂等除油材料和设备，将一些有残留影响的土壤挖掘运出，集装箱化后恰当处置。

（7）建立废物追踪系统

一个数据管理系统应当去追踪废物的特点特征、档案描述、废弃物清单、装卸账单等。在暂存区中，每处被搜集到的废物由当地政府、暂存区所在地实施每日追踪更新，可循环利用的物质也在数据库上显示与追踪。一个完整的废物追踪表能够反映此次溢油事故情况的简要信息汇总，建立一个详细的表格，包括事故的发生时间，发生地点，溢油产生的废物种类、数量、处置方式（回收利用、储存、废弃），包括油、含油液体、液体、含油固体、固体废物，对海岸线的影响、对野生动物的影响（鸟类、鱼类等）、安全性的影响、个人用品废弃物、短期和长期的追踪影响记录，各阶段相应的管理部门和每天的值班人员要做好登记与信息录入，该追踪系统有助于在每一次溢油事故发生后分析总结此次溢油事故的废物管理情况，分析存在的不足之处，提出改进措施与建议，有助于提高今后的溢油废物管理的水平。

# 海上石油勘探开发溢油应急响应执行程序

为确保及时有效地开展海洋石油勘探开发溢油事故应急响应工作，建立统一领导、分级负责、反应快捷的应急工作机制，最大限度地保护海洋环境和资源，制定该执行程序。

## 一、应急响应级别划分

海洋石油勘探开发溢油应急响应分三个级别：

1. 三级应急响应

海上溢油源已确定为海上油田，溢油量小于 10 t 或溢油面积不大于 100 $km^2$，溢油尚未得到完全控制的作为三级应急响应的标准。

2. 二级应急响应

海上溢油源已确定为海上油田，溢油量 10～100 t 或溢油面积 100～200 $km^2$ 或溢油点离敏感区 15 km 以内，溢油尚未得到完全控制的作为二级应急响应的标准。

3. 一级应急响应

海上溢油源已确定为海上油田，溢油量在 100 t 以上或溢油面积大于 200 $km^2$，溢油尚未得到完全控制的作为一级应急响应的标准。启动《全国海洋石油勘探开发重大海上溢油应急计划》。

## 二、应急响应原则

经对溢油信息进行核实符合应急响应级别划分条件，或根据上级领导的指示，启动溢油应急响应执行程序。

1. 三级应急响应

由三级溢油应急指挥中心启动应急响应程序，负责组织、指挥和实施。

2. 二级应急响应

由二级溢油应急指挥中心启动应急响应程序，负责组织、指挥和实施。

3. 一级应急响应

由全国海洋石油勘探开发重大海上溢油应急协调领导小组启动《全国海洋石油勘探开发重大海上溢油应急计划》，领导小组管理下的一级溢油应急指挥中心具体负责组织、指挥和实施。

### 三、三级应急响应

（一）应急组织指挥体系及职责

1. 组织机构

各海区设立三级溢油应急指挥中心。

总指挥：海区总队总队长

副总指挥：海区分局分管海洋环境保护工作的领导

成员单位：海区总队相关处室、分局环境保护处、办公室（新闻办）

相关单位：海区相关业务中心、石油公司

海区溢油应急指挥中心下设应急响应办公室和专家组。应急响应办公室为常设机构，设在海区总队。专家组作为溢油事故处理的技术支持。

2. 职责

（1）应急指挥中心

启动应急响应执行程序，指挥、监督溢油应急响应工作，协调有关部门。

（2）应急响应办公室

细化制定和修订海洋石油勘探开发溢油应急响应相应执行程序；承担指挥中心日常工作；组织、协调溢油应急响应工作；组织应急响应专家组的活动；监督企业溢油应急行动；协调调动应急资源；按程序及时向上级报告相关情况、建议和请示；向相关政府部门和省、直辖市政府通报溢油事故发生及处理情况；进行溢油事故查处。

（3）环境保护处

协助海监总队调查处理溢油事故；通知石油公司启动溢油应急计划及采取相关行动；组织海洋环境生态损害评估工作。

（4）办公室（新闻办）

负责应急经费等保障工作，组织管理新闻信息发布工作。

（5）专家组

负责为应急响应提供技术咨询和建议，开展相关技术研究。

（6）石油公司

① 发生溢油事故后，事故单位应立即启动本公司溢油应急计划和溢油应急响应预案，迅速采取有效措施切断溢油源，并及时报告有关情况；

② 负责指挥溢油事故现场的应急响应工作，及时清除海面油污，防止油污扩散，保护海洋环境和资源；

③ 及时报告溢油处理情况；参与溢油事故的调查和善后处理工作；

④ 根据国家海洋行政主管部门要求及时提供应急支援。

（二）应急响应预警

1．信息接报处置

（1）信息接报部门接到海上溢油（事故）报告时，应向报告单位（人）详细了解发生溢油事故基本情况，填写《海上溢油信息接报处置表》，立即转报海区溢油应急指挥中心应急响应办公室。

（2）应急响应办公室收到《海上溢油信息接报处置表》后，应立即对接报内容进行全面核实、分析和判断，确定是否需要进入应急响应预警，并在《海上溢油信息接报处置表》签署意见，立即报海区溢油应急指挥中心总指挥审批。

2．应急响应预警

（1）海区应急指挥中心总指挥下达进入应急响应预警指令。

（2）海区应急指挥中心根据最快速度到达现场的原则，在第一时间派出海监飞机或海监船或执法人员赶赴现场对溢油海域进行巡视，核实海上溢油具体位置、种类、性质、溢油量、油污染面积和现状等情况。同时，三级应急响应进入准备状态。

（3）对巡视获取的资料进行综合分析、判断，符合应急响应级别划分条件的，启动应急响应程序。

（4）对巡视获取的资料进行综合分析、判断，不符合应急响应级别划分条件的，应急响应准备结束。

① 确定溢油源是海上油田时，按照专项执法程序进行查处。

② 确定溢油源不是海上油田或溢油源不明时，逐级上报（海区海监总队上报中国海监总队）。

（三）应急响应措施

1．启动三（Ⅲ）级应急响应

（1）海区应急指挥中心总指挥下达溢油三级应急响应启动指令，签发溢油三级应急响应启动文件。海区应急指挥中心、成员单位、相关单位人员进入三级应急响应状态，应急响应办公室24小时值班。

同时，立即向中国海监总队和海区分局局长报告。二级应急指挥中心进入二级应急响应准备。

说明：为保证立即下达启动溢油应急响应指令，下达指令顺序为：总指挥—副总指挥—海区总队值班领导（须报请分局领导同意）。

（2）海区应急指挥中心立即组织召开由各成员单位和相关单位参加的应急响应工作会议，按照预案部署工作，明确需要开展的工作，并落实责任单位和责任人。

主要开展工作有：制定防扩散措施及跟踪监视、监测方案，制定海监飞机、海监船巡视计划；根据溢油性质和油污染现状开展卫星、空中、海上、岸上跟踪监视取证和跟踪监测；进行溢油漂移预测和溢油量计算；对溢油事故进行调查取证等。

（3）应急响应相关人员立即赶赴溢油事故现场，对溢油事故相关情况进行进一步核实，并监督检查石油公司处置和控制溢油的行动，同时开展事故现场调查、取证等工作。

（4）根据跟踪监视、监测方案，继续派出海监飞机或海监船对溢油点和海上溢油漂移区、油污染海域和岸边进行跟踪监视、监测。

（5）为了防止溢油事故的扩大，必要时可由总指挥签署下达通知书，责成溢油事故单位立即切断溢油源。

（6）应急响应启动后 48 小时内，由海区海监总队长批准立案调查。

（7）溢油事故出现升级时，海区应急指挥中心应立即向上一级应急指挥中心报告，准备启动上一级应急响应。

2．信息报告

各级逐级上报信息：现场工作组—应急响应办公室—三级指挥中心（同时通报相关成员单位）—二级指挥中心（同时报告分局局长）—一级指挥中心（同时通报相关部门）。

信息报告由应急响应办公室负责，具体要求是：

（1）接到溢油事故信息，确定进入应急响应预警后，立即编发《海上溢油情况报告》，报海区应急指挥中心、海区分局、中国海监总队，并视情况向有关省、市人民政府等部门通报。

（2）从应急响应启动至应急响应终止，每日 15:00 时前将当日（24 小时内）工作动态和次日的海监船舶、飞机巡视工作安排向上一级指挥中心报告。遇有紧急情况随时上报。报告须经海区应急指挥中心总指挥签发。

报告具体内容：

① 基本情况。当日派出人员、海监飞机、船舶和车辆数量，空中飞行时间、海上航行距离和陆地行程距离，监测站点和采集样品数量，登检平台数量，获取取证照相、录像和文书数量，提取相关资料数量等。

② 开展工作情况。空中、海上、岸边跟踪监视情况，海上、岸边跟踪监测情况及分析结果，溢油事故调查取证情况等。

③ 下一步工作安排和建议。

（3）从应急响应启动至应急响应终止，要求相关石油公司每日 14:00 时前上报相关情况和应急工作（海上回收油和岸边清污）动态信息，必要时可与事故发生平台直接联系。根据事态的发展随时编发《重要情况报告》。

（4）现场各行动组每日 14:00 时将当日（24 小时内）开展工作情况（工作量统计、发现情况和问题）和次日工作计划、建议以《现场监视监测信息快报》形式报告应急响应办公室，遇有紧急情况随时报告请示。

（5）空中监视飞机落地后半小时内，空中监视组将取证基本情况口头报告应急响应办公室，两小时内发回《海洋航空监察信息快报》。

（6）对新闻媒体信息发布工作，由三级应急指挥中心总体负责，新闻办具体负责。新闻发布工作应正确引导媒体和公众舆论。

3．应急响应的终止

（1）应急响应终止条件：

通过对溢油事故现场调查确认，符合以下各项条件的，应急响应终止：

① 溢油源已得到完全控制，隐患已消除；

② 海面油污染已得到控制，海上油污回收和岸边清污基本完成，对养殖区等敏感区不构成新的威胁；

③ 连续 3 天跟踪监测，溢油事故发生海域水质达到海洋石油勘探开发作业区水质标准（含油浓度）、污染水团迁移海域水质达到所在区域海水水质标准（含油浓度）。

（2）应急响应终止：

符合应急响应终止条件时，由三级应急指挥中心总指挥下达应急响应终止指令，并签发应急响应终止文件，报上级指挥中心备案，同时报告分局领导。

（四）应急响应终止后的后续工作

1．海区总队继续对海上油污回收和岸边清污工作进行监督，对溢油事故做进一步调查处理。

2．根据相关标准，由海区海洋行政主管部门负责，委托具有资质的单位开展溢油事故对海洋生态环境损害的评估工作。

3．应急响应工作总结报告

由海区总队负责，应急响应终止后一周内上报海监总队和分局领导。

总结报告内容主要包括：溢油事故的基本情况、调查处理工作（监视取证、监督防污措施、跟踪监测和评价、油指纹鉴定）、事故结论（油指纹鉴定结论、溢油数模结果、溢油量计算、综合结论）、经费核算等。

## 四、二级应急响应

（一）应急组织机构及职责

1．组织机构

中国海监总队设立二级溢油应急指挥中心。

总指挥：中国海监总队常务副总队长

副总指挥：局环境保护司司长

成员单位：中国海监总队、环境保护司、办公室（财务司、新闻办）、海区总队

相关单位：国家卫星海洋应用中心，国家海洋信息中心，海洋环境监测中心，海洋环境预报中心，一、二、三海洋研究所，石油公司等。

溢油应急指挥中心下设应急响应办公室、现场指挥部和专家组。应急响应办公室为

常设机构，设在中国海监总队；现场指挥部设在海区总队，在应急指挥中心的领导下开展工作；专家组作为溢油事故处理的技术支持。

2．职责

（1）应急指挥中心

启动应急响应执行程序，指导、监督溢油应急响应工作，组织制定海洋石油勘探开发溢油事故应急响应年度工作计划，负责溢油应急信息的接受、核实、处理、传递，协调相关单位做好应急响应工作。

（2）应急响应办公室

制定和修订海洋石油勘探开发溢油应急响应相应执行程序，承担指挥中心日常工作，组织、协调溢油应急响应工作，组织应急响应专家组的活动，监督企业溢油应急行动，协调调动应急资源，按程序及时向上级报告相关情况、建议和请示，向相关政府部门和省、直辖市政府通报溢油事故发生及处理情况，组织溢油事故查处。

（3）环境保护司

协助海监总队调查处理溢油事故；通知石油公司启动溢油应急计划及采取相关行动；组织海洋环境生态损害评估工作。

（4）办公室（财务司、新闻办）

负责应急经费等保障工作，组织管理新闻信息发布工作。

（5）海区总队

具体负责海上溢油事故处置现场的指挥以及应急响应方案的组织实施；协调海上石油公司立即采取切实可行措施控制溢油源和油污染的扩散；按规定程序及时向溢油应急指挥中心提出报告和建议；协助中国海监总队对溢油事故的调查和善后处理。

（6）专家组

负责为应急响应提供技术咨询和建议，开展相关技术研究。

（7）相关单位

负责为应急响应提供技术咨询和建议，按照溢油应急指挥中心的部署开展相关技术研究。

（8）石油公司

① 发生溢油事故后，事故发生单位立即启动本公司溢油应急计划和溢油应急响应预案，迅速采取有效措施切断溢油源，并及时报告有关情况；

② 负责指挥溢油事故现场的应急响应工作，及时清除海面油污，防止油污扩散，保护海洋环境和资源；

③ 及时报告溢油处理情况；参与溢油事故的调查和善后处理工作；

④ 根据海洋行政主管部门要求及时提供应急支援。

（二）二级应急响应预警

（1）信息接报部门接到海上溢油（事故）报告时，应向报告单位（人）详细了解发生溢油事故基本情况，填写《海上溢油信息接报处置表》，立即转报三级应急指挥中心应急响应办公室。

（2）应急响应办公室收到《海上溢油信息接报处置表》后，应立即向三级指挥中心下达启动应急响应预警指令，二级应急指挥中心和海区现场指挥部进入应急响应预警状态。

（3）海区现场指挥部接到启动应急响应预警指令后，按三级应急响应预警程序对接报内容进行全面核实、分析和判断，并在《海上溢油信息接报处置表》签署核实意见，报二级应急指挥中心。

（4）经核实符合应急响应级别划分条件的，按级别启动应急响应程序。不符合应急响应级别划分条件的，应急响应预警状态结束。

① 确定溢油源是海上油田时，按照专项执法程序进行查处。

② 确定溢油源不是海上油田或溢油源不明时，逐级上报。

（三）二级应急响应措施

按照以下工作流程启动二级应急响应：

1．启动二级应急响应

（1）应急指挥中心总指挥下达溢油二级应急响应启动指令，签发溢油二级应急响应启动文件。应急指挥中心、成员单位、相关单位人员进入二级应急响应状态，应急响应办公室和现场指挥部24小时值班。

同时，立即向国家海洋局局长报告。全国海洋石油勘探开发重大海上溢油应急协调领导小组及一级指挥中心进入一级应急响应准备。

为保证立即下达启动溢油应急响应指令，下达指令顺序为：总指挥—副总指挥—应急中心值班领导（须报请海洋局领导同意）。

（2）应急指挥中心立即组织召开由各成员单位和相关单位参加的应急响应工作会议，按照预案部署工作，明确需要开展的工作，并落实责任单位和责任人。

主要开展工作有：制定防扩散措施及跟踪监视、监测方案，制定卫星、海监飞机、海监船巡视计划；协调调动应急资源；根据溢油性质和油污染现状开展空中、海上、岸上跟踪监视取证和跟踪监测；进行溢油漂移预测和溢油量计算；对溢油事故进行调查取证等。

（3）现场指挥部相关人员立即赶赴溢油事故现场，对溢油事故相关情况进行进一步核实，并监督检查石油公司立即启动《溢油应急计划》，控制溢油源和油污染扩散。同时，开展事故现场调查、取证等工作。

（4）现场指挥部根据指挥中心的指示，继续派出海监飞机、船舶和执法人员对溢油点和海上溢油漂移区、污染岸边进行跟踪监视、监测。

（5）为了防止溢油事故的扩大，必要时可由总指挥签署下达通知书，责成溢油事故单位立即切断溢油源。

（6）为了防止海上油污扩散，必要时协调其他石油公司和地方政府立即参与海上油污染控制和回收工作，并组成工作组赴现场指导应急响应工作。

（7）应急响应启动后48小时内，由海区海监总队长批准立案调查。

（8）溢油事故出现升级时，应急指挥中心立即报告海洋局局长，准备启动一级应急响应。

2．信息报告

各级逐级上报信息：现场工作组—现场指挥部（同时报告分局领导）—应急响应指挥中心（同时通报相关成员单位）—海洋局领导（同时通报相关部门）。

信息报告由应急响应办公室负责，具体要求是：

（1）接到溢油事故信息，立即编发《海上溢油情况报告》，报应急指挥中心、海洋局领导，并视情况向有关部委、省、直辖市政府等部门通报。

（2）从应急响应启动至应急响应终止，现场指挥部每日15:00时前将当日（24小时内）工作动态和次日的海监船舶、飞机巡视工作建议向应急指挥中心报告，遇有紧急情况随时上报。报告须经现场指挥部总指挥签发。

报告具体内容：

① 基本情况：当日派出人员、海监飞机、船舶和车辆数量，空中飞行时间、海上航行距离和陆地行程距离，监测站点和采集样品数量，登检平台数量，获取取证照相、录像和文书数量，提取相关资料数量等；

② 开展工作情况：空中、海上、岸边跟踪监视情况，海上、岸边跟踪监测情况及分析结果，溢油事故调查取证情况等；

③ 下步工作安排和建议。

（3）从应急响应启动至应急响应终止，应急指挥中心每日17:00时前将当日（24小时内）工作动态和次日的海监船舶、飞机巡视工作计划向海洋局报告，同时抄报相关成员和相关单位。并视情况向有关部委、省、直辖市政府通报相关情况。

（4）从应急响应启动至应急响应终止，要求相关石油公司每日14:00时前向现场指挥部上报相关情况和应急工作（海上回收油和岸边清污）动态信息，必要时可与事故发生平台直接联系。根据事态的发展随时编发《重要情况报告》。

（5）现场各行动组每日14:00时将当日（24小时内）开展工作情况（工作量统计、发现情况和问题）和次日工作计划、建议以《现场监视监测信息快报》形式向现场指挥部报告，遇有紧急情况随时报告请示。

（6）空中监视飞机落地后半小时内，空中监视组将取证基本情况口头向现场指挥部报告，两小时内发回《海洋航空监察信息快报》。

（7）对新闻媒体信息发布工作，由指挥中心总体负责，新闻办具体负责。新闻发布工作应正确引导媒体和公众舆论。

3．应急响应的终止

（1）应急响应终止条件：

通过对溢油事故现场调查确认，符合以下各项条件的，应急响应终止：

① 溢油源已得到完全控制，隐患已消除；

② 海面油污染已得到控制，海上油污回收和岸边清污基本完成，对养殖区等敏感区不构成新的影响；

③ 连续 3 天跟踪监测，溢油事故发生海域水质达到海洋石油勘探开发作业区水质标准（含油浓度）、污染水团迁移海域水质达到所在区域海水水质标准（含油浓度）。

（2）应急响应终止：

符合应急响应终止条件时，由应急指挥中心总指挥下达应急响应终止指令，并签发应急响应终止文件，报国家海洋局备案，同时抄报成员和相关单位。

（四）应急响应终止后的后续工作

1．溢油事故处置监督和调查处理

海区总队继续对海上油污回收和岸边清污工作进行现场监督，并对溢油事故做进一步调查处理。

2．生态环境损害评估

根据相关标准，由环境保护司负责，委托具有资质的单位开展溢油事故对海洋生态环境损害的评估工作。

3．应急响应工作总结报告

由海监总队负责，环境保护司协助，应急响应终止后一周内上报局领导。

总结报告内容主要包括：溢油事故的基本情况、调查处理工作（组织、监视取证、监督防污措施、跟踪监测和评价、油指纹鉴定）、事故结论（油指纹鉴定结论、溢油数模结果、溢油量计算、综合结论）、经费核算等。

**五、一级应急响应**

依照《全国海洋石油勘探开发重大海上溢油应急计划》有关规定执行。

# 国家突发环境事件应急预案

## 1 总则

### 1.1 编制目的

建立健全突发环境事件应急机制，提高政府应对涉及公共危机的突发环境事件的能力，维护社会稳定，保障公众生命健康和财产安全，保护环境，促进社会全面、协调、可持续发展。

### 1.2 编制依据

依据《中华人民共和国环境保护法》《中华人民共和国海洋环境保护法》《中华人民共和国安全生产法》和《国家突发公共事件总体应急预案》及相关的法律、行政法规，制定本预案。

### 1.3 事件分级

按照突发事件严重性和紧急程度，突发环境事件分为特别重大环境事件（Ⅰ级）、重大环境事件（Ⅱ级）、较大环境事件（Ⅲ级）和一般环境事件（Ⅳ级）四级。

#### 1.3.1 特别重大环境事件（Ⅰ级）

凡符合下列情形之一的，为特别重大环境事件：

（1）发生 30 人以上死亡，或中毒（重伤）100 人以上；

（2）因环境事件需疏散、转移群众 5 万人以上，或直接经济损失 1 000 万元以上；

（3）区域生态功能严重丧失或濒危物种生存环境遭到严重污染；

（4）因环境污染使当地正常的经济、社会活动受到严重影响；

（5）利用放射性物质进行人为破坏事件，或 1、2 类放射源失控造成大范围严重辐射污染后果；

（6）因环境污染造成重要城市主要水源地取水中断的污染事故；

（7）因危险化学品（含剧毒品）生产和储运中发生泄漏，严重影响人民群众生产、生活的污染事故。

#### 1.3.2 重大环境事件（Ⅱ级）

凡符合下列情形之一的，为重大环境事件：

（1）发生 10 人以上 30 人以下死亡，或中毒（重伤）50 人以上 100 人以下；

（2）区域生态功能部分丧失或濒危物种生存环境受到污染；

（3）因环境污染使当地经济、社会活动受到较大影响，疏散转移群众 1 万人以上 5 万人以下的；

（4）1、2 类放射源丢失、被盗或失控；

（5）因环境污染造成重要河流、湖泊、水库及沿海水域大面积污染，或县级以上城镇水源地取水中断的污染事件。

### 1.3.3　较大环境事件（Ⅲ级）

凡符合下列情形之一的，为较大环境事件：

（1）发生 3 人以上 10 人以下死亡，或中毒（重伤）50 人以下；

（2）因环境污染造成跨地级行政区域纠纷，使当地经济、社会活动受到影响；

（3）3 类放射源丢失、被盗或失控。

### 1.3.4　一般环境事件（Ⅳ级）

凡符合下列情形之一的，为一般环境事件：

（1）发生 3 人以下死亡；

（2）因环境污染造成跨县级行政区域纠纷，引起一般群体性影响的；

（3）4、5 类放射源丢失、被盗或失控。

### 1.4　适用范围

本预案适用于应对以下各类事件应急响应，核事故的应急响应遵照国家核应急协调委有关规定执行。

#### 1.4.1　超出事件发生地省（区、市）人民政府突发环境事件处置能力的应对工作。

#### 1.4.2　跨省（区、市）突发环境事件应对工作。

#### 1.4.3　国务院或者全国环境保护部际联席会议需要协调、指导的突发环境事件或者其他突发事件次生、衍生的环境事件。

### 1.5　工作原则

以邓小平理论和"三个代表"重要思想为指导，坚持以人为本，树立全面、协调、可持续的科学发展观，提高政府社会管理水平和应对突发事件的能力。

（1）坚持以人为本，预防为主。加强对环境事件危险源的监测、监控并实施监督管理，建立环境事件风险防范体系，积极预防、及时控制、消除隐患，提高环境事件防范和处理能力，尽可能地避免或减少突发环境事件的发生，消除或减轻环境事件造成的中长期影响，最大限度地保障公众健康，保护人民群众生命财产安全。

（2）坚持统一领导，分类管理，属地为主，分级响应。在国务院的统一领导下，加强部门之间协同与合作，提高快速反应能力。针对不同污染源所造成的环境污染、生态污染、放射性污染的特点，实行分类管理，充分发挥部门专业优势，使采取的措施与突发环境事件造成的危害范围和社会影响相适应。充分发挥地方人民政府职能作用，坚持属地为主，实行分级响应。

（3）坚持平战结合，专兼结合，充分利用现有资源。积极做好应对突发环境事件的思想准备、物资准备、技术准备、工作准备，加强实战演练，充分利用现有专业环境应急救援力量，整合环境监测网络，引导、鼓励实现一专多能，发挥经过专门培训的环境应急救援力量的作用。

## 2　组织指挥与职责

### 2.1　组织体系

国家突发环境事件应急组织体系由应急领导机构、综合协调机构、有关类别环境事件专业指挥机构、应急支持保障部门、专家咨询机构、地方各级人民政府突发环境事件应急领导机构和应急救援队伍组成。

在国务院的统一领导下，全国环境保护部际联席会议负责统一协调突发环境事件的应对工作，各专业部门按照各自职责做好相关专业领域突发环境事件应对工作，各应急支持保障部门按照各自职责做好突发环境事件应急保障工作。

专家咨询机构为突发环境事件专家组。

地方各级人民政府的突发环境事件应急机构由地方人民政府确定。

突发环境事件国家应急救援队伍由各相关专业的应急救援队伍组成。环保总局应急救援队伍由环境应急与事故调查中心、中国环境监测总站、核安全中心组成。

### 2.2　综合协调机构

全国环境保护部际联席会议负责协调国家突发环境事件应对工作。贯彻执行党中央、国务院有关应急工作的方针、政策，认真落实国务院有关环境应急工作指示和要求；建立和完善环境应急预警机制，组织制定（修订）国家突发环境事件应急预案；统一协调重大、特别重大环境事件的应急救援工作；指导地方政府有关部门做好突发环境事件应急工作；部署国家环境应急工作的公众宣传和教育，统一发布环境污染应急信息；完成国务院下达的其他应急救援任务。

各有关成员部门负责各自专业领域的应急协调保障工作。

### 2.3　有关类别环境事件专业指挥机构

全国环境保护部际联席会议有关成员单位之间建立应急联系工作机制，保证信息通畅，做到信息共享；按照各自职责制定本部门的环境应急救援和保障方面的应急预案，并负责管理和实施；需要其他部门增援时，有关部门向全国环境保护部际联席会议提出增援请求。必要时，国务院组织协调特别重大突发环境事件应急工作。

### 2.4　地方人民政府突发环境事件应急领导机构

环境应急救援指挥坚持属地为主的原则，特别重大环境事件发生地的省（区、市）人民政府成立现场应急救援指挥部。所有参与应急救援的队伍和人员必须服从现场应急救援指挥部的指挥。现场应急救援指挥部为参与应急救援的队伍和人员提供工作条件。

### 2.5 专家组

由全国环境保护部际联席会议设立突发环境事件专家组，聘请科研单位和军队有关专家组成。

主要工作为：参与突发环境事件应急工作；指导突发环境事件应急处置工作；为国务院或部际联席会议的决策提供科学依据。

## 3 预防和预警

### 3.1 信息监测

3.1.1 全国环境保护部际联席会议有关成员单位按照早发现、早报告、早处置的原则，开展对国内外环境信息、自然灾害预警信息、常规环境监测数据、辐射环境监测数据的综合分析、风险评估工作。

3.1.2 国务院有关部门和地方各级人民政府及其相关部门，负责突发环境事件信息接收、报告、处理、统计分析，以及预警信息监控。

（1）溢油污染事故、生物物种安全事件、辐射事件信息接收、报告、处理、统计分析由环保部门负责；

（2）海上石油勘探开发溢油事件信息接收、报告、处理、统计分析由海洋部门负责；

（3）海上船舶、港口污染事件信息接收、报告、处理、统计分析由交通部门负责。

3.1.3 溢油污染事故和生物物种安全预警信息监控由环保总局负责；海上石油勘探开发溢油事件预警信息监控由海洋局负责；海上船舶、港口污染事件信息监控由交通部负责；辐射溢油污染事故预警信息监控由环保总局（核安全局）负责。特别重大环境事件预警信息经核实后，及时上报国务院。

### 3.2 预防工作

（1）开展污染源、放射源和生物物种资源调查。开展对产生、储存、运输、销毁废弃化学品、放射源的普查，掌握全国环境污染源的产生、种类及地区分布情况。了解国内外的有关技术信息、进展情况和形势动态，提出相应的对策和意见。

（2）开展突发环境事件的假设、分析和风险评估工作，完善各类突发环境事件应急预案。

（3）加强环境应急科研和软件开发工作。研究开发并建立环境污染扩散数字模型，开发研制环境应急管理系统软件。

### 3.3 预警及措施

按照突发事件严重性、紧急程度和可能波及的范围，突发环境事件的预警分为四级，预警级别由低到高，颜色依次为蓝色、黄色、橙色、红色。根据事态的发展情况和采取措施的效果，预警颜色可以升级、降级或解除。

收集到的有关信息证明突发环境事件即将发生或者发生的可能性增大时，按照相关应急预案执行。

进入预警状态后，当地县级以上人民政府和政府有关部门应当采取以下措施：

（1）立即启动相关应急预案。

（2）发布预警公告。蓝色预警由县级人民政府负责发布。黄色预警由市（地）级人民政府负责发布。橙色预警由省级人民政府负责发布。红色预警由事件发生地省级人民政府根据国务院授权负责发布。

（3）转移、撤离或者疏散可能受到危害的人员，并进行妥善安置。

（4）指令各环境应急救援队伍进入应急状态，环境监测部门立即开展应急监测，随时掌握并报告事态进展情况。

（5）针对突发事件可能造成的危害，封闭、隔离或者限制使用有关场所，中止可能导致危害扩大的行为和活动。

（6）调集环境应急所需物资和设备，确保应急保障工作。

3.4　预警支持系统

3.4.1　建立环境安全预警系统。建立重点污染源排污状况实时监控信息系统、突发事件预警系统、区域环境安全评价科学预警系统、辐射事件预警信息系统；建设重大船舶污染事件应急设备库和海空一体化船舶污染快速反应系统；建立海洋环境监测系统。

3.4.2　建立环境应急资料库。建立突发环境事件应急处置数据库系统、生态安全数据库系统、突发事件专家决策支持系统、环境恢复周期检测反馈评估系统、辐射事件数据库系统。

3.4.3　建立应急指挥技术平台系统。根据需要，结合实际情况，建立有关类别环境事件专业协调指挥中心及通信技术保障系统。

# 4　应急响应

4.1　分级响应机制

突发环境事件应急响应坚持属地为主的原则，地方各级人民政府按照有关规定全面负责突发环境事件应急处置工作，环保总局及国务院相关部门根据情况给予协调支援。

按突发环境事件的可控性、严重程度和影响范围，突发环境事件的应急响应分为特别重大（Ⅰ级响应）、重大（Ⅱ级响应）、较大（Ⅲ级响应）、一般（Ⅳ级响应）四级。超出本级应急处置能力时，应及时请求上一级应急救援指挥机构启动上一级应急预案。Ⅰ级应急响应由环保总局和国务院有关部门组织实施。

4.2　应急响应程序

4.2.1　Ⅰ级响应时，环保总局按下列程序和内容响应：

（1）开通与突发环境事件所在地省级环境应急指挥机构、现场应急指挥部、相关专业应急指挥机构的通信联系，随时掌握事件进展情况；

（2）立即向环保总局领导报告，必要时成立环境应急指挥部；

（3）及时向国务院报告突发环境事件基本情况和应急救援的进展情况；

（4）通知有关专家组成专家组，分析情况。根据专家的建议，通知相关应急救援力量随时待命，为地方或相关专业应急指挥机构提供技术支持；

（5）派出相关应急救援力量和专家赶赴现场参加、指导现场应急救援，必要时调集事发地周边地区专业应急力量实施增援。

4.2.2　有关类别环境事件专业指挥机构接到特别重大环境事件信息后，主要采取下列行动：

（1）启动并实施本部门应急预案，及时向国务院报告并通报环保总局；

（2）启动本部门应急指挥机构；

（3）协调组织应急救援力量开展应急救援工作；

（4）需要其他应急救援力量支援时，向国务院提出请求。

4.2.3　省级地方人民政府突发环境事件应急响应，可以参照Ⅰ级响应程序，结合本地区实际，自行确定应急响应行动。需要有关应急力量支援时，及时向环保总局及国务院有关部门提出请求。

4.3　信息报送与处理

4.3.1　突发环境事件报告时限和程序

突发环境事件责任单位和责任人以及负有监管责任的单位发现突发环境事件后，应在 1 小时内向所在地县级以上人民政府报告，同时向上一级相关专业主管部门报告，并立即组织进行现场调查。紧急情况下，可以越级上报。

负责确认环境事件的单位，在确认重大（Ⅱ级）环境事件后，1 小时内报告省级相关专业主管部门，特别重大（Ⅰ级）环境事件立即报告国务院相关专业主管部门，并通报其他相关部门。

地方各级人民政府应当在接到报告后 1 小时内向上一级人民政府报告。省级人民政府在接到报告后 1 小时内，向国务院及国务院有关部门报告。重大（Ⅱ级）、特别重大（Ⅰ级）突发环境事件，国务院有关部门应立即向国务院报告。

4.3.2　突发环境事件报告方式与内容

突发环境事件的报告分为初报、续报和处理结果报告三类。初报从发现事件后起 1 小时内上报；续报在查清有关基本情况后随时上报；处理结果报告在事件处理完毕后立即上报。

初报可用电话直接报告，主要内容包括：环境事件的类型、发生时间、地点、污染源、主要污染物质、人员受害情况、捕杀或砍伐国家重点保护的野生动植物的名称和数量、自然保护区受害面积及程度、事件潜在的危害程度、转化方式趋向等初步情况。

续报可通过网络或书面报告，在初报的基础上报告有关确切数据，事件发生的原因、过程、进展情况及采取的应急措施等基本情况。

处理结果报告采用书面报告，处理结果报告在初报和续报的基础上，报告处理事件的措施、过程和结果，事件潜在或间接的危害、社会影响、处理后的遗留问题，参加处理工作的有关部门和工作内容，出具有关危害与损失的证明文件等详细情况。

4.4 指挥和协调

4.4.1 指挥和协调机制

根据需要，国务院有关部门和部际联席会议成立环境应急指挥部，负责指导、协调突发环境事件的应对工作。

环境应急指挥部根据突发环境事件的情况通知有关部门及其应急机构、救援队伍和事件所在地毗邻省（区、市）人民政府应急救援指挥机构。各应急机构接到事件信息通报后，应立即派出有关人员和队伍赶赴事发现场，在现场救援指挥部统一指挥下，按照各自的预案和处置规程，相互协同，密切配合，共同实施环境应急和紧急处置行动。现场应急救援指挥部成立前，各应急救援专业队伍必须在当地政府和事发单位的协调指挥下坚决、迅速地实施先期处置，果断控制或切断污染源，全力控制事件态势，严防二次污染和次生、衍生事件发生。

应急状态时，专家组组织有关专家迅速对事件信息进行分析、评估，提出应急处置方案和建议，供指挥部领导决策参考。根据事件进展情况和形势动态，提出相应的对策和意见；对突发环境事件的危害范围、发展趋势作出科学预测，为环境应急领导机构的决策和指挥提供科学依据；参与污染程度、危害范围、事件等级的判定，对污染区域的隔离与解禁、人员撤离与返回等重大防护措施的决策提供技术依据；指导各应急分队进行应急处理与处置；指导环境应急工作的评价，进行事件的中长期环境影响评估。

发生环境事件的有关部门、单位要及时、主动向环境应急指挥部提供应急救援有关的基础资料，环保、海洋、交通、水利等有关部门提供事件发生前的有关监管检查资料，供环境应急指挥部研究救援和处置方案时参考。

4.4.2 指挥协调主要内容

环境应急指挥部指挥协调的主要内容包括：

（1）提出现场应急行动原则要求；

（2）派出有关专家和人员参与现场应急救援指挥部的应急指挥工作；

（3）协调各级、各专业应急力量实施应急支援行动；

（4）协调受威胁的周边地区危险源的监控工作；

（5）协调建立现场警戒区和交通管制区域，确定重点防护区域；

（6）根据现场监测结果，确定被转移、疏散群众返回时间；

（7）及时向国务院报告应急行动的进展情况。

4.5 应急监测

环保总局环境应急监测分队负责组织协调突发环境事件地区环境应急监测工作，并负责指导海洋环境监测机构、地方环境监测机构进行应急监测工作。

（1）根据突发环境事件污染物的扩散速度和事件发生地的气象和地域特点，确定污染物扩散范围。

（2）根据监测结果，综合分析突发环境事件污染变化趋势，并通过专家咨询和讨论的方式，预测并报告突发环境事件的发展情况和污染物的变化情况，作为突发环境事件应急决策的依据。

### 4.6　信息发布

全国环境保护部际联席会议负责突发环境事件信息对外统一发布工作。突发环境事件发生后，要及时发布准确、权威的信息，正确引导社会舆论。

### 4.7　安全防护

#### 4.7.1　应急人员的安全防护

现场处置人员应根据不同类型环境事件的特点，配备相应的专业防护装备，采取安全防护措施，严格执行应急人员出入事发现场程序。

#### 4.7.2　受灾群众的安全防护

现场应急救援指挥部负责组织群众的安全防护工作，主要工作内容如下：

（1）根据突发环境事件的性质、特点，告知群众应采取的安全防护措施；

（2）根据事发时当地的气象、地理环境、人员密集度等，确定群众疏散的方式，指定有关部门组织群众安全疏散撤离；

（3）在事发地安全边界以外，设立紧急避难场所。

### 4.8　应急终止

#### 4.8.1　应急终止的条件

符合下列条件之一的，即满足应急终止条件：

（1）事件现场得到控制，事件条件已经消除；

（2）污染源的泄漏或释放已降至规定限值以内；

（3）事件所造成的危害已经被彻底消除，无继发可能；

（4）事件现场的各种专业应急处置行动已无继续的必要；

（5）采取了必要的防护措施以保护公众免受再次危害，并使事件可能引起的中长期影响趋于合理且尽量低的水平。

#### 4.8.2　应急终止的程序

（1）现场救援指挥部确认终止时机，或事件责任单位提出，经现场救援指挥部批准；

（2）现场救援指挥部向所属各专业应急救援队伍下达应急终止命令；

（3）应急状态终止后，相关类别环境事件专业应急指挥部应根据国务院有关指示和实际情况，继续进行环境监测和评价工作，直至其他补救措施无须继续进行为止。

#### 4.8.3　应急终止后的行动

（1）环境应急指挥部指导有关部门及突发环境事件单位查找事件原因，防止类似问题的重复出现。

（2）有关类别环境事件专业主管部门负责编制特别重大、重大环境事件总结报告，于应急终止后上报。

（3）应急过程评价。由环保总局组织有关专家，会同事发地省级人民政府组织实施。

（4）根据实践经验，有关类别环境事件专业主管部门负责组织对应急预案进行评估，并及时修订环境应急预案。

（5）参加应急行动的部门负责组织、指导环境应急队伍维护、保养应急仪器设备，使之始终保持良好的技术状态。

## 5 应急保障

### 5.1 资金保障

部际联席会议各成员单位根据突发环境事件应急需要，提出项目支出预算报财政部审批后执行。具体情况按照《财政应急保障预案》执行。

### 5.2 装备保障

各级环境应急相关专业部门及单位要充分发挥职能作用，在积极发挥现有检验、鉴定、监测力量的基础上，根据工作需要和职责要求，加强危险化学品检验、鉴定和监测设备建设。增加应急处置、快速机动和自身防护装备、物资的储备，不断提高应急监测，动态监控的能力，保证在发生环境事件时能有效防范对环境的污染和扩散。

### 5.3 通信保障

各级环境应急相关专业部门要建立和完善环境安全应急指挥系统、环境应急处置全国联动系统和环境安全科学预警系统。配备必要的有线、无线通信器材，确保本预案启动时环境应急指挥部和有关部门及现场各专业应急分队间的联络畅通。

### 5.4 人力资源保障

有关类别环境应急专业主管部门要建立突发环境事件应急救援队伍；各省（区、市）加强各级环境应急队伍的建设，提高其应对突发事件的素质和能力；在计划单列市、省会城市和环境保护重点城市培训一支常备不懈、熟悉环境应急知识、充分掌握各类突发环境事件处置措施的预备应急力量；对各地所属大中型化工等企业的消防、防化等应急分队进行组织和培训，形成由国家、省、市和相关企业组成的环境应急网络。保证在突发事件发生后，能迅速参与并完成抢救、排险、消毒、监测等现场处置工作。

### 5.5 技术保障

建立环境安全预警系统，组建专家组，确保在启动预警前、事件发生后相关环境专家能迅速到位，为指挥决策提供服务。建立环境应急数据库，建立健全各专业环境应急队伍，地区核安全监督站和地区专业技术机构随时投入应急的后续支援和提供技术支援。

### 5.6 宣传、培训与演练

5.6.1 各级环保部门应加强环境保护科普宣传教育工作，普及溢油污染事故预防常识，编印、发放有毒有害物质污染公众防护"明白卡"，增强公众的防范意识和相关心理准备，提高公众的防范能力。

5.6.2 各级环保部门以及有关类别环境事件专业主管部门应加强环境事件专业技术

人员日常培训和重要目标工作人员的培训和管理，培养一批训练有素的环境应急处置、检验、监测等专门人才。

5.6.3 各级环保部门以及有关类别环境事件专业主管部门，按照环境应急预案及相关单项预案，定期组织不同类型的环境应急实战演练，提高防范和处置突发环境事件的技能，增强实战能力。

5.7 应急能力评价

为保障环境应急体系始终处于良好的战备状态，并实现持续改进，对各级环境应急机构的设置情况、制度和工作程序的建立与执行情况、队伍的建设和人员培训与考核情况、应急装备和经费管理与使用情况等，在环境应急能力评价体系中实行自上而下的监督、检查和考核工作机制。

## 6 后期处置

6.1 善后处置

地方各级人民政府做好受灾人员的安置工作，组织有关专家对受灾范围进行科学评估，提出补偿和对遭受污染的生态环境进行恢复的建议。

6.2 保险

应建立突发环境事件社会保险机制。对环境应急工作人员办理意外伤害保险。可能引起环境污染的企业事业单位，要依法办理相关责任险或其他险种。

## 7 附则

7.1 名词术语定义

环境事件：是指由于违反环境保护法律法规的经济、社会活动与行为，以及意外因素的影响或不可抗拒的自然灾害等原因致使环境受到污染，人体健康受到危害，社会经济与人民群众财产受到损失，造成不良社会影响的突发性事件。

突发环境事件：是指突然发生，造成或者可能造成重大人员伤亡、重大财产损失和对全国或者某一地区的经济社会稳定、政治安定构成重大威胁和损害，有重大社会影响的涉及公共安全的环境事件。

环境应急：针对可能或已发生的突发环境事件需要立即采取某些超出正常工作程序的行动，以避免事件发生或减轻事件后果的状态，也称为紧急状态；同时也泛指立即采取超出正常工作程序的行动。

预案分类：根据突发环境事件的发生过程、性质和机理，突发环境事件主要分为三类：突发溢油污染事故、生物物种安全环境事件和辐射溢油污染事故。突发溢油污染事故包括重点流域、敏感水域水溢油污染事故；重点城市光化学烟雾污染事件；危险化学品、废弃化学品污染事件；海上石油勘探开发溢油事件；突发船舶污染事件等。生物物种安全环境事件主要是指生物物种受到不当采集、猎杀、走私、非法携带出入境或合作交换、工程建设危害以及外来入侵物种对生物多样性造成损失和对生态环境造成威胁和危害事件；辐射溢油污染事故包括放射性同位素、放射源、辐射装置、放射性废物辐射污染事件。

泄漏处理：是指对危险化学品、危险废物、放射性物质、有毒气体等污染源因事件发生泄漏时的所采取的应急处置措施。泄漏处理要及时、得当，避免重大事件的发生。泄漏处理一般分为泄漏源控制和泄漏物处置两部分。

应急监测：环境应急情况下，为发现和查明环境污染情况和污染范围而进行的环境监测。包括定点监测和动态监测。

应急演习：为检验应急计划的有效性、应急准备的完善性、应急响应能力的适应性和应急人员的协同性而进行的一种模拟应急响应的实践活动，根据所涉及的内容和范围的不同，可分为单项演习（演练）、综合演习和指挥中心、现场应急组织联合进行的联合演习。

本预案有关数量的表述中，"以上"含本数，"以下"不含本数。

7.2 预案管理与更新

随着应急救援相关法律法规的制定、修改和完善，部门职责或应急资源发生变化，或者应急过程中发现存在的问题和出现新的情况，应及时修订完善本预案。

7.3 国际沟通与协作

建立与国际环境应急机构的联系，组织参与国际救援活动，开展与国际间的交流与合作。

7.4 奖励与责任追究

7.4.1 奖励

在突发环境事件应急救援工作中，有下列事迹之一的单位和个人，应依据有关规定给予奖励：

（1）出色完成突发环境事件应急处置任务，成绩显著的；

（2）对防止或挽救突发环境事件有功，使国家、集体和人民群众的生命财产免受或者减少损失的；

（3）对事件应急准备与响应提出重大建议，实施效果显著的；

（4）有其他特殊贡献的。

7.4.2 责任追究

在突发环境事件应急工作中，有下列行为之一的，按照有关法律和规定，对有关责任人员视情节和危害后果，由其所在单位或者上级机关给予行政处分；其中，对国家公务员和国家行政机关任命的其他人员，分别由任免机关或者监察机关给予行政处分；构成犯罪的，由司法机关依法追究刑事责任：

（1）不认真履行环保法律、法规，而引发环境事件的；

（2）不按照规定制定突发环境事件应急预案，拒绝承担突发环境事件应急准备义务的；

　　（3）不按规定报告、通报突发环境事件真实情况的；

　　（4）拒不执行突发环境事件应急预案，不服从命令和指挥，或者在事件应急响应时临阵脱逃的；

　　（5）盗窃、贪污、挪用环境事件应急工作资金、装备和物资的；

　　（6）阻碍环境事件应急工作人员依法执行职务或者进行破坏活动的；

　　（7）散布谣言，扰乱社会秩序的；

　　（8）有其他对环境事件应急工作造成危害行为的。

# 海洋石油勘探开发溢油事故应急预案

## 1 总则

### 1.1 目的

保护海洋环境和生物资源，防治海洋石油勘探开发海上溢油事故的污染损害，维护海洋生态平衡，保障人体健康和社会公众利益，促进海洋经济的可持续发展。

### 1.2 编制依据

《中华人民共和国海洋环境保护法》《中华人民共和国海洋石油勘探开发环境保护管理条例》等法律、行政法规。

本预案由国家海洋行政主管部门制定，并抄送国务院环境保护行政主管部门备案。

### 1.3 工作原则

协调相关部门的溢油事故应急响应行动，整合现有的溢油应急资源，充分发挥石油公司自救、互救作用；依靠科学，依法规范应急处置行动。

### 1.4 适用范围

本应急预案适用于发生在我国管辖海域内，超出石油公司应急处理能力的海洋石油勘探开发溢油事故。

## 2 应急组织指挥体系及职责

### 2.1 应急组织指挥体系

发生海洋石油勘探开发溢油事故时，石油公司经评估，认为超出自身配备的溢油应急设备处理能力时，可向海洋局提出启动应急方案的申请。海洋局接到申请后，启动本应急预案，协调海上石油生产集团公司及有关部门进行溢油应急响应。

### 2.2 应急组织机构与职责

### 2.2.1 海洋局的主要职责

由海洋局主管副局长负责，海洋环境保护司司长和中国海监总队常务副总队长具体指导，海洋局海洋环境保护司和中国海监总队承担相关工作。主要职责：

（1）组织制定和修订海洋石油勘探开发溢油事故应急预案；

（2）组织应急响应专家咨询小组的活动；

（3）根据石油公司申请，启动应急预案；

（4）组织协调各相关部门参与应急响应行动，为现场处理溢油事故提供支持、协调、服务工作。

2.2.2　相关部门的主要职责：

（1）外交部：在溢油应急响应时，快速办理国（境）外专家和救援人员的出入境手续。

（2）公安部：在溢油应急响应时，对有重大安全隐患，严重危及过往船只航行安全的紧急情况，应指挥中心的请求，负责担任政府设置的海上临时安全警戒区的警戒任务。

（3）财政部：参与溢油事故处理有关责任方付费及赔偿费的标准制定和协调工作。

（4）交通部：在溢油应急响应时，组织调用海事部门溢油应急设备和应急防治队伍；在遇有需救助海上人员情况时，组织中国海上搜救中心，实施救援工作；划定禁航区和交通管制区，并负责实施禁航和交通管制；参与溢油事故的调查和善后处理工作。

（5）农业部：在溢油应急响应时，组织有关单位抢救、保护渔业资源和生产环境；参与溢油事故的调查和善后处理工作。

（6）安全监管局：参与组织协调工作；参与溢油事故的调查和善后处理工作。

（7）海关总署：在溢油应急响应时，负责组织协调有关海关部门快速办理国（境）外应急物资和器材的通关手续。

（8）民航总局：在溢油应急响应时，快速办理运送溢油应急设施的国（境）外航空器的入境降落手续；负责组织人员、物资、器材的紧急空运任务；必要时，负责组织调动相关的航空器，实施紧急救援。

（9）新闻办：负责提出应急事故的宣传报道方案，经审批后组织实施；编制对外口径，向我有关使领馆和有关地区、部门通报，组织应急事故新闻发布；密切跟踪对外舆情，必要时组织对外辟谣，正确引导舆论；负责受理记者采访申请及现场记者管理，加强互联网的管理、引导和有害信息的封堵工作。

（10）总参作战部：在溢油应急响应时，组织部队支援配合；承担调动军队船只、飞机，实施紧急支援工作；视情形为境外救援船只、飞机提供临时开放航线。

（11）海军司令部：在溢油应急响应时，组织海军兵力支援海上溢油应急处置行动。

2.2.3　溢油应急响应专家咨询小组组成及其职责

溢油应急响应专家咨询小组由海洋局组织溢油防治、消防、海洋、海事、环保、救捞、气象、渔业、石油工程、保险财务和法律等方面的专家成立，作为溢油事故处理的技术支持。

专家咨询小组的主要职责是：

（1）对溢油应急准备工作中的重要问题进行研究，提供咨询；

（2）溢油应急响应时，研究分析事故信息，为应急指挥决策提供咨询和建议；

（3）参与溢油事故的调查，对事故的善后处理提出咨询意见。

2.2.4 石油生产集团公司职责

在溢油应急响应中，石油生产集团公司应按照相关法律法规的规定履行职责，主要职责包括：

（1）制定本集团公司的溢油应急响应预案；

（2）建立溢油应急响应机构，以及技术保障体系；

（3）负责组织集团内各作业者之间建立溢油应急响应协调机制，实现溢油应急设备和防治队伍的合理有效调用；

（4）及时发现可能出现的海上溢油事故；

（5）发生溢油事故后，认为仅凭公司配备的溢油应急响应设备无法处理时，向海洋局报告，申请启动应急预案；

（6）对已发生的溢油事故，负责指挥溢油事故现场的应急相应工作，立即采取切实可行措施控制溢油的扩散，及时清除海面油污，防止油污扩散，保护环境敏感区安全；

（7）及时报告溢油处理情况；

（8）参与溢油事故的调查和善后处理工作。

## 3 应急响应程序

3.1 溢油事故的初步评估

当事石油公司首先对溢油事故进行初步评估。

初始评估的主要内容包括：

（1）根据溢油源的状况、溢油事故地点、事故原因、气象海况等，评估溢油的规模，并预测溢油的扩散趋势和漂移路径；

（2）评估溢油事故现场发生火灾和爆炸的可能性；

（3）评估溢油事故对周围环境敏感区和易受损资源可能造成的影响。

3.2 溢油事故报告

石油公司根据初步评估结果，认为仅凭自身配备的溢油应急响应设备无法处理时，应向海洋局报告，申请启动应急预案。

3.3 启动溢油应急预案

海洋局接到石油公司申请启动应急预案的请求后，应立即启动该预案，进入溢油应急响应程序。

3.3.1 启动溢油监视系统

通过多种监视手段，包括船舶监视、飞机监视、卫星监视等，发现并跟踪溢油事故，迅速确定溢油事故的性质、规模，预测溢油的数量、面积、扩散速度和方向等，为制定溢油应急响应对策、清除溢油作业方案的选定和污染损害取证提供依据。

3.3.2 进行溢油监测

海上重大溢油事故发生后，海洋局应帮助石油公司与事故发生海区海上监测单位取得联系，令其及时赶赴事故现场，按照国家标准和规范，对事故现场和受污染水域进行监测。

3.3.3　溢油事故现场处置人员按照有关规程和本公司溢油应急预案的要求进行溢油处置。

3.3.4　海洋局组织协调各相关部门按照各自职责，参与应急响应行动，为石油公司处理溢油事故提供支持、协调和服务。

3.3.5　专家咨询小组开展工作，为应急指挥决策提供咨询和建议。

3.4　信息发布

海洋局配合新闻办提出信息发布意见，研究拟定事故应急的对外口径，组织对外新闻发布并向我国有关驻外使领馆和有关地区、部门通报。同时关注对外舆论，必要时组织对外辟谣工作。

3.5　调查取证与现场记录

调查取证的内容包括溢油事故发生的原因和造成的损失；损失包括直接经济损失和对环境破坏造成的间接经济损失。

因溢油事故造成损失的单位和个人，以及应请求参加溢油应急响应和清除作业的单位和个人，有权要求责任方赔偿经济损失和支付相关费用。

发生溢油事故后，有关单位和个人应详细取证并准确记录溢油造成的污染损害情况、溢油应急响应投入的人力物力、后勤支援和清污效果等情况，以此作为提出补偿的依据。

3.6　应急结束

国家海洋局根据对溢油事故的处理结果，决定并发布溢油应急状态终止的通告。

3.7　溢油的清除

发生溢油事故后，各有关单位及发生溢油事故的企业，应当按照"海洋石油勘探开发溢油应急计划"规定的要求，采取溢油清除措施。

## 4　应急响应评价及总结

4.1　应急响应评价

应急终止后，国家海洋局组织溢油事故应急响应评估工作。

4.1.1　组织整理和审查所有的溢油应急记录和相关资料。

4.1.2　组织对溢油事故发生的原因和采取的行动进行评价。

4.1.3　组织提出污染损害场所的恢复建议。

由于溢油的污染，一些风景名胜古迹、旅游场所、海水浴场、水上娱乐场所、海洋工程、海岸工程等重要区域的利用价值会遭受破坏，需要进行恢复；一些重要的自然保护区、养殖区、渔场因污染而遭受破坏，也需要进行恢复。

国家海洋局应组织有关人员制定出污染场所恢复方案、跟踪监测方案及所需经费预算等建议。

4.2 应急响应总结

应急终止后，应做出溢油事故的书面报告：

4.2.1 发生事故石油公司向国家海洋局提交书面总结报告。

4.2.2 国家海洋局向国务院提交书面总结报告。

总结报告应包括下列内容：发生事故油田（或输油管道）的基本情况、事故原因、事故过程和造成的后果（包括对环境资源损害评价、经济损失分析评估），以及采取的应急响应措施、取得的效果和经验教训等。

## 5 应急响应基本条件和保障措施

为对海上溢油事故做出快速有效的响应，国家海洋局应组织完成以下基础工作，形成溢油应急响应支持系统，提供给有关部门和单位在应急响应时使用。这些工作包括：

5.1 各海区的自然环境条件

收集各海区石油平台（及输油管道）周围的气象、水文（潮汐、海流、海浪）、化学、地质（地形、地貌）、生物、生态等资料。

5.2 环境敏感区（包括易受损生物资源）的确定

5.2.1 环境敏感区调查

对石油平台（及输油管道）周围的海域进行调查并收集相关的资料，以便确定环境敏感区。

5.2.2 环境敏感区区划并确定优先保护次序

根据现场调查资料和相关历史资料，对环境敏感区进行区划，划出环境敏感区的位置、范围、面积、保护内容；在此基础上，确定各种环境敏感区的优先保护次序。

环境敏感区的优先次序可根据环境、资源对溢油的敏感程度，现有应急措施的可行性和有效性，可能造成的经济损失以及清理油污的难易程度等因素来确定。

5.2.3 制作环境敏感区地理信息系统

根据环境敏感区的区划和易受损资源的调查及其优先保护次序，采用 GIS、GPS、GRS 等技术，制作环境敏感区地理信息系统。

5.3 通信保障系统

为确保国家海上溢油事故的报告、报警、通报以及溢油应急的各种信息能够及时、准确、可靠地传输，依托国家海洋局现有的通信系统组建溢油应急响应通信保障系统。

建设海区通信保障系统和远程通信保障系统，以保证各单位之间通信联络的畅通。

5.4 建立溢油漂移扩散模型

国家海洋局和各海上石油集团公司，应根据平台周围海域的水动力条件、气象条件等相关要素，建立溢油漂移扩散模型，对溢油漂移扩散轨迹进行预测分析；一旦发生溢油事故时，为溢油应急决策和应急响应提供依据。

5.5 溢油应急响应支持信息系统

溢油应急响应支持信息系统是实施溢油应急预案的一个重要软件支持系统，可以迅速有效地实现应急预案的各个步骤。

溢油应急响应支持信息系统的内容应包括各海上石油集团公司的应急设备信息、交通部船舶溢油应急设备信息、各石油平台及输油管道周围海域的海洋背景资料信息以及油污清除专家的资料信息等内容。

溢油应急响应支持信息系统应具有信息处理、信息传输、信息查询、溢油漂移扩散模拟显示和系统管理等基本功能，能够满足溢油应急响应组织管理的需要。该系统还应有网络接口，用户可以根据不同需要随时进行信息交流和查询。

5.6 溢油监视系统

通过船舶监视、飞机监视、卫星监视等各种监视手段，发现并跟踪溢油事故。

（1）船舶监视

海洋石油勘探开发溢油事故发生后，海洋局迅速组织协调相关部门和单位派遣监视船舶对溢油源和溢油漂移路径进行跟踪监视；必要时，利用事故现场周围的其他船只（包括运输船、渔船、军舰等）进行监视。

对溢油事故的监视主要由海洋局和海上石油集团公司承担，同时，协调海事、渔业等相关部门调动力量予以协助。

（2）飞机监视

在海洋局统一组织协调下，利用海监、海事、军队、民航等部门的飞机进行空中监视。

（3）卫星监视

必要时，可以通过海洋局及其他部门的卫星影像资料进行监视。

5.7 溢油监测系统

海上重大溢油事故发生后，海上监测单位将及时赶赴现场，按照国家标准和规范，对事故现场和受污染水域进行监测。

监测内容包括：

（1）对海面溢油以及其他可疑污染源采样，进行溢油油品鉴别分析；

（2）测定溢油的比重、黏度、倾点、闪点等理化特性，为应急响应决策、溢油事故评估、应急响应方案制定以及油污清除方法提供依据；

（3）对受污染的水域和岸线进行监测，确认溢油事故的污染范围和程度；

（4）对受污染的资源（包括水产养殖场、渔场、旅游资源等）进行监测；

（5）对已清除和恢复后的受污染场所进行监测，确认受污染环境的恢复程度。

5.8 溢油应急防治队伍和设备

5.8.1 各海上石油集团公司在现有人员和设备的基础上，进一步充实并加强溢油应急防治队伍建设。

5.8.2 溢油应急响应时，国家海洋局协调相关单位，组织海上溢油应急防治队伍和设备，积极参加应急响应行动，实现资源共享。

## 6 附则

### 6.1 名词术语解释

（1）溢油应急响应：为控制、清除、监视、监测海洋石油勘探开发溢油事故所采取的任何行动。

（2）环境敏感区：本预案中所指环境敏感区具体包括，自然保护区，生活或工业用水取水口，珍稀和濒危动植物及其栖息地，水产养殖场，重要的渔场，水生生物的产卵场、索饵场、越冬场和洄游通道、潮间带生物，沼泽地，盐田，重要的海洋工程和海岸工程，风景名胜古迹，重要的景观和水上旅游娱乐场所等。

### 6.2 预案管理与更新

6.2.1 因下列原因，需要对应急预案进行修订，使其更加完善、更加符合实际并更具有可操作性。

（1）由于相关的新法规或政策的出台，需要对应急预案作相应调整和修订；

（2）由于相关法规或政策的修改或修订，需要对应急预案作相应调整和修订；

（3）根据处理溢油事故经验教训，需要对应急预案的内容进行调整和修订；

（4）由于环境敏感区的变化，需要对应急预案的内容进行调整和修订。

6.2.2 海洋石油勘探开发溢油事故应急预案的修订工作，由国家海洋局组织有关部门和单位进行。

### 6.3 制定与解释部门

本预案由国家海洋局制定，并负责解释。

# 危险废物焚烧污染控制标准（GB 18484—2001）

为贯彻《中华人民共和国环境保护法》和《中华人民共和国固体废物污染环境防治法》，加强对危险废物的污染控制，保护环境，保障人体健康，特制定本标准。

本标准从我国的实际情况出发，以集中连续型焚烧设施为基础，涵盖了危险废物焚烧全过程的污染控制；对具备热能回收条件的焚烧设施要考虑热能的综合利用。

本标准由国家环保总局污染控制司提出。

本标准由国家环保总局科技标准司归口。

本标准由中国环境监测总站和中国科技大学负责起草。

本标准内容（包括实施时间）等同于 1999 年 12 月 3 日国家环境保护总局发布的《危险废物焚烧污染控制标准》（GWKB 2—1999），自本标准实施之日起，代替 GWKB 2—1999。

本标准由国家环境保护总局负责解释。

## 1 范围

本标准从危险废物处理过程中环境污染防治的需要出发，规定了危险废物焚烧设施场所的选址原则、焚烧基本技术性能指标、焚烧排放大气污染物的最高允许排放限值、焚烧残余物的处置原则和相应的环境监测等。

本标准适用于除易爆和具有放射性以外的危险废物焚烧设施的设计、环境影响评价、竣工验收以及运行过程中的污染控制管理。

## 2 引用标准

以下标准所含条文，在本标准中被引用即构成本标准的条文，与本标准同效。

GHZB 1—1999 地表水环境质量标准

GB 3095—1996 环境空气质量标准

GB/T 16157—1996 固定污染源排气中颗粒物测定与气态污染物采样方法

GB 15562.2—1995 环境保护图形标志固体废物储存（处置）场

GB 8978—1996 污水综合排放标准

GB 12349—90 工业企业厂界噪声标准

HJ/T 20—1998 工业固体废物采样制样技术规范

当上述标准被修订时，应使用其最新版本。

## 3　术语

### 3.1　危险废物

是指列入国家危险废物名录或者根据国家规定的危险废物鉴别标准和鉴别方法判定的具有危险特性的废物。

### 3.2　焚烧

指焚化燃烧危险废物使之分解并无害化的过程。

### 3.3　焚烧炉

指焚烧危险废物的主体装置。

### 3.4　焚烧量

焚烧炉每小时焚烧危险废物的重量。

### 3.5　焚烧残余物

指焚烧危险废物后排出的燃烧残渣、飞灰和经尾气净化装置产生的固态物质。

### 3.6　热灼减率

指焚烧残渣经灼热减少的质量占原焚烧残渣质量的百分数。其计算方法如下：

$$P=（A-B）/A×100\%$$

式中，$P$——热灼减率，%；

　　　$A$——干燥后原始焚烧残渣在室温下的质量，g；

　　　$B$——焚烧残渣经 600℃（±25℃）3 h 灼热后冷却至室温的质量，g。

### 3.7　烟气停留时间

指燃烧所产生的烟气从最后的空气喷射口或燃烧器出口到换热面（如余热锅炉换热器）或烟道冷风引射口之间的停留时间。

### 3.8　焚烧炉温度

指焚烧炉燃烧室出口中心的温度。

### 3.9　燃烧效率（CE）

指烟道排出气体中二氧化碳浓度与二氧化碳和一氧化碳浓度之和的百分比。用以下公式表示：

$$CE=[CO_2]/（[CO_2]+[CO]）×100\%$$

式中，$[CO_2]$和$[CO]$——分别为燃烧后排气中 $CO_2$ 和 CO 的浓度。

### 3.10　焚毁去除率（DRE）

指某有机物质经焚烧后所减少的百分比。用以下公式表示：

$$DRE=（W_i-W_o）/W_i×100\%$$

式中，$W_i$——被焚烧物中某有机物质的重量；

　　　$W_o$——烟道排放气和焚烧残余物中与 $W_i$ 相应的有机物质的重量之和。

### 3.11　二噁英类

多氯代二苯并-对-二噁英和多氯代二苯并呋喃的总称。

### 3.12　二噁英毒性当量（TEQ）

二噁英毒性当量因子（TEF）是二噁英毒性同类物与2,3,7,8-四氯代二苯并-对-二噁英对 Ah 受体的亲和性能之比。二噁英毒性当量可以通过下式计算：

$$TEQ=\sum（二噁英毒性同类物浓度×TEF）$$

### 3.13　标准状态

指温度在 273.16 k，压力在 101.325 kPa 时的气体状态。本标准规定的各项污染物的排放限值，均指在标准状态下以 11% $O_2$（干空气）作为换算基准换算后的浓度。

## 4　技术要求

### 4.1　焚烧厂选址原则

4.1.1　各类焚烧厂不允许建设在 GHZB1 中规定的地表水环境质量Ⅰ类、Ⅱ类功能区和 GB 3095 中规定的环境空气质量一类功能区，即自然保护区、风景名胜区和其他需要特殊保护地区。集中式危险废物焚烧厂不允许建设在人口密集的居住区、商业区和文化区。

4.1.2　各类焚烧厂不允许建设在居民区主导风向的上风向地区。

### 4.2　焚烧物的要求

除易爆和具有放射性以外的危险废物均可进行焚烧。

### 4.3　焚烧炉排气筒高度

4.3.1　焚烧炉排气筒高度见表1。

**表1　焚烧炉排气筒高度**

| 焚烧量/（kg/h） | 废物类型 | 排气筒最低允许高度/m |
|---|---|---|
| ≤300 | 医院临床废物 | 20 |
| | 除医院临床废物以外的第 4.2 条规定的危险废物 | 25 |
| 300～2 000 | 第 4.2 条规定的危险废物 | 35 |
| 2 000～2 500 | 第 4.2 条规定的危险废物 | 45 |
| ≥2 500 | 第 4.2 条规定的危险废物 | 50 |

4.3.2　新建集中式危险废物焚烧厂焚烧炉排气筒周围半径 200 m 内有建筑物时，排气筒高度必须高出最高建筑物 5 m 以上。

4.3.3　对有几个排气源的焚烧厂应集中到一个排气筒排放或采用多筒集合式排放。

4.3.4　焚烧炉排气筒应按 GB/T 16157 的要求，设置永久采样孔，并安装用于采样和测量的设施。

4.4 焚烧炉的技术指标

4.4.1 焚烧炉的技术性能要求见表 2。

表 2 焚烧炉的技术性能指标

| 指标/废物类型 | 焚烧炉温度/℃ | 烟气停留时间/s | 燃烧效率/% | 焚毁去除率/% | 焚烧残渣的热灼减率/% |
|---|---|---|---|---|---|
| 危险废物 | ≥1 100 | ≥2.0 | ≥99.9 | ≥99.99 | ＜5 |
| 多氯联苯 | ≥1 200 | ≥2.0 | ≥99.9 | ≥99.999 9 | ＜5 |
| 医院临床废物 | ≥850 | ≥1.0 | ≥99.9 | ≥99.99 | ＜5 |

4.4.2 焚烧炉出口烟气中的氧气含量应为 6%～10%（干气）。

4.4.3 焚烧炉运行过程中要保证系统处于负压状态，避免有害气体逸出。

4.4.4 焚烧炉必须有尾气净化系统、报警系统和应急处理装置。

4.5 危险废物的储存

4.5.1 危险废物的储存场所必须有符合 GB 15562.2 的专用标志。

4.5.2 废物的储存容器必须有明显标志，具有耐腐蚀、耐压、密封和不与所储存的废物发生反应等特性。

4.5.3 储存场所内禁止混放不相容危险废物。

4.5.4 储存场所要有集排水和防渗漏设施。

4.5.5 储存场所要远离焚烧设施并符合消防要求。

# 5 污染物（项目）控制限值

5.1 焚烧炉大气污染物排放限值

焚烧炉排气中任何一种有害物质浓度不得超过表 3 中所列的最高允许限值。

表 3 危险废物焚烧炉大气污染物排放限值

| 序号 | 污染物 | 不同焚烧容量时的最高允许排放浓度限值 [1] / （mg/m³） | | |
|---|---|---|---|---|
| | | ≤300/（kg/h） | 300～2 500/（kg/h） | ≥2 500/（kg/h） |
| 1 | 烟气黑度 | 林格曼 I 级 | | |
| 2 | 烟尘 | 100 | 80 | 65 |
| 3 | 一氧化碳（CO） | 100 | 80 | 80 |
| 4 | 二氧化硫（SO₂） | 400 | 300 | 200 |
| 5 | 氟化氢（HF） | 9.0 | 7.0 | 5.0 |
| 6 | 氯化氢（HCl） | 100 | 70 | 60 |
| 7 | 氮氧化物（以 NO₂ 计） | 500 | | |
| 8 | 汞及其化合物（以 Hg 计） | 0.1 | | |
| 9 | 镉及其化合物（以 Cd 计） | 0.1 | | |
| 10 | 砷、镍及其化合物（以 As+Ni 计）[2] | 1.0 | | |

| 序号 | 污染物 | 不同焚烧容量时的最高允许排放浓度限值[1] / (mg/m³) | | |
|---|---|---|---|---|
| | | ≤300/ (kg/h) | 300～2 500/ (kg/h) | ≥2 500/ (kg/h) |
| 11 | 铅及其化合物（以 Pb 计） | 1.0 | | |
| 12 | 铬、锡、锑、铜、锰及其化合物（以 Cr+Sn+Sb+Cu+Mn 计）[3] | 4.0 | | |
| 13 | 二噁英类 | 0.5TEQng/m³ | | |

注：1）在测试计算过程中，以 11%O₂（干气）作为换算基准。换算公式为：

$$c=10/ (21-Os) \times c_s$$

式中，c——标准状态下被测污染物经换算后的浓度（mg/m³）；

Os——排气中氧气的浓度（%）；

$c_s$——标准状态下被测污染物的浓度（mg/m³）。

2）指砷和镍的总量。

3）指铬、锡、锑、铜和锰的总量。

**5.2** 危险废物焚烧厂排放废水时，其水中污染物最高允许排放浓度按 GB 8978 执行。

**5.3** 焚烧残余物按危险废物进行安全处置。

**5.4** 危险废物焚烧厂噪声执行 GB 12349。

## 6 监督监测

### 6.1 废气监测

**6.1.1** 焚烧炉排气筒中烟尘或气态污染物监测的采样点数目及采样点位置的设置，执行 GB/T 16157。

**6.1.2** 在焚烧设施于正常状态下运行 1 h 后，开始以 1 次/h 的频次采集气样，每次采样时间不得低于 45 min，连续采样三次，分别测定。以平均值作为判定值。

**6.1.3** 焚烧设施排放气体按污染源监测分析方法执行（见表 4）。

表 4 焚烧设施排放气体的分析方法

| 序号 | 污染物 | 分析方法 | 方法来源 |
|---|---|---|---|
| 1 | 烟气黑度 | 林格曼烟度法 | GB/T 5468—91 |
| 2 | 烟尘 | 重量法 | GB/T 16157—1996 |
| 3 | 一氧化碳（CO） | 非分散红外吸收法 | HJ/T44—1999 |
| 4 | 二氧化硫（SO₂） | 甲醛吸收副玫瑰苯胺分光光度法 | 1) |
| 5 | 氟化氢（HF） | 滤膜·氟离子选择电极法 | 1) |
| 6 | 氯化氢（HCl） | 硫氰酸汞分光光度法 | HJ/T 27—1999 |
| | | 硝酸银滴定法 | 1) |
| 7 | 氮氧化物 | 盐酸萘乙二胺分光光度法 | HJ/T 43—1999 |
| 8 | 汞 | 冷原子吸收分光光度法 | 1) |
| 9 | 镉 | 原子吸收分光光度法 | 1) |
| 10 | 铅 | 火焰原子吸收分光光度法 | 1) |
| 11 | 砷 | 二乙基二硫代氨基甲酸银分光光度法 | 1) |

| 序号 | 污染物 | 分析方法 | 方法来源 |
|---|---|---|---|
| 12 | 铬 | 二苯碳酰二肼分光光度法 | 1) |
| 13 | 锡 | 原子吸收分光光度法 | 1) |
| 14 | 锑 | 5-Br-PADAP 分光光度法 | 1) |
| 15 | 铜 | 原子吸收分光光度法 | 1) |
| 16 | 锰 | 原子吸收分光光度法 | 1) |
| 17 | 镍 | 原子吸收分光光度法 | 1) |
| 18 | 二噁英类 | 色谱-质谱联用法 | 2) |

6.2 焚烧残渣热灼减率监测

6.2.1 样品的采集和制备方法执行 HJ/T20。

6.2.2 焚烧残渣热灼减率的分析采用重量法。依据本标准"3.6"所列公式计算，取三次平均值作为判定值。

## 7 标准实施

（1）自2000年3月1日起，二噁英类污染物排放限值在北京市、上海市、广州市执行。2003年1月1日起在全国执行。

（2）本标准由县级以上人民政府环境保护行政主管部门负责监督与实施。

# 危险废物填埋污染控制标准（GB 18598—2001）

## 1 主题内容与适用范围

### 1.1 主题内容

本标准规定了危险废物填埋的入场条件，填埋场的选址、设计、施工，运行、封场及监测的环境保护要求。

### 1.2 适用范围

本标准适用于危险废物填埋场的建设、运行及监督管理。

本标准不适用于放射性废物的处置。

## 2 引用标准

下列标准所含的条文，在本标准中被引用即构成本标准的条文，与本标准同效。

GB 5085.1 危险废物鉴别标准　腐蚀性鉴别

GB 5085.3 危险废物鉴别标准　浸出毒性鉴别

GB 5086.1～2 固体废物浸出毒性浸出方法

GB/T 15555.1～12 固体废物浸出毒性测定方法

GB 16297 大气污染物综合排放标准

GB 12348 工业企业厂界噪声标准

GB 8978 污水综合排放标准

GB/T 4848 地下水水质标准

GB 15562.2 环境保护图形标志——固体废物储存（处置）场

当上述标准被修订时，应使用最新版本。

## 3 定义

### 3.1 危险废物

列入国家危险废物名录或者根据国家规定的危险废物鉴别标准和鉴别方法认定具有危险特性的废物。

3.2 填埋场

处置废物的一种陆地处置设施，它由若干个处置单元和构筑物组成，处置场有界限规定，主要包括废物预处理设施、废物填埋设施和渗滤液收集处理设施。

3.3 相容性

某种危险废物同其他危险废物或填埋场中其他物质接触时不产生气体、热量、有害物质，不会燃烧或爆炸，不发生其他可能对填埋场产生不利影响的反应和变化。

3.4 天然基础层

填埋场防渗层的天然土层。

3.5 防渗层

人工构筑的防止渗滤液进入地下水的隔水层。

3.6 双人工衬层

包括两层人工合成材料衬层的防渗层。

3.7 复合衬层

包括一层人工合成材料衬层和一层天然材料衬层的防渗层。

## 4 填埋场场址选择要求

4.1 填埋场场址的选择应符合国家及地方城乡建设总体规划要求，场址应处于一个相对稳定的区域，不会因自然或人为的因素而受到破坏。

4.2 填埋场场址的选择应进行环境影响评价，并经环境保护行政主管部门批准。

4.3 填埋场场址不应选在城市工农业发展规划区、农业保护区、自然保护区、风景名胜区、文物（考古）保护区、生活饮用水源保护区、供水远景规划区、矿产资源储备区和其他需要特别保护的区域内。

4.4 填埋场距飞机场、军事基地的距离应在 3 000 m 以上。

4.5 填埋场场界应位于居民区 800 m 以外，并保证在当地气象条件下对附近居民区大气环境不产生影响。

4.6 填埋场场址必须位于百年一遇的洪水标高线以上，并在长远规划中的水库等人工蓄水设施淹没区和保护区之外。

4.7 填埋场场址距地表水域的距离不应小于 150 m。

4.8 填埋场场址的地质条件应符合下列要求：

a. 能充分满足填埋场基础层的要求；

b. 现场或其附近有充足的黏土资源以满足构筑防渗层的需要；

c. 位于地下水饮用水水源地主要补给区范围之外，且下游无集中供水井；

d. 地下水位应在不透水层 3 m 以下，否则，必须提高防渗设计标准并进行环境影响评价，取得主管部门同意；

e. 天然地层岩性相对均匀、渗透率低；

f. 地质构造相对简单、稳定，没有断层。

4.9　填埋场场址选择应避开下列区域：破坏性地震及活动构造区；海啸及涌浪影响区；湿地和低洼汇水处；地应力高度集中，地面抬升或沉降速率快的地区；石灰溶洞发育带；废弃矿区或塌陷区；崩塌、岩堆、滑坡区；山洪、泥石流地区；活动沙丘区；尚未稳定的冲积扇及冲沟地区；高压缩性淤泥、泥炭及软土区以及其他可能危及填埋场安全的区域。

4.10　填埋场场址必须有足够大的可使用面积以保证填埋场建成后具有 10 年或更长的使用期，在使用期内能充分接纳所产生的危险废物。

4.11　填埋场场址应选在交通方便、运输距离较短，建造和运行费用低，能保证填埋场正常运行的地区。

## 5　填埋物入场要求

5.1　下列废物可以直接入场填埋：

a. 根据 GB 5086 和 GB/T 15555.1～11 测得的废物浸出液中有一种或一种以上有害成分浓度超过 GB 5085.3 中的标准值并低于表 5-1 中的允许进入填埋区控制限值的废物；

表 5-1　危险废物允许进入填埋区的控制限值

| 序号 | 项目 | 稳定化控制限值/（mg/L） |
| --- | --- | --- |
| 1 | 有机汞 | 0.001 |
| 2 | 汞及其化合物（以总汞计） | 0.25 |
| 3 | 铅（以总铅计） | 5 |
| 4 | 镉（以总镉计） | 0.50 |
| 5 | 总铬 | 12 |
| 6 | 六价铬 | 2.50 |
| 7 | 铜及其化合物（以总铜计） | 75 |
| 8 | 锌及其化合物（以总锌计） | 75 |
| 9 | 铍及其化合物（以总铍计） | 0.20 |
| 10 | 钡及其化合物（以总钡计） | 150 |
| 11 | 镍及其化合物（以总镍计） | 15 |
| 12 | 砷及其化合物（以总砷计） | 2.5 |
| 13 | 无机氟化物（不包括氟化钙） | 100 |
| 14 | 氰化物（以 CN 计） | 5 |

b. 根据 GB 5086 和 GB/T 15555.12 测得的废物浸出液 pH 值在 7.0～12.0 之间的废物。

5.2　下列废物需经预处理后方能入场填埋：

a. 根据 GB5086 和 GB/T 15555.1—11 测得废物浸出液中任何一种有害成分浓度超过表 5-1 中允许进入填埋区的控制限值的废物；

b. 根据 GB 5086 和 GB/T 15555.12 测得的废物浸出液 pH 值在 7.0～12.0 之间的废物；

c. 本身具有反应性、易燃性的废物；

d. 含水率高于 85% 的废物；

e. 液体废物。

5.3  下列废物禁止填埋：

a. 医疗废物；

b. 与衬层具有不相容性反应的废物。

## 6  填埋场设计与施工的环境保护要求

6.1  填埋场应设预处理站，预处理站包括废物临时堆放、分拣破碎、减容减量处理、稳定化养护等设施。

6.2  填埋场应对不相容性废物设置不同的填埋区，每区之间应设有隔离设施。但对于面积过小，难以分区的填埋场，对不相容性废物可分类用容器盛放后填埋，容器材料应与所有可能接触的物质相容，且不被腐蚀。

6.3  填埋场所选用的材料应与所接触的废物相容，并考虑其抗腐蚀特性。

6.4  填埋场天然基础层的饱和渗透系数不应大于 $1.0 \times 10^{-5}$ cm/s，且其厚度不应小于 2 m。

6.5  填埋场应根据天然基础层的地质情况分别采用天然材料衬层、复合衬层或双人工衬层作为其防渗层。

6.5.1  如果天然基础层饱和渗透系数小于 $1.0 \times 10^{-7}$ cm/s，且厚度大于 5 m，可以选用天然材料衬层。天然材料衬层经机械压实后的饱和渗透系数不应大于 $1.0 \times 10^{-7}$ cm/s，厚度不应小于 1 m。

6.5.2  如果天然基础层饱和渗透系数小于 $1.0 \times 10^{-6}$ cm/s，可以选用复合衬层。复合衬层必须满足下列条件：

a. 天然材料衬层经机械压实后的饱和渗透系数不应大于 $1.0 \times 10^{-7}$ cm/s，厚度应满足表 6-1 所列指标，坡面天然材料衬层厚度应比表 6-1 所列指标大 10%；

b. 人工合成材料衬层可以采用高密度聚乙烯（HDPE），其渗透系数不大于 $10^{-12}$ cm/s，厚度不小于 1.5 mm。HDPE 材料必须是优质品，禁止使用再生产品。

表 6-1  复合衬层下衬层厚度设计要求

| 基础层条件 | 下衬层厚度 |
|---|---|
| 渗透系数 ≤ $1.0 \times 10^{-7}$ cm/s，厚度 ≥ 3 m | 厚度 ≥ 0.5 m |
| 渗透系数 ≤ $1.0 \times 10^{-6}$ cm/s，厚度 ≥ 6 m | 厚度 ≥ 0.5 m |
| 渗透系数 ≤ $1.0 \times 10^{-6}$ cm/s，厚度 ≥ 3 m | 厚度 ≥ 1.0 m |

6.5.3 如果天然基础层饱和渗透系数大于 $1.0×10^{-6}$ cm/s，则必须选用双人工衬层。双人工合成衬层必须满足下列条件：

a. 天然材料衬层经机械压实后的渗透系数不大于 $1.0×10^{-7}$ cm/s，厚度不小于 0.5 m；

b. 上人工合成衬层可以采用 HDPE 材料，厚度不小于 2.0 mm；

c. 下人工合成衬层可以采用 HDPE 材料，厚度不小于 1.0 mm。

衬层要求的其他指标同第 6.5.2 条。

6.6 填埋场必须设置渗滤液集排水系统、雨水集排水系统和集排气系统。各个系统在设计时采用的暴雨强度重现期不得低于 50 年。管网坡度不应小于 2%；填埋场底部应以不小于 2% 的坡度坡向集排水管道。

6.7 采用天然材料衬层或复合衬层的填埋场应设渗滤液主集排水系统，它包括底部排水层、集排水管道和集水井；主集排水系统的集水井用于渗滤液的收集和排出。

6.8 采用双人工合成材料衬层的填埋场除设置渗滤液主集排水系统外，还应设置辅助集排水系统，它包括底部排水层、坡面排水层、集排水管道和集水井；辅助集排水系统的集水井主要用作上人工合成衬层的渗漏监测。

6.9 排水层的透水能力不应小于 0.1cm/s。

6.10 填埋场应设置雨水集排水系统，以收集、排出汇水区内可能流向填埋区的雨水、上游雨水以及未填埋区域内未与废物接触的雨水。雨水集排水系统排出的雨水不得与渗滤液混排。

6.11 填埋场设置集排气系统以排出填埋废物中可能产生的气体。

6.12 填埋场必须设有渗滤液处理系统，以便处理集排水系统排出的渗滤液。

6.13 填埋场周围应设置绿化隔离带，其宽度不应小于 10 m。

6.14 填埋场施工前应编制施工质量保证书并获得环境保护主管部门的批准。施工中应严格按照施工质量保证书中的质量保证程序进行。

6.15 在进行天然材料衬层施工之前，要通过现场施工试验确定合适的施工机械，压实方法、压实控制参数及其他处理措施，以论证是否可以达到设计要求。同时在施工过程中要进行现场施工质量检验，检验内容与频率应包括在施工设计书中。

6.16 人工合成材料衬层在铺设时应满足下列条件：

a. 对人工合成材料应检查指标合格后才可铺设，铺设时必须平坦，无皱折；

b. 在保证质量条件下，焊缝尽量少；

c. 在坡面上铺设衬层，不得出现水平焊缝；

d. 底部衬层应避免埋设垂直穿孔的管道或其他构筑物；

e. 边坡必须锚固，锚固形式和设计必须满足人工合成材料的受力安全要求；

f. 边坡与底面交界处不得设角焊缝，角焊缝不得跨过交界处。

6.17 在人工合成材料衬层在铺设、焊接过程中和完成之后，必须通过目视，非破坏性和破坏性测试检验施工效果，并通过测试结果控制施工质量。

## 7 填埋场运行管理要求

7.1 在填埋场投入运行之前,要制订一个运行计划。此计划不但要满足常规运行,而且要提出应急措施,以便保证填埋场的有效利用和环境安全。

7.2 填埋场的运行应满足下列基本要求:

a. 入场的危险废物必须符合本标准对废物的入场要求;

b. 散状废物入场后要进行分层碾压,每层厚度视填埋容量和场地情况而定;

c. 填埋场运行中应进行每日覆盖,并视情况进行中间覆盖;

d. 应保证在不同季节气候条件下,填埋场进出口道路通畅;

e. 填埋工作面应尽可能小,使其得到及时覆盖;

f. 废物堆填表面要维护最小坡度,一般为 1∶3(垂直∶水平);

g. 通向填埋场的道路应设栏杆和大门加以控制;

h. 必须设有醒目的标志牌,指示正确的交通路线。标志牌应满足 GB 15562.2 的要求;

i. 每个工作日都应有填埋场运行情况的记录,应记录设备工艺控制参数,入场废物来源、种类、数量,废物填埋位置及环境监测数据等;

j. 运行机械的功能要适应废物压实的要求,为了防止发生机械故障等情况,必须有备用机械;

k. 危险废物安全填埋场的运行不能暴露在露天进行,必须有遮雨设备,以防止雨水与未进行最终覆盖的废物接触;

l. 填埋场运行管理人员,应参加环保管理部门的岗位培训,合格后上岗。

7.3 危险废物安全填埋场分区原则

7.3.1 可以使每个填埋区能在尽量短的时间内得到封闭。

7.3.2 使不相容的废物分区填埋。

7.3.3 分区的顺序应有利于废物运输和填埋。

7.4 填埋场管理单位应建立有关填埋场的全部档案,从废物特性、废物倾倒部位、场址选择、勘察、征地、设计、施工、运行管理、封场及封场管理、监测直至验收等全过程所形成的一切文件资料,必须按国家档案管理条例进行整理与保管,保证完整无缺。

## 8 填埋场污染控制要求

8.1 严禁将集排水系统收集的渗滤液直接排放,必须对其进行处理并达到 GB 8978《污水综合排放标准》中第一类污染物最高允许排放浓度的要求及第二类污染物最高允许排放浓度标准要求后方可排放。

8.2 危险废物填埋场废物渗滤液第二类污染物排放控制项目为:pH 值,悬浮物(SS),五日生化需氧量（$BOD_5$）,化学需氧量（$COD_{Cr}$）,氨氮（$NH_3\text{-}N$）,磷酸盐（以 P 计）。

8.3 填埋场渗滤液不应对地下水造成污染。填埋场地下水污染评价指标及其限值按照 GB/T 14848 执行。

8.4 地下水监测因子应根据填埋废物特性由当地环境保护行政主管部门确定，必须具有代表性，能表示废物特性的参数。常规测定项目为：浊度，pH 值，可溶性固体，氯化物，硝酸盐（以 N 计），亚硝酸盐（以 N 计），氨氮，大肠杆菌总数。

8.5 填埋场排出的气体应按照 GB 16297 中无组织排放的规定执行。监测因子应根据填埋废物特性由当地环境保护行政主管部门确定，必须具有代表性，能表示废物特性的参数。

8.6 填埋场在作业期间，噪声控制应按照 GB12348 的规定执行。

## 9 封场要求

9.1 当填埋场处置的废物数量达到填埋场设计容量时，应实行填埋封场。

9.2 填埋场的最终覆盖层应为多层结构，应包括下列部分：

a. 底层（兼作导气层）：厚度不应小于 20 cm，倾斜度不小于 2%，由透气性好的颗粒物质组成。

b. 防渗层：天然材料防渗层厚度不应小于 50 cm，渗透系数不大于 $10^{-7}$ cm/s；若采用复合防渗层，人工合成材料层厚度不应小于 1.0 mm，天然材料层厚度不应小于 30 cm。其他设计要求同衬层相同。

c. 排水层及排水管网：排水层和排水系统的要求同底部渗滤液集排水系统相同，设计时采用的暴雨强度不应小于 50 年。

d. 保护层：保护层厚度不应小于 20 cm，由粗砾性坚硬鹅卵石组成。

e. 植被恢复层：植被恢复层厚度一般不应小于 60 cm，其土质应有利于植物生长和场地恢复；同时植被层的坡度不应超过 33%。在坡度超过 10% 的地方，须建造水平台阶；坡度小于 20% 时，标高每升高 3 m，建造一个台阶；坡度大于 20% 时，标高每升高 2 m，建造一个台阶。台阶应有足够的宽度和坡度，要能经受暴雨的冲刷。

9.3 封场后应继续进行下列维护管理工作，并延续到封场后 30 年：

a. 维护最终覆盖层的完整性和有效性；

b. 维护和监测检漏系统；

c. 继续进行渗滤液的收集和处理；

d. 继续监测地下水水质的变化。

9.4 当发现场址或处置系统的设计有不可改正的错误，或发生严重事故及发生不可预见的自然灾害使得填埋场不能继续运行时，填埋场应实行非正常封场。非正常封场应预先作出相应补救计划，防止污染扩散。实施非正常封场必须得到环保部门的批准。

## 10 监测要求

10.1 对填埋场的监督性监测的项目和频率应按照有关环境监测技术规范进行,监测结果应定期报送当地环保部门,并接受当地环保部门的监督检查。

10.2 填埋场渗滤液

10.2.1 利用填埋场的每个集水井进行水位和水质监测。

10.2.2 采样频率应根据填埋物特性、覆盖层和降水等条件加以确定,应能充分反映填埋场渗滤液变化情况。渗滤液水质和水位监测频率至少为每月一次。

10.3 地下水

10.3.1 地下水监测井布设应满足下列要求:

a. 在填埋场上游应设置一眼监测井,以取得背景水源数值。在下游至少设置三眼井,组成三维监测点,以适应于下游地下水的羽流几何型流向;

b. 监测井应设在填埋场的实际最近距离上,并且位于地下水上下游相同水力坡度上;

c. 监测井深度应足以采取具有代表性的样品。

10.3.2 取样频率

10.3.2.1 填埋场运行的第一年,应每月至少取样一次;在正常情况下,取样频率为每季度至少一次。

10.3.2.2 发现地下水质出现变坏现象时,应加大取样频率,并根据实际情况增加监测项目,查出原因以便进行补救。

10.4 大气

10.4.1 采样点布设及采样方法按照 GB 16297 的规定执行。

10.4.2 污染源下风方向应为主要监测范围。

10.4.3 超标地区、人口密度大和距工业区近的地区加大采样点密度。

10.4.4 采样频率

填埋场运行期间,应每月取样一次,如出现异常,取样频率应适当增加。

## 11 标准监督实施

本标准由县以上地方人民政府环境保护行政主管部门负责监督实施。

# 长江南京段船舶溢油应急计划

## 1 总则

### 1.1 编制目的和原则

（1）保护长江南京段水域环境和资源，防治来自码头、船舶、设施和相关油类作业造成的溢油污染损害，保障人体健康和社会公共利益，保证正常的通航环境和通航秩序。

（2）充分考虑长江南京段辖区内地理环境和应急反应能力，建立本辖区溢油应急反应系统，一旦发生溢油事故，可对溢油事故作出最快速、最有效的处理，控制和清除溢油，将损失和危害减少到最低限度。

（3）实施国家制定的防污染法律、法规，履行我国缔结和参与的船舶溢油应急有关的国际条约规定的义务。

（4）本计划中涉及的各有关单位均持有有效的本计划文本，以便于协调相关部门处理长江南京段发生的船舶溢油污染事故。

### 1.2 依据

（1）《中华人民共和国环境保护法》《中华人民共和国海洋环境保护法》《中华人民共和国水污染防治法》及其实施细则、《中华人民共和国海上交通安全法》《中华人民共和国防止船舶污染海域管理条例》等国家法律、法规。

（2）《联合国海洋法公约》《73/78 国际防止船舶造成污染公约》（MARPOL73/78）、《1990 年国际油污防备、反应和合作公约》（OPRC90）《1992 年国际油污损害民事责任公约》（CLC92）等我国加入的相关国际公约。

（3）《中国 21 世纪议程》第四部分：资源的合理利用和环境保护。

（4）《中国海上船舶溢油应急计划》。

### 1.3 管理部门

（1）南京市人民政府对本计划实施协调管理。本计划纳入中国船舶溢油应急计划体系。

（2）本计划的实施充分依赖于南京长江水上搜救中心。

（3）南京市人民政府的有关部门应积极支持本计划的实施，当其行政区域内水域或岸线受到溢油污染或溢油威胁时，必须按照本计划的要求组织消除或减轻污染损害。

1.4　义务

1.4.1　一切单位和个人发现水面溢油或有水上溢油危险时，均有义务尽快向本计划指定的部门报告。

1.4.2　有关单位和个人均有义务在溢油应急指挥部的统一指挥下参与溢油应急反应行动。

1.4.3　船舶、码头及其他油类作业设施发生溢油事故，必须采取有效措施控制和减轻油类的溢出和污染，及时向海事行政主管部门报告，并接受调查、处理。

1.5　制定与发布

1.5.1　本计划由南京海事局组织制定，并报经南京市人民政府批准后发布。并须报中华人民共和国江苏海事局及江苏省环境保护局备案。

1.5.2　长江南京段辖区内从事油类作业的码头，装卸站、点等设施的所有人、经营人必须依法编制溢油应急计划，报南京海事局批准后，认真组织实施。

1.6　适用范围

1.6.1　本计划适用于长江南京段所属水域内的一切船舶溢油应急组织指挥和反应行动。

上界：慈湖河口与乌江河口连线；

下界：新河口过河标与仪征十二圩测点连线。

1.6.2　长江南京段与周边地区的船舶溢油污染的应急反应合作。

1.6.3　以上范围之外、造成或可能造成本辖区内船舶溢油污染的应急反应组织和溢油应急行动。

1.7　定义

船舶：油轮和燃油船舶及其他任何可能造成水域油类污染的船舶。

港口：由船舶停靠、航行及装卸作业的码头、设施、航道、停泊点等组成一定范围的区域（水域）。

油类：指任何类型的石油，包括原油、燃料油、油泥、油渣和炼制品。

应急反应：旨在防止、控制、清除、监视、监测等防治溢油污染所采取的任何行动。

溢油源：主要指船舶和码头、装卸设施等，同时考虑可能存在对水域造成溢油污染的陆源设施。

溢油危险：指有可能引起水域溢油事故的各种情况，主要包括各类船舶事故和其他意外事故，如触礁、搁浅、碰撞、严重横倾、翻船、爆炸等。

## 2　组织管理

2.1　溢油应急组织指挥系统

建立长江南京段溢油应急组织指挥系统，统一组织协调和指挥溢油事故应急反应。

### 2.1.1 溢油应急指挥部组成

#### 2.1.1.1 溢油应急指挥部

在南京市人民政府的领导下，与南京长江水上搜救中心等溢油应急事故相关部门组成溢油应急指挥部，指挥部设在南京海事局，负责溢油应急的统一组织协调和指挥。指挥部成员为溢油应急相关部门的领导，指挥部日常工作的办事机构与水上搜救中心办事机构合署办公。溢油应急指挥部的日常事务由溢油应急指挥部办公室负责，办公室设在中华人民共和国南京海事局。

指挥部成员

总指挥：南京市人民政府主管领导或南京长江水上搜救中心领导兼任。

常务副总指挥：南京海事局局长担任。

副总指挥：南京市环保局局长担任。

指挥部办公室主任：南京海事局主管副局长担任。

指挥部成员：市口岸、交通、环保、海事、水利、渔业、港管、航运、公安、消防、卫生、气象、通信、保险等部门主管领导。

指挥部办公室成员：市口岸委、海事、环保、港管、航运等部门主管领导。

#### 2.1.1.2 溢油应急现场指挥部

溢油应急现场指挥部设立于船舶、浮动设施发生溢油事故的现场或溢油应急指挥部指定的地点，承担栖霞、大厂、仪征、新生圩以及大桥以上 5 个片区发生的船舶溢油事故应急处置的现场指挥工作。溢油应急现场指挥部为非常设性机构，由溢油应急指挥部根据需要临时设置。现场指挥由溢油应急指挥部指定。现场指挥负责现场落实溢油应急指挥部的指令，及时反馈现场处置信息至溢油应急指挥部，做好溢油应急反应行动的全过程的现场指挥工作。

#### 2.1.1.3 溢油应急技术咨询专家组

溢油应急反应指挥部下设的包括海事、环保、溢油防治、救捞、消防、航运、船检、水文、气象、保险、法律等方面专家组成的专家组。

溢油应急咨询专家组对溢油应急反应行动及时提供专业咨询，对溢油事故处理总结提供参考意见，对未来的海上溢油应急行动提出改进措施和方案。

#### 2.1.1.4 溢油应急反应组

由海事、环保、溢油防治、救捞、消防、航运、水文、气象等成员单位组成。船舶溢油事故发生后根据溢油应急反应指挥部的决策，具体组织溢油应急反应行动。

#### 2.1.1.5 溢油应急后勤保障组

由海事、环保、港口、交通、卫生等成员单位组成。船舶溢油事故发生后根据溢油应急反应指挥部的要求，安排好溢油行动的车船服务、物资供应、医疗救助、住宿、膳食供应、通信等事项。

2.1.1.6　水域环境监测组

由海事、环保、水文、气象等成员单位组成。船舶溢油事故发生后根据溢油应急反应指挥部的要求，对溢油进行监测、监视。

2.1.2　应急指挥部门职责

2.1.2.1　长江南京段溢油应急指挥部

（1）组织实施长江南京段溢油应急计划，组织计划的修订。

（2）接收并组织执行上级指挥部的指令。

（3）溢油事故发生后迅速组成溢油应急反应现场指挥部，对溢油应急进行现场指挥。

（4）制定应急反应对策，并组织指挥实施。

（5）组织溢油应急培训和应急反应演习。

（6）负责组成长江南京段船舶溢油应急技术咨询专家组，建设长江南京段船舶溢油应急后勤保障支持系统。

（7）批准本辖区溢油应急经费预算，并多渠道筹集所需资金。

2.1.2.2　应急指挥部办公室职责

（1）在溢油应急指挥部的领导下，负责溢油应急指挥部的日常工作。

（2）编制本辖区溢油应急经费预算。

（3）接受溢油事故报告，迅速作出评估，发布报警和通报，按程序启动应急反应预案。

（4）负责编制溢油应急反应年度工作计划、培训计划并组织应急演习。

（5）检查辖区溢油应急反应防治队伍的设置、设备的配备，指导应急反应设备库和专业清污队伍的管理。

（6）经应急指挥部总指挥授权，负责长江南京段水上溢油事故的新闻发布。

2.1.2.3　溢油应急现场指挥部职责

（1）接受来自上级溢油应急指挥部的指令，及时反馈溢油事故现场有关情况和提出处理意见。

（2）调动现场的应急力量，采取对抗溢油事故的应急反应行动。

（3）依据客观情况对溢油事故作出初始评估和进一步评估。

（4）依据客观情况，请求上级溢油应急指挥部提供人力、应急物资援助和专家咨询组的技术支持。

2.1.2.4　溢油应急指挥部成员的职责

（1）市人民政府

① 督促溢油应急各成员单位按本计划履行相应的职责。

② 统一协调溢油应急反应过程中的重大问题。

（2）海事部门

① 审批从事油类作业的港口、码头、装卸站等部门的溢油应急反应计划（方案）。

② 对溢油区域实施水上交通管制,发布航行通(警)告。

③ 组织溢油专家咨询小组的工作。

④ 负责船舶污染事故原因的调查以及污染损害的调查取证。

⑤ 完成溢油应急指挥部交办的事务。

(3)环保部门

① 负责对污染水域、岸线的污染监测工作,提出有关清理和预防建议,如取水口的关闭等,供应急指挥部参考。

② 负责岸线清污行动的组织、协调和指挥,动员社会力量参加岸线油污的清除工作;对已清除油污岸线的恢复以及对回收的油污和油污废弃物的处置提出意见。

③ 完成溢油应急指挥部交办的事务。

(4)港口集团或航运公司

① 组织自有的专职或兼职清污队伍参加清污作业。

② 协助调用作业船舶、防污器材、设备,指定专用泊位,运输施救队伍及救援物资。

③ 确认油污水接收设施及废水处理设备随时运转良好。

④ 协助后勤服务、设备维修。

⑤ 协助核实港口、码头清污和油污损害情况。

(5)消防部门

① 承担对船舶、设施、码头的火灾预防与扑灭工作。

② 营救受伤人员。

(6)卫生部门

① 组织快速侦察检测队伍和医疗救护队伍,测定溢油对人员危害的程度。

② 组织对受害人员的医疗救护。

(7)公安部门

① 承担安全警戒工作,维护现场的安全治安秩序、现场保护及必要的公众隔离。

② 保护及转移事故中可能发生的伤亡人员。

(8)农业及水产部门

① 协助通知可能受油污损害的水产养殖区、农作物区,并采取预防和控制措施。

② 协助对水产养殖区、农作物区油污损害的清除工作。

③ 协助核实清污和油污损害情况。

(9)旅游部门

① 协助通知可能受油污损害的旅游区域,做好预防措施。

② 提出旅游区域应急处理建议,协助做好抗溢油工作。

③ 安排好旅游线路,避开油污区域。

④ 核实旅游区的油污损害情况。

（10）气象部门

及时提供气象信息及近期气象预报趋势。

（11）通信部门

根据溢油应急工作的需要，保证通信联络畅通。

（12）航道、水利部门

及时提供事故现场和溢油可能漂移水域的航道、水文气象情况。

（13）其他有关部门

由溢油应急指挥部根据当时情况对其他有关部门提出协助要求，在其职责范围内提供必要的帮助。

### 2.1.3  应急指挥人员

#### 2.1.3.1  应急等级与指挥人员安排

由溢油应急指挥部根据油污的溢出量、可能造成的环境影响和所需要的应急反应的规模，确定事故应急等级，安排适当的应急指挥人员，并采取相应的应急对策。

如果溢油事故及其污染损害涉及两个或两个以上地区时，由上级溢油应急指挥部指定。

#### 2.1.3.2  应急指挥人员职责应急总指挥

（1）根据事故及其他有关方面的具体情况确定和宣布溢油应急反应等级。

（2）全面指挥本地区溢油应急反应行动。

（3）在溢油事故难以控制时，请求上一级溢油应急（搜救）中心调用本地区以外的资源和应急力量。

（4）通知明显受到污染威胁的当地有关部门做好准备，必要时采取联合行动（包括及时通知其他各有关部门）。

（5）确保政府有关部门作好溢油围控、重点环境敏感区防护和溢油清污所需的物资、人员和财务等方面的准备。

应急副总指挥：

（1）负责向总指挥提供所掌握的溢油应急反应各方面的信息，主要包括：

① 溢油风险（目前损失情况、污染发展趋势、可能的污染程度等）。

② 已经和拟采取的应急反应对策、行动方案。

③ 可以调动的人力、物力、财力资源。

（2）提出需有关单位支持的物资、人员和资金等方面的具体要求（如种类、数量、时间限制等）。

（3）负责指挥和协调各溢油应急辖区之间的应急反应工作及合作。

（4）确保新闻发布、声明和事故报告的准确性，以及与国家有关政策、法规的一致性。

（5）特大规模应急反应时，通知相关区域的上级环保局给予以下协助：

① 责成各级环境保护部门全力支持溢油应急反应工作。

② 责成地方各级环境监测部门及时、全面地监测事故所在区域水体、底质、大气、生态等环境状况。

③ 特大规模应急反应时，负责请求海关、边防、国检等部门简化境外支援设备的进口手续，加急办理设备关税与边境许可证，办理护照、签证等方面予以方便。

现场指挥

（1）根据现场各方面状况初步判断溢油事故性质与规模。

（2）负责向指挥部报告应急反应系统方面的准备情况和运行情况，为应急反应提供建议。

（3）确保已到达现场的各类资源得以合理调配，同时报告需要获得增援的应急物资情况。

（4）按照环境资源的优先保护次序，指挥应急反应行动。

（5）负责调动和指挥应急反应队伍，开展船舶溢油的回收和清污工作。

### 2.1.4 长江南京段溢油应急协作联席会议

由溢油应急指挥部办公室负责召集每半年一次的长江南京段溢油应急协作联席会议，协商本计划的实施事宜，遇下列重大协作问题或出现协商困难时，报南京市人民政府作出决断。

（1）建设和管理长江南京段溢油应急反应系统。

（2）长江南京段溢油应急辖区与相邻的溢油应急辖区之间的应急反应协作和通信联络。

（3）本辖区内溢油应急人员培训、技术信息交流和演习安排。

（4）定期检查溢油应急反应系统的运行情况和本计划的落实、执行情况。

### 2.1.5 溢油应急合作

#### 2.1.5.1 应急合作范围

长江南京段与其他区段之间的合作。

#### 2.1.5.2 合作前提

（1）在发生可能影响对方水域或岸线的溢油事故时互相通告。

（2）当发生重大溢油，本辖区内没有足够的设备和能力在短时间内处理溢油时，需请求邻近的辖区支援。

（3）当发生重大溢油事故，溢油源失去控制，有可能导致双方岸线污染时，需相邻辖区的应急合作。

#### 2.1.5.3 合作决策

由长江南京段溢油应急指挥部向上一级溢油应急指挥总提出申请。

#### 2.1.5.4 合作注意事项

通过邻近辖区之间的应急合作可扩大相互间处理溢油的能力，但在请求合作时，还应考虑设备、人员到达灾区的时间、后勤保障及费用问题。

## 2.2 溢油应急防治队伍

### 2.2.1 溢油应急队伍的建设

为适应长江南京段水域溢油防治的需要，有必要建立一支专业和兼职相结合的溢油防治联合应急队伍。并纳入长江南京段溢油应急反应体系，在应急反应时协调行动。应急队伍建立的原则是人员精干、设备优良、功能齐全、反应迅速、布局合理。

（1）应充分利用本区域现有的专业队伍。作为区域应急队伍的主要力量，对这些队伍应重点投入，配给专业设备，平时应给予政策扶持，应急时无条件服从调配。同时重点加强这些队伍平时的培训和演习，提高他们的应急反应能力，尤其应加强参与溢油应急反应的联合行动能力，使其在清污过程中能够积极配合、相互支援，提高清污效率，逐步建立起政令畅通、组织严密、反应迅速、效率显著的溢油应急反应队伍。

（2）加强辖区内各港口作业单位应急队伍的建设。将从事散装油类作业的码头作业人员组织起来，作为兼职的清污队伍，除承担自身的污染防治任务之外，也作为本辖区溢油应急力量的组成部分，服从本辖区应急指挥部的统一指挥和协调。本指挥部重点加强对兼职人员的统一培训，设备实行统一有偿使用。

（3）应急指挥部应定期或不定期开展针对性的人员培训，提高应急防治知识技术水平和应急防治能力，并在溢油事故处理和演习中不断加强各队伍的实战能力和各队伍之间的协调配合能力。

（4）在大规模的水域或岸线清除作业中，从具有溢油应急反应能力的其他部门如港务、航运公司、军队、环保、渔业、石油化工、公安消防、厂矿企业、科研院校等部门得到人力物力支援，动员全社会的清污力量。

### 2.2.2 溢油清污队伍管理

（1）应急清污队伍应得到海事局的认可，平时应24小时加强值班，保持信息畅通，一旦接到应急指挥部的指令，要能够迅速赶到事故现场。

（2）提高清污人员的素质，定期进行演习和必要的技术培训，掌握清污设备的性能，熟练使用溢油围控、回收、清除设备。

（3）保证清污设备的技术先进性和良好的工作状态。

## 2.3 溢油应急防治设备

### 2.3.1 溢油应急反应系统及设备库配备

#### 2.3.1.1 溢油应急设备配置原则

溢油应急设备的配置规模应根据长江南京段船舶运输石油量、船舶的通行密度、历年突发性溢油事故发生的概率和今后可能发生溢油事故的预测，以及本地区环境敏感区和易受损资源分布等情况，确定溢油应急队伍的规模和配备的设备种类、数量和配置地点，并根据需要和可能及时作出调整。

（1）小型设备采取分散配置（即要求各码头配置），集中调用的原则。

（2）大中型设备配置于长江南京段的四个溢油污染重点防治区域，即大厂、栖霞、仪征、新生圩地区，并尽可能在上述地区设立设备库。

### 2.3.1.2 溢油应急设备配置计划

本计划所指的溢油应急反应系统的设备至少应包括设备库、监测系统、智能信息系统、溢油预测模型、环境敏感图、通信联络系统、后勤保障系统等所需的设备。设备的配备规划按以下几个阶段实施：

（1）近期（一年内）。所有从事散装油类作业的危险品码头均应按要求配备围油栏、适量的吸油材料和撇油器等防污染应急器材和设备；建立并完善辖区的船舶溢油应急反应专家咨询系统。

（2）中期（三年内）。应急反应设备的配备应能达到处理中等规模溢油事故的能力。配备足量的围油栏、大型浮油回收船、多功能撇油器等清污设施，建立溢油应急设备库，开发出应用于溢油污染危害评估、应急反应支持系统的计算机软件。

（3）远期（五年内）。本辖段应急反应设备的配备应能达到处理较大规模溢油事故的能力。

### 2.3.1.3 监视监测系统规划方案

溢油应急反应系统中监视、监测系统分期规划原则为：

（1）近期（一年内）以船舶水上巡视、GPS、岸边监视和溢油信息举报为主；

（2）中期（三年内）实现在重点区域配置水面浮标和红外线溢油自动报警装置；

（3）远期（五年内）实现空中遥感技术为主的多途径的监视、监测指挥系统。

### 2.3.1.4 模拟预报、敏感图、智能信息系统规划方案

应急反应系统中模拟预报、环境敏感图和智能信息系统的分期规划原则为：

（1）近期在敏感图样板研制的基础上，建立溢油环境敏感图和智能信息系统。

（2）中远期完成所属仪征、栖霞、大厂、新生圩、大桥以上片区水域溢油模拟预报模型、环境敏感图和智能信息系统一般网站的建设及联网，并与周边地区保持有效的连接。

### 2.3.1.5 通信联络系统完善要求

（1）近期完善现有甚高频电台的配置及利用。

（2）中远期在本溢油应急指挥部配备 GMDSS（全球海上遇险与安全通信系统）。

### 2.3.2 溢油应急反应设备管理

### 2.3.2.1 应急设备调配

（1）所有应急设备的调用由溢油应急指挥部统一调用或授权调用。

（2）区域间的应急反应协作所涉及的应急设备的调用由上一级溢油应急指挥部统一调用或授权调用。

（3）民间紧急征募：在缺乏溢油清污设备、外界支援不能满足要求的情况下有必要采取最原始的清污方法，就地取材，从民间紧急征募以下应急物资：

船舶（包括渔船），用于清污时作工作平台和储运设备。

稻草、秸秆，用于吸附油的替代材料。

渔网、瓢、大漏勺等作为临时清污回收工具。

桶、盆等作为临时回收容器。

### 2.3.2.2　应急设备储存方式及地点（设备库）

（1）岸上的设备库应设置于距高概率事故发生地点较近且交通便利的适当场所，配备的溢油应急的设备应尽可能用集装箱储存，以便能迅速调用。

（2）应尽可能将围油栏和撇油器等溢油应急设备储存于专业浮油回收船上。

### 2.3.2.3　应急设备购置、使用和维护

（1）溢油应急设备主要由各清污公司和货主码头负责购置、使用和维护。

（2）政府投资购置设备时，由辖区溢油应急指挥部或溢油应急协作联席会议按实际需要选择配置。所购置的应急反应设备由指挥部统一管理。

（3）建立溢油应急反应设备购置基金。基金来源主要是政府的财政拨款和政策支持、油类作业单位的投入、民间捐赠、国际合作及外资投入等。

## 2.4　通信系统

### 2.4.1　通信系统网络组成

### 2.4.2　通信系统网络的使用

#### 2.4.2.1　报告报警信息传递渠道

（1）通过水上搜救专用电话 12395。

（2）现场各部门利用呼叫、对讲机、高频、无线电话等方式进行相互联络。

（3）应急指挥部与军事船舶或军事部门的通信联络，通过搜救中心的通信系统联络。

（4）溢油应急指挥部、水上搜救中心及海事、环保、公安部门在现场的机构收到报告报警信息时，除对其中的重要内容加以文字记录外，还应同时进行录音。

#### 2.4.2.2　指挥调度信息传递渠道

南京长江溢油应急指挥部与上级溢油应急指挥部和其他区段溢油应急指挥部之间的信息传递，可根据具体情况使用邮电通信电话进行，但接收上级溢油应急指挥部的主要指令和重要信息的传递应用传真、录音等方式存档。现场指挥应将收集到的信息及时传递给溢油应急指挥部，指挥部再将消息传递给有关成员单位，并由此协调清污行动和请求区域协作。

## 2.5　培训和演习

### 2.5.1　培训内容

培训内容由理论培训和操作培训两部分组成。对作业人员的培训应侧重于设备、设施等的使用和操作，对管理人员的培训应理论和操作并重，其管理和反应对策经验的获得可通过理论培训和模拟演习中获得。

### 2.5.2　定期演习和考核

#### 2.5.2.1　演习组织

溢油应急指挥部及其成员单位应定期组织溢油应急反应演习，检验应急计划中的各个环节是否能快速、协调、有效地实施，提高溢油应急反应系统的实战能力。

#### 2.5.2.2　演习计划

每三年组织一次全面系统的演习，以检验整个溢油应急反应环节的有效性。

每 18 个月组织一次片区范围溢油演习。

每年组织 1～2 次对系统某些环节的演习。

#### 2.5.2.3　演习目标

（1）使参与应急反应的各成员单位熟悉、深刻理解和掌握各自的职责。

（2）保持应急反应各有关环节快速、协调、有效地运作。

（3）检查设备的可用性和性能。

（4）考核各级应急反应人员对理论和实际操作技能的熟悉掌握程度。并及时发现应急计划制定和实施过程中的问题和不足之处。

#### 2.5.2.4　考核内容

（1）本计划中规定的各级、各类人员的应急反应能力。

（2）相关溢油风险源的应急防治状况。

（3）应急反应联系人名单。

（4）应急主管部门以及合作单位的交通、通信、应急设备的状况。

（5）相关防污器材的使用方法以及不同类型溢油事故的处置措施。

（6）应急反应所属的环境敏感图以及信息系统。

#### 2.5.2.5　演习记录

主办演习的各成员单位应对演习情况予以记录，并报溢油应急指挥部备案。

### 2.6　溢油的监视与监测

### 2.6.1　溢油监视的手段

（1）船舶监视

船舶发生溢油事故后，溢油应急指挥部根据溢油事故报告，迅速派遣监视船舶对溢油源和溢油进行跟踪监视或利用事故现场周围的其他船舶进行监视。

（2）岸边监视

①通过交管中心雷达和远程望远镜监视。

②通过岸边车、船、人监视。

（3）航空监视

在溢油应急指挥部的组织协调下，利用军队、民航等部门的飞机进行监视。

（4）遥感监视

利用卫星信息资料通过影像处理分析进行监视。计算溢油面积、扩散方向、速度和范围，绘制溢油扩散分布图，为溢油污染损害提供依据。

2.6.2 溢油监测任务承担部门

溢油监测任务主要由溢油应急指挥部组织有水域环境监测职责的相关单位和部门按照国家环境监测规范和标准对溢油污染的水域及资源进行监测。

2.6.3 溢油监测的程序

监测单位接受监测任务后，应尽快搜集和掌握有关资料和信息，在综合分析判断的基础上迅速形成具体的应急监测方案并付诸实施，并将监测结果及时上报溢油应急指挥部。

2.6.4 溢油应急监测方案的主要内容

2.6.4.1 监测目的

（1）确认油种和肇事船舶。

（2）测定溢油理化性质为溢油应急反应决策者提供信息。

（3）为资源保护和油污损害赔偿提供依据。

2.6.4.2 监测点位的布设原则及方法

监测点的数量、密度及具体布设方法依据事故类型和等级而定，通常的布点方法是以溢油点为中心作同心圆式、网络—断面式或放射型布点。

2.6.4.3 监测时段

分为三个时段，初始和中期监测为应急反应对策提供依据，清污结束后的最终监测则主要为污染损害取证提供依据。

2.6.4.4 监测内容

（1）事故现场观测：事故船舶等设施的状态、准确地点、水深、油类排放方式、油品种类、油类通过指定点的宽度和厚度、采集油样、录像、摄影、现场污染情况描述等。

（2）油种的鉴别及该油种的理化性质。

（3）跟踪浮油：漂浮油带的宽度、长度、厚度、漂流方向、表层流等。

（4）油膜覆盖的范围、覆盖率、形状、色泽，根据船舶装载油量和剩余油量估算溢油量。

2.6.4.5 监测项目

（1）气象要素：风向、流速、气温、气压等。

（2）水文要素：水温、水深、表层流、水色等。

（3）水质：溶解氧、生化需氧量、pH 值、油类等。

（4）底质：沉积物类型、氧化还原电位、油类等。

（5）生物：浮游生物、鱼类试捕（含水底栖生物）。

2.6.4.6 样品保存及监测方法

按有关规定执行。

#### 2.6.4.7  监测结果

包括文字报告、有关图集、监测数据汇编、相集、录像。

### 2.7  索赔与赔偿

关于油污损害的索赔和赔偿，按《1992 年油污损害民事责任公约》和国务院规定的船舶油污保险、油污损害赔偿基金制度等具体办法执行。

### 2.8  应急计划修订

#### 2.8.1  修订时间

每年进行一次小修订，每 3～5 年进行一次全面修订。

#### 2.8.2  主要修订内容

溢油应急计划因下列情况需定期修订，使其符合实际和更加完善：

（1）由于国家有关政策和法规的变化及政府机构的发展，需对应急组织机构和政策作相应调整。

（2）通过日常溢油演习和实际溢油事故的应急反应行动取得的经验等，对计划进行完善修订。

（3）根据环境敏感区的变化，应急技术的进步，设备的报废等情况进行修订。

## 3  溢油应急反应

溢油应急反应是溢油应急计划的重要组成部分，贯穿于溢油发生后的全过程。溢油事故的应急反应由应急指挥部组织实施，反应过程主要包括评估溢油风险、优化清污方案、调配应急资源、按事故等级采取应急反应行动。

### 3.1  溢油应急反应程序图

### 3.2  溢油事故报告

船舶发生溢油事故应通过一切可能的手段，首先向距事故发生地最近的海事机构报告。

此外，发生溢油事故的最初报告也可能来自主管机关的巡逻艇，任何其他船舶、码头、设施和其他部门及个人。任何部门和个人发现溢油或可能引发溢油的事故后均有义务立即向最近的海事机构报告，采取必要和可能的措施防止危害扩大。

任何单位和个人都应为溢油报告提供便利，不得阻拦。严禁谎报和不实报告。任何单位接到报告后，应立即向南京海事局总值班室报告或向其所属海事处报告。

各级海事机构接到报告后，应立即向溢油应急指挥部报告。溢油应急指挥部接到报告后也应及时通报相关海事机构。受理报告应了解如下基本情况：

（1）事故发生的船舶名称、所属单位及确切地点。

（2）造成污染的油种、数量、漂流方向及现状。

（3）记录报告人姓名、单位、电话或联系方式。

3.3 溢油事故的初始评估

溢油应急指挥部接到溢油报告后，除要求报告单位和报告人对溢油的泄漏和扩散等情况继续报告和做出补充报告外，还要立即对溢油事故进行初始评估，通过初始评估，尽快确定报警（通报）部门和采取应急反应措施。

初始评估的主要内容有：

（1）根据溢油源的类型、溢出油的种类、事故的地点、事故原因、气象、水流等，评估溢油的可能规模，初步预测溢油的扩展趋向。

（2）对溢油发生火灾、爆炸的可能性进行评估。

（3）评估溢油对人身安全、公众健康构成的威胁。

（4）评估溢油对周围环境敏感区和易受损害资源可能造成的影响。

3.4 报警（通报）

溢油应急指挥部常务副总指挥接到报告后，立即向指挥部总指挥报告，并在指挥部设立应急指挥办公室协调指挥工作。指挥部应及时发出溢油事故警报（通报），警报的主要部门如下（按事故等级）：

（1）南京市人民政府及其相关部门。

（2）中华人民共和国江苏海事局、南京海事局及其所属的相关海事处。

（3）长江南京段船舶溢油应急指挥部成员单位。

（4）如溢油事故影响或可能影响下游相关水域，则向受影响或可能受影响水域的溢油应急指挥部报警。

（5）应急反应队伍、监测监视部门。

（6）可能受到污染影响的单位。

3.5 进一步评估

3.5.1 溢油事故进一步评估的信息来源

（1）溢油事故报告单位和报告人的继续报告和补充报告。

（2）接受报警或通报单位和个人的反馈意见。

（3）监视监测系统对溢油扩散信息的报告。

（4）溢油漂移扩散模型对溢油扩散的报告。

（5）根据周围环境敏感图的分析。

（6）智能信息系统提供的信息。

（7）其他途径提供的溢油污染信息。

3.5.2 进一步评估的内容

（1）根据尽可能准确的溢油和环境条件资料，采用溢油模拟预报系统预测溢油在未来的轨迹和归宿，评价不同程度、不同内容溢油影响的范围。

（2）结合模拟预报结果和监测结果，在环境敏感图上了解溢油轨迹和归宿对主要敏感资源的威胁，包括：威胁可能性、威胁范围、距离远近、最短威胁时间、优先保护顺序等。

（3）在智能信息系统的支持下，根据溢油风险、应急设备和人员分布等情况，评估本地区应急反应的人力、设备、器材是否能满足应急反应的需要，是否需要其他地区的支持，以便进一步确定溢油应急反应行动方案。

### 3.6 应急反应对策

#### 3.6.1 现场指挥采取的对策

一旦接到溢油事故报告，指定的现场指挥应立即赶赴现场。

在指定的现场指挥到达现场前，由最先到达现场的海事监督人员中级别最高者担当临时现场指挥。

现场指挥（临时现场指挥）应立即采取以下应急行动：

（1）确定溢油事故现场的准确地点和溢油原因（包括船名、船型、碰撞/搁浅、船东/货主），及时向溢油应急指挥部报告，同时组织紧急处置。

（2）及时报告溢油种类，溢油事故的规模（包括油迹的长、宽、形状、颜色），现场风速，水流状况及浮油漂流动向，组织必要的监视监测，并定时（一般为 10 min）向溢油应急指挥部报告溢油漂流动向。

（3）及时根据现场情况预测并报告进一步溢油的可能性，判断溢油应急反应等级，责令责任方采取可能做到的一切防溢油措施，要求应急指挥部迅速调动应急队伍及装备。

（4）溢油应急队伍及装备到达现场后，组织指挥现场溢油围控和清除，并根据溢出油种类、规模、地点、扩散方向采取相应的防治措施。

（5）采取任何应急反应行动，均应根据溢油规模和可能造成的危害，确定相应的应急等级，并及时报告溢油应急指挥部。

#### 3.6.2 溢油应急指挥部采取的对策

接到溢油事故报告后，迅速指派现场指挥赶赴现场，并在各方面全力支援、接应和指导现场对抗溢油的应急反应行动。

迅速启动监视、监测和智能信息等支持系统，必要时召集应急技术咨询专家组根据现场指挥提供的溢油应急等级，紧急评估溢油事故的环境污染风险，拟定应急方案，并通过组织指挥系统、通信联络系统、设备库网络系统和后勤保障系统等作出如下反应：

（1）及时报告上一级溢油应急指挥部。

（2）迅速组织及指派专业溢油清污队伍携应急反应设备赶赴现场。

（3）根据应急等级通报相关的溢油应急指挥部成员单位，并采取相关的对抗溢油措施。

（4）指派船艇对溢油源周围水域和溢油区域实行警戒或交通管制。

（5）必要时请求实施溢油扩散空中监视和溢油控制与清污作业空中支援。

（6）重（特）大溢油事故，向上一级溢油应急指挥部请求应急援助，并通知有关政府部门、企业、附近居民开展预防溢油污染的应急反应行动。

### 3.6.3 溢油应急指挥部有关成员采取的对策

接到溢油应急指挥部关于溢油事故情况通报后，发出紧急报警或类似的紧急通报，告知有关单位和部门。

接到报警或通报后，各有关单位和部门应根据应急指挥部的指令在职责范围内迅速采取尽可能的应急反应行动以控制和消除危害，包括后勤保障和空中支援等，并将行动情况及时反馈给溢油应急指挥部，同时应做好应急行动中的情况记录。

### 3.6.4 敏感资源的保护

#### 3.6.4.1 敏感区的分布

长江南京段环境敏感区及易受损害资源主要有以下几类：

（1）生态自然保护区。

（2）生活用水取水口。

（3）水产养殖区。

（4）工业用水取水口。

（5）风景旅游区。

（6）岸线。

#### 3.6.4.2 保护原则

（1）一旦发生溢油污染，首要目标是保护重要区域和控制溢油扩散，以减少污染损害的程度，其次是清除污染。

（2）通知敏感区保护目标，首先动用本单位的防护能力，进行防护和控制。

（3）如果本计划拥有的应急设备、人力、材料不足以对所有敏感资源提供全面保护，则必须按优先顺序，首先保护好最重要的区域。

（4）确定优先保护顺序时应考虑以下多种因素：

① 该区域对油污染的敏感性、易受损害的程度。

② 保护某种特定资源的实际效果。

③ 清除作业的能力和可能性。

④ 季节影响的程度。

现场指挥必须综合以上各种有关因素，确定敏感资源的优先保护顺序。

（5）本计划对敏感区和资源优先保护的基本顺序为：

① 生态自然保护区。

② 生活用水取水口。

③ 水产养殖区。

④ 工业用水取水口。

⑤ 风景旅游区。

⑥ 岸线。

### 3.7 溢油的控制与清除

#### 3.7.1 选择适宜对策

在条件允许的情况下，应尽量围控、回收或清除水面溢油，防止其漂及岸边，污染岸线。

根据不同的环境条件（风、浪、流、温度、环境敏感资源）和溢油特性（黏度、挥发性、溶解度、油膜厚度、风化程度等），选择适当的水面和岸上清除对策。

选择清污对策时，必须考虑是否具有专门或替代的设备、器材和材料，同时还要考虑相应的辅助设施及配套设备，如：

（1）围油栏拖带船及指挥船。

（2）回收油接收设施。

（3）溢油分散剂喷洒设备和载带船舶或飞机。

（4）回收废油及污染物的处置设施等。

#### 3.7.2 明确清污作业限制要求

##### 3.7.2.1 围油栏围控

（1）在浪高水域，溢油可能会溅过围油栏，发生溅油的条件如下：

① 波浪高度高于围油栏的水上部分。

② 波浪波长与波高之比小于 5∶1～10∶1。

（2）水流流速较大时会影响围油栏的滞油性能，流速对围油栏的垂直分量达到 0.7 节时为临界流速，必须采用减少垂直分量的办法才能提高围油栏的滞油性能，包括：

① 避免将围油栏沿与水流流向垂直的方向布放，以降低作用于围油栏的垂直流速分量。

② 在使围油栏与水流之间形成一定角度的同时要考虑各阶段围油栏连接后的整体刚性。

##### 3.7.2.2 撇油器回收

（1）水面比较平静时撇油回收效果较好，但在风浪大情况下一般不能使用，具体限制如下：

① 风可以卷起轻质油，使其离开水面。

② 波浪较大、特别是出现短波和骇浪时，撇油器不能跟随波浪，使其性能受到影响；或使撇油器的集油机构移动，离开水面油膜，影响回收。

③ 急流使溢油在围油栏下面逃逸，高流速使水面溢油太快地移过撇油器的集油机构，不能有效回收。

（2）溢油黏度是影响撇油器回收效果的主要因素，具体限制为：

① 溢油黏度大于 2 000 cst 时，一般撇油器不能正常工作。

② 溢油在风蚀过程中黏度会显著上升，严重乳化的原油黏度甚至高达 130 000～170 000 cst，影响撇油器的有效性。

③ 对于高倾点的原油和沥青球，可采取油拖网作为撇油装置替代一般撇油器。

（3）油膜厚度是决定撇油系统有效性的另一重要因素，只要油膜有足够的厚度，则几乎任何一种撇油装置都是有效的，而当积聚的溢油减少时，撇油器的回收效率都会下降，简单的撇油装置（如抽吸型撇油器）受油膜厚度影响最为明显。

（4）在撇油器工作环境中如果有杂物，则可能使撇油器的运行发生障碍，某些撇油器如亲油型撇油器，对杂物很敏感。

### 3.7.2.3 化学消油剂

（1）任何情况下使用化学消油剂，均应经溢油应急指挥部批准。并且喷洒化学消油剂最好使用专用的喷洒设备，如无专用喷洒设备，也可使用船上的消防泵代替。

（2）决定是否使用化学消油剂，应考虑下列因素：

① 在已经发生或可能发生火灾、爆炸等危险，以及危及人命或设施安全的不可抗拒的情况下。

② 对于物理、机械的方法难以处理的溢油，采取化学消油剂促使其向水体分散所造成总的损害比把溢油留在水面上不处理的损害小。

③ 溢油可能向水产养殖区、环境敏感区移动，威胁着商业利益或对环境有损害，并且在到达上述区域之前不能通过自然蒸发，或风浪流的作用而自行消散，也不能用物理方法围控和处理。

④ 溢油的类型及水温适合于化学分散（一般来说，水温需高于拟处理油的倾点 5℃以上），气象等条件宜于分散溢油扩散。

（3）限制使用化学消油剂的原则

下述情况不宜使用化学消油剂，但发生或可能发生有火灾、爆炸等危险，以及危及人命或设施安全的不可抗拒的情况除外：

① 溢油为汽油、煤油等易挥发的轻质油，或呈现彩虹特征的薄油膜。

② 溢油为难于化学分散的油，例如有高蜡含量、高倾点的大庆原油、华北原油等。

③ 溢出油为在环境水温下不呈流态或经过几天风蚀后形成有清晰边缘的"巧克力奶油冻"样的厚碎片。

④ 溢油发生在封闭的浅水或平静的水域。

⑤ 溢油发生在环境敏感区或电厂冷却系统的吸水口。

### 3.7.2.4 现场焚烧

现场焚烧可在短时间内烧掉水面大量的溢油，作业简单，所需后勤支援少。但应做到注意避免以下问题：

焚烧地点应远离码头、岸边设施、环境敏感区，且应防止诱发二次燃烧。

如采取现场焚烧，则要在溢出后 1～2 天内（油包水乳状液中含水量不小于 30%），且风、浪较小时进行。

#### 3.7.2.5 岸线清除

岸线溢油的清除一般可直接进行，正常情况下不需要专用设备。根据油品的种类和数量、污染的地理范围、受到影响的岸线长度和自然状况制定岸线清除方案。岸线清除通常分为以下三个阶段：

（1）清除重污染物及浮油。

（2）清除中度污染物、搁浅于岸线的油及被油污染的岸边泥沙。

（3）清除轻度污染岸线污染物及油迹。

大区域的污染清除的方法由岸线类型决定，漂到岸边的浮油应尽快地围拢与收集，以防止流到未被污染的岸线。可使用泵、真空罐车或油罐拖车收集浮油，若车辆无法到达，可使用桶、勺或其他容器捞起溢油，再将装油的容器用船运走。此外，还可使用适量的吸油材料。待流动的溢油清除后，对于沙滩可用铲车收集被油污染的沙石；对其他类型的岸线，通常可用高压水或分散剂清除污油，用凉水或热水冲洗取决于设备性能及油的种类，一般情况下水温大约加热到60℃并以10～20 L/min的水流喷射冲洗，同时必须将冲洗下来的油污水收集起来。

#### 3.7.3 溢油清除的原则

（1）对于非持久性油类，如：汽油、轻质柴油、航空煤油、轻质原油等：

① 一般不采取回收方式，使其挥发。

② 当有可能向附近敏感区域扩大时，可使用围油栏拦截和导向。

③ 在有可能引起火灾的情况下，可使用化学消油剂，使其乳化分散，但应按程序严格控制用量。

（2）对持久性油类，如柴油，中、重质原油，船舶燃料油，重油：

在可能的情况下，采取浮油回收船、撇油器、油拖把、油拖网、吸油材料以及人工捞取等方式，尽量进行回收。

（3）以下情况可暂不采取清除行动：

① 溢出量较少，岸线或资源不受威胁。

② 溢油为挥发性（非持久性）油类。

（4）可暂不采取清除行动的原则：

① 进行清除比自然清除更有害。

② 不能确定清除方法的有效性。

#### 3.8 回收油及油污废弃物的处置

溢油现场清除收集起的油，通过炼油厂、污水接收处理站或油的回收装置（如综合油污回收船上的油水分离器）进行处置。如果岸线清除后，由于油的风化以及油中渗入了细沙、碎石、泥土，就必须考虑其他方法，如直接倾倒；填埋于陆地以利于土壤改造或作为次等级公路的路面铺设材料；焚烧等。处理的方法取决于油和碎石的数量及类型、环境因素及费用，具体由环保部门提出处置意见。

### 3.8.1 回收油再利用

回收油再利用是处置回收油的第一方案，当回收油的质量符合一定要求时（如油可以泵吸；油内固体含量低等），通过炼油厂、污水接收处理站或油的回收装置（如综合油污回收船上的油水分离器）处理后的回收油可直接或掺和于燃油中再利用。

对未乳化油可使用重力分离法分离出其中的水分。对"油包水"乳化油，可将其加热到时 80℃或使用破乳剂破乳，然后再用重力法进行分离。

### 3.8.2 直接填埋

可把含油量低于 20%的油污沙石或油泥倾倒在指定的填埋场，填埋时应避免造成地下水受到污染，此外，还可填埋于陆地以利于土壤改造或作为次等级公路的路面铺设材料。

### 3.8.4 焚烧

油类焚烧会引起烟气扩散，而且很难实现完全燃烧，会产生焦油状的残余物，因此应注意焚烧过程中的二次污染，焚烧装置应安装净化装置，并经环保部门检测合格，许可后方可进行。

### 3.8.5 增强生物降解

通过生物降解的方法可以处理油和含油废弃物。陆地上的油需与潮湿的营养基混合。降解率取决于温度、可得到的氧气含量以及氮、磷等养料量。采用生物降解泥土温床法，并通过定期通风，追加磷、氮肥料，则可提高生物对油的降解率。

### 3.8.6 存储注意事项

清污作业结束后大量的油污沙石需要处置，在不能及时运走的情况下，必须临时存储这些油污沙石，为收集和最后处理提供缓冲余地。对于岸线被清除的油污沙石，将其暂存岸边的运输过程分为两个阶段：从岸边运到暂存点，过些时间再运到最后处理场所。

存储前应尽可能地从油污碎石中将污油分离出来，以便采取不同的方法进行污油处置。经收油机和吸油材料回收的油可直接暂存于油轮舱内，靠岸后即可用罐车运至指定处理场所。如果没有特别的容器，从岸边回收的油可用土墙围起来，或装入加厚的塑料袋（或其他防油袋）简单存放并保证油不溢出来。临时存油的地方应选择非敏感区域，避免由于受到油的侵蚀而干扰植物生长。将油运走后，存放场所应尽可能恢复原来面貌。

### 3.8.7 溢油应急设备的清洗与保养

围油栏在使用后需清洗及修补，存放时避免阳光直射。

撇油器用完后可用柴油清洗，不能用分散剂或洗涤剂清洗，以免影响撇油效果；撇油器的动力装置应予以保养，避免受到潮湿酸性气体的腐蚀；撇油器中的塑料及橡胶带应避免阳光直射。

溢油应急船用完后，被油沾污的部位及各种设备需予以清洗，动力设备需予以保养。

### 3.9 后勤保障

### 3.9.1 人力物力支援

（1）与政府有关部门及有关企事业单位联系，为应急人员提供交通、住宿、衣食、医药、安全设备，如：

　　① 采购供应应急人员的生活物资，如食品、饮用水。

　　② 提供应急人员的休息及住宿场所。

　　③ 应急人员安全保护服装、工具。

　　④ 医疗单位、医务人员及所需药品和医疗器械。

　　（2）与港口有关部门和单位联系储备物资。

　　① 应急人员休息船。

　　② 应急人员轮换运输船舶、车辆。

　　③ 燃料供应及后勤供给船舶。

　　（3）安排清污设备现场维修人员及所需设备。

### 3.9.2　设备补给和后勤补给供应

在重大溢油事故现场指挥部附近设立后勤支援整备区，用于人力、物力、车船的集结和设备的维修。此外还要设立后勤补给供应线，为备件、燃料和生活必需品的供应提供保障。

### 3.10　索赔取证和记录

### 3.10.1　溢油量的查验

由溢油应急指挥部认定的有关科研部门鉴定或公正机关对损害情况鉴证，并出具报告，作为索赔依据。

具有水域环境监督管理权的海事行政主管部门经现场勘察和调查取证所出具的报告，作为索赔依据。

### 3.10.2　油品指纹鉴定

由交通部南京环境监测中心站以及海事系统污染事故监测网或国家级的分析鉴定试验室按照有关技术标准分析鉴定，并出具报告，作为索赔依据。

### 3.10.3　环境污染状况监测

由具有环境监测资质的监测中心检测，并出具监测报告，作为索赔依据。

### 3.10.4　清污费用核算

有关应急队伍应尽快向应急指挥部提交用于索取清除污染费用的专项报告，主要内容包括：

　　① 清除污染的时间、地点、日记或《航海日志》摘录。

　　② 投入的人力、机具、船只、清污材料的数量、单价、计算方法。

　　③ 组织清除的管理费、交通费及其他有关费用。

　　④ 清除效果及其他有关情况的报告或证明材料。

### 3.10.5　污染损害费用

如果采用行政调解方式，则可由应急指挥部调查、核实，由海事行政主管部门组织调解。

如果为庭审方式，则由起诉方提供：

① 用于污染损害索赔的专项报告，主要内容包括受溢油污染损害的时间、地点、范围、对象以及当时的气象、水文情况；受污染损害的清单（水产、旅游、生物、设施、器具等），注明品名、数量、单价、计算方法、养殖或自然生长状况、受损前后经济收益证明材料等。

② 有关单位或部门对污染损害的鉴定报告。

③ 受污染损害的原始单证、照片、录像、标本等材料。

### 3.11　污染损害场所的恢复建议

当受到溢油污染损害的场所，如旅游、水产养殖区、农作物区等，需要经过较长时间的人工或自然恢复，才能基本消除所受的污染影响时，由应急指挥部在溢油应急反应结束前组织有关部门和专家进行评估，提出适当的恢复方案及跟踪监测建议，并提出环境恢复费用预算。

### 3.12　应急反应结束

溢油应急指挥部根据溢油应急反应进展情况宣布应急反应结束，指挥部根据职责分工进行调查，有关污染损害材料尽快汇总上报。总结报告应包括以下几方面的内容：

① 检查参加单位出动及配合情况；

② 清点动用的器材、设备及回收情况，将设备和器材进行清洗和维修；

③ 清点、归还临时调用的设备、器材；

④ 对清除效果进行评估；

⑤ 总结经验，提出对应急反应的修改意见。

## 4　信息发布

### 4.1　介绍

在溢油发生的最初阶段，应尽力做好来访接待工作。尽早通过新闻单位将消息透露给公众，以便得到他们的支持。

### 4.2　溢油事故的消息发布

由溢油应急指挥部（或政府的协调人）发布溢油事故的第一消息，指挥部应指定专人负责与电台、电视台、报社等宣传媒介联系进行信息发布，所有对外发布的信息均需先由总指挥或副总指挥认可。

现场指挥应提供帮助，包括收集、准备和拟定向新闻媒介发布消息的稿件，并及时提交溢油应急指挥部。

参加应急行动的其他政府部门或指挥部成员单位应每隔四小时向溢油应急指挥部报告行动进展情况，必要时应随时报告。

任何单位或个人，都不得擅自发布溢油信息。

# 附件 7

# 溢油污染应急装置与材料名录

溢油应急装置与材料按照物理法、化学法和生物法具体分类如下：

物理法用到的应急物资包括各种围油栏、撇油器、吸油材料、收油设备及工具。围油栏的种类较多，至今尚无统一分类。比较普遍的分类方式是根据使用地点的不同将围油栏分为远海型围油栏、近岸型围油栏、岸线型围油栏和河道型围油栏；根据围油栏抗风浪、潮的性能不同，又可将围油栏分为轻型、重型两种；按照其外形可以分为栅栏式围油栏、外张力式围油栏和窗帘式围油栏；按其布置方式又可将围油栏分为以下几种：固油栏、扫油板、导油栅、集油器；按浮体结构可分为：固体浮子式围油栏、充气式围油栏、浮沉式围油栏等；按包布材料可分为：橡胶围油栏、PVC 围油栏、PU 围油栏、网式围油栏、金属或其他材料制成的金属或其他围油栏；按使用情况可分为：永久布放型围油栏、移动布放型围油栏和应急型围油栏；按用途可分为：一般用途围油栏、特殊用途围油栏，例如：防火围油栏、吸油围油栏、堰式围油栏、岸滩式围油栏等属特殊用途围油栏。目前，我国使用的围油栏，按其使用性能可分为普通围油栏（充气式和固体浮子式）和防火围油栏。国外继固体充气式围油栏后不断开发使用具有拦截吸附等多种功能的吸附式围油栏、网状系统围油栏、化学围油栏等。普通围油栏主要采用聚丙烯、聚乙烯、聚氯乙烯等材料，该材料具有一定的漂浮性能、破浪性能，能够防止溢油扩散。而防火围油栏则采用陶瓷类的阻燃材料，这些材料除了漂浮破浪性能外，还能经得起高温，比如 3M 防火围油栏可以经得起 955～1 200℃的高温。最新的防火围油栏采用了循环水冷却系统，能承受上千摄氏度的高温。常用的撇油器包括亲油-吸附式撇油器、带式撇油器、空气传输式撇油器、过滤式撇油器等。现在国内外应用的撇油器按回收溢油原理进行分类，并再细分主要有以下几种：① 黏附原理——带式、盘式、鼓式、刷式和绳式；② 堰式原理——普通堰式、可调节堰式、斯勒普（SLURP）式和引流堰式；③ 水动力原理——动态斜面式（DIP 式）和倾斜板式；④ 其他原理——真空式、过滤式、组合式。吸油材料主要分成三大类，即无机吸油材料，有机合成吸油材料和有机天然吸油材料。无机矿物吸油材料包括沸石、硅藻土、珍珠岩、石墨、蛭石、黏土和二氧化硅，它们对非极性有机物的吸附量较小。有机合成材料包括聚合材料聚丙烯和聚氨酯泡沫，由于它们具有亲油性和疏水性，与其他类型的材料相比，它具有更好的吸附性能，易制备和重复使用，所以是处理油污染的常用材料，其主要的缺点是不可生物降解或降解速度非常慢，并且不像一些无机材料是自然生成的。有机天然吸附剂包括麦秆、玉米棒、木质纤维、棉纤、洋麻、树皮和泥炭沼等，其中大部分的吸油率都比有机合成树脂的吸油率高；然而，其缺点是浮力性质差，吸油的同时也吸水，尽管可以通过改性来提高疏水性，但成本较高。

化学法用到的物质包括：分散剂（消油剂）、凝油剂、沉降剂、破乳剂、黏性添加剂等。目前，消油剂的种类可分为海洋型溢油分散剂、江河型溢油分散剂和低温型溢油分散剂。海洋型溢油分散剂又分为普通型溢油分散剂和浓缩型溢油分散剂。凝油剂的种类大致有四种：① 吸留油型。如美国 Strickman 公司的 Spill Away，白色颗粒物，用量为溢油的 1/20～1/10，能吸自重 10～20 倍的油，吸油后膨胀，浮于水面。吸油后经压榨可收 70%溢油，如用石脑油洗，可回收溢油 100%，无毒无害。推测为聚降冰片烯之类物质。② 氨基酸类。如 N-月桂酸谷氨酸α，γ-二丁酰氨（日本味の素 KK 生产），市售品为 9%溶液。使用时须喷水搅拌，治理海上溢油这一点很容易做到。20℃时，对溢油加 40%，结果石脑油抗压强度可达 103 g/cm²。几乎无毒性，对青鱼将鱼半致死浓度 42 000×10⁻⁶。③ 梨糖醇衍生物。如新日本理化的 EC-TREAT 与东邦的 SOG-001。典型成分为苯亚甲对酸亚甲（替）山梨糖醇，商品一般配成 25%溶液出售，当用量为溢油 20%时溢油凝后抗压强度可达 760 g/cm²。由于商品中含有十八碳烯醇，对溢油可起先聚油后凝油的治理作用。毒性低，对青鳃鱼的半致死浓度 10 000×10⁻⁶。④ 碳酰胺类。美国海军采用，商品名胺-D。使用时须同时喷二氧化碳，未见毒性报道。此外还有美国 Amerace-EsNA 出品的 Strchit 等，主要成分为癸酸、磺酸酯类、石灰等。

生物法一般以常用的可降解石油的生物菌和植物为主，目前，至少已知 90 多种细菌和真菌能够降解部分石油成分。目前应用的微生物降解菌技术中包括固体微生物菌剂、空气振裂与微生物联合修复、黑麦草高效微生物、藻菌混合微生物、豆科植物、观赏植物紫茉莉、牵牛花、大花马齿苋、棕榈酸强化蔗草、花卉宿根天人菊等。

本书从物理法到化学法建立了部分吸油材料、撇油器、应急回收船、油水分离器、围油栏和化学消油剂产品名录如下。

## 1 吸油材料

### 1.1 吸油毡

| 序号 | 公司名称 | 联系人 | 电话 | 所在地址 | 产品型号 |
|---|---|---|---|---|---|
| 1 | 太仓市碧海环保器材有限公司 | 陆勇 | 0512-53405140 13806246379 | 江苏省苏州市太仓市城厢镇南郊桔园西路 | PP-1、PP-2 |
| 2 | 上海康奇实业有限公司 | 顾建军 | 13524656553 | 上海市虹口区中山北一路1200号新光工业园区 1 号楼 5 层 | — |
| 3 | 北京轩羽鸿科技有限公司 | 岂向东 | 010-61568263 13681091133 | 北京通州区张家湾镇张湾镇村862 号 | PP-1、PP-2 |

| 序号 | 公司名称 | 联系人 | 电话 | 所在地址 | 产品型号 |
|---|---|---|---|---|---|
| 4 | 广州富肯环保科技有限公司 | 李先生 | 020-22302338 13902270808 | 广州市黄埔区大沙东 6 号裕港大厦 1406 室 | FALCHEM E100/E200/ PP-1/PP-2/ XTL-P800/ XTL-Y220 |
| 5 | 山东和远过滤技术有限公司 | — | — | 山东临沂市聚才路香江一路 C2 区 33 号 | PP-2 |
| 6 | 北京吸油毡供应处 | — | | 北京市大兴区工业开发区 | — |
| 7 | 北京宋朝化工有限责任公司 | 苏明 | 010-77875461 13691087225 | 北京西城区复兴门外大街 58 号 | — |
| 8 | 温州市海洋环保设备厂 | 张仁武 | 0577-62053810 13506672910 | 浙江乐清市经济开发区纬十不八路 | — |
| 9 | 永康市农药厂 | 陈丽娜 | 0579-87381307 15867923750 | 永康市西城街道兴达 4 路 8 号 | — |
| 10 | 南宫市腾翔毛毡制品厂 | 郭林 | 0319-5364666 13131924666 | 河北邢台市 | PP-1、PP-2 |
| 11 | 上海奇津实业有限公司 | 曹瑞霞 | 021-20965155 18019267842 | 上海浦东新区康桥路 787 号 1 号楼 114-116 室 | |

## 1.2 吸油索

| 序号 | 公司名称 | 联系人 | 电话 | 所在地 | 产品型号 |
|---|---|---|---|---|---|
| 1 | 上海钒钠特环保制品有限公司 | 石奇龙 | 021-34222814 13482536987 | 上海青浦区徐泾工业区金联村 136 号 B | — |
| 2 | 广州益爽过滤设备有限公司 | 吴俊基 | 020-37200839 15999936885 | 广东省广州市天河区长湴工业区 5 号楼 3 楼 | — |
| 3 | 桐乡晓英污染控制技术有限责任公司 | 高建中 | 0573-88715877 13736822759 | 浙江桐乡市乌镇镇苕溪公寓三幢 104 室 | — |
| 4 | 山东和远过滤技术有限公司 | 李先生 | — | 山东临沂市聚才路香江一路 C2 区 33 号 | — |
| 5 | 重庆欣佰纸制品加工厂 | 郭才源 | 023-67619771 13594057758 | 重庆江北区红旗河沟东和银都 A 座 1215 | |

## 1.3 吸油垫

| 序号 | 公司名称 | 联系人 | 电话 | 所在地 | 产品型号 |
|---|---|---|---|---|---|
| 1 | 上海明阳佳木有限公司 | 周洁 | 13818663033 | 上海市浦东金湘路 345 号 1301-1302 | |
| 2 | 北京中通万选科技有限公司 | 杨超琼 | 13911136849 | 北京市海淀区车公庄西路 20 号中国水利水电研究院 | MAT414 PIG |
| 3 | 山东和远过滤技术有限公司 | 李先生 | — | 山东临沂市聚才路香江一路 C2 区 33 号 | 蓝海吸油棉 |

## 1.4 吸油棉

| 序号 | 公司名称 | 联系人 | 电话 | 所在地 | 产品型号 |
|---|---|---|---|---|---|
| 1 | 深圳市冠印电子有限公司 | 邹春香 | 13266793595 | 广东省深圳市龙岗区南湾街道丹竹头立信路 100 号厂房 2 楼 | — |
| 2 | 南京方睿科技发展有限公司 | 欧英俊 | 13814005722 | 江苏南京市栖霞区和燕路 386 号 | — |
| 3 | 南通纳爱斯环保科技有限公司 | 孙海燕 | 0513-81211598 15190937557 | 江苏省南通市海门市瑞祥路 26 号 | — |
| 4 | 大连吉丽纸业有限公司 | 慕吉伟 | 15542583271 | 辽宁大连开发区红星工业园 6 栋 3 号 | — |
| 5 | 深圳市翔驰商贸有限公司 | 陈驰 | 0755-83558780 13824369807 | 广东省深圳市龙岗区平湖华南城 P03 栋 101 号 | — |
| 6 | 上海锦泰贸易发展有限公司 | 罗智强 | 15801770695 | 上海市闸北区芷江西路 788 号华舟大厦 1301 室 | PIG®HAZ-MAT |
| 7 | 广州邦安劳保用品有限公司 | 庄灿伟 | 020-84586543 13826002521 | 广东省广州市番禺区洛浦街东乡村民英路 55 号二层 | — |
| 8 | 上海灵美清洁设备有限公司 | 李伟 | 13817843534 | 上海市松江区九亭镇久富经济开发区恒富路 66 号 | — |
| 9 | 泰州市鑫成消防特种装备有限公司 | 朱红梅 | 0523-89989786 15061013789 | 江苏泰州市高新技术开发区 | — |
| 10 | 山东和远过滤技术有限公司 | 李先生 | — | 山东临沂市聚才路香江一路 C2 区 33 号 | — |
| 11 | 山东和远过滤技术有限公司 | 李先生 | — | 山东临沂市聚才路香江一路 C2 区 33 号 | 蓝海吸油棉 |
| 12 | 张家港市圣宝特种纤维制品厂 | 郭建涛 | 0512-56322893 18962216638 | 江苏南京市东莱镇庆东民营工业园 | — |
| 13 | 张家港义博贸易有限公司 | 焦成彪 | 0512-58519609 13338030708 | 江苏苏州市张家港市后塍镇塍南路 17 号 | — |
| 14 | 大城县广安鑫兴密封材料厂 | 许东旭 | 0316-5950163 13722605656 | 河北廊坊市大城县广安工业区 | — |
| 15 | 重庆欣佰纸制品加工厂 | 郭才源 | 023-67619771 13594057758 | 重庆江北区红旗河沟东和银都 A 座 1215 | — |
| 16 | 苏州海立蓝环保科技有限公司 | 蒋建军 | 0512-69213799 18662608123 | 江苏苏州市吴中区河东工业园 | — |

## 1.5 其他吸油材料

| 材料类型 | 公司名称 | 联系人 | 电话 | 所在地 | 产品型号 |
|---|---|---|---|---|---|
| 吸油枕 | 山东和远过滤技术有限公司 | 李先生 | — | 山东临沂市聚才路香江一路 C2 区 33 号 | — |
| 吸油拖栏 | 北京轩羽鸿科技有限公司 | 岂向东 | 010-61568263 13681091133 | 北京通州区张家湾镇张湾镇村 862 号 | — |

| 材料类型 | 公司名称 | 联系人 | 电话 | 所在地 | 产品型号 |
|---|---|---|---|---|---|
| 吸油颗粒 | 临沂市河东区鑫多商贸有限公司 | 周鑫坤 | 05398355020 18660962332 | 山东临沂市河东区郑旺镇洪石路中段 | — |
| 吸油袜 | 桐乡晓英污染控制技术有限责任公司 | 高建中 | 0573-88715877 13736822759 | 浙江桐乡市乌镇镇苕溪公寓三幢 104 室 | — |
| 复合压点吸油片 | 桐乡晓英污染控制技术有限责任公司 | 高建中 | 0573-88715877 13736822759 | 浙江桐乡市乌镇镇苕溪公寓三幢 104 室 | — |
| 吸油棒 | 桐乡晓英污染控制技术有限责任公司 | 高建中 | 0573-88715877 13736822759 | 浙江桐乡市乌镇镇苕溪公寓三幢 104 室 | — |
| 压点吸油卷 | 桐乡晓英污染控制技术有限责任公司 | 高建中 | 0573-88715877 13736822759 | 浙江桐乡市乌镇镇苕溪公寓三幢 104 室 | — |

## 2　撇油器

| 序号 | 公司名称 | 联系人 | 电话 | 所在地 | 产品型号 |
|---|---|---|---|---|---|
| 1 | 佛山市南海琦玖节能设备有限公司 | 姚青会 | 18028108293 | 广东佛山市南海区里水镇北沙管理区大甫村 | — |
| 2 | 常州市如皋磁性过滤机械有限公司 | 陈利 | 13951212962 | 江苏省常州市新北区罗溪镇拥军路 1 号 | — |
| 3 | 东莞市大岭山明君机械制造厂 | 何立剑 | 13712228166 | 广东省东莞市大岭山镇向东二区 210 号 | JF 带式刮油机 |
| 4 | 温州市海洋环保设备厂 | 张仁武 | 0577-62053810 13506672910 | 浙江温州乐清市经济开发区纬十八路 | |

## 3　多功能溢油应急船（车）

| 序号 | 公司名称 | 联系人 | 电话 | 所在地 | 产品型号 |
|---|---|---|---|---|---|
| 1 | 北京博朗德科技有限公司 | — | 010-58773566 010-58773567 010-58773568 | 北京市朝阳区北辰西路 69 号峻峰华亭 D 座 2006 | 移动式真空收油系统 |
| | | | | | 集装箱式应急车 |
| | | | | | 多用途快速反应工作船 |
| | | | | | 三体收油船 |
| | | | | | 多功能水陆两栖溢油回收车 |
| | | | | | 多用途两栖登陆艇 |

## 4　油水分离器

| 序号 | 公司名称 | 联系人 | 电话 | 所在地 | 产品型号 |
|---|---|---|---|---|---|
| 1 | 上海坤谊自动化科技有限公司 | 孟宪超 | 021-54136101 13310065537 | 上海市松江科技园区青云街 58 号 A 区 | LB-OS 系列 LT-OSP 系列 |
| 2 | 深圳市宽宝环保设备有限公司 | 葛昆 | 13828702191 | 广东深圳市龙岗区龙岗路 3 号商会大厦 203 | — |

| 序号 | 公司名称 | 联系人 | 电话 | 所在地 | 产品型号 |
|---|---|---|---|---|---|
| 3 | 江门市蓬江区红太阳环保设备有限公司 | 邝东华 | 13923081982 | 广东江门市港口路 168 号之三 | — |
| 4 | 诸城市增益环保设备有限公司 | 何炳义 | 13806496777 | 山东潍坊市诸城市东坡北街 11 号 | ZGX 机械格栅 |
| 5 | 宜兴市和盛环保填料有限公司 | 宋正平 | 0510-87836626 13961540979 | 江苏省无锡市宜兴市高塍镇赋村工业区 | — |
| 6 | 上海控嘉仪表有限公司 | 俞静 | 18916156796 | 上海市杨浦区三门路 166 号 | — |
| 7 | 江苏华能环境工程有限公司 | 邵兰香 | 13771300516 | 江苏宜兴市高塍镇塍北路 90 号 | — |
| 8 | 江苏鼎成环保设备有限公司 | 杭敏峰 | 13952491689 | 江苏宜兴市周铁镇 | — |
| 9 | 江苏亚洲环保有限公司 | 吴青 | 0510-87861735 15250833950 | 江苏省无锡市宜兴市经济开发区西区屺高路中段 | — |
| 10 | 上海嘉定征富机械制造厂 | 朱翠平 | 18916067101 | 上海嘉定区福海路 700 弄 | — |

## 5 围油栏

### 5.1 普通围油栏

| 序号 | 公司名称 | 联系人 | 电话 | 所在地 | 产品型号 |
|---|---|---|---|---|---|
| 1 | 北京法博瑞克工贸有限公司 | 任海峰 | 13520226150 | 北京市昌平区阳坊镇 | — |
| 2 | 上海钒钠特环保制品有限公司 | 石奇龙 | 021-34222814 13482536987 | 上海青浦区徐泾工业区金联村 136 号 B | — |
| 3 | 南通纳爱斯环保科技有限公司 | 孙海燕 | 0513-81211598 15190937557 | 江苏省南通市海门市瑞祥路 26 号 | PVC 围油栅 |
| 4 | 宿迁水星消防装备有限公司 | — | — | 江苏省宿迁市宿豫区珠江路 105 号 | |
| 5 | 南通市菲尔德环保科技有限公司 | 项晓 | 0513-86349269 13813771092 | 江苏南通市通州区川港镇东首 | |
| 6 | 桐乡晓英污染控制技术有限责任公司 | 高建中 | 0573-88715877 13736822759 | 浙江嘉兴市桐乡市乌镇镇苕溪公寓三幢 104 室 | — |

### 5.2 防火围油栏

| 序号 | 公司名称 | 联系人 | 电话 | 所在地 | 产品型号 |
|---|---|---|---|---|---|
| 1 | 青岛华海环保工业有限公司 | 李蓓 | 0532-88139929 18205323581 | 山东青岛胶南市海滨工业园海滨 8 路 | — |
| 2 | 深圳市海鹏帆布有限公司 | 刘国荣 | 0755-86303289 18925269168 | 广东深圳市南山区前海路 11116 号 | — |
| 3 | 桐乡晓英污染控制技术有限责任公司 | 高建中 | 0573-88715877 13736822759 | 浙江嘉兴市桐乡市乌镇镇苕溪公寓三幢 104 室 | — |

### 5.3 岸滩式围油栏

| 序号 | 公司名称 | 联系人 | 电话 | 所在地 | 产品型号 |
|---|---|---|---|---|---|
| 1 | 青岛华海环保工业有限公司 | 李蓓 | 0532-88139929<br>18205323581 | 山东青岛胶南市海滨工业园海滨8路 | — |
| 2 | 桐乡晓英污染控制技术有限责任公司 | 高建中 | 0573-88715877<br>13736822759 | 浙江嘉兴市桐乡市乌镇镇苕溪公寓三幢104室 | — |

### 5.4 其他围油栏

#### 5.4.1 PVC围油栏

| 序号 | 公司名称 | 联系人 | 电话 | 所在地 | 产品型号 |
|---|---|---|---|---|---|
| 1 | 山东和远过滤技术有限公司 | 李先生 | — | 山东临沂市聚才路香江一路C2区33号 | PVC900 |
| 2 | 裴氏膜业（北京）有限公司 | 裴怀忠 | 010-68863280<br>13911538543 | 北京石景山古城西路162号 | — |

#### 5.4.2 固体浮子式围油栏

| 序号 | 公司名称 | 联系人 | 电话 | 所在地 | 产品型号 |
|---|---|---|---|---|---|
| 1 | 温州市海洋环保设备厂 | 张仁武 | 0577-62053810<br>13506672910 | 浙江乐清市经济开发区纬十八路 | — |
| 2 | 桐乡晓英污染控制技术有限责任公司 | 高建中 | 0573-88715877<br>13736822759 | 浙江嘉兴市桐乡市乌镇镇苕溪公寓三幢104室 | 固体浮子式PVC |

#### 5.4.3 橡胶围油栏

| 序号 | 公司名称 | 联系人 | 电话 | 所在地 | 产品型号 |
|---|---|---|---|---|---|
| 1 | 桐乡晓英污染控制技术有限责任公司 | 高建中 | 0573-88715877<br>13736822759 | 浙江嘉兴市桐乡市乌镇镇苕溪公寓三幢104室 | 固体浮子式PVC |

## 6 化学消油材料

### 6.1 海事局批准的消油剂产品

| 序号 | 产品名称 | 生产单位 |
|---|---|---|
| 1 | 海环牌1号海面溢油分散剂 | 国家海洋局海洋环境保护研究所 |
| 2 | YD9705型化油剂 | 勇达精细化工（珠海）有限公司 |
| 3 | 海洋牌海上化油剂 | 厦门市韦特贸易有限公司 |
| 4 | GM-2型溢油分散剂 | 青岛光明环保技术有限公司 |
| 5 | MH消油剂 | 温州市海洋环保设备厂（HS-X-006） |
| 6 | BH-X | 江苏省太仓市碧海环保器材有限公司（HS-X-008） |
| 7 | "双象"1#溢油分散剂 | 大连第二有机化工厂 |
| 8 | GFS型《无毒类》溢油分散剂 | 大连双星实业公司 |

| 序号 | 产品名称 | 生产单位 |
|---|---|---|
| 9 | CLEANSTAR 溢油分散剂 | 珠海市洁星洗涤科技有限公司 |
| 10 | ZY-F1 溢油分散剂 | 石油大学卓越科技有限责任公司 |
| 11 | 富莱德牌消油剂 | 大连富莱德环保制剂有限公司 |
| 12 | JDF-2 溢油分散剂 | 上海交达科技实业公司 |
| 13 | 碧海 1#常规型溢油分散剂 | 大连海环化工有限公司 |
| 14 | 碧海 2#浓缩型溢油分散剂 | 大连海环化工有限公司 |
| 15 | 白灵牌"919"型溢油分散剂 | 镇江百灵化学品有限公司 |
| 16 | 919 型溢油分散剂 | 镇江市丹徒区日用化工二厂有限公司 |
| 17 | 富肯-2 号溢油分散剂 | 广州富肯环保科技有限公司 |
| 18 | MX-800 溢油分散剂（常规性） | 宁波明星精细化工有限公司 |
| 19 | MEBELSC-1 紧急泄漏处理液（常规性） | 东方绿谷国际能源投资管理（北京）有限公司 |
| 20 | "双象"溢油分散剂（常规性） | 大连市甘井子区龙泉有机化工厂 |
| 21 | MD-88 型消油剂（浓缩型） | 大连英达石化有限公司 |
| 22 | 733 型溢油分散剂（浓缩型） | 上海仕吉工贸有限公司 |
| 23 | 白灵牌 919 型溢油分散剂（常规性） | 镇江百灵化学品有限公司 |
| 24 | BH-X 常规型溢油分散剂 | 太仓市碧海环保器材有限公司 |
| 25 | "HCD-326 型"常规型溢油分散剂 | 天津汉海环保设备有限公司 |
| 26 | "STE-506 型"常规型溢油分散剂 | 大连石华精细化工有限公司 |
| 27 | "DG-1"常规型溢油分散剂 | 胜利油田海发环保化工有限责任公司 |
| 28 | "MD-88A 生物型"常规溢油分散剂 | 大连英达石化有限公司 |
| 29 | HLD-501 低温型溢油分散剂（常规型） | 天津汉海环保设备有限公司 |
| 30 | SY-603 型溢油分散剂（常规型） | 大连三达奥克化学股份有限公司 |

截至 2012 年 12 月 30 日。

## 6.2 部分消油剂名录

| 序号 | 公司名称 | 联系人 | 电话 | 所在地 | 产品型号 |
|---|---|---|---|---|---|
| 1 | 广州富肯环保科技有限公司 | 高俊华 | 020-22302338<br>13902270808 | 广州市黄埔区大沙东 6 号裕港大厦 1406 室 | — |
| 2 | 杰力沃圣达（北京）科技有限公司 | — | 15321585948<br>18901190966 | 望京东路 8 号锐创国际中心 2 号楼 505 室 | — |
| 3 | 永康市中翼工贸有限公司 | 黄建社 | 0579-87585891<br>13605895103 | 浙江金华市永康市西城街道兴达 4 路 8 号 | FG 吸附颗粒 |
| 4 | 桐乡晓英污染控制技术有限责任公司 | 高建中 | 0573-88715877<br>13736822759 | 浙江嘉兴市桐乡市乌镇镇苕溪公寓三幢 104 室 | — |

# 参考文献

[1]  魏超南，陈国明. "深水地平线"钻井平台井喷事故剖析与对策探讨[J]. 钻采工艺，2012（05）：18-21.

[2]  周永丽. "亚洲之星"轮溢油事故处理的研究[J]. 中国水运，2012（6）：32-33.

[3]  WANG Z，XU Y，WANG H，et al. Biodegradation of Crude Oil in Contaminated Soils by Free and Immobilized Microorganisms[J]. Pedosphere，2012，22（5）：717-725.

[4]  de la Huz R，Lastra M，Junoy J，et al. Biological impacts of oil pollution and cleaning in the intertidal zone of exposed sandy beaches: Preliminary study of the "Prestige" oil spill[J]. Estuarine，Coastal and Shelf Science，2005，65（1-2）：19-29.

[5]  Carson R T，Mitchell R C，Hanemann M，et al. Contingent Valuation and Lost Passive Use: Damages from the Exxon Valdez Oil Spill[J]. Environmental and Resource Economics，2003，25（3）：257-286.

[6]  Teas C，Kalligeros S，Zanikos F，et al. Investigation of the effectiveness of absorbent materials in oil spills clean up[J]. Desalination，2001，140（3）：259-264.

[7]  Sayed S A，Zayed A M. Investigation of the effectiveness of some adsorbent materials in oil spill clean-ups[J]. Desalination，2006，194（1-3）：90-100.

[8]  Lewis A，Ken Trudel B，Belore R C，et al. Large-scale dispersant leaching and effectiveness experiments with oils on calm water[J]. Marine Pollution Bulletin，2010，60（2）：244-254.

[9]  Atlas R M，Hazen T C. Oil Biodegradation and Bioremediation: A Tale of the Two Worst Spills in U.S. History[J]. Environmental Science & Technology，2011，45（16）：6709-6715.

[10]  Camilli R，Reddy C M，Yoerger D R，et al. Tracking Hydrocarbon Plume Transport and Biodegradation at Deepwater Horizon[J]. Science，2010，330（6001）：201-204.

[11]  秦春国. 渤海湾油田开发对环境的影响与对策研究[D]. 山东科技大学，2011：76.

[12]  路振尧. 沧临输油管道漏油分析[J]. 油气储运，2005，24（10）：55-57.

[13]  于桂峰. 船舶溢油对海洋生态损害评估研究[D]. 大连海事大学，2007.

[14]  尹奇志，初秀民，孙星，等. 船舶溢油监测方法的应用现状及发展趋势[J]. 船海工程，2010，39（5）：246-250.

[15]  李龙刚. 船舶油污染处理方法综述[J]. 天津航海，2010（2）：52-55.

[16]  宁庭东. 船舶油污事故的损害评估及应急处理[D]. 大连海事大学，2006：74.

[17]  韩省志. 船舶在"供受油"作业中发生溢油事故的特点及对策[J]. 天津航海，2004（04）：42-44.

[18]  管永义，王彬彬. 大连"7·16"事故海上清污工作的深度思考[J]. 中国航海，2011，34（3）：79-83.

[19]　朱童晖. 大连新港海域原油污染处置的反思与启示[J]. 海洋开发与管理，2010（8）：34-38.

[20]　李霞. 大连新港三十万吨原油码头溢油风险分析及防范对策研究[D]. 大连海事大学，2007：81.

[21]　陈忠喜. 大庆油田含油污水及含油污泥生化/物化处理技术研究[D]. 哈尔滨工业大学，2006：161.

[22]　安居白，张永宁. 发达国家海上溢油遥感监测现状分析[J]. 交通环保，2002，23（3）：27-29.

[23]　夏文香，林海涛，李金成，等. 分散剂在溢油污染控制中的应用[J]. 环境污染治理技术与设备，
　　　2004，5（7）：39-43.

[24]　熊广伟，李喜来，白慧忠. 港口大型溢油应急处置方案探讨[J]. 中国海事，2012（4）：54-57.

[25]　梁刚，申瑞婷. 港口建设项目环境风险评价中溢油事故概率确定方法的探讨[J]. 天津科技，2009，
　　　36（2）：26-28.

[26]　陈书雪. 港口溢油事故风险评估及防范研究[D]. 南开大学，2009：101.

[27]　靳德荣. 固体浮体式围油栏使用方法[J]. 海洋技术，1986（1）：43-50.

[28]　殷贤波. 国内外油田含油污泥处理技术[J]. 油气田环境保护，2007，17（3）：52-55.

[29]　刘艳双，王玉梅，舒霞，等. 国外管道漏油回收及环境恢复技术[J]. 油气储运，2006（2）：18-22.

[30]　易绍金，向兴金，肖稳发. 海面浮油的生物处理技术[J]. 油气田环境保护，2002（2）：4-6.

[31]　倪张林. 海面溢油风化与鉴定研究[D]. 中国海洋大学，2008：68.

[32]　李伟. 海上船舶溢油后危害程度评价研究[D]. 大连海事大学，2008：99.

[33]　周琦. 海上石油勘探开采环境污染法律责任研究[D]. 首都经济贸易大学经济法，2012：167.

[34]　张永宁，丁倩，高超，等. 海上溢油波谱特征测试与遥感监测：第二届亚太可持续发展交通与环
　　　境技术大会，北京，2000.

[35]　尼树会. 海上溢油处理的影响因素分析[J]. 珠江水运，2006（9）：29-30.

[36]　周志国，马传军，杨洋洋. 海上溢油处置技术研究进展[J]. 安全. 健康和环境，2013（4）：34-37.

[37]　张九新. 海上溢油对海洋生物的损害评估研究[D]. 大连海事大学，2011：59.

[38]　严志宇. 海上溢油风化过程的研究及模拟[D]. 大连海事大学，2001：140.

[39]　邸锦疆. 海上溢油回收装置的应用和发展[J]. 交通环保，2002（2）：34-35.

[40]　侯解民，孙玉清，张银东. 海上溢油机械回收技术研究. 第五届中国国际救捞论坛，辽宁大连，
　　　2008.

[41]　柳婷婷，田珊珊. 海上溢油事故处理及未来发展趋势[J]. 中国水运（理论版），2006（11）：27-29.

[42]　张松. 海上溢油碳稳定同位素的油指纹特征[D]. 大连海事大学，2011：69.

[43]　桂客. 海上溢油污染的危害及防治措施[J]. 环境保护与循环经济，2011，31（11）：56-58.

[44]　刘剑. 海上溢油物理清污方法的评估、优化及快速决策[D]. 大连海事大学，2011.

[45]　李四海. 海上溢油遥感探测传感器研制及其应用研究进展：第一届环境遥感应用技术国际研讨会，
　　　云南丽江，2003.

[46]　满春志，刘欢. 海上溢油应急处置技术探讨[J]. 油气田环境保护，2012，22（6）：50-52.

[47]　于开齐. 海上钻井平台油污损害赔偿法律问题研究[D]. 大连海事大学，2012：61.

[48]　王丽娜. 海洋近岸溢油污染微生物修复技术的应用基础研究[D]. 中国海洋大学，2013：159.

[49]　朴铁辉，刘颖慧，李红欣，等. 海洋石油污染处理方法述评[J]. 科技创新与应用，2012（11）：95.

[50]　王辉，张丽萍. 海洋石油污染处理方法优化配置及具体案例应用[J]. 海洋环境科学，2007，26（5）：408-412.

[51]　黄建平. 海洋石油污染的危害及防治对策[J]. 技术与市场，2014（1）：129-130.

[52]　倪科军. 海洋水体油污染处理[J]. 科技信息（学术研究），2006（5）：113-114.

[53]　王全林. 海洋水体原油污染存在形态及处置技术研究[J]. 石油化工安全环保技术，2009，25（5）：39-43.

[54]　苏伟光. 海洋卫星遥感溢油监测技术与应用研究[D]. 中南大学，2008：77.

[55]　张秋艳. 海洋溢油生态损害快速预评估模式研究——以渤海为例[D]. 中国海洋大学，2010.

[56]　振会，建强，培刚. 海洋溢油生态损害评估的理论，方法及案例研究[M]. 海洋出版社，2007.

[57]　刘伟峰. 海洋溢油污染生态损害评估研究——以胶州湾为例[D]. 中国海洋大学，2010.

[58]　余小凤. 海洋溢油应急处置效果评估方法[D]. 大连海事大学，2013：72.

[59]　冬至，存智，环境研究，等. 海洋溢油灾害应急响应技术研究[M].海洋出版社，2006.

[60]　陆宝成，赵志强. 海洋油污染的防治与处理[J]. 中国水运（下半月），2009（10）：4-5.

[61]　张立柱，唐谋生，余雷，等. 海洋与港口水体环境石油污染与防治对策. 2010 中国环境科学学会学术年会，上海，2010.

[62]　杨冬梅，赵县防. 含油废水处理方法综述[J]. 洛阳师范学院学报，2007，26（5）：85-87.

[63]　王学彬. 含油废水及其处理技术的研究进展[J]. 化工时刊，2008，22（11）：63-66.

[64]　姜勇，赵朝成，赵东风. 含油污泥特点及处理方法[J]. 油气田环境保护，2005，15（4）：38-41.

[65]　薛涛. 含油污泥无害化处理与资源回用技术研究[D]. 长安大学，2003：75.

[66]　黄耀棠，苏伟健，李霞. 河道溢油事故环境风险评价中若干关键问题探讨[J]. 环境科学与管理，2012，37（7）：175-178.

[67]　王亚锋，李喜来，赵绍祯，等. 河流溢油处置技术研究[J]. 环境科学与技术，2013（S2）：316-319.

[68]　杨艺武. 河流溢油事故的应急监测[J]. 北方环境，2011，23（4）：50-51.

[69]　范志杰. 化学消油剂处理海面溢油效率问题的分析和讨论[J]. 海洋通报，1991（1）：95-99.

[70]　林秋明. 化学药剂对含油污泥除油脱水的研究[D]. 广东工业大学，2011：69.

[71]　翟伟康，熊德琪，廖国祥，等. 基于"3S"和 GSM 技术的近海溢油监测应用系统研究[J]. 海洋环境科学，2006（S1）：93-96.

[72]　史光宝，李喜来，王亚锋，等. 典型岸线溢油清除技术研究[J]. 中国水运：下半月，2013（5）：89-91.

[73]　吴波. 基于 EPDM 橡胶的高吸油树脂的合成与应用[D]. 东华大学，2007：86.

[74]　徐建军. 基于 Ethernet 网络控制的三元复合驱过程控制研究[D]. 大庆石油学院，2006：153.

[75]　焦俊超，马安青，娄安刚，等. 基于 GIS 的渤海湾溢油预测系统研究[J]. 海洋环境科学，2011，30（5）：735-738.

[76]　杨芝龙. 基于 VB+MapX 的船舶溢油预报地理信息系统的研究[D]. 大连海事大学，2008：70.

[77]　王鹏. 基于聚类分析和模糊评判的应急物资储备分类研究[D]. 中国科学技术大学，2010：62.

[78]　徐峰. 基于商空间的计算智能及在金融工程中的应用研究[D]. 安徽大学，2004.

[79]　周晶淼. 基于生态现代化理论的我国石油资源可持续利用研究[D]. 大连理工大学，2009：66.

[80]　孙守镇. 锦州港溢油风险评价及应急管理研究[D]. 大连海事大学，2009：96.

[81]　王辉东. 就地燃烧法在深海地平线溢油清理中的应用[C]. 2010 年船舶防污染学术年会，北京，2010.

[82]　刘春华，汤磊明，李同信，等. 聚油剂凝油剂在海上溢油治理中的作用[J]. 海洋环境科学，1986（4）：58-60.

[83]　郝清颖. 老化油回收处理技术及其在大庆油田的应用[J]. 化学工业，2009（3）：32-35.

[84]　刘富尧. 沥青固化医疗废物焚烧飞灰的实验研究[D]. 西南交通大学，2007：64.

[85]　郑国强. 炼厂含水污油超声破乳脱水研究及其工业化应用[D]. 南京工业大学，2010.

[86]　张中杰. 炼厂含油污泥处理技术综述[J]. 中国科技信息，2005（3）：9.

[87]　郭宏昶，李选民. 炼油企业固体废物填埋场设计的若干问题[J]. 炼油设计，2000，30（5）：52-55.

[88]　王迎春，凌开成. 煤液化油基本物理性质测定方法的研究[J]. 炼油技术与工程，2009（4）：54-57.

[89]　王祖纲，董华. 美国墨西哥湾溢油事故应急响应、治理措施及其启示[J]. 国际石油经济，2010（6）：1-4.

[90]　陈虹，雷婷，张灿，等. 美国墨西哥湾溢油应急响应机制和技术手段研究及启示[J]. 海洋开发与管理，2011，28（11）：51-54.

[91]　赖彦伶. 美国能源法评析及其对中国能源政策的影响与启示[D]. 厦门大学，2011.

[92]　张自立. 面向非常规突发事件的生产能力储备模型研究[D]. 哈尔滨工业大学，2010：166.

[93]　王文博. 面向石化行业的水资源严格管理问题研究[D]. 西安理工大学，2012.

[94]　王延平，张泗文，王志强，等. 墨西哥湾"深水地平线"钻井平台事故分析与反思[J]. 安全、健康和环境，2011（8）：5-8.

[95]　海忻. 墨西哥湾漏油事故的启示[J]. 中国石油企业，2010（7）：26-27.

[96]　刘亮，范会渠. 墨西哥湾漏油事件中溢油应对处理方案研究[J]. 中国造船，2011，52（A01）：233-239.

[97]　任大庆. 某企业两片罐废水处理站的设计与实践[D]. 浙江大学，2012：73.

[98]　何涛. 南昌市望城新区工业园循环经济与环境保护研究[D]. 南昌大学，2009：67.

[99]　王勤. 南太平洋若干观测特征的研究[D]. 国家海洋局第一海洋研究所，2009.

[100]　徐晓光. 内河河段溢油应急反应战略战术规划研究[D]. 大连海事大学，2003：61.

[101]　尹奇志. 内河水面溢油在线监测方法研究[D]. 武汉理工大学，2011：154.

[102]　陈一奇. 内河溢油在线监测系统设计与研究[D]. 武汉理工大学，2010：69.

[103]　王春艳. 浓度参量荧光光谱油种鉴别技术研究[D]. 中国海洋大学，2010：183.

[104]　何静. 浅论我国海洋生态安全法制建设. 中国法学会环境资源法学研究会 2011 年会——2011 年全国环境资源法学研讨会暨中国环境资源法学研究会筹备会议，广西桂林，2011.

[105]　蒋学先. 浅论我国危险废物处理处置技术现状[J]. 金属材料与冶金工程，2009（4）：57-60.

[106] 笪靖. 浅谈船舶堵漏措施[J]. 中国水运（理论版），2007（7）：11-12.

[107] 薛强，王鉴. 浅谈老化油回收处理的技术[J]. 内蒙古石油化工，2008（2）：19-21.

[108] 卜祥林. 浅谈石油化工的危害与预防对策[J]. 城市建设理论研究（电子版），2012（15）.

[109] 马立学，王晶，王莺莺，等. 浅谈突发溢油事件应急处置技术及装置的应用[J]. 中国环保产业，2012（5）：17-20.

[110] 杨昊炜，柴田. 浅谈溢油污染对海洋环境的危害[J]. 天津航海，2007（4）：13-15.

[111] 孟繁萍，段丽杰. 浅析油田固体废物对环境的影响及处置措施[J]. 能源环境保护，2010，24（5）：37-38.

[112] 孙科明，顾晓丽. 乳化废水破乳处理方法研究现状与进展[J]. 化工时刊，2010（6）：54-57.

[113] 笪靖，蔡军，王威. 润滑油维护及回用探讨[J]. 设备管理与维修，2007（11）：52-53.

[114] 李卓. 三维电子地图应用模式的探讨[D]. 西安科技大学，2013：55.

[115] 王万乐. 三峡库区溢油危害评价与决策支持系统开发[D]. 武汉理工大学，2006：74.

[116] 肖红. 三元复合驱采出液性质的研究及油水分离器的优化设计[D]. 天津大学，2007：66.

[117] 王琳，陈宏平. 陕西石油产业可持续发展对策研究[J]. 西安邮电学院学报，2006（4）：27-31.

[118] 刘翠红. 上海港水域船舶溢油事故分析及发展趋势预测[D]. 上海海事大学，2007：88.

[119] 张晓雷. 上海水域溢油应急能力评价研究[D]. 大连海事大学，2013.

[120] 吴淑香. 社会安全事件应急管理中公民人身自由权[D]. 西南政法大学，2013：167.

[121] 张国平，郭志新，陈厚忠. 生物处理法在船舶溢油事故中的应用探讨[J]. 交通科技，2008（3）：107-108.

[122] 吴亮，李广茹，陈宇，等. 生物修复技术研究及其在大连"7·16"溢油事故现场中的应用. "加快经济发展方式转变——环境挑战与机遇"——2011 中国环境科学学会学术年会，新疆乌鲁木齐，2011.

[123] 张立峰，吕荣湖. 剩余活性污泥的热化学处理技术[J]. 化工环保，2003（3）：146-149.

[124] 夏朝辉，张慧俐，武臻. 剩余活性污泥资源生态化利用浅谈[J]. 河南化工，2005，22（1）：44-45.

[125] 刘德成. 石油安全理论与实践问题研究[D]. 中共中央党校，2006：131.

[126] 翟振涛. 石油工程开采系统信息化建设研究[J]. 中国石油和化工标准与质量，2013（19）：225-245.

[127] 郭倩. 石油降解菌群的构建及其固定化研究初探[D]. 厦门大学，2012.

[128] 艾尉. 石油开采企业知识管理研究[D]. 中国石油大学，2011：69.

[129] 任磊. 石油勘探开发中的石油类污染及其监测分析技术[J]. 中国环境监测，2004（3）：44-47.

[130] 曹磊. 石油模拟风化过程中 PAHs 变化规律及相关溢油鉴别方法研究[D]. 上海海洋大学，2011.

[131] 王晓伟，李纯厚，沈南南. 石油污染对海洋生物的影响[J]. 南方水产，2006（2）：76-80.

[132] 曹刚，王华. 石油污染及治理[J]. 沿海企业与科技，2005（3）：92-94.

[133] 郑远扬. 石油污染生化治理的进展[J]. 国外环境科学技术，1993（3）：46-50.

[134] 程国玲，李培军. 石油污染土壤的植物与微生物修复技术[J]. 环境工程学报，2007，1（6）：91-96.

[135] 丁克强，尹睿，刘世亮，等. 石油污染土壤堆制微生物降解研究[J]. 应用生态学报，2002（9）：

1137-1140.

[136] 焦海华, 黄占斌, 白志辉. 石油污染土壤修复技术研究进展[J]. 农业环境与发展, 2012 (2): 48-56.

[137] 赵玉霞, 杨珂. 石油污染土壤修复技术研究综述[J]. 环境科技, 2009, 22 (A01): 60-63.

[138] 黄龙森, 李兆华, 何友才, 等. 食用油脂厂含油污泥特性分析与研究[J]. 资源开发与市场, 2013 (3): 225-227.

[139] 孙志伟. 寿光富通化学有限公司年产 2 000 吨八溴醚项目环境影响评价[D]. 中国海洋大学, 2011.

[140] 曾小燕. 受限空间内燃气泄漏扩散规律实验研究[D]. 重庆交通大学, 2011: 96.

[141] 路振尧. 输油管道裂口漏油实例分析[J]. 石油化工安全技术, 2005 (5): 23-25.

[142] 崔东阳. 鼠李糖脂生物表面活性剂对稠油降粘的初探[D]. 中国海洋大学, 2010: 81.

[143] 刘敏燕, 孙维维, 王志霞, 等. 水上溢油鉴别体系的研究[J]. 海洋环境科学, 2009 (3): 341-344.

[144] 苏春亚. 水下油气泄漏源封堵隔离技术研究[D]. 哈尔滨工程大学, 2012: 88.

[145] 俞沅, 王志霞, 刘春玲. 水运污染油品数据库构建的研究. 2008 年船舶防污染国际公约实施学术交流研讨会, 吉林延吉, 2008.

[146] 王洪申. 羧酸、酰胺和酯类表面膜在水面溢油集油剂中的应用研究[D]. 中国海洋大学, 2003: 78.

[147] 赵绍祯. 滩涂溢油应急处置技术及应用[J]. 交通科技, 2014 (1): 139-142.

[148] 李昕. 提高我国政府突发事件管理能力研究[D]. 河南大学, 2008: 53.

[149] 李瑶. 突发环境事件应急处置法律问题研究[D]. 中国海洋大学, 2012: 157.

[150] 刘红丽. 突发环境污染事件应急法制的问题及其法律对策研究[D]. 山东科技大学, 2008: 58.

[151] 舒晶. 突发环境污染事件应急法制研究[D]. 河海大学, 2007: 64.

[152] 汪伟全. 突发事件区域应急联动机制研究[J]. 探索与争鸣, 2012 (3): 47-49.

[153] 余游. 突发性环境事件应急处置信息平台研究[D]. 西南大学, 2006.

[154] 傅晓钦, 胡迪峰, 翁燕波, 等. 突发性环境污染事故应急监测研究进展[J]. 中国环境监测, 2012 (1): 107-109.

[155] 王洪春. 土壤中石油类污染物分析方法研究[D]. 西安石油大学, 2010: 58.

[156] 徐毅耀. 拖轮在近海海上石油平台溢油中的应用研究[D]. 大连海事大学, 2012.

[157] 王勇, 郭淼. 瓦尔迪兹 (Valdez) 号油轮溢油事故处理经过[J]. 交通环保, 1991 (3): 60-62.

[158] 薛浩栋. 危险废弃物重金属迁移和控制机理研究[D]. 浙江大学, 2006: 83.

[159] 郝海松, 谢毅, 杨林. 危险废物的处置技术及综合利用[J]. 安全与环境工程, 2009, 16 (2): 36-39.

[160] 盛错. 危险废物焚烧系统烟气急冷塔的数值模拟研究[D]. 浙江大学, 2008: 89.

[161] 王文通. 危险废物环境管理及污染防治对策研究[D]. 河北师范大学, 2004.

[162] 王晓峰. 危险废物理化特性分析及其对废物焚烧的影响[D]. 同济大学, 2006: 88.

[163] 杨小刚. 微波辐射原油破乳技术的研究[D]. 天津大学, 2006: 67.

[164] 张博. 围油栏拦油及受力特性数值模拟研究[D]. 大连海事大学, 2013: 69.

[165] 封星. 围油栏拦油数值实验平台及拦油失效研究[D]. 大连海事大学, 2011: 199.

[166] 魏芳. 围油栏在多种海况下拦油效果及形状优化的数值模拟[D]. 大连海事大学, 2007.

[167] 刘献强，焦光伟，李学新，等. 围油栏在急流溢油应用中存在的问题与应对措施研究[J]. 污染防治技术，2011，24（3）：10-14.

[168] 夏建军，傅学成，陈涛，等. 围油栏在溢油应急响应中的应用. 2011 中国消防协会科学技术年会，山东济南，2011.

[169] 常虹. 维护我国的海洋环境权益的法律分析及对策探讨[D]. 中国海洋大学，2009：54.

[170] 刘五星，骆永明，滕应，等. 我国部分油田土壤及油泥的石油污染初步研究[J]. 土壤，2007，39（2）：247-251.

[171] 鄂海亮. 我国船舶污染防治体系的分析研究[D]. 大连海事大学，2008：80.

[172] 杨省世. 我国水上船舶溢油应急能力现状及建设规划研究[J]. 中国海事，2009（3）：37-41.

[173] 胡静. 我国突发性海洋环境污染事件应急管理研究——以康菲石油泄漏为例[D]. 广东海洋大学，2013.

[174] 王琦，王起，闵海华. 我国危险废物固化处理技术的探讨[J]. 环境卫生工程，2007，15（5）：57-59.

[175] 周薇. 我国应急保障的网络治理研究[D]. 上海交通大学，2009：72.

[176] 张新星. 我国油污应急反应体系运行评估及发展战略[D]. 上海海事大学，2006：66.

[177] 刘晓冰，邢宝山，周克琴，等. 污染土壤植物修复技术及其机理研究[J]. 中国生态农业学报，2005（1）：140-144.

[178] 江国栋. 西安市突发性环境危机应急管理机制问题研究[D]. 西安石油大学，2010.

[179] 张相如，庄源益. 吸附法处理含油废水和水面溢油的吸附剂研究进展[J]. 环境科学进展，1997，5（1）：76-80.

[180] 陆昌其. 吸油毡在清污实战中的应用[C]. 2004 年船舶防污染学术年会，云南昆明，2004.

[181] 唐湘林. 县级政府灾害应急体系构建研究[D]. 湘潭大学，2012：154.

[182] 金跃波. 消油剂在海上污油处理上的应用[J]. 渔业现代化，1998（4）：38-39.

[183] 乔卫亮. 新型动态斜面式撇油器流场数值模拟与结构优化研究[D]. 大连海事大学，2012：65.

[184] 白春江. 遥感监测渤海海域溢油技术及系统研究[D]. 大连海事大学，2007：82.

[185] 张震. 移动通信网络中 TOA/TDOA 终端定位方法研究[D]. 长春理工大学，2006：82.

[186] 周玲玲. 溢油对海洋生态污损的评估及指标体系研究[D]. 中国海洋大学，2006：85.

[187] 邵扬. 溢油分散剂及其在溢油事故处理中的使用建议[J]. 中国水运（下半月刊），2010（10）：38.

[188] Allen A A，王水田. 溢油就地焚烧的优点和缺点[J]. 交通环保：水运版，1995，16（3）：26-34.

[189] 靳德荣. 溢油事故处理——天津石油公司西青油库过子牙河输油管纵裂溢油处理[J]. 交通环保，1984，4（5）：15-17.

[190] 胡晓兰，徐宏. 溢油事故的应急监测[J]. 黑龙江环境通报，2008（2）：54-55.

[191] 储胜利，裴玉起，杨芳. 溢油事故应急处置技术现状及发展趋势：2010 年应急管理国际研讨会，北京，2010.

[192] 何云馨，石晓勇，杨仕美，等. 溢油污染海岸线生物修复措施现场应用效果评价[J]. 环境科学与技术，2011，34（3）：41-45.

[193] 赵如箱. 溢油应急反应中的现场燃烧技术[J]. 交通环保, 2002, 23（3）: 39-42.

[194] 邝伟明. 溢油指纹的 GC-MS 鉴别研究[D]. 国家海洋局第三海洋研究所, 2012: 76.

[195] 孙德强. 应急储备物资管理信息系统的设计与开发[D]. 天津大学, 2012: 75.

[196] 王振, 何箭, 李亮, 等. 应急通信指挥车中的车载设备管理平台[J]. 合肥工业大学学报: 自然科学版, 2010, 33（5）: 697-699.

[197] 郭咏梅. 应急物流管理的物资支撑体系研究[D]. 长安大学, 2008: 88.

[198] 李娜. 应急物资投放效果研究[D]. 北京交通大学, 2012: 57.

[199] 姚晶雯. 应用化学油品分析探讨[J]. 城市建设理论研究（电子版）, 2011（34）.

[200] 田宝恩, 马佳杰, 秦建合, 等. 油库管道快速堵漏实用技术[J]. 油气储运, 2013, 32（9）: 971-975.

[201] 王彦昌, 谷风桦. 油库突发安全事故的环境风险及应急措施[J]. 油气田环境保护, 2011, 21（4）: 45-47.

[202] 韩广东. 油泥的资源化利用及在型煤生产中的应用[D]. 山东科技大学, 2010: 55.

[203] 戴联双, 白楠, 薛鸿丰, 等. 油品泄漏应急处理的受控燃烧[J]. 油气储运, 2013（11）: 1187-1189.

[204] 唐红. 油区含油污泥固化修筑路基基层技术研究[D]. 中国石油大学, 2007: 97.

[205] 李国珍, 肖华, 董守平. 油水分离技术及其进展[J]. 油气田地面工程, 2001（2）: 7-9.

[206] 吴家强. 油田采油污泥热解特征与技术研究[D]. 陕西科技大学, 2009.

[207] 岳海鹏, 李松. 油田含油污泥处理技术的发展现状、探讨及展望[J]. 化工技术与开发, 2010（4）: 17-20.

[208] 张维, 周声结, 汪维娟, 等. 油田含油污泥资源化处理技术及其应用[J]. 石油化工安全环保技术, 2011, 27（3）: 61-64.

[209] 高振会, 崔文林, 曹丽歆, 等. 油指纹分析及溢油鉴别技术在海洋行政管理方面的应用[C]. 山东省法学会环境资源法学研究会 2007 年学术年会, 山东荣成, 2007.

[210] 刘林林, 王宝辉, 王丽, 等. 原油降凝剂种类及应用[J]. 化工技术与开发, 2006, 35（2）: 12-16.

[211] 刘耀龙, 陈振楼, 毕春娟, 等. 中国突发性环境污染事故应急监测研究[J]. 环境科学与技术, 2008（12）: 116-120.

[212] 蒋晓波. 油田井控风险分析与应对措施[J]. 安防科技, 2011（12）: 39-41.

[213] 黄郑华, 周阳旭, 李建华, 等. 油罐火灾的扑救措施[J]. 油气储运, 2010（6）: 465-469.

[214] 徐彦青. 井喷事故原因分析、气体扩散模拟及应急对策研究[D]. 青岛理工大学, 2010: 63.

[215] 郭华林. 井喷对环境污染及现场急救. 第四届全国灾害医学学术会议暨第二届"华森杯"灾害医学优秀学术论文评审会, 上海, 2007.

[216] 霍达, 吴耀华. 基于地区特性的应急物资分类研究[J]. 物流技术, 2010（16）: 11-12.

[217] 佘廉, 许晶. 应急产业发展趋势[J]. 高科技与产业化, 2011（3）: 68-71.

[218] 钱佳. 应急物资特性及其库存管理研究[J]. 物流科技, 2009, 32（7）: 15-18.

[219] ASTM F1084-08, Standard Guide for Sampling Oil/Water Mixtures for Oil Spill Recovery Equipment[S].

[220] ASTM F1231-14, Standard Guide for Ecological Considerations for the Use of Oil Spill Dispersants in Freshwater and Other Inland Environments, Rivers and Creeks[S].

[221] ASTM F1413-07, Standard Guide for Oil Spill Dispersant Application Equipment: Boom and Nozzle Systems[S].

[222] ASTM F1737/F1737M-10, Standard Guide for Use of Oil Spill Dispersant Application Equipment During Spill Response: Boom and Nozzle Systems[S].

[223] ASTM F1738-10, Standard Test Method for Determination of Deposition of Aerially Applied Oil Spill Dispersants[S].

[224] ASTM F1778-97, Standard Guide for Selection of Skimmers for Oil-Spill Response[S].

[225] ASTM F2533-07, Standard Guide for In-Situ Burning of Oil in Ships or Other Vessels[S].

[226] ASTM F2683-11, Standard Guide for Selection of Booms for Oil-Spill Response[S].

[227] ASTM F2823-10, Standard Guide for In-Situ Burning of Oil Spills in Marshes[S].

[228] 陈静, 华娟, 常为民. 环境应急管理理论与实践[M]. 南京: 东南大学出版社, 2011.

[229] 郭振仁, 张剑鸣, 李文禧. 突发性环境污染事故防范与应急[M]. 北京: 中国环境科学出版社, 2009.

[230] 张欣. 船舶溢油应急处置人因可靠性评估研究[M]. 上海: 上海交通大学出版社, 2011.

[231] 牟林, 赵前. 海洋溢油污染应急技术[M]. 北京: 科学出版社, 2011.

[232] 聂永峰. 固体废物处理工程技术手册[M]. 北京: 化学工业出版社, 2013.

[233] 孙培艳, 高振会, 崔文林. 油指纹鉴别技术发展以应用[M]. 北京: 海洋出版社, 2007.

[234] 赵冬至, 张存智, 徐恒振. 海洋溢油灾害应急响应技术研究[M]. 北京: 海洋出版社, 2006.

[235] 杨建强, 廖国祥, 张爱君, 等. 海洋溢油生态损害快速预评估技术研究[M]. 北京: 海洋出版社, 2011.

[236] 高振会, 杨建强, 王培刚, 等. 海洋溢油生态损害评估的理论、方法及案例研究[M]. 北京: 海洋出版社, 2011.

[237] Peter Lehner, Bob Deans. 深海危机: 墨西哥湾漏油事件[M]. 李旸译. 北京: 人民邮电出版社, 2011: 3-43.